本书由江苏高校优势学科建设工程资助项目(PAPD)"雾霾监测预警与防控"资助出版

气候变化与公共政策研究报告 2019

戈华清 等 编著

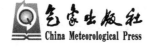

气象出版社
China Meteorological Press

图书在版编目(CIP)数据

气候变化与公共政策研究报告.2019/戈华清等编著.—北京:气象出版社,2020.5

ISBN 978-7-5029-7201-1

Ⅰ.①气…　Ⅱ.①戈…　Ⅲ.①气候变化－对策－研究报告－中国　②空气污染－污染防治－中国　Ⅳ.①P467 ②X51

中国版本图书馆 CIP 数据核字(2020)第 074876 号

气候变化与公共政策研究报告 2019

戈华清　等　编著

出版发行:气象出版社

地　　址:北京市海淀区中关村南大街 46 号　　　邮政编码:100081

电　　话:010-68407112(总编室)　010-68408042(发行部)

网　　址:http://www.qxcbs.com　　　　　E-mail:qxcbs@cma.gov.cn

责任编辑:蔺学东　　　　　　　　　　　　终　　审:吴晓鹏

责任校对:王丽梅　　　　　　　　　　　　责任技编:赵相宁

封面设计:楠竹文化

印　　刷:北京中石油彩色印刷有限责任公司

开　　本:787 mm×1092 mm　1/16　　　　印　　张:17.625

字　　数:455 千字

版　　次:2020 年 5 月第 1 版　　　　　　印　　次:2020 年 5 月第 1 次印刷

定　　价:78.00 元

目　　录

气候变化背景下我国风能开发利用的法律规制研究

　　摘　要：风能的开发利用，也就是风电，作为当前发展最为成熟、最具大规模开发价值和商业价值的技术型发电方式，相较于其他可再生能源而言，拥有更为完善的法律制度与政策规范体系。但同时，我国专门针对风能开发与利用的法律制度相对较少，大多散见于国务院行政法规或地方各级政府的行政规章之中；现有法律和政策体系在促进风电产业开发利用、实现风电产业电力配额制度、完善风电行业监管体制以及协调风电价格制度等方面都有所欠缺。在全球能源战略大行其道的背景下，完善风能开发利用的相关法律、政策规定已刻不容缓。就风能政策而言，由于能源问题的复杂性、多变性及其对国民经济发展和国家安全的重要性，各国普遍采用更具灵活性的政策手段对其予以规制。然而，当前的风能政策也暴露出一些现实问题，比如风电供给增加政策缺乏长效机制、激励风能市场形成的财政支持政策与税收优惠政策缺乏、"政出多门"和"多头管理"现象依然存在、分散化及零星化的政策难以形成政策合力、政策工具的选择存在冲突和规制效力不足等问题。这些问题的解决需要根据实际国情，完善风能开发利用的法律体系设计及配套制度、借鉴国外先进立法经验、健全政府管理与监督机制。

　　关键词：气候变化；风能开发利用；法律规制；政府管理与监督

Research on the Legal Regulation of Wind Energy Development and Utilization in China under the Background of Climate Change

　　Abstract：Wind power, as the most mature, most large-scale development value and commercial value of power generation technology, has a more complete legal system and policy system than other renewable energy sources. However, China has relatively few laws and regulations on the development and utilization of wind energy, and most of the regulations concerning the development and utilization of wind energy are scattered in the administrative regulations of the State Council or the administrative regulations of local governments at various levels; the existing law and policy system have defects in promoting the development and utilization of wind power, realizing the industrial power quota system of wind power, improving the supervision system of wind power industry, and coordinating the price system of the wind powey industry. Under the background of the global energy strategy, it is imperative to improve the relevant laws and policies on the development and utilization of wind energy. In terms of wind energy policy, due to the complexity and variability of energy issues and their importance to national economic development and national security, countries generally adopt more flexible policy instruments to regulate wind power. However, the current wind energy policy has also exposed some practical problems, for example, the lack of long-term mechanism for the increase of wind power supply policy, the lack of financial support policies and tax incentives to stimulate the formation of the wind energy market, the phenomenon of "multiple governance" and "multiple management" still exist. Decentralized and sporadic policies are difficult to form resultant force. Conflicts in the choice of policy instruments, and insufficient regulatory effectiveness. The solution of these problems needs to be based on the actual national conditions, improve the legal system design and supporting system of wind energy development and utilization, learn advanced foreign legislative experience, and improve government management and supervision duties.

Key words: climate change; wind energy development and utilization; legal regulation; government management and supervision

1. 气候变化对我国社会发展的妨害及风能开发利用之功用

1.1　气候变化对我国社会发展的妨害

极端天气、海平面上升、物种灭绝、作物减产、旱涝灾害增加、生态系统崩坏等因全球气候变化而引发的灾难，正使人类整体的生存和发展面临着巨大的环境风险和能源危机。能源作为人类赖以生存和发展的刚性物质，正在并将长期成为不同职业、组织、地区、国家间竞争和发展的关注点和角逐物。尤其是在当今全球气候变化、各项不可再生资源面临枯竭、新能源开发乏力、经济转型深陷阵痛期、国际竞争加剧的时代背景下，稳定、持续、清洁、可再生的能源供给对于世界各国经济发展和社会稳定的重要性与紧迫性不言而喻。为此，世界各国已纷纷围绕改善气候环境达成了共识，力求逐步调整和优化能源结构，减少化石能源的开采和使用，同时大力发展以风能、太阳能等为代表的可再生能源。

中国作为世界上最大的发展中国家，其经济体量和发展速度、消费能力及生产供给、全球作为与国际贡献得到了国际社会的一致瞩目。但同时，随着"后京都"时代的到来，中国面临着沉重的节能减排压力、生态环境压力和能源开发利用困局。伴随早期粗放式发展而来的生态环境问题、能源结构单一导致的工业发展受限及产业转型升级的离胎阵痛，能源问题再次高耸在中国发展的道路上。另一方面，面对全球化石能源的紧缺局面，综合当下我国社会经济所处的发展阶段来看，工业化与城镇化的发展进程加快、产业结构转型升级蓄势待发、经济社会快速发展与人民生活需求的不断提高，势必加剧能源资源短缺与人民生活需求、产业转型需求、社会经济快速发展需求快速增长之间的矛盾，化石能源的过度使用所造成的环境污染问题也将进一步凸显。上述问题将会造成人民生活水平、质量和幸福感下降、工业化及城镇化进度锐减、产业转型乏力、社会整体发展水平跌落，进而激化社会矛盾，造成社会发展失衡失稳等一系列连锁反应。因此，推动我国能源战略向绿色、低碳、环保、高效、可持续的发展模式快速转型，寻找替代性的可再生能源，从而促进我国能源结构转型升级、摆脱对常规化石能源的依赖，最终实现环境改善、人民生活水平和质量提高、产业转型升级加速和社会经济可持续健康发展，已成为目前能源发展的重要路径与朝向。

1.2　风能开发利用于我国经济社会发展之功用

　　针对以上问题,国家发展和改革委员会(以下简称发改委)与国家能源局在其联合发布的《能源生产和消费革命战略(2016—2030)》中提出,我国的能源发展已进入提质增效的新阶段。展望2050年,非化石能源将占比能源消费总量的一半以上(杜祥琬,2017)。《可再生能源"十三五"规划》则进一步提出要促进可再生能源开发利用,加快对化石能源替代进程的发展目标①。除此之外,《可再生能源法》《节约能源法》《可再生能源中长期发展规划》《风电发展"十三五"规划》等法律、政策的相继制定和颁布,也逐渐系统地勾勒出了可再生能源未来发展的战略方向。

　　就目前我国可再生能源的开发利用情况而言,风能最具优势。因为无论是从风电开发的技术成熟度,还是从经济发展的可行性上进行比较,风力发电无疑已成为大规模开发与应用的首选。同时,为应对气候变化,世界各国已达成降低气候风险、节约资源和保护环境为一体的思想共识,纷纷开展以节能减排为主要目的,减少化石能源使用、增加非化石能源使用等绿色低碳行动。其中,风能作为资源丰厚的可再生清洁能源,分布广泛且开发技术成熟,因而备受世界各国青睐。据统计,至2015年底,全国风电并网装机达1.29亿千瓦,年发电量达1863亿千瓦时,占全国总发电量的3.3%②。并且更有战略目标提出,至2020年,我国中东部和南方地区陆上累计并网装机容量将达到7000万千瓦以上,"三北"地区累计并网容量达1.35亿千瓦左右,海上风电开发建设规模达1000万千瓦,累计并网容量达到500万千瓦以上。可以说,风电作为一种清洁可持续能源的产业开发利用前景相当乐观。而风能的开发利用对我国经济社会发展的功用主要包括以下几个方面。

1.2.1　促进生态环境、社会、经济效益的统一

　　截至目前,我国仍然面临着较大的能源转型压力,如何降低能源消费对煤炭的依赖性成为转型的关键所在。从国家统计局发布的《2008—2017年一次能源生产情况》的统计数据来看,原煤占比68.6%,原油占比7.6%,天然气占比5.5%,水电、核电、风电占比18.3%。煤炭的消费占比虽然与过去相比整体上呈现出下降趋势,但是短期内依旧是我国主要的能源来源。然而,在目前我国能源供需不平衡、能源供给结构固化与国家资源、生态环境以及社会发展的矛盾日益凸显的大背景之下,大量使用以煤炭为主的化石能源产生了短时间内大气无法消解的二氧化碳与硫化物,导致了严重的环境问题,成为引发全球气候异常的原因之一。

　　毋庸置疑,节能减排作为现在与未来国家可持续发展的基本战略之一,在强调利用科技创新促进化石能源的高效、清洁利用之外,也注重非化石能源的开发和利用。而大力推广风能等资源的开发利用,并不单单在于其本身所具有的能源清洁性和可再生性特质,更在于其背后的可持续效益、生态环境效益、经济发展效益等综合性社会效益。就生态环境效益而言,发展风能是当前既可以获得能源又能减少二氧化碳排放的最佳途径。水能、核能等或多或少将对生态环境造成负面影响,而风能在整个产生、运用环节均不会对大气、陆地造成污染。只有在风能资源被过度使用的情况下,才可能会导致大气环流被打乱的结果。就经济发展效益和社会

---

　　①　参见国家发改委2016年12月19日印发《可再生能源发展"十三五"规划》。
　　②　参见国家能源局2016年11月29日印发《风电发展"十三五"规划》。

效益而言,风电场大多建立在人烟稀少、尚未被大规模开发建设的地区,既能够为当地居民提供就业机会,也在一定程度上推进当地脱贫致富工作,从而改善民众经济生活条件。总的来看,风能的开发利用可以促进生态环境效益、经济效益以及社会效益的统一和可持续发展,优化国家能源结构和布局,改善环境污染问题,其依旧是未来增加投入的重要发展方向。

1.2.2　促进生态文明的进一步发展

党的十八届五中全会及十九大均强调要落实创新、协调、绿色、开放、共享的发展理念,习近平总书记也提出要坚持清洁低碳、安全高效的能源发展战略。为响应全球能源结构转型趋势,走生态文明建设的发展道路,实现"既要金山银山,又要绿水青山"的发展目标,风能的开发利用应更注重完善相应的产业发展政策与高效利用的体制机制,从而逐步完成风能从补充性能源向替代性能源的地位转变,用实际产业效益推动社会意识的进步,进而逐步实现生态文明、促进社会建设,激发企业、民众形成对应的可再生能源产业结构与消费模式,为风能的发展注入新的理念、创新精神与文明意识。

2. 气候变化背景下我国风能开发利用的现状与困局

风能作为储量巨大的可再生清洁能源,可以说是目前对环境影响最小、开采潜力巨大且可持续性的绿色能源。其开发利用方式主要是通过风力机将风的动能转化为机械能、电能和热能等形态加以储存和利用,其中又以风力发电为主。近些年来,全球的风电事业整体呈现出良好的发展态势,其中丹麦、德国等国家的风电发展处于国际领先行列。以丹麦为例,该国 2017 年风力发电占全国总发电量的 43.3%,目标是在 2030 年摆脱煤电[①]。但同时,全球气候变化、旱涝灾害增加等对风能开发利用所带来的制约性影响也应引起充分的思考与重视。气候变化对于目前在风能开发利用过程中尚未解决的难题是否会"雪上加霜"? 是否可以通过法律与政策的制定、修改来化解一部分困境? 只有经过充分、科学、系统的探讨和研究,重视这些已然存在或必然发生的风电难题,积极探寻解决性策略,我国大规模的风能可持续开发利用才能顺利有序地进行。

2.1　气候变化对我国风能资源开发利用的影响

据研究统计,2016—2035 年全球平均表面温度可能比 1986—2005 年升高 0.3~0.7℃(IPCC,2014)。《自然—地球科学》发布的一项研究表明,预计全球气候变暖现象会使得北半球中纬度可用的风能资源减少。而其中美国中部、英国、亚洲中部以及远东等地区将受较大影响(Karnauskas et al,2017)。中国地表风速受全球气候变化的影响,也呈十分明显的下降趋势。据有关研究表明,20 世纪 70 年代以来,我国年平均风速由 2.8 米/秒下降到目前的 2.2米/秒,年平均风速持续下降了 28%,日平均风速大于 5 米/秒的天数减少了 58%(Xu et al,2016)。另外,从中国气象局发布的《风能太阳能资源年景公报》中知晓,2014 年由于受冷空气频次偏少、强度偏弱的原因,全国地面 10 米高年平均风速较前 10 年平均风速(2004—2013年)偏小 3.8%。换言之,受全球气候变暖影响,我国所属的东亚季风区会逐渐因为海洋温度的上升、北冰洋的消融而导致冬季风严重削弱、夏季风增强,从而导致该年的冷空气频次偏少、

---

① 参见国际能源网:http://power. in-en. com/html/power-2286233. shtml。

强度偏弱,进而使得风能的开发和利用面临困境。

我国风能资源受全球气候变暖的影响,年平均风速正处下降趋势这一事实已然确定。同时值得注意的是,风能资源的变化势必也将影响风能资源的评估、可持续利用以及风电场的选址等政策和技术环节。尤其是目前我国政策大力倡导进行海上风电开发,而当全球气候变暖达到一定阶段,夏季风可能使得强降水与强台风增加,台风与风暴将威胁近海与海上风能资源的开发与利用(罗勇 等,2006)。在全球气候变化的大背景下,如何对风能资源进行可持续的开发利用,已成为全球所密切关注的话题。我国目前在风电装机容量方面已居于全球首位,而未来国内风能资源的变化发展,对风电行业而言既是机遇也是挑战。一方面我国的风电产业发展需要加紧风能开发建设的评估指标建构,持续推进能源结构的优化转型和升级;另一方面也需要加大资金投入用以专项研究、突破风电行业存在的技术难题,力求在应对气候变化、实现能源结构优化升级方面,走在国际研究的前列。

2.2　我国风能开发利用现状分析

截至目前,中国在风能开发利用领域已达到一个崭新的高度。国家政策的激励、扶持与风电行业的不断自发努力探索,使得我国风能资源的开发技术和利用水平不断提高,风能采集、转化量和利用效率不断攀升,我国风电建设规模稳居世界首位,海上风电装机容量已居世界第三。同时,风电开发的数字化技术应用创新不断,风电产业链得以基本形成,风电设备销售至海外近 30 多个国家与地区,在低风速风电开发技术领域引领世界先河①。这些惊人的成绩,折射出过去十年间我国风电行业的飞速发展与未来风电进程的战略方向。具体而言,我国风能资源开发利用的现状可以从以下三个方面进行阐述。

2.2.1　发展规模不断扩大

"十二五"期间,风电产业发展成为中国引领全球的战略性新兴产业之一,风电也理所当然地成为国内继煤电、水电之后的第三大电源,并且是高效、清洁、可持续的能源。由于 2015 年在风电新增市场的活跃表现,中国得以以占全球装机容量达 33.6% 的产业规模在总量上超越欧盟。中国风电整机制造企业整体竞争实力不断提升,多家企业跻身产业全球排名前十位。凭借逐渐成熟的产业制造技术,中国风电机组制造商向包括美国在内的 28 个国家出口风电设备,累计容量已达 2035.75 兆瓦②。通过近十年的发展,中国风电产业规模不断扩大,竞争力不断提升,已成为一种产业奇观。

2.2.2　研发水平不断提高

研发水平主要体现在以下几个领域。第一,在低风速风电机组领域。为克服风电造价的成本问题,自 2002 年以来,我国投入巨额资本进行研发,最终成功研发出具有自主知识产权的多兆瓦级大型风电机组。且伴随着国家对本土高海拔、低风速等地形风能的开发利用,代表着低风速机组技术的 2.0 兆瓦风电机组大量得以应用,将在平均风速为 6.5 米/秒的地区才能达到 2000 小时年利用小时数减少为在 5.3 米/秒的地区即可达成,从而提高了低风速区域的风电利用的技

---

① 参见国家能源局 2016 年 11 月 29 日印发《风电发展"十三五"规划》。
② 参见《"十二五"期间风电产业发展回顾》,中华人民共和国国家发展和改革委员会官网,http://gjshttp://gjss. ndrc. gov. cn/zttp/xyqzlxxhg/201712/t20171221_871247. html。

术经济性(赵靓,2014)。第二,在海上风电科技发展领域。目前较为瞩目的近海海上试验风电场与 10 兆瓦级风电机组传动链地面测试平台正在加快建设当中。除此之外,我国风电企业也通过寻求与世界风电领军企业的合作,引进技术平台,力求针对中国本土市场需求开发出合适的海上风电机型[1]。第三,在风电行业管理应用的新技术探索领域。随着云平台、物联网、大数据分析等信息技术的飞速发展,如何将其有效地应用在风能的开发利用过程中,从而促进风电管理及开发实践领域的技术发展、进一步降低企业运行管理成本,有关此类的新技术发掘等问题都在研究探索之中,可以期待在不久的将来必定成为风能开发的下一个突破口。

2.2.3 管理服务体系不断完善

近几年来,风能开发利用的快速发展离不开政府的政策支持与激励,尤其是在"十二五"期间,风电服务管理体系受到了政府的极大重视,并在诸多内容上有了进一步的规定与完善措施。具体表现如下。

首先,从风电管理体系来看,相关政策的制定和落实切实提高了风电开发的整体水平。具体体现为相关政策的支持态势逐渐明朗、政府管理工作的流程得到一定简化、风电开发各个环节的责任得到积极落实、风电开发的权限逐步下移。以《国家能源局关于进一步完善风电年度开发方案管理工作的通知》为例,文件中规定:为有效发挥市场主导效用,风电年度开发方案编制实行纵向简政放权[2]。风电并网运行的指标管理和考核体系也做出了量化规定,旨在促进风电市场的有序健康发展。此外,政府与风电行业积极探索实现大数据、"互联网+"等信息技术在风电行业监管的应用,借助信息化手段和工具提高管理和运行效率、降低管理成本和减少资源浪费,进而促进整个风电市场政策环境的逐步改善。

其次,从风电服务体系来看,国家政策积极鼓励、引导、促进风电市场服务质量的优化。当下,提供符合各方需求与创新技术的客户服务成为了风电市场服务的"新趋势"(张远,2017)。这意味着,风电行业的服务模式将成为影响未来风电行业竞争发展的重要一环和核心要素之一。要实现运营服务、技术服务、电子电量交易、人才培养以及资质鉴定等服务体系构建要素的有效互动和联合效用发挥,需要所有风电从业者共同参与合作,共享市场资源,联合培养人才。为了达成这一目标,国家需要积极促进金融行业、保险行业与风电产业的体系联合,大力鼓励和支持以"绿色债券"为代表的创新性融资模式与创建覆盖风电设备与项目建设全过程的保险产品。

总体而言,风电管理服务体系的完善是未来几年风电产业发展的重要内容和趋势之一。国家在诸多政策文件中重点强调此项内容,无外乎是为了更有效地发挥市场对风电产业的引导和激励作用。另外,如何完善海上风电产业政策、涉及风电管理的多部门间的运行协作机制探索、如何更进一步提升风电行业海外市场竞争力、如何加快风电绿证政策的实行以及如何有效推动优胜劣汰的市场竞争环境的形成等诸多问题,都是政策文本制定所关心的内容。虽然我国风电行业在"十二五"和"十三五"期间凭借惊人的发展态势取得了令世界瞩目的成绩,但风电尚未进入千家万户,其规模效应尚未完全形成,其运营平台与管理服务体系依旧需要进一

---

① 参见张子瑞:《海上风电不能重蹈陆上风电覆辙》,载《中国能源报》2018 年 3 月 19 日,第 18 版。
② 参见《国家能源局关于进一步完善风电年度开发方案管理工作的通知》(2015):全国年度开发方案包括各省(区、市)年度建设规模、布局、运行指标和有关管理要求。各省(区、市)年度开发方案根据本省(区、市)风电发展规划和全国年度开发方案的要求编制,包括项目清单、预计项目核准时间、预计项目投产时间、风电运行指标和对本地电网企业的管理要求。

步的改善,距离风电市场体系的发展成型,依旧需要一段时间的构建和发展完善。

2.3 我国风能开发利用的困局

在全球气候变化、产业结构优化升级和能源结构调整的大背景之下,风能作为一种高效、清洁、可持续的能源,其开发利用关乎我国未来社会的可持续发展、关乎如何破解生态环境危局,是我国未来经济社会发展的战略选择,因而具有重大的现实意义。2016 年,我国风电发展成绩喜人,发电量约占全国总发电量的 4%。而几乎就在同一时间段内,风电强国丹麦与德国分别实现了风电发电量占全国发电量的 43.4% 与 36.1% 的目标,已达到我国 2020 年风电发电量目标的 6～7 倍(国际能源网,2018)。现实告诉我们,欧洲国家仍掌握着可再生能源领域的话语权,而我国的风电发展之路仍任重而道远。

根据风电业内人士的普遍反映,消纳、成本、实施和技术成为目前制约我国风电发展的四大挑战。但需要强调的是,这些问题的复杂程度远远超过词语本身所表达的含义。该行业所面临的挑战,既涉及政府与企业间错综复杂的利益博弈关系,也涉及传统电力制度的痼疾以及风电价格补贴的存除之争。在风电行业大发展的现实情形下,同时也夹杂着风电政策落实推进速度慢于预期、国内风电投资主体较为单一、民营中小型企业生存处境艰难等阻碍性因素。所有以上因素,使得风电的发展进程很难一帆风顺。以下是我国风能开发利用中面临的几个困局。

2.3.1 "弃风限电"现象的冲击

所谓弃风限电,可以理解为在风机处于正常的工作状态下,由于当地电网消纳能力不足、风电不稳定等原因而导致的部分风电场或风机暂停使用的现象。这一现象在我国"三北"地区尤为严重,导致发电量的持续流失,降低了风能的有效转化和供给效率,使得风能开发的成本走高。高投资、高开发成本、低效益转化率激发了投资者的风险考量、削弱了投资者的投资热情,最终严重制约了风电行业的长远发展。从最近几年的情况来看(2011—2017 年,如图 1 所示),尤其是近三年全国平均弃风率的高数值,其仍反映出我国风能开发中严重的"弃风"问题,这需要国家和整个行业的严肃对待。

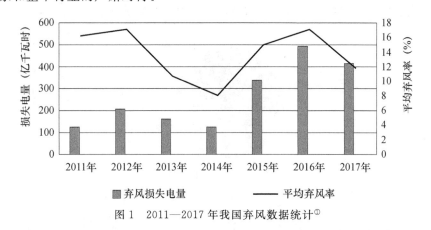

图 1　2011—2017 年我国弃风数据统计①

---

① 2011—2017 年弃风数据来自国家能源局官网,http://www.nea.gov.cn/2018-02/01/c_136942234.htm。

　　然而,"对症下药"需要找出症结所在。谈及"弃风限电"现象,理论界和实务界似乎有不少人支持电力能源需求放缓、电网不协调、风电装机负荷不匹配、地方火电利益之争等说法或解释(张树伟,2017)。但如何解释"弃风"现象的形成,关联到具体的解决方案、对现有风电开发利用技术的评价等一系列问题。从具体实践而言,其中所涉及的诸多解释似乎并不能站稳脚跟。

　　首先,电力能源需求放缓并非是"弃风限电"加剧的原因。结合 2011—2017 年的电力需求增长率和全国平均弃风率的统计数据可以看出(图 2),因电力需求不足导致"弃风"这一说法从逻辑上并不能成立。以 2016 年的数据为例,2016 年我国全社会用电量较 2015 年相比提高了 5%,但该年的全国平均弃风率却不降反升。由此可见,风电弃风率与电力需求的增长之间,并不存在明确相关的因果联系。

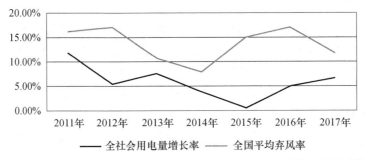

图 2　2011—2017 年我国全社会用电量增长率与全国平均弃风率统计[①]

　　2017 年欧洲电力行业的分析报告显示,在 2010—2014 年间,欧洲整体的用电量呈下降趋势,几乎一直维持在 2010 年的水平,直至 2017 年欧洲整体的用电量(英国除外)较上一年才增长了 0.7%。但是在此期间,欧盟的可再生能源发电整体提升到了 30%(图 3),而其中风能发电的占比达 11.2%(AGORA-Energiewende,2017)[②]。在 2005—2015 年间,美国的风电份额从几乎可以忽略不计到增加至 5%,而同时期内其社会总用电量在 2015 年却几乎回到了 2005 年的水平。因而可以说,在电力需求处于饱和状态,甚至是略微下降的情况下,正是风能等可再生能源快速在电力供给结构中扩大份额的机会,而不是障碍因素。

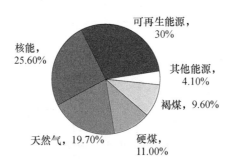

图 3　欧洲(英国除外)2017 年度能源占比分布

---

　　① 2011—2017 年的电力需求增长率的统计数据来源于国家信息中心官网,http://www.sic.gov.cn/News/466/6784.htm。

　　② 2000—2015 年的数据统计来源于欧洲统计局(EUROSTAT)。2016—2017 年的数据是德国能源研究机构 AGORA-Energiewende 根据 ENTSO-E 月度数据,ENTSO-E 小时数据和传输系统运营商数据等来源估算得出。

其次,电网不协调、风电装机负荷不匹配等技术问题导致"弃风限电"的说法也不成立。实际上我国的风电并网技术早已趋于成熟,而且早在风电技术出现前,电力系统的设计就可以应对负荷的显著变化。大部分的风电项目都是业主新建变电站时接入高压级的地区电网,或者提前与电网一同确认变电站与线路的容量问题。所以,风电装机负荷不匹配的问题几乎可以忽略不计。而接入端的配网阻塞问题造成的部分时段的弃风情形虽然可能存在,但绝对不应是全国普遍的现象。事实证明,这个问题在很大程度上已经得到解决,不能用于解释部分地区弃风率高的问题。

最后,地方火电利益之争的说法也有失偏颇。不可否认的是,几个弃风率高的省份(甘肃、新疆、吉林)确实拥有极高的火电使用率[①],各个地方在风电的调度与使用上也的确存在还需要商议的部分。然而,如果单纯认为是由于风电与火电的利益冲突而导致的弃风,这显然也是不妥当的。仔细分析利益冲突的深层原因可以发现,实际上其主要涉及因体制上的制约而导致利益冲突。这本质上是一个先调度谁、先使用谁的问题。在目前电力装机过剩、供大于求的背景下,虽然可以按照《可再生能源法》中关于可再生能源可以优先上网和保障性收购的规定进行操作,但实际上因需要完成政府下达的发电量指标,火电形成了事实上的优先发电权,这在一定程度上挤占了可再生能源,尤其是风电向上开发发展的空间。因而,如何解决弃风问题,需要认清问题的实质,需要转变观念从体制机制建设入手,以寻求根本性的改变和突破。

2.3.2 成本走高的压力

中国风电技术起步较晚,风电市场也经历过在发展之初被国外企业垄断的情况。但随着本土制造企业的技术革新与国家新能源政策的大力推动,中国已成为全球第一大风电市场,拥有一大批具有世界一流先进技术的风电企业和跻身世界一流的风电开发利用模式。从近几年的风电行业发展趋势可以看出,要想继续保持国内外风电大规模建设开发的领先地位、增强竞争实力,关键在于如何实现风电技术的创新,以不断提升能源产出质量,降低生产成本,最终达成风电平价上网的目的。国家发改委也于2015年通过发布《关于完善陆上风电光伏发电上网标杆电价政策的通知》,借助下调风电补贴的策略,实现倒逼企业主动开展技术优化升级的目标。

但是,实现成本下降无疑是一条异常艰辛的道路。首先,风电成本下降会给风电建设投资者造成一定的利益损失。单单风电价格的持续下降就足以对整个产业链中的参与者造成利益影响、导致开发商与投资者的成本—收益失衡,开发商与投资者的利益下降则可能会成为个别地区风电发展放缓的逆向驱动力。其次,设备研发、技术改进需要大量的资金支持。一方面,开展设备科研创新以实现风电成本下降需要大量的研发资金投入;而另一方面,风电企业融资渠道却相对狭窄,虽然国家层面推出了一系列税收优惠政策,市场化金融创新形式也不断趋向多样化,但是这对仍处于创立与成长阶段的风电企业而言,仍是杯水车薪。第三,风电零部件更新速度跟不上整机的发展速度。风电零部件作为整机的必要组成,其专业化程度高、更新速度相对较慢,而风机更新换代的速度加快将导致零配件的价格上涨,进而影响风电的运营成

[①] 参见中国化学与物理电源行业协会储能应用分会官网:《截至2017年年底分省火电装机和利用小时排名及对比》,http://www.escn.com.cn/news/show-498954.html。新疆火电利用小时数为4655、甘肃火电利用小时数为3508、吉林火电利用小时数为3406。

本。第四,降本增效并举的高要求(夏云峰,2017)。国际化、定制化、智能化、服务化与互联网化已经成为我国风电发展阶段的定位目标和发展的必然趋势。为实现上述目标,需要在做到降低风电成本的同时,实现产品质量与售后服务的提升、产品技术与应用智能化的提升,必须在设备制造、整机技术、风电场设计与建设、运行维护等各个环节提高科技水平、提高效率、减少资源浪费。但达成以上前提需要满足以下几个条件:较为成熟的风电市场体系已经初步建立、高层次的新能源人才与风电发展资金基本到位、风电发展的配套机制相对完善、国家对风电开发与利用各方面的立法政策基本得到落实。第五,降低成本也是海上风电良性发展的关键。海上风电是“十三五”期间风电发展的重心。国家发改委和国家能源局印发的《能源技术革命创新行动计划(2016—2030 年)》提出要研发大型海上风机,并规划了我国于 2020 年海上风电装机 1000 万千瓦的发展目标。但同时,高昂的海上风电建设成本与运营维护成本也使得投资者望而却步(表 1)。

表 1　陆上风电与海上风电成本构成对比[①]

	陆上风电	海上风电		陆上风电	海上风电
承包投资成本	7000~8000 元/kW	13000~20000 元/kW	内外部网络线成本	10%~15%	15%~30%
风电机组成本	65%~75%	30%~50%	安装成本	0%~5%	5%~30%
基础成本	5%~10%	15%~25%	其他成本	5%	8%

2.3.3　配套机制的缺乏

风能开发利用配套机制的主要不足是相关机制不健全、监管不到位、责任体系未落实,与风电规模的发展进程相比其仍处于相对滞后的阶段,而且部分制度目前仍处于试点阶段,对应的理论与实施对策尚未发展成熟,且依旧未能全面考虑风电市场发展的诸多现实的限制因素,很多现存制度有待进一步完善和优化。

首先是配额制度。为从制度上根本解决可再生能源的消纳问题,2018 年国家能源局发布了《可再生能源电力配额及考核办法(征求意见稿)》,其从国家层面夯实了我国绿色电力配额管理与交易机制的制度基础,并从配额的分配、实施、核查、交易等方面提出了相对成型的配额框架体系,且配套推出了可再生能源电力证书制度,从而为风电的开发利用准备了制度条件。与此同时,跨省证书交易的规定尚未明确、未将第三方中介机构纳入交易主体及一年一次的证书交易限制可能抑制供电场的灵活发展等问题依然存在。根据 2017 年《可再生能源绿色电力证书核发及自愿认购交易制度的通知》的实施情况来看,自愿认购证书的实行并非十分顺利[②]。能够有效推动风电市场发展的“配额＋绿证”制度的建立需要在理念方面进行转变,同时,在如何激励与规制风电绿证交易问题上仍有较大的制度完善空间。

其次是价格机制。风能发展的最理想状态无疑就是实现平价上网,为此 2017 年国家能源局发布了《关于开展风电平价上网示范工作的通知》,并于 2018 年又一次下调陆上风电

标杆电价(表2),逐步推行平价型的风电价格的市场竞争模式,"去补贴"也势在必行。然而,在风电补贴政策实施过程中,由于补贴缺口较大、企业盲目投资、部分地区存在政策依赖性强等问题,风电标杆价格的持续下降使得风电企业间的低价竞争成为阻碍行业大规模发展的怪象(郭晓丹 等,2017)。这所反映出的是目前我国风电发电侧的上网电价的形成机制与消费侧的电价形成并没有达到严丝合缝的关系,也未将产业与区域变化、通货膨胀、产业技术、企业规模等因素综合反映在电价体系中。同时,也没有对消费侧合理的分时电力价格展开统计研究。此外,为了响应"十三五"规划,风电市场竞争的监管体系也应加快建立。

表2 全国陆上风力电标杆上网电价表(单位:元/千瓦时(含税))

资源区	2009—2014 年	2015 年 (2016 年前核准 2017 年底前开工)	2016 年 (2016 年后核准 2017 年底前开工)	2018 年 (2018 年后开工项目)
Ⅰ类资源区	0.51	0.49	0.47	0.4
Ⅱ类资源区	0.54	0.52	0.5	0.45
Ⅲ类资源区	0.58	0.56	0.54	0.49
Ⅳ类资源区	0.61	0.61	0.6	0.57

第三是融资服务。在风能开发利用的过程中,由于项目建设的复杂性、技术性、长期性和系统性等因素,导致项目存在风险较大且收益不稳定等问题。投资商基于成本—收益考量,融资难问题也就成为惯常现象。目前新能源项目融资的方式(表3)主要有债务融资、股权融资和创新产品三种。银行一般针对中小型企业设置了较高的授信条件,这在一定程度上限制了中小风电企业的贷款行为,降低了其贷款能力,缩减了中小企业的资金来源渠道,从而阻碍了中小型风电企业的长期发展。创新产品融资作为风能开发利用融资的新途径和新方式,具有门槛低、操作灵活、多阶段获益等特点,有利于应对风电项目融资难问题。但一方面,创新产品对风电项目融资的案例较为少见,创新产品本身也是受市场波动影响较大的产品;另一方面,规范这两方主体融资、投资关系的法律、规定等相对短缺,其行为的发生缺乏法理型的制度通道。为促进我国新能源产业的长远发展,在提高项目运营主体的风险识别意识和能力、优化资金配置、使用期限及资金需求以及促进金融产品多元创新等方面仍有较大的法律与政策完善空间。除此之外,据统计数据分析,风电行业存在着较大的金融风险。从2012年起风电行业的违约现象已不是小概率事件,信用风险溢价也超过了合理上线。为了应对这种情况,需要建立严密的行业风险监管体制对我国风电行业的金融风险进行有效的管控和调节。

表3 新能源融资方式与特点

融资方式	特点
债务融资	① 银行贷款:使用方便灵活,资金量充足,融资时间短 ② 企业债:融资成本低,借贷时间长 ③ 过桥贷款:使用方便灵活

续表

融资方式	特点	
股权融资	IPO 股权融资	股权资本,还债压力小
创新产品	① 融资租赁:可满足不同阶段的融资需求 ② 资产证券化:解决企业后续投资问题,实现再融资 ③ 互联网金融:门槛低、吸引大众投资 ④ 产业基金:可解除项目启动资金问题 ⑤ 绿色债券:低利率、长期限	

第四是保险服务。风电设备售后市场是整个风电市场中的重要组成部分,涵盖了风电设备运输、安装、调试、运行、维护、拆除等环节在内的风电场全生命周期过程,其参与主体主要包含物流公司、吊装、安装工程公司、专业的运营服务公司等(黄晓燕,2017)。这些公司在产业链中承担的职能不同,所面临的主要风险点也不尽相同(表 4),其中,部分风险可以通过保险进行合理转移。但并非所有的风险都需要通过保险的方式进行转移,风电企业可以通过完善自身规章制度、加强员工管理与培训等方式对普通的风险进行规避;可以通过制定应急预案来降低事故的发生率和危害程度;也可以通过订立合同的方式来规避部分风险;最后只要利用合理的保险安排转移 70% 以上的可保风险。但仍需要着重强调的是,目前我国风电保险行业面临的主要问题体现在现有的经营理念和激烈的市场竞争环境的冲突使得我国保险业缺乏承保大规模风电项目风险的能力。原因主要在于以下三点:第一,我国不同于欧美风电市场,保险公司不是融资环节的参与主体,在很大程度上风电保险市场的规模和盈利水平相对有限,无法应对高强度的风险和由此造成的巨额损失;第二,国内保险业风电知识相对匮乏,产品创新能力不能满足风电的发展速度的需要;第三,保险公司缺乏承保风电保险业务的数据支持。除此之外,作为风电下一个发展阶段的重点,海上风电无疑对安装与设备技术提出了更高的要求,也对保险业提出了新的挑战。为此,在推动风电市场风险监管体系完善的同时,政府应积极促进风电企业与保险业之间的数据流动和知识互通,包括对风电的装机规模、机型、可利用率、故障等进行科学监测,建立和完善行业数据库,甚至在有条件的情况下建立行业共享数据平台,促进风电保险市场的发展完善。

表 4　风电后市场的可保风险

责任保险	法律经济赔偿责任	运维责任综合保险	经营过程中的不当行为导致第三者损伤以及经济损失
		发电量损失保证保险	过错或者疏忽造成的设备故障、停止运行,或者意外事故,导致发电收入的损失
		天气指数保险	异常天气条件造成发电量及相应的收入和利润损失
		职业责任保险	专业服务存在过失、错误或者遗漏,或因过失未能提供专业服务,造成委托人的损失
		产品责任保险	产品缺陷导致第三者的损伤,以及一旦召回发生相关费用
人员保险	企业员工	雇主责任保险	员工的工伤事故
		企业福利	商业医疗、寿险、非工以外保障
保证保险	质量保证	产品质量保证保险	由于产品质量问题导致被保险人应承担的修理、更换或退货责任

2.3.4 技术创新乏力

能源转型呼唤风电技术创新,降低成本也需要风电技术创新,增强国际竞争力更加强调风电技术创新。随着我国风电产业逐渐向中东部地区发展,无论是低风速区域还是海上区域,复杂的风能资源环境对风电机组的适应性提出更高的要求。同时,互联网产业的深度发展也深刻地影响着风电行业的发展,如何将互联网技术与风电运营、产品生产以及售后服务相结合,实现信息技术与风电产业的融合,仍需要不断的探索和实践。欠缺科学系统的设备管理和运营体系也是目前风电运行维护环节的短板。换言之,风电行业的设备制造、整机技术、风电场设计与建设、运行维护等各个环节亟待科技水平的进一步提高。

而现实是,早在 2010 年国家发改委在《关于印发促进风电装备产业健康有序发展若干意见的通知》中便强调需要健全科技创新体系、建立人才培养体系、完善风电设备招标采购制度和发展的政策措施,以解决我国风电产业中科技创新投入不足、研发力量分散、核心技术自主创新能力不强、风能产业总体上"大而不强"等问题。但实际上,在补贴问题未解决、配套机制未完善以及监管体系长期未落实的局面下,最为关键的资金与人才供给都无法满足创新发展的需求。一方面整个风电行业鲜有能够自主负担大额研发成本、较长周期、高难度的技术研究平台。另一方面,高质量的新能源人才缺口较大,研发人员供给不足。国内高校中专注于风能专业、风能研究和培训的机构较少,专注于风能开发利用的基础性科研不足,专业的风电运维人员相对匮乏。企业自主培养的技术人员,也往往因为工作环境恶劣、工作条件较差等因素,存在职业生命周期较短的特征。在当下整体风电产能过剩的情况下,包括开发商、整机商、第三方在内的竞争者们都在争夺风电市场的运营份额,以期实现自身利益的最大化。但最终,谁能在人才引进、创新现有风能产业技术、完善管理体系和运营体系方面做到最优,谁就能引导市场大局。

3. 我国风能开发利用的法律制度评述

风能作为现今国内开发利用规模最大的可再生能源,具有清洁、高效、可持续等诸多优点,为了稳健有序地实现风电从补充性能源向替代性能源的转变,自 2005 年以来,围绕以《可再生能源法》为核心的法律规范体系与相关政策陆续推出并逐步得到完善。在能源结构转型的大背景下,这些法律、政策的相继提出和完善,使得政府、企业和公众等各类主体在促进风能开发利用方面的权利和义务得以清晰和确立,并使得适应风电规模化发展与高效利用的制度规范得以建立和不断完善。

3.1 我国风能开发利用的法律制度现状

作为可再生能源大家族的成员之一,风能开发利用的诸多法律制度是和其他可再生能源的表述联结在一起的。通过对涉及风能开发利用的法律性文本进行系统梳理,可以总结得出以《可再生能源法》为核心的法律法规、规章、规范性文件与政策性文本确立了我国风能开发利用的一系列重要的制度。总体来说,包括总量目标制度、并网发电审批制度、全额收购制度、上网电价与费用分摊制度、专项资金与贷款、税收激励措施等几大块内容。依照风能开发利用的下一阶段目标——推进风电市场的建设和完善来看,其中囊括了电力交易制度、现货交易制度、辅助服务补偿制度等诸多内容。不可否认的是,从法律层面来看,风电开发利用市场的制度建设很大部分仍有空白和不完善的地方,需要系统地加以健全和完善。关于风电开发利用的现存法律制度主要包括以下几个方面。

3.1.1 总量目标与发展规划制度

关于我国风能开发利用的发展总量目标与具体规划的内容,一般都体现在重要的阶段性能源发展政策性文本中。目前《可再生能源发展"十三五"规划》《可再生能源中长期发展规划》与《可再生能源发展"十三五"规划实施的指导意见》,对我国至 2020 年的风能开发和建设、管理机制的建立健全、风电技术和产业发展以及市场消纳条件等在具体的方向和目标上进行了规范,并进行了投资估算与效益分析(赵爽,2012)。《风电发展"十二五"规划》提出了到 2015 年风电并网装机容量达到 1.04 亿千瓦,年发电量达到 1900 亿千瓦时,占全国发电总量比重要超过 3% 的目标;结合"十二五"规划目标已超前实现以及我国风电产业发展的新形势和新情况,国家能源局组织编制的《风电发展"十三五"规划》则又提出到 2020 年风电装机容量达到 2.1 亿千瓦以上,海上风电并网装机达到 500 万千瓦以上、风电年发电量达到 4200 亿千瓦时以上、约占全国总发电量 6% 的总体目标。此外,《可再生能源法》第七条与第八条明确规定了全国可再生能源开发利用中长期总量目标的制定主体为国务院能源主管部门,开发利用计划等相关内容的编制也由其负责。并且国家能源局在《关于建立可再生能源开发利用目标引导制度的指导意见》(2016)中也提出,要积极推进落实完善先前总量目标与发展规划制度中的权利义务分配与监督评价机制的相关内容。

3.1.2 产业指导与技术支持制度

《可再生能源法》第三章专门对风能开发利用的产业指导与技术支持做了原则性规定,在要求有关部门制定、公布可再生能源发展指导目录与统一的可再生能源技术和产品的国家标准的同时,也将风能开发利用的科学技术研究和产业化发展列入国家科技发展与高技术产业发展的优先领域,并配备专项资金予以支持。尤其是近几年,国家能源局相继印发《关于下达2017 年能源领域行业标准制(修)订计划及英文版翻译出版计划的通知》《2017 年能源领域行业标准化工作要点》以及《关于促进智能电网发展的指导意见》(2015 年)等政策性文件。这一系列文件的下发,为国内风能技术产业化的发展提供了具体可操作的参照和标准,为促进风能开发利用的技术进步提供了制度条件。另外,风能开发利用的大趋势是海上风电的大规模建设,对此,《可再生能源发展"十三五"规划》提出了"积极稳妥地推进海上风电开发"的内容,《全国海洋经济发展"十三五"规划》中也提出要加强 5 兆瓦以上大功率海上风电设备的研制,突破海底电缆输电、延伸储能装置等关键技术,合理布局海上风电产业。

3.1.3 上网定价与费用分摊制度

风电上网电价的高低往往牵动着上下游行业的实际收益,进而影响风能开发利用的整体投资趋势。为了应对因风电开发利用中的技术、原材料、资源等制约而导致的开发成本走高、化石能源的市场竞争以及风电与其他可再生能源的不均衡发展矛盾等问题,《可再生能源法》第五章中对可再生能源的上网定价与费用分摊制度进行了原则性的规定。在上网定价方面,其仿照德国做法,由国务院价格主管部门依照不同地域及不同种类可再生能源的特点,按照经济合理性和最优化开发利用的原则进行定价并可随着开发技术的发展予以灵活调整,即为一种分类定价策略。在费用分摊方面,为了化解电力供应商因承担超出常规能源成本收购风电的费用问题,中国借鉴英国和澳大利亚的做法,将电网企业高于按常规能源平均上网电价计算的收购费用差额在销售电价中进行分摊;电网企业为收购风电而支付的合理接网费用和其他相关费用,计入电网企业输电成本而从销售电价中收回,即将费用分摊给最终的消费者。随后,国家发改委联合国家能源局陆续发布《可再生能源发电价格和费用分摊管理暂行办法》(2006年)、《关于完善风力发电上网电价政策的通知》(2009年)、《关于完善陆上风电光伏发电上网标杆电价政策的通知》(2015年)、《可再生能源发电全额保障性收购管理办法》(2016年)、国家发改委关于《全面深化价格机制改革的意见》(2017年)等政策性文件,有序减少风电补贴,实现风电上网电价退坡机制,进一步深化电力体制改革,从而使得风电价格管理得到逐步规范,确保了风能开发的健康有序进行。另一方面,合理规范地引导投资者相对稳健地对风能发电领域进行投资,从而加快风能开发利用的规模化和商业化。

3.1.4 并网发电审批与全额收购制度

根据《可再生能源法》第十三条的规定,国家鼓励和支持可再生能源并网发电。建设可再生能源并网发电项目,应当依照法律和国务院的规定取得行政许可或者报送备案。在此规定基础上,国家能源局制定了《风电开发建设管理暂行办法》,对风电项目的前期规划、项目核准、运行监督等环节中涉及行政组织管理和技术质量管理的方面提出了具体的要求,具体内容涉及办理电网接入、环评、规划、土地审查、林地审查等诸多环节。这些法律、办法的出台和施行以及并网发电审批制度的发展与完善,为促进风电开发建设的有序健康进行提供了保证。

风电的全额收购制度是一项对培育可再生能源市场具有保障性作用的重要制度。其主要是指,电网企业有义务对电网覆盖范围内符合并网技术标准的可再生能源发电企业生产的电力调度并全额予以收购的一整套措施(丁文轩 等,2013)。由于风能发电具有间歇性、不稳定和成本高的特征,电力企业出于成本—效益考量、应对市场风险等诸多因素并不会"主动"支持风电上网,而此项制度的规定和完善对于降低风能项目交易成本、减少风电供应商的投资风险、提升投资者对风能开发利用项目的信心,在很大程度上解决风电"上网难"的问题,进而对促进风电开发利用的长远发展具有重大意义。

3.1.5 管理监督与环境保护制度

风能开发利用的管理监督制度包括风能开发利用的规划、计划项目执行情况、相关风电政策的落实情况,以及对电源、电网与电网企业市场行为的管理监督等方面的内容(黄少中,2014)。具体内容既涉及法律法规,也涵盖了产业政策、价格政策、税收政策等诸多方面。通过对其相应的规制工具进行科学分类,可以主要将风能开发利用的管理监督与环境保护制度划分为命令控制型、经济激励型以及信息规制型等三种类型,囊括了环境目标责任制和考核评价制度、鼓励投资发展的激励制度以及各项优化风电产业结构调整的管理促进政策(曹明德 等,2017)。

(1)命令控制型

在风能开发利用领域,一般情况下命令控制型规制工具的应用是以环境保护为最终目的。

以《环境保护法》与《节约能源法》为例,《环境保护法》第二十六条规定了环境保护的目标责任制和考核评价制度,且其结果"应当"向社会公开[①];《节约能源法》第十六条[②]与第十七条[③]分别对高耗能产品的淘汰制度作出了规定。从中可以看出政府正在通过实践将节能减排指标与党政干部评价体系相关联等方式,不断优化不同组织、机构在风能开发、利用和保护管理领域的权限划分和职责担负,也在一定层面上实现了用责任"倒逼"企业践行能源科技创新责任和行为的效果。

(2)经济激励型

从专项发展基金制度、风电融资贷款制度以及风电税收制度等多项法律与政策规定来看,其典型地运用了经济激励的手段,以降低风电开发利用的成本、提高投资商的投资热情,从而激发风电领域的发展动力,促进风能开发利用发展规模的持续扩大与科技创新的不断提升。具体以《可再生能源法》第六章的规定为原则性指引,陆续制定并发布了《可再生能源发展基金征收使用管理暂行办法》《关于减轻可再生能源领域涉企税费负担的通知》[④]等法规政策,主要通过采取无偿资助、贷款贴息等专项资金策略以及降低税率、加速折旧、投资抵免等税收优惠制度的实施,为风能开发利用的科学技术研究和标准制定、边远地区和海上风电系统建设及风能资源勘探、高效节能设备的研发、风能资源的评估评价体系建设、风电企业的海外并购行为与相关技术的推广应用等方面提供一定的制度和政策支持,以便吸引更多企业投资风能开发利用或风电发展领域。除此之外,可再生能源行业也正积极寻求与政府联合制定共同的标准与准则,继续探究风能市场的创新型融资模式和投资模式,为鼓励更多高质量的可再生能源项目的建设不断扩充融资渠道,丰富可再生能源市场的投资形式,提高其风险定价的精确度和可靠性(会计师事务所安永,2015)。生产型增值税向消费型增值税的转型发展,使得作为高资金依赖型产业的风电行业的发展受到激励作用,减少了风能开发利用的投资成本和运营成本。与此同时,政府也通过积极开征新税种、提高现行税种税率、取消税收优惠等措施提高非可再生能源的成本和生产价格,对非可再生能源的投资和发展进行适度适时的限制,促进可再生能源的投资、生产和消费,这为风电的开发利用提供了较好的竞争环境。

(3)信息规制型

"信息化技术可以助推可再生能源的管理转型"[⑤]。风电出于其技术类型的复杂性、信息上报渠道过多、程序过于复杂的原因,易导致其项目产生漏报、信息汇报不全等诸多问题。而

---

①　参见《中华人民共和国环境保护法》第二十六条:国家实行环境保护目标责任制和考核评价制度。县级以上人民政府应当将环境保护目标完成情况纳入对本级人民政府负有环境保护监督管理职责的部门及其负责人和下级人民政府及其负责人的考核内容,作为对其考核评价的重要依据。考核结果应当向社会公开。

②　参见《中华人民共和国节约能源法》第十六条:国家对落后的耗能过高的用能产品、设备和生产工艺实行淘汰制度。淘汰的用能产品、设备、生产工艺的目录和实施办法,由国务院管理节能工作的部门会同国务院有关部门制定并公布。生产过程中耗能高的产品的生产单位,应当执行单位产品能耗限额标准。对超过单位产品能耗限额标准用能的生产单位,由管理节能工作的部门按照国务院规定的权限责令限期治理。对高耗能的特种设备,按照国务院的规定实行节能审查和监管。

③　参见《中华人民共和国节约能源法》第十七条:禁止生产、进口、销售国家明令淘汰或者不符合强制性能源效率标准的用能产品、设备;禁止使用国家明令淘汰的用能设备、生产工艺。

④　参见国家能源局下发《关于征求对〈关于减轻可再生能源领域涉企税负负担的通知〉意见的函》,http://www.escn.com.cn/news/show-459394.html,2017-9-8/2018-2-1。

⑤　参见《信息化助推可再生能源转型》,http://www.cnii.com.cn/informatization/2013-11/21/content_1258320.htm。

通过信息规制工具对其公开信息的内容、形式以及新市场开发等方面予以规范,以信息化手段作为辅助,将及时有效地对涉及风能开发利用的管理信息进行汇总,提高政府监管效率,增强政府对可再生能源的开发利用进行监管的及时性和准确性,更加为逐步规范可再生能源的市场服务环境提供了有效的保证。采取信息规制工具的具体内容主要包括环境信息公开制度与风能产品认证制度,并且这两种制度在实践中都取得了较好的成效。

环境信息公开制度。国家环境保护总局(现国家生态环境部)于 2007 年公布的《环境信息公开办法(试行)》确立了此项制度。具体应用在风能开发利用领域(包括陆上风电与海上风电),环境信息公开制度的内容涉及预测分析工程建设对生态植被、海洋环境、大气环境的影响;甚至需要提前分析环境事故风险及其影响,提出减小环境影响的环保措施和对策建议,并对环境影响经济的损益情况进行分析[①]。截至目前,法律层面的《环境保护法》第五十三条、五十五条都分别对环境信息公开制度作出相应的规定。部门规章层面,诸如《企业事业单位环境信息公开办法》(2014)、《风电开发建设管理暂行办法》(2013)、《风电场工程建设用地和环境保护管理暂行办法》(2005)等法规文本,则更进一步对信息公开的实施模式、监督管理、处罚等内容作出了相应规定。旨在协调风能的开发利用与生态环境和谐发展之间的关系,逐步在风电领域构建和形成透明公开、公众参与的政府环境管理和市场服务模式。

风能产品认证制度。风能认证始于欧洲,是指对于风能设备或产品倡导和使用风电机组质量进行认证和采用标准化系统的制度。目前国际上通用的风电设备质量认证模式《ICE WT 01 风力发电机组合格认证规则及程序》就是根据风电认证先驱国家,即丹麦、德国、荷兰等国的认证程序转化而来。2017 年 4 月,我国被国际电工委员会可再生能源认证互认体系(IECRE)正式接受,从而成为首个能够开展国际风能认证的亚洲国家。该项制度既成为国内风电制造业拓宽国际市场的重要途径和方式,也是国家根据经济发展的需要对风电认证服务行业进行规范与指导的重要保障。因此,为了规范风电设备市场秩序、促进风电设备市场的健康有序发展,我国在国际认证标准的基础上,正式颁布了《风力发电机组合格认证规则及程序》(GB/Z 25458—2010),以期达到进一步加强风电设备市场的国际交流与合作,最终融入全球风电技术创新体系、占据全球风电技术制高点的发展目标。

3.1.6　其他制度

在经历了"大跃进式"的发展进程后,风电行业下一步应将重点放置于思考如何打破目前自身的发展瓶颈,实现自身发展模式、管理方式、融资模式以及技术发展模式的创新,从而合理解决风电企业面临的盈利难题与如何构建现代化的风电运营市场的问题。为此,国家能源局、国家发改委等政府主管部门正陆续出台相关文件,以期引导国内风电企业由快速增长期向成熟期过渡。无论是正在试行的可再生能源绿色电力证书核发制度、资源认购交易制度,还是为促进风电高效利用的电力辅助服务制度、电力现货交易制度的试点等,都可以从中窥见风能开发利用的发展重心正逐渐从设备制造向构建风电的交易与服务市场转型。

贷款支持是指国家对涉及风电开发利用方面的项目提供的信贷优惠和财政贴息。自 1987 年起,我国开始针对涉及风力发电技术的推广应用提供农村能源专项贴息贷款。此

---

① 参见《平潭海坛海峡海上风电场工程海洋环境影响评价第一次信息公示》,http://www.yihuanping.cn/24035.html.

外,世界银行、全球环境基金等组织以及部分国家也对我国的可再生能源项目进行贷款投资,我国政府也通过贷款方式对国内可再生能源公司的海外并购行为进行支持和鼓励。所有这些措施都在一定程度上缓解了风电开发利用过程中的融资难和资金短缺问题,以及由此造成的发展缺乏持续性的弊端,从而为风电开发利用提供了资金保障,消解了其长远发展的后顾之忧。

风电招投标制度是指国家借助招投标程序、规则、制度等对风电项目的开发商进行市场化选择,由招投标程序选择出的开发商对风电整体项目进行投资、建设和运维,且在规定的期限内按照最初的竞标电价对其电量进行收购的制度规范。陆上风能的开发利用是我国招投标制度在风电开发领域的最早应用,2003—2009年间,国家发改委一共组织了六次陆上风电特许权项目的招标,由此可见招投标制度在我国风电开发利用领域已经取得长远的应用和发展。截至2010年,新一轮的陆上风电设备特许权招标的规模共计达到了330万千瓦。随着我国风电开发技术、管理水平的提高和配套体系的完善,招投标制度在风电领域的应用将会不断得到新的拓宽。

为了对固定财政补贴进行合理替代,探索解决可再生能源补贴缺口的有效模式,为可再生能源的持续稳定发展提供资金保障,2017年初,国家能源局、发改委、财政部联合发文决定于同年7月1日试行可再生能源绿色电力证书核发制度及自愿认购交易制度(以下简称"绿证"),并提出将根据市场认购情况,至2018年底适时启动可再生能源电力配额和绿色电力证书强制约束交易①。具体而言,配额制即为强制性规定电网公司全额收购可再生能源发电在总发电量中所占的比例,并对不能满足配额要求的责任人进行适度处罚。而绿证则是一种可交易的、可兑现为货币的凭证,其指的是供电售电企业完成非水电可再生能源发电配额情况的核算凭证,包括陆上发电。此举旨在充分引入市场化的运作机制、运用市场化的操作手段,大力推进可再生能源的市场化进程,发挥价格在引导资源优化配置方面的杠杆作用,营造自愿认购绿证的市场化环境和气氛,从而逐步形成并强化社会使用可再生能源的共识。

为有效降低风电开发利用的成本和消耗,推动风电市场的进一步自我发展与完善,实现更大范围内风电资源的优化配置,促进电力市场机制的完善,实现风电开发利用的市场化建构,根据《关于开展电力现货市场建设试点工作的通知》②、《关于印发完善电力辅助服务补偿(市场)机制工作方案的通知》③等政策性文件的具体要求,我国电力现货交易制度与电力辅助补偿制度都要着重于促进建立电力中长期交易体系,以解决目前依旧存在的"弃风""弃光"等可再生能源消纳不足问题。在符合政府有效监管的条件下,积极有效地构建开放、公平、有序的风电市场。但不同的是,我国现有的电力辅助补偿机制的中长期任务在于构建配合现货交易试点的电力辅助服务市场,并建立电力辅助服务分担共享机制以促进涉及交易的电力用户参与其中。而电力现货市场则更侧重于发现科学合理的电力商品价格,促进形

---

① 参见国家发改委、财政部、国家能源局《关于试行可再生能源绿色电力证书核发及自愿认购交易制度的通知》(发改能源〔2017〕132号第1~4条)。

② 参见国家发展改革委办公厅、国家能源局综合司《关于开展电力现货市场建设试点工作的通知》(发改办能源〔2017〕1453号)。

③ 参见国家能源局《关于印发完善电力辅助服务补偿(市场)机制工作方案的通知》(国能发监督〔2017〕67号)。

成科学合理的电力现货交易机制。这两项制度在设计之初的定位与发展目标上存在现实的冲突,虽然这两项制度目前仍都处于探索试点阶段,但值得重视的是,在进行制度设计的过程中现货交易制度与辅助服务补偿制度都注意到了与优先购电制度、输配电价机制等其他制度之间的衔接和沟通问题,在具体的工作方案中也强调了要构建制度的总体思路和基本原则、主要目标、主要任务、阶段性任务、组织协调以及监督落实责任,以稳妥有序地推进相关工作的落实。

3.2 存在的问题

现行的诸多关于风能开发利用的法律制度为我国风电的开发利用奠定了良好的法律制度基础,为风电市场的健康有序发展准备了相对完备的制度条件。但不可否认的是,目前我国专门针对风能开发与利用的相关法律规定数量较少且多为原则性规定,其内容大都散见于国务院行政法规或地方各级政府的行政规章之中,缺乏明确系统的表达和归纳;其概念界定与阐述相对模糊和简单,尤其是在促进风电产业的开发利用、风电产业电力配额制度、协调风电价格与补贴制度以及风电行业监管体制等方面存在内容短缺、定义不明、概念不详、界限模糊的问题。

依据目前我国风电政策法律规制的整体体系来看,得到广泛应用的并非是法律法规,而是诸多庞杂的政策文件与行政规章。以《可再生能源法》《环境保护法》为体系核心的一系列法律文本由于其配套机制尚未健全、可行性欠缺、专项环境治理条文间契合度低等相关因素,"虚设"情况严重。虽言"鉴于能源问题的错综复杂与多变性及其对于国民经济发展以及国家安全层面的重要作用,世界各国相较于能源法律更倾向于适用灵活性强的能源政策作为规制手段已是常态"(曹明德 等,2017),但风电产业作为我国未来能源发展与能源战略的核心组成,其政策规制存在长效机制缺乏、多头管理等诸多问题,而这些问题恰恰又是促使能源法律法规最终成为落实保障风电高效发展的关键所在。因而如何保障风电的长期高效发展,无外乎在于发挥中央与地方立法的"生命力"(夏宏根,1997)。尤其是在环境规制领域,做好其与国家基本立法的协调衔接工作,发挥政府主导作用,各行各业积极贯彻履行环境保护的法定义务与社会责任[①],才是坚定走"生态优先,绿色发展之路"的应有之义。

在应对全球气候变化的大环境冲击与国内为协调能源与环境问题的双重压力下,政府部门通过制定政策性文本加快推动风电发展的步伐,这成为"十三五"期间我国风电开发利用的主基调。据不完全统计分析(表5),我国涉及风能开发利用的主要法律法规有11项,其余大多是以国家能源局、国家发展改革委与财政部为代表的政府主管部门所发布的政策性文本,且大多数文本集中于2014—2017年间颁布,其具体内容涉及新能源的统筹发展规划、电力市场的综合改革以及新能源市场的服务监管等诸多方面,从中可以看出国家逐步重视风电服务市场建设与管理的趋势。同时为紧跟时代发展需要,以国家发改委、国家能源局《关于促进智能电网发展》的指导意见[②]为代表的政策文本鼓励地方政府与风电行业合作共同探索制定风能

---

① 环境保护的法定义务主要为《环境保护法》所规定内容。环境保护的社会责任,主要为企业的环境社会责任,即需要承担环境法律责任与环境道德责任。

② 参见国家发改委、国家能源局《关于促进智能电网发展的指导意见》(发改运行〔2015〕1518号)。

开发利用与"互联网＋"、大数据分析相融合应用的现代化智能发展模式。不可否认的是,虽然现行的风能开发利用政策法律规制体系为推动全国风能产业的蓬勃发展提供了重要的制度基础,但其在风能开发利用的法规体系、制度内容、长效保障机制内容方面仍然存在诸多亟待解决的问题。

表 5　风能开发利用主要的法律文本与政策性文本汇总

法律法规	综合	《中华人民共和国可再生能源法》(2005)
		《中华人民共和国环境保护法》(2014)
		《中华人民共和国环境影响评价法》(2016)
		《中华人民共和国安全生产法》(2014)
	电力	《中华人民共和国电力法》(1995)
		《电力安全事故应急处置和调查处理条例》(2011)
		《电力监管条例》(2005)
		《电力供应与使用条例》(1996)
		《电力设施保护条例》(2011)
		《电力调度管理条例》(2011)
	能源节约	《中华人民共和国节约能源法》(2016)
规章/规范性文件/政策性文本	综合	国家能源局《关于推进简政放权放管结合优化服务的实施意见》(2015)
		国家能源局《关于印发配电网建设改造行动计划(2015－2020 年)的通知》(2015)
		国家能源局《关于下达 2017 年能源领域行业标准制(修)订计划的通知及英文版翻译出版计划的通知》(2017)
		国家能源局综合司《关于印发 2017 年能源领域行业标准化工作要点的通知》(2017)
		国家能源局《关于可再生能源发展"十三五"规划实施的指导意见》(2017)
		国家发改委《关于全面深化价格机制改革的意见》(2017)
		国家发改委、国家海洋局《全国海洋经济发展"十三五"规划》(2017)
	电力	国家发改委《关于调整发电企业上网电价有关的事项》(2013)
		国家发改委《关于加强和改进发电运行调解管理的指导意见》(2014)
		国家发改委《关于加快配电网建设改造的指导意见》(2015)
		国家发改委、国家能源局《关于促进智能电网发展的指导意见》(2015)
		国家发改委、国家能源局《关于印发电力体制改革配套文件的通知》(2015)
		国家发改委、国家能源局《关于推进电力市场建设的实施意见》(2015)
		国家发改委、国家能源局《关于有序放开用电计划》的通知(2017)

规章/规范性文件/政策性文本	新能源	国家发展改革委《关于完善风力发电上网电价政策的通知》(2009)
		财政部《关于调整大功率风力发电机组及其关键零部件、原材料进口税收政策的通知》(2008)
		国家能源局《风电开发建设管理暂行办法》(2011)
		国家发改委《关于调整可再生能源电价附加标准与环保电价有关事项的通知》(2013)
		国家能源局《关于规范风电设备市场秩序有关的要求》(2014)
		国家能源局《关于推进新能源微电网示范项目建设的指导意见》(2015)
		财政部《关于印发可再生能源发展专项资金管理暂行办法的通知》(2015)
		国家能源局《关于做好"三北"地区可再生能源消纳工作的通知》(2016)
		国家能源局《关于建立可再生能源开发利用目标引导制度的指导意见》(2016)
		国家发改委《可再生能源发电全额保障性收购管理办法》(2016)
		国家发改委、国家能源局《关于做好风电、光伏发电全额保障性收购管理工作的通知》(2016)
		国家能源局《关于下达2016年全国风电开发建设方案的通知》(2016)
		国家能源局、国家海洋局《关于印发海上风电开发建设管理办法的通知》(2016)
		国家发改委、财政部、国家能源局《关于试行可再生能源绿色电力证书核发及自愿认购交易制度的通知》(2017)
		财政部、国家发改委、国家能源局《关于开展可再审能源电价附加补助资金清算工作的通知》(2017)
		国家能源局《关于开展风电平价上网示范工作的通知》(2017)
		国家能源局《关于加快推进分散式介入风电项目建设有关要求的通知》(2017)
		国家发改委、国家能源局《关于印发解决弃水弃风弃光问题实施方案的通知》(2017)
		国家能源局《关于公布风电平价上网示范项目的通知》(2017)
		国家能源局发布《可再生能源电力配额及考核办法(征求意见稿)》(2018)
	市场监管	国家发改委、国家能源局《关于印发输配电定价成本监审办法(试行)的通知》(2015)
		国家发改委《关于印发分布式发电管理暂行办法的通知》(2013)
		国家能源局《关于印发新建电源接入电网监管暂行办法的通知》(2014)
		国家能源局《关于印发供电企业信息公开实施办法的通知》(2014)
		国家能源局、国家工商行政管理总局《关于印发风力发电场、光伏电站并网调度协议示范文本的通知》(2014)
		国家能源局《关于明确电力业务许可证管理有关事项的通知》(2014)
		国家发改委办公厅、国家能源局综合司《关于开展电力现货市场建设试点工作的通知》(2017)
		国家能源局《关于印发完善电力辅助服务补偿(市场)机制工作方案的通知》(2017)

规章/规范性文件/政策性文本	电力安全监管	国家发改委 国家能源局《关于印发风电场工程建设用地和环境保护管理暂行办法的通知》(2005)
		中华人民共和国国家发展和改革委员会令第 14 号《电力监控系统安全防护规定》(2014)
		中华人民共和国国家发展和改革委员会令第 21 号《电力安全生产监督管理办法》(2015)
		中华人民共和国国家发展和改革委员会令第 28 号《电力建设工程施工安全监督管理办法》(2015)
		国家能源局《关于防范电力人身伤亡事故的指导意见》(2013)
		国家能源局《关于印发发电机组并网安全性评价管理办法的通知》(2014)
		国家能源局《关于印发小型发电企业安全生产标准化达标管理办法的通知》(2014)
		国家能源局《关于印发电网安全风险管控办法(试行)的通知》(2014)
		国家能源局 国家安全监管总局《关于印发电网企业安全生产标准化规范及达标评级标准的通知》(2014)
		国家能源局《关于印发电力行业网络与信息安全管理办法的通知》(2014)
		国家能源局《关于加强电力企业安全风险预防建设的指导意见》(2015)

3.2.1　法律法规体系不够健全

首先,缺乏明确专门的分类立法。目前,国内专门的可再生能源立法就只有一部《可再生能源法》,这意味着在风能开发利用方面可供参考的成文法律只有这一部。虽然该法律在立法原则与基本法律制度方面基本紧跟国内可再生能源产业发展趋势和国际竞争趋势,也大体符合我国风能开发利用的基本制度设计方向和未来产业发展朝向,在一定程度上为我国风电产业的长远发展提供了可遵循的法律设计。但是,其仍无法回避因缺少专门对应风能开发利用的法律制度内容而导致的法律制度的设计未达到立法的初衷(肖国兴 等,2010)。虽然国务院有关部门也出台了涉及风能开发利用的规定与政策性文本,但在大部分文本中仍采用以"新能源"为关键词的概念和内容方式规定,将太阳能、风能、生物质能等新能源的开发利用方式综合在一起进行考量。其存在对有关风能开发利用的规定分布较为零散、内容不全面、不专业、未考虑其独特的技术特点与地域限制等诸多弊端,制度设计也不能完全满足风能开发利用的现实需要,法律制度方面的空缺可能在实际操作层面产生可执行性效果不佳的影响。因此,针对风能开发利用的地域特征、管理模式、技术特点和能源特性,积极制定系统专门的分类立法,就成为风能开发利用的迫切需求。

其次,相应的配套规章需要完善。虽然我国目前有关可再生能源的配套规章和实施细则已多达几十部,但是在涉及促进风能开发利用的配套机制方面,许多对应的机制仍处于探索试点阶段,甚至处于立法空白阶段。诸如前文所论述的电力现货市场的建设、电力辅助服务补偿机制的完善等具体规定尚未成熟;在风电财政补贴和税收优惠以及风电产品技术标准等重要领域大多只是发布了政策性的通知文件,而没有开展相应的立法活动;关于风能的勘察与评估、并网技术标准的制定等也含糊不清,在激励与规范风能开发利用产业的持续发展方面存在较大的规章空洞,使得风电开发商和投资者的政策安全感相对较低,导致很多有关风能开发利用的关键性的制度、措施和实践性的运作无法得以落实。

最后,中央与地方立法须协调。我国幅员辽阔,南北、东西气候存在差异,风能开发利用的地理条件和优劣势自然也不尽相同。不同地域、不同气候带内风能资源的丰富程度因地因时存在差异,不同地域的风能开发利用结构和消费构成也具有特殊性。由于区域分布差异、经济发展程度等诸多因素的不一致导致了各地风能利用情况的不同。虽然国家从宏观层面制定发布了绝大多数的风电发展规划,但是一方面,这些政策和规划的执行和落实需要地方政府的积极响应和配合,另一方面,地方政府也需要根据自身风能开发利用的实际情况和特殊性因地制宜地采取协调措施,以避免出现国家风能立法和制度与地方法规的不相适应、难以实行甚至相互冲突的情形,从而能够协调好中央立法与地方立法之间的关系,实现两级法律间的有效协调和优势互补态势,为地方根据自身情况进行风能的开发利用提供和谐的制度环境(杨惜春,2010)。

　　为了更好地阐述风能开发利用中法律法规体系建立与完善的重要性以及当前我国风能开发利用中法律法规体系建设的现状,现具体以湖北省为例进行展示,具体如表6~8所示。

表6　湖北省风能管理开发的相关立法[①]

序号	文本名称	制定主体	发布时间
1	《2017年风电开发建设方案的通知》	湖北省能源局	2017年
2	《湖北省气候资源开发利用与保护条例(草案)》	湖北省人大常委会	2017年
3	《湖北省应对气候变化行动方案的通知》	湖北省人民政府	2009年
4	《关于进一步规范风电开发管理的通知》	襄阳市发改委	2015年
5	《湖北省可再生能源发展"十三五"》规划	湖北省发改委	2017年
6	《湖北省实施〈中华人民共和国节约能源法〉办法》	湖北省人大常委会	2011年修订
7	《湖北省实施〈中华人民共和国水土保持法〉办法》	湖北省人大常委会	2015年

表7　湖北省风电环境规制所参照的核心法律文本[②]

序号	文本名称	制定主体	发布时间
1	《中华人民共和国可再生能源法》	全国人大常委会	2010年
2	《中华人民共和国节约能源法》	全国人大常委会	2016年修订
3	《中华人民共和国水土保持法》	全国人大常委会	2010年修订
4	《中华人民共和国水法》	全国人大常委会	2016年修订
5	《中华人民共和国环境影响评价法》	全国人大常委会	2002年
6	《中华人民共和国大气污染防治法》	全国人大常委会	2016年生效
7	《中华人民共和国水污染防治法》	全国人大常委会	2008年修订
8	《中华人民共和国电力法》	全国人大常委会	1995年
9	《中华人民共和国固体废物污染环境防治法》	全国人大常委会	1995年
10	《中华人民共和国环境保护法》	全国人大常委会	2014年

---

① 图中所列文件通过湖北省发展改革委员会官网与百度检索得出。

② 图中所列文件通过国家能源局官网中"能源法律法规政策文件汇编"检索得出,官网中所列部分文件的修订时间未及时更新,通过人工检索在文中已校正。列举风能法律政策文本主要是以环境法为核心。

表 8　湖北省风电环境规制所参照的相关规章与政策性文件

序号	文本名称	制定主体	发布时间
1	《风电场预可行性研究报告编制办法》	国家发改委	2003 年
2	《风电场场址选择技术规定》	国家发改委	2003 年
3	《关于进一步支持可再生能源发展有关问题的通知》	国家发改委办公厅	2005 年
4	《全国风能资源评价技术规定》	国家发改委	2004 年
5	《风电场工程建设用地和环境保护管理暂行办法》	国家发改委、国土资源部、国家环保总局	2005 年
6	《关于风电建设管理有关要求的通知》	国家发改委	2005 年
7	《全国大型风电场建设前期工作大纲》	国家发改委办公厅	2003 年
8	《风电场场址工程地质勘察技术规定》	国家发改委	2003 年
9	《风电场工程投资估算编制办法》	国家发改委	2003 年
10	《风电场场址选择技术规定》	国家发改委	2003 年
11	《风电特许权项目前期工作管理办法》	国家发改委	2003 年
12	《国债风电项目实施方案》	国家经贸委	2000 年
13	《风力发电场并网运行管理规定(试行)》	电力工业部	1994 年
14	《关于促进跨地区电能交易的指导意见》	国家发改委	2005 年
15	《风电发展"十三五"规划》	国家能源局	2016 年
16	《关于进一步完善风电年度开放方案管理工作的通知》	国家能源局	2015 年

　　以湖北省风能资源开发利用的情况为例,就风力分布和季节特性而言,其呈现出冬春季强盛、夏秋季减弱的特点;在地域分布上,其大多分布于省内相对独立的中高山地区以及鄂北岗地到江汉平原的冷空气南下通道区域[①]。不同于西北、华北地区的风能资源区大多地处戈壁滩、山脊[②]等生态贫瘠之地,其需要考虑的土地、生态环境保护等方面的限制性因素相对较少。而湖北省在风能开发利用的过程中,将涉及大范围的征林征地、环评、生态补偿与生态保护等工作,触及的利益纷争和法律问题更多更严重。所以,更加需要着眼于地方立法层面,从实体制度与程序两方面开展相关的法律规制工作,为湖北省的风能开发利用厘清法制阻碍,明晰其利益关系与纠纷,为风能产业的发展准备条件。但从湖北省目前风能开发利用的立法规制现状来看,地方性法规和地方政府规章几乎处于空白状态,且规定大多较为笼统、概念较为模糊,缺乏可执行性。具体表现为,省内风电建设管理与环境法律规制的开展大多以《可再生能源法》《环境保护法》与《环境评价法》等为核心的法律文本以及国家能源局与相关部门发布的相关规章与政策性文件所规定的内容进行参照,存在风电环境法律规制条文凌乱、配套机制不健全、与国家法律的对应性与协调性不强等问题。且上述诸多文本制定时间距今已有较长年限,在目前风能集约式开发利用的大背景下,已不能与生态优先的社会发展理念相吻合,存在一定的时代局限性。

　　[①]　参见覃业程:《湖北的风力发电场》,http://www.360doc.com/content/17/0425/18/8527076_648585524.shtml.
　　[②]　参见百度百科风能资源,https://baike.baidu.com/item/%E9%A3%8E%E8%83%BD%E8%B5%84%E6%BA%90/5026414? fr=aladdin.

3.2.2　法律制度不够完善

总量目标与发展规划制度、产业指导与技术支持制度、上网定价与费用分摊制度、并网发电审批与全额收购制度、管理监督与环境保护制度以及其他制度都对促进风能开发利用的可持续发展起到突出的作用,但仍有需要完善的内容。

首先,在总量目标与发展规划制度方面存在并未将应对气候变化的目标落实到法律条文之中、法律条文规定笼统以及监督责任尚未完全落实到位等问题。

(1)积极应对气候变化的目标仍未落实到法律条文之中。我国制定落实风能开发利用的中长期政策规划文件,是以《可再生能源法》第一条[①]的规定为宗旨,但是,根据欧盟、美国等其他国家在可再生能源法中的规定情况,开发利用可再生能源的目标除了保障能源安全、保护环境外,也应将积极应对气候变化纳入其中(李艳芳,2010)。积极应对气候变化,是中国作为大国所应履行的义务。无论是自2008年起中国每年公布的《中国应对气候变化的政策与行动》,还是2016年率先批准《巴黎协定》,都可以窥见中国在应对气候变化问题上所付出的努力。而将"积极应对气候变化"纳入法律条文之中,除了更加明确表明国家对气候问题的重视与关切之外,同时也将风能等可再生能源的开发利用战略提升到全球意义、关乎人类未来的新高度。

(2)总量目标的规定较为笼统。以国家发改委2016年12月发布的《可再生能源发展"十三五"规划》为例,规划提出"至2020年底,全国风电并网装机确保达到2.1亿千瓦以上""到2020年,海上风电建设1000万千瓦,确保建成500万千瓦"等风电开发利用的总量目标,但具体总量目标数据的得出是否科学合理仍有待考量。《可再生能源法》第六条、第七条规定,国务院能源主管部门会同有关部门联合制定资源调查的技术规范,并根据实际需求制定全国可再生能源开发利用的中长期总量目标。然而,其中涉及的资源调查技术的规范立法尚未公布;可再生能源总量目标含有风电、太阳能等诸多能源,也并未具体对风能开发利用到底应该达到什么程度或数量作出单独规定。

(3)总量目标的执行情况缺乏法律监督。虽然我国建立了以人大和人大常委会为代表的国家权力机关、以国务院为代表的行政部门以及社会监督管理的综合可再生能源管理机制,但监督机制的运行尚未行之有效。尤其表现在监督《可再生能源法》总量目标的执行方面,存在总量发展目标和规划制定同配套措施脱节、国务院和地方人民政府可再生能源管理部门在指导和推进规划中的职责不明确、缺乏公开透明法律监督等问题。国家和地方各级政府的发改委或者经贸委的能源管理的主要职责在于制定规划、产业指导、投资审批和价格监管,其结构和少量人员配备仅能适于组织规划、政策制定和项目审批,并不具备对风能开发利用活动依法进行监督管理的实际能力,包括相关信息的申报、收集,行政检察和处罚,行政执法监察等不具备依法进行独立监管的能力,也就不能对可再生能源从资源开发、加工转换、市场销售的整个复杂体系适当进行有效的监督管理。同时,对负责法律实施的行政部门实施法律的情况,没有明确的、规范的报告评价制度,包括谁负责报告、向谁报告,报告是否向社会公布等。

其次,在产业指导与技术支持制度方面存在科技和产业方面的投入与法律规定不相一致的问题。

---

① 参见《可再生能源法》第一条:为了促进可再生能源的开发利用,增加能源供应,改善能源结构,保障能源安全,保护环境,实现经济社会的可持续发展,制定本法。

(1)我国风能开发利用所投入的研发资金与发达国家存在较大差距。据《2017 年全国科技经费投入统计公报》,全国共投入研究与试验发展经费 17606.1 亿元,已位居世界前列,但从研发经费的投入强度和投入结构来看,我国基础研究投入处于较低水平,大多致力于追求高速发展的“短平快”的创新活动,存在“重建设,轻研究”的症结。

(2)存在产业指导政策干预风电市场情形。由于当前中国产业政策属于典型的选择性产业政策,很大程度上就是政府通过目录指导、项目审批和核准等行政力量直接干预市场并限制竞争,试图以政府的选择与判断来替代市场机制(江飞涛 等,2010),从而抑制了风电行业自主的市场发展,打击了创新的积极性。甚至是有些研发能力不足的企业根据国家补贴政策的导向,在产业政策指定的技术路线上进行大规模重复性且低水平的研发活动以获得相应补贴,从而更进一步形成了产业低端化与低端产品产能过剩的情形。

(3)企业对核心技术的知识产权创新保护意识不强。风能的开发利用要求积极发展相应技术,促进可再生能源市场化发展。在政策、法律的具体实施过程中,国内的风电发展已经取得令人瞩目的成绩,但是风能企业的总体创新性研究能力弱,诸如在信息化、新产品研发等技术前沿领域的活跃度不高,与世界先进水平相比较,仍存在较大差距。2006 年国务院发布的《国家中长期科学和技术发展规划纲要(2006—2020 年)》提出,到 2020 年要将中国的对外技术依存度降低到 30% 以下,但是,当前中国在关键技术上的对外依存度依然高达 50% 以上(范建亭,2015)。如果这一报告重点是对整个制造业的自主创新能力进行统计总结,那么“美国超导公司诉我国某风力发电设备制造企业窃取商业机密一案”就已从一定程度上反映出国内部分风电企业在创新核心技术方面的忽视。或者更直接地说,依然处于能力不足的阶段(杨解君,2013)。

第三,在上网定价与费用分摊制度方面,最关键的问题就是关于风电价格的政府扶持是否继续以及火电与风电利益如何平衡。

目前,传统能源与风电能源之间的价格关系不合理,风电成本相对较高,市场竞争力弱。且风电价格一向由政府主导定价,尚未真正完全反映市场价格。虽然《可再生能源法》以及其他法律法规中对风电定价做出规定,以期达到政府灵活定价的目的,但是,政府主导电价始终不能完全反映市场的现实需求,滞后无法避免。例如,当存在“弃风”的情况下,风电标杆定价会使得在供需不平等的情况下不能真实反映出电力行业存在供大于求的信号,从而导致风电不能被及时消纳而最终被浪费;而且外在大环境下的资本运营、发电技术等一直在随着技术的发展而进步,所产生的费用也在发生变化,固定电价往往不能随时间、市场、企业生产条件做出及时的调整,存在滞后性。

另外,不可否认的是,在新能源补贴领域,国家所面临的资金缺口已日益加大,出现入不敷出的困局。在补贴风电发展尚不能满足的同时,其他诸如光伏、生物质能发电的资金更处于严重不足的局面。更何况,申请补贴资金的流程与审批的程序繁琐、时间长,将影响风电等可再生能源的正常经营与经济效益,造成资金的恶性循环。更进一步而言,为了缓解补贴面临的资金缺口,使得风电企业可以获取支撑其发展的补贴资金,应逐步降低政府补贴强度,同时能够平衡不同地区配额指标差异,保障非化石能源消费目标和相关规划发展目标实现的“配额＋绿证”制度得以落地实施。但是鉴于我国可再生能源市场的市场机制仍未健全,绿证的自愿认购体系如何推行成为目前试行结束之后需要首先考量的问题,是否需要适时确立强制认购制度依然未知。由于缺乏激励措施与绿色用电的意识,大量企业与个人仍对绿证持观望态度。与绿证相配套的风电市场准入制度、风电市场推出机制、辅助服务市场以及绿证交易制度尚未建立健全,很大程度上将会使这一制度的推行"遇冷"。况且平衡风电与火电的利益,是实现风电最终能够实现平价上网、解决消纳问题的重要因素,中间将涉及诸多行政部门与企业的博弈。因而,无论是配额制还是解决"弃风"问题仍是需要最终回归到上网定价与费用分摊制度方面,进行科学的制度设计使得风电平价上网与绿证制度达到并行不悖的局面。

第四,在并网发电审批与全额收购制度方面存在审批难和跨部门之间的沟通协作问题。外界普遍诘难的"风电并网难",实际上难的根本不是并网,而是管理。业内人士此前曾做出具体回应,并网难与风电项目和电网项目审批脱节,国家和地方分别审批,先批风电项目、后批电网项目有很大的关系。虽然目前也正在进行风能开发利用项目的审批改革,但是如何在做到简政放权的同时不放松监督职责的履行也是改革的重点所在。国务院总理李克强于 2018 年就强调要采取措施将企业开办时间和工程建设项目审批时间压缩一半以上,进一步落实中央经济工作会议部署和《政府工作报告》任务,深化"放管服"改革,切实解决营商环境中存在的企业开办和工程建设项目审批效率低、环节多、时间长等问题,降低制度性交易成本、激发大众创业万众创新活力。此外,在环保组织诉国网某电力公司环境污染责任纠纷一案中,就涉及了关于要求电力公司履行全额收购的诉讼请求,但从电力公司所做出的"答应了全额收购也做不到,制定发电计划的部门他们不跟我们沟通协调,很难达到要求"陈述内容来看,全额收购并非电力企业一人之责,更多的在于需要前期与政府各部门进行沟通协作。加强沟通协作能够避免不同单位与部门之间的信息闭塞,减少部门之间互相推诿职责的情况。改善沟通协作机制,不但能够更好地落实风电的全额收购制度,更能优化整个风能开发利用的法律制度,提高行政效率。

第五,在管理监督与环境保护制度方面存在规制手段单一、条文规定笼统未发挥地方特色、企业和社会公众的权责尚未明晰的问题。

(1)风电环境法律的规制工具单一。就环境规制工具的种类而言,主要包括命令控制型工具、节能激励型工具与信息规制工具[1]。在风电开发利用的过程中,需要进行环境规制的环节几乎贯彻始终,从风电场的选址、风电场的建造、风电场自身的运营管理、风电产品的绿色认证到行政主体对风电场监督管理等。当然也囊括上文所阐述的彰显地方环境立法的"生命力"与明确企业与社会公众的风电环境规制权责的内容。值得注意的是,风电环境法律规制工具的选择主要是依据风电开发利用的不同环节所涉及的有关主体与立法需求等内容,行使有所侧重的规制手段。以某市《关于进一步规范风电开发管理的通知》为例,其通知内容的第三条规定了将结合《可再生能源电力配额考核办法》的规定出台新能源装机配额的考核约束型指标[2]。该条规定无疑采用命令控制型工具,主要体现了该市行政主体为了促进当地风电项目开发的立法需求与对大型燃煤集团制定考核评价标准的规制手段。接着,从风电环境法律规

---

① 参见 Cass R. Sunstein:"在 21 世纪,穷国和富国都会逐渐摆脱命令和控制的模式,而趋向于通过公开信息、开发新市场、鼓励人们运用自己的创造性来发现降低风险的新方法。在这些方法当中,公示与风险相关的信息是最令人感兴趣和潜在的最有效率的策略。"

② 参见《关于进一步规范风电开发管理的通知》,具体内容:为加大对具有可再生能源电力配额考核指标任务企业的支持力度。结合国家、省即将出台《可再生能源电力配额考核办法》,对大型燃煤发电集团将出台新能源装机配额考核约束性指标,为了确保我市重大能源设施基础项目顺利推进,合理适当保留并配置风资源以优先支持华电集团和省能源集团在我市开发风电项目,为其完成新能源考核任务提供良好的政策环境。

制工具的现实表现形式与应用进行分析(表9)可知,行政主体力图获得风电环境规制的切实效果,关键在于环境规制法律工具的综合运用。具休以湖北省的风电立法为例来看,湖北风电环境法律规制中的工具选择主要还是呈单一态势,木活用"命令规制＋信息规制""命令规制＋节能激励"等综合规制工具形式,未形成风电环境法律规制领域多主体的参与回馈机制,主要形式仍为政府主体主导的单向规制。

表9 风电环境法律规制工具的现实表现形式与应用

规制工具分类	表现形式与应用
命令规制工具	与风电相关的考核考评机制、配额指标等
节能激励型工具	促进风电企业节能生产的财政补贴、税收减免等
信息规制工具	规定风电企业生产情况的信息公开等

环境规制作为尚处发展阶段的概念,其内涵囊括政府强制规制与市场其他主体的自我规制之价值、功能定位、手段等诸多内容(王清军,2017)。其中值得强调的是,环境法律规制应充分考量区域因素。据相关学者研究观点,环境规制的地区差异和地理邻近效应对环境污染空间溢出具有显著的正影响(刘华军,2015),换句话而言,湖北的风能开发须贯彻区域经济与生态环境间的协同发展这一绿色发展核心理念。由此,撇开专业知识限制、信息不对称等因素,省政府主体在风能开发利用的相关环境法律规制活动中,应该因地制宜地进行思考,从理解环境规制的内涵与特点、环境法律规制的工具选择、沟通衔接机制的建立等角度入手,发挥统筹全局的领导作用,完善贯彻优化生态发展原则的省内风电环境法律体系。

(2)风电法律规制未发挥地方立法的"生命力"。湖北风能资源属于风能资源Ⅳ区,与东南沿海、内蒙古、甘肃等Ⅰ区/Ⅱ区风能资源区在开发利用的时间与设备应用等方面具有较大的不同之处。与之相对应的,湖北地方则须在风电环境法律规制上做出相应的内容调整。受地理环境因素所限制,湖北风能资源区绝大部分涉及大范围的征林征地工作与风区所处的复杂地势的生态评估工作,进行大致测算以列明生态修复费用(李焱,2017)。从风电场开始选址至风电场建成投入运营的整个过程,需要地方环境立法进行规制的不仅仅是发挥保障风电开发利用与生态环境和谐发展的直接作用,也要重视其中所涉及的"环境与人"的和谐关系(蔡守秋,2002),因为能发挥法治生命力的法律文本毋庸置疑彰显着自然与人的可持续协调发展。换言之,即需要地方政府主体采用多种方式、方法协调与风电项目相关的各类主体关系,化解矛盾。

以风电开发利用所可能导致的环境污染为例,绝非风电场选址时所做的生态补偿预算就足够的。仅风电场建成后的全天运作模式及风电开发所应用的特殊设备,就易导致噪声污染与电磁辐射污染;也同样可以联系到因风电项目建成后与周围生态环境不一致所造成的视觉景观污染,以及在建造过程中所导致的油污染、尘土污染、水土流失等。因而依据有侵权就有救济的法理,地方政府是否应该就不同阶段、不同种类的风电环境污染,贴合当下经济发展水平与考量治污成本等因素,向受风电开发利用而导致环境污染侵权的民众进行不同额度的补偿。当然,风电开发利用所造成的环境污染应依据地方环境、地理因素制定补偿补贴只是发挥地方立法"生命力"的其中一小部分,仍有诸多如风电环境规制协调机制等内容亟待地方立法的"生命力"让其真正行之有效。

(3)企业与社会公众在环境法律规制中的权责尚未明晰。在风电开发利用的环境法律规制体系中,理想状态下应该存在一种近似"政府主导监督审查,风电企业落实自我规制,社会公众广泛参与评价"的模式。但就目前湖北省风电开发利用的环境立法情况来看,很大程度上在法律规制过程中还是忽略了企业与社会公众这两大主体,主要由行政机关承担强制规制权责。具体以《湖北省实施〈中华人民共和国节约能源法〉办法》为例的三部地方法规中虽然列有与风电企业、社会公众有关的条文规定,但还是摆脱不了内容不明确、可执行性欠缺等弊病。例如,《湖北省实施〈中华人民共和国节约能源法〉办法》第二十九条①与第三十七条②的规定,多采用"鼓励""支持"等笼统性的词句,尽管可能起到部分促进省内风电环境和谐发展的作用,但从实际促进企业与社会公众落实规制权责的层面而言,实施路径与参与风电环境规制的程序机制等都未明晰,故而导致相关规定的作用微乎其微。且《风电场工程建设用地和环境保护管理暂行办法》因颁布时间与现今也有较大差距,在此部分也没有做出详细的规定。另外,从行政主体承担绝大多数风电环境规制权责的另一方面进行思考,政府强制规制权责的履行势必使政府主体将在付出大量成本的同时,也将面临因信息不对称、专业知识缺乏以及权力寻租等致使"规制失灵"情况的出现,进而可能导致区域内的风电开发利用与环境监督管理相脱节的情形。

4. 促进我国风能开发利用法制完善的相关建议

正所谓谁选择了有利于提高生产效率、实现成本降低、促进产业和技术转型升级的政策、法律、制度,谁就选择了发展与繁荣的机会。在区域、国家、国际间打响能源战略的时代背景下,促进风能开发与利用的相关法律、政策、制度的完善,将为该产业的未来发展提供完备的法律制度体系,为其发展扫清体制机制的阻碍和法理困惑,同时为我国经济社会的快速发展和转型升级注入强劲的活力。本文提出完善我国风能开发利用法制建设的相关建议如下。

4.1　加强法律制度设计的现实性、前瞻性与协调性

关于风能开发利用的法律制度设计既要顺应世界能源开发形势和我国能源开发的现状,符合我国能源领域立法的总体规律和原则,也要考虑到风能作为可再生能源开发利用的特殊性和现实性需要,进行统筹考虑。

首先,要关注的是风能开发利用的法律制定必须具有现实性,贴近现实是法律的生命力和活力所在。例如,风电全额保障性收购制度、上网定价与费用分摊制度的制定和完善在一定层面和阶段内能起到刺激开发商投资热情,进而促进风电行业快速发展的作用。其次,法律的制定要具有发展性和前瞻性,《可再生能源法》中关于风能开发利用的制度设计确实具有总揽性和概念性,但风能的开发和利用会随着社会经济、环境、人文的变化而处在不断发展之中,所以在制度设计上既要脚踏实地,也要仰望星空。风电全额保障性收购制度是典型的一刀切的方法设计,在应对未来发展的规划方面存在显著的不足。应考虑风电开发利用的阶段性特征,在

---

① 参见《湖北省实施〈中华人民共和国节约能源法〉办法》第二十九条:鼓励工业企业采用高效节能的电动机、锅炉、窑炉、风机、泵类等设备,采用热电联产、余热余压利用、洁净煤以及先进的用能监测和控制技术。

② 参见《湖北省实施〈中华人民共和国节约能源法〉办法》第三十七条:鼓励和支持企业、科研机构、高等院校开发利用生物质能、风能、太阳能、水能、地热能等可再生能源,开展节能信息和技术的交流合作。

不同时期灵活调整最低收购额度。例如,可在初期采取全额收购或者较高的收购额度,以刺激开发商的积极性;中期及其以后,逐步降低额度,采取鼓励发电企业之间良性竞争获取上网权的方式推动产业结构的优化升级。最后,法律制度的制定要具有协调性。协调性主要体现协调处理三对关系,即协调相关法律政策之间的关系、协调不同技术类型的法律与政策之间的关系以及协调中央与地方立法的关系。我国关于风能开发利用的法律措施相对分散,法律措施的制度目标不协调、相关规定不配套问题突出,而且还存在着风能开发利用的法律措施与其他法律之间的矛盾和冲突问题。需要在《可再生能源法》的原则性规定下,对现行的风能开发利用的行政法规、规章、技术规范进行清理和整合,保持风能开发利用相关法律制度目标的一致性,同时也要兼顾与其他不同技术类型的可再生能源法律与政策的平衡性,正确处理地方立法与中央立法的隶属关系,地方要在不违背中央立法的原则下进行风能开发利用的相关立法。

4.2 完善风能开发利用的法律体系

首先,加强风能开发利用的分类专门立法。美国等西方发达国家不仅有综合性的新能源与可再生能源的法律与政策建设,而且还有针对不同类型的可再生能源的专门的法律和政策规定,如风能、地热能、海洋能等;而且针对同一可再生能源,还制定了不同技术种类的专门的技术研究、示范与分类的方法。在我国,针对风能开发利用的地域特征、管理模式、技术特点和能源特性,积极制定系统专门的分类立法,成为风能开发利用的迫切需求。因此,应该制定有关风能开发利用的专项立法。尤其是关于积极应对气候变化的目标、总量目标的规定、产业指导与技术支持制度、企业与社会公众在环境法律规制中的权责方面的立法需要进一步加强和细化。

其次,加强风能开发利用的地方立法。我国幅员辽阔,地形种类各异、气候类型多样,不同地区、不同地域、不同气候带的资源状况、经济技术发展水平、人口分布以及消费水平都存在较大差异。由此,风能的开发利用也需要因时因地而宜。我国目前有几个省份制定了关于风能开发利用的相关地方法规,都散见各地制定的《农村可再生能源条例》中,如湖南、四川、山东、黑龙江等几个省份,都采取了这种方式对风能的开发利用进行规范。然而,大部分的省份要么没有制定有关风能开发利用的地方性法规(这些省份有些是可再生能源,甚至是风能开发利用大省),要么就是制定了有关的地方性法规,但是仅仅将风能的开发利用领域局限于农村用能问题的解决,而没有将风能的开发利用置于丰富能源种类、升级能源结构、促进国家产业结构转型升级、实现经济社会转型发展的任务和地位上,限制甚至是窄化了风能开发利用的概念和口径,从而不利于风能开发利用的进一步深化。为此,各地应当在《可再生能源法》的精神和原则下,积极制定与国家立法相协调、适应本地区风能开发利用的地方性法规,既可以弥补《可再生能源法》和全国性配套政策在本地风能开发利用方面的不足,也有利于风能开发利用的进一步深化。

此外,对于是否需要就风电开发利用进行单独的环境立法规制问题还有一些理由需要补充。有学者认为应参照美国的能源立法,对我国风电的开发采取单项分类的环境立法模式;也有学者认为如今的风电环境法律规制条款大部分杂糅于《可再生能源法》等诸多综合能源法律文本之中,易产生"多头执法,权责不清"的"老话题"。因此提出建议,认为不妨在处于制定过程中的《能源法》中设置风能专章,制定相配套的环境规制法律予以施行。经过比较,笔者更倾向于第二种风电环境立法规制的模式。理由如下:(1)从风能资源具有物的一般属性来看,符合可利用性的条件,也符合《能源法》总则中一般规定的调整,应纳入公众共有物进行公权力的委托管理(曹明德,2012)。(2)考虑到采用单项分类立法的立法成本较高,以及重新构建风电环境规制体系势必需要等待国家完成当前环境生态领域中的重点立法活动,即完善"水资源"与"大气"环境立法,太过漫长的立法时间将容易导致未来风电环境规制法律与风电发展实际的环境立法需求存在诸多衔接性不畅等问题。(3)从地方立法操作的可借鉴性来看,第二种立法模式无疑更便于地方政府主体因地制宜地设计区域风电环境规制法律。

第三,完善风能开发利用的配套规定。在《可再生能源法》的框架基础上,完善风能开发利用的配套规定,是促进风能开发利用法制完善的必要之举和现实需要,有利于对风能的开发利用进行详细的规范和制约。(1)明确风能开发利用的发展规划和发展路线。在风能开发利用总量目标和中长期规划的基础上,制定和公布风能开发相关的专项规划。特别是要针对电力现货市场的建设、电力辅助服务补偿机制进行完善,从发展总量上保障不同阶段、不同地域风能开发的市场空间,使风能开发利用的发展目标成为服务于风能规划和风能发展政策的双向目标。(2)制定细致且有针对性的财税优惠制度。加强风电财政补贴和税收优惠领域的规章设计和立法活动,减少风电开发利用的成本,激发市场主体的积极性。在加快风电税收优惠政策出台的同时,还要研究风电财政与税收的组合政策,加大对于风能开发技术创新与研发的优惠财税政策扶持的力度,如风电大型机组的自主研发等。(3)尽快制定出台国家标准,规范风能开发市场。完善风能开发利用的国家标准体系建设,积极鼓励风能发展并促进风能开发技术的进步,将相关标准上升为国家强制性标准,为风电上网提供制度保障。此外,还要对风能发电设备的标准进行完善,加强其检测和认证工作。(4)加快风电后市场服务法律体系的构建。积极与保险、银行、高校等机构进行合作,重视风电保险服务、融资服务、人才培训输送等在风电开发利用服务领域的作用。目前还是应坚持鼓励支持的原则,激励多方之间的合作,可以利用政策规制工具,鼓励高校、银行、保险公司等重视风电开发利用的未来前景,探索鼓励民营风电企业的融资模式,加大风电专业科研人才与服务人才的培养,以及研究可推行的风电险种。

4.3　借鉴发达国家风能开发利用法律制度的先进经验

随着投资者对风电场建设前期的评估和建成后运行质量的要求越来越高,风能强国致力于研究开发出先进的风资源测试设备与评估软件,并在法律体系内规定配套的评估监督机制、激励机制和定价机制。在可再生能源投资标准方面,以美国为例,美国对风电有规定较为详细的风险投资制度,即政府部门共同出资筹集用于风电技术和产业的风险资本,以分担风险投资者投资风电的投资风险,并对民间风险投资起引导作用。风险投资企业投资风电项目的总投资额中,贷款可占90%,如果风险企业破产,负责偿还债务的90%,并拍卖风险企业的资产;降低风险投资企业的所得税率,其中风险投资所得额的60%免除征税,其余的40%减半征收所得税。而激励措施方面,以德国为例,德国对风能发展有直接的投资补贴政策,且位于风能产业链上游的制造商也有机会获得相应的政府补贴,另外德国财政部要求德国监管机构——德国联邦金融监管局在金融市场上加强对风电中小投资者的保护等一系列规定。从定价法来看,以西班牙为例,西班牙1997年实施了《电力法》,据此风电首次实行上网电价制度。以固定电价和溢价机制相结合的方式对风电上网电价进行定价。此外还有以美国为代表的配额制度,美国为促进风电行业的发展,规定了可再生能源发电配额制度和PTC,且规定具体的指标要求等。在着重解决我国目前在FIT(风能项目的建造、集成与实验)、RPS(可再生能源投资标准)、激励措施、定价法和可再生电力配额制度方面的问题时,要结合我国风能发展的现实趋势和实际问题进行考量,从而能够形成切实推进风能积极、高效、快速发展的法律规制体系。虽然说目前已经开展诸多试点,学习和引进诸如德国、法国、美国在风能开发利用领域的先进政策和制度,但是由于国内目前以煤炭为主的能源消费结构以及风能开发利用方面与先进国家相比存在较大差异,诸如德国、丹麦等国家50%以上的电力来源于风电,自然需要根据实际国情借鉴学习。依据目前存在制度的不足,总结试点经验,积极推行提高风电生产力和消费力的制度。

4.4　健全风能开发利用的管理和监督机制

完善的管理和监督机制是一个系统、一个组织、一个产业得以生存和发展的必要条件和核心构成要素。在健全管理机制方面,成立综合的(包括风能产业的经济管制职能和环境管理职能在内的)且能独立承担风能开发利用管理的机构成为风能开发利用的必需。对各地区风能开发的管理职能进行整合,将风能勘察、风能资源评估、拟定开发利用规划、制定产业政策等管理工作进行整合打包和批量作业,为风能的开发利用提供管理环境和基础性条件。同时,将风能开发利用中的环境管理问题融入进来,为预防和控制风能开发中的生态问题、环境问题做好前设,进而为风能的持续高速发展奠定基础。

在健全监督机制方面,既要健全风能开发利用的行政监督机制,也要大力发展风能开发利用的社会监督机制。健全行政监督机制,一是要完善风能开发部门的实施和监管协调机制,必须坚持和促进风能开发的发展规划、产业指导与技术支持的统一协调,严格并网发电审批和评价流程,不断完善风能开发的总量目标控制、上网定价和费用分摊的综合执法能力与协商机制;二是要完善监管机制,在强化各级人大的监管以及检察机关行政监管的同时,加强对风电开发领域立法的舆论监管,完善群情举报制度,定期对风电开发重点企业的生产行为和业绩、社会贡献和环保规制状况进行公布;三是完善工作机制,推动执法部门信息通报、联合办案、案件移交等制度的完善和畅通,加大组织、部门间联合执法的力度和配合度。同时积极推行政务公开,让群众的参与权、知情权、监督权得到真正落实。尤其是关于风能开发利用中的环境影响和生态问题的评估及其相关政策的制定,群众作为利益相关者享有知情权和建议权。发展社会监督机制,则需要建立和完善有关风能开发规划编制、资源评估、项目审批、上网定价方面的政府信息公开制度,确保社会各利益相关主体对于信息的了解和掌握度;同时,建立周期性的风能开发利用相关法律实施和执行情况的评估和报告制度,由省级以上能源管理部门向人大常委会定期报告并将结果向社会公示。

此外,风电工程建设项目的审批要积极落实简政放权。尽可能通过完善审批程序的设计提高行政效率,积极学习推行现已开展的试点经验。根据目前推行减少工程建设项目审批时间的试点工作来看,可以从以下几个方面开展具体工作:(1)推动政府职能转向减审批、强监管、优服务,促进市场公平竞争。缩短项目的审批时间,能够大力促进风电企业资金流动、加快项目建设,为此产业注入活力。(2)简化企业从设立到具备一般性经营条件的办理环节,全面推行企业登记全程电子化。同时,取消不必要的由政府公权力介入审核、备案的事项,诸如施工合同、建筑节能设计审查备案等。(3)环境影响、节能等评价由政府统一组织区域评估。推行联合勘验、测绘、审图、验收等,实行"一张蓝图"明确项目建设条件、"一个系统"受理等,将提升风能开发利用过程中的行政效率。

(本报告撰写人:王清军)

作者简介:王清军(1971—),男,博士,华中师范大学法学院教授,主要研究方向为资源经济与政策、环境法、水生态补偿,Email:465668003@qq.com。

本报告受南京信息工程大学气候变化与公共政策研究院开放课题(课题名称:气候变化背景下风能开发利用的法律规制研究;课题编号:17QHB002)资助。

参考文献

蔡守秋,2002.人与自然关系中的环境资源法现代法学[J].现代法学(3):45-60.

曹明德,2012.论气候资源的属性及其法律保护[J].中国政法大学学报(6):27-32.

曹明德,程玉,2017.气候变化背景下的中国能源效率政策法律及其成效[C]//环境资源与能源法评论(第2辑):应对气候变化与能源转型的法制保障.北京:中国政法大学出版社:4-9.

丁文轩,朱婷婷,2013.气候变化背景下可再生能源法制的挑战与对策[J].江苏大学学报(社会科学版),15(6):46-53.

杜祥琬,2017.对我国《能源生产和消费革命战略(2016-2030)》的解读和思考[OL].中国能源研究会官网.http://cers.org.cn/index.php?m=content&c=index&a=show&catid=18&id=189.

范建亭,2015.开放背景下如何理解并测度对外技术依存度[J].中国科技论坛(1):45-50.

郭晓丹,尹俊雅.2017.风电标杆电价与中国风电产业发展关系研究[J].价格理论与实践(4)56-59.

国际能源网.http://power.in-en.com/html/power-2286097.shtml,2018-1-11.

黄少中,2014.风电行业有序发展需加强监管、完善政策、促进改革[J].风能(11):9.

黄晓燕,2017.风电后市场风险分析与保险解决方案[C].第四届中国风电后市场专题研讨会论文集,2007:280-284。

黄志萍,2017."美丽中国"视域下风电生产消费方式变革法律规制探讨——以德国风电产业法律保障框架为蓝本[J].改革与开放(17):51-52.

IPCC,2014.政府间气候变化专门委员会第五次评估报告[R].IPCC.

江飞涛,李晓萍,2010.直接干预市场与限制竞争:中国产业政策的取向与根本缺陷[J].中国工业经济(9):26-35.

会计师事务所安永,2015.把握中国可再生能源机遇——中国太阳能和风能市场的创新型融资模式[R].北京:会计师事务所安永:2-7.

李艳芳,2010.气候变化背景下的中国可再生能源法制[J].政治与法律(3):11-21.

李焱,2017.如何在湖北省低风速地区提高风电项目的收益率[J].环球市场信息导报(6):17-18.

刘华军,2015.环境污染的空间溢出及其来源——基于网络分析视角的实证研究[J].经济学家(10)28-35.

罗勇,江滢,刘洪滨,等,2006.关于气候变化背景下风能资源开发利用若干问题的思考[C].中国风能发展战略论坛,89-94.

王清军,2017. 自我规制与环境法的实施[J]. 西南政法大学学报,19(1):46-62.

夏宏根,1997. 地方立法缺乏地方特色的成因及其对策[J]. 人大研究(6):30-32.

夏云峰,2017. 降本增效须从全生命周期入手[J]. 风能(12):24-26。

肖国兴,叶荣泗,2010. 中国能源法研究报告 2009[M]. 北京:法律出版社:21-39.

杨解君,2013. 变革中的中国能源法制[M]. 广州:世界图书出版广东有限公司.

杨惜春,2007. 论我国风能资源开发利用与保护立法问题及完善[J]. 可再生能源,25(1):1-5.

杨惜春,2010. 论我国风能资源开发利用法律制度[C]. 中国气象学年会气候资源应用研究分会论文集,
　　151-155.

张博,2007. 我国可再生能源法律保障制度研究[D]. 北京:中国地质大学:15-27.

张剑虹,2012. 中国能源法律体系研究[M]. 北京:知识产权出版社.

张树伟,2017. 电力需求放缓构成弃风加剧的原因吗[J]. 风能(1):21.

张勇,2013. 能源立法中生态环境保护的制度建构[M]. 上海:上海出版社:41-43.

张远,2017. 市场和技术定义风电服务新趋势[J]. 风能,(3):20.

赵靓,2014.1.5WM、2WM 风轮直径发展趋势[J]. 风能(3):34-37.

赵爽,2012. 能源变革与法律制度创新研究[M]. 厦门:厦门大学出版社:154-169.

AGORA-Energiewende,2017. The European Power sector in 2017[EB/OL], http://www. agora-energiew-
　　ende. de/file admin/Projekte/2018/EU_Jahresrueckblick_2017/Agora_EU-report-2017_WEB. pdf.

Barton J P,Infield D G,2004. Energy storage and its use with intermittent renewable energy[J]. IEEE transac-
　　tions on energy conversion,19(2):441-448.

Imholte D D,Nguyen R T,Vedantam A,et al,2018. An assessment of U. S. rare earth availability for support-
　　ing U. S. wind energy growth targets[J]. Energy policy(2):294-305.

Karnauskas K B,Lundquist J K,Zhang L,2017. Southward shift of the global wind energy resource under high
　　carbon dioxide emissions[R]. Nature Geoscience.

Kriegler,Elmar,Weyant,et al,2014. The role of technology of achieving climate policy objectives:overview of
　　the EMF 27 study on global technology and climate policy strategies[J]. Climatic Changes,123(3-4):
　　353-367.

Lybecker,Kristina M,2015. Innovation and technology dissemination in clean technology markets and the de-
　　veloping world:the role of trade,intellectual property rights,and uncertainty[J]. Journal of Entrepreneur-
　　ship,Management and Innovation,10(2):6-38.

Lawrence C Hamilton,Erin Bell,Joel Hartter,2018. A change in the wind? U. S. public views on renewable en-
　　ergy and climate compared[J]. Energy,Sustainability and Society(8):1-13.

Prashant Kumar,Sanjay Deokar,2018. Designing and simulation tools of renewable energy systems:Review
　　literature[J]. Advanced Computing and Intelligent Engineering,(9):315-324.

Saidur R,Islam M,2010. A review on global wind energy policy[J]. Renewable & Sustainable Energy Review
　　(7):1744-1762.

Soderholm Patrik,Kristina E K,Pettersson Maria,2007. Wind power development in Sweden:Global policies
　　and local obstacles[J]. Renewable & Sustainable Energy Review(3):365-400.

Staffan Jacobsson,Anna Johnson,2010. The diffusion of renewable energy technology:An analytical framework
　　and key issues for research[J]. Energy Policy,28(9):625-640.

Wang Qiang,2010. Effective policies for renewable energy-the example of China's wind power-lessons for Chi-
　　na's photovoltaic power[J]. Renewable & Sustainable Energy Review(2):33-36.

Wu Yu, Bian Yongmin, 2015. Research on legal system of China renewable energy development fund[J]. Academics in China(9):257-262.

Xu M, Chang C P, Fu C, et al, 2006. Steady decline of the East Asian Monsoon winds, 1969-2000: Evidence from direct ground measurements of wind speed [J]. Journal of Geophysical Research, 111, D24111, doi: 10. 1029/2006JD007337.

气候变化视域下中国清洁能源法的立法研究

摘　要:随着人类社会经济的迅猛发展,后工业时代的到来,人们已深刻认识到能源的开发与利用对社会经济发展和生态环境的影响,过度使用高碳能源对气候变化以及全球气候变暖造成了不可逆转的破坏。然而,能源又是人类生存和发展的基本资源条件。按照传统意义上的分类,能源可分为可再生能源和不可再生能源两类。根据两者碳排放对环境的影响,相关研究者又把可再生能源称之为低碳能源,不可再生能源称之为高碳能源。随着科学技术水平的提高、科技创新能力的快速发展,清洁能源被人们开发和使用。因此,清洁能源不能等同于可再生能源,清洁能源是在可再生能源的基础上,是对可再生能源进行科技创新的新能源,我们又将清洁能源称为二次能源。虽然目前我国已有《可再生能源法》,但是清洁能源与可再生能源有着本质属性的不同,因此,清洁能源的发展仍需要相关法律为保障。从当前情况看,我国清洁能源产业发展迅猛,清洁能源的立法工作已提上国家立法的议事日程,清洁能源的立法发展趋势越来越被人们所关注。据此,我们提出了制定《清洁能源发展法》的设想,在科技性、安全性、生态性、可持续性等理念的指导下,厘清能源、清洁能源、清洁能源法等相关概念,准确界定《清洁能源发展法》的功能,在此基础上,提出以气候变化为背景构建和完善中国特色的社会主义能源法体系,以期对我国能源立法、清洁能源立法提供借鉴和参考。

关键词:气候变化;清洁能源;清洁能源法;立法;研究

Legislation Research on China's Clean Energy Law from the Perspective of Climate Change

Abstract: With the rapid development of human social economy and the arrival of the post-industrial era, people have deeply realized the impact of energy development and utilization on social economic development and ecological environment. Excessive use of high-carbon energy has caused irreversible damage to climate change and global warming. However, energy is the basic resource condition for human survival and development. According to the traditional classification, energy can be divided into two categories: renewable energy and non-renewable energy. From the impact of carbon emissions on the environment, renewable energy is called low-carbon and non-renewable energy is called high-carbon energy by relevant researchers. With the improvement of science and technology, the rapid development of scientific and technological innovation capability, clean energy has been developed and used. Therefore, clean energy cannot be equated with renewable energy. Clean energy is a new energy source for technological innovation based on renewable energy. It is also called secondary energy. Although there is a Renewable Energy Law in China, clean energy and renewable energy have different essential properties. Therefore, the development of clean energy still needs the protection of relevant laws. From the current situation, China's clean energy industry is developing rapidly, and the legislation of clean energy has been put on the agenda of national legislation. The legislation trend of clean energy has attracted more and more attention. Under the guidance of the concepts of science and technology, safety, ecology, and sustainability, this research proposes the idea of enacting the Clean Energy Development Law, clarifying such as energy, clean energy, clean energy law and other concepts, accurately defining the functions of the Clean Energy Development Law. On this basis, this research puts forward the idea of constructing and improving the socialist energy law system with Chinese characteristics under the background of climate change, in order to provide the reference for China's clean energy legislation.

Key words: climate change; clean energy; clean energy law; legislation; research

1. 清洁能源立法的背景分析及立法意义

1.1　立法背景分析

能源是人类社会发展及人类赖以生存的基本物质资料,中国及世界各国在社会经济快速发展的时期已经认识到,在对能源开发与利用的同时也暴露出来相应的问题。一是能源的过度开采,各类能源已近枯竭,不利于经济社会可持续发展,于是提出了代际公平原则。二是能源的使用,特别是不可再生能源的使用,对生态环境造成极大的破坏,提出了生态环境保护原则。三是使用高碳能源(即过度排放二氧化碳的高污染、高耗能、低效率能源)对经济社会发展带来的危害,提出了社会经济可持续发展原则。四是国家战略发展与国际交往的需要,提出了能源安全性原则。五是尽力减少使用高碳能源,鼓励科学技术创新,使用低碳能源(即清洁能源),提出了科技性原则。

根据英国石油公司(BP)发布的《世界能源统计年鉴(2017 年版)》内容表明,中国仍然是世界上最大的能源消费国,中国占全球能源消费总量的 23%,全球能源消费增长的 27%。但是,根据《BP 世界能源统计年鉴(2017 年)》发布的内容我们又可以看出,我国能源结构在持续改变。尽管煤炭仍是我国能源消费中的主要燃料,但是煤炭产量在逐年下降。二氧化碳的排放量也在逐年下降。根据英国石油公司(BP)发布的《发布的世界能源统计年鉴(2018 年版)》内容表示,2017 年中国新增的能源消耗量约占全球能源增量的三分之一,说明中国目前经济和能源消耗基本处于全球平均水平。该报告指出,2017 年世界能源消费量为 135 亿吨(石油当量),石油、天然气和煤炭仍然是全球能源的主要来源。不过,可再生能源快速发展,其中风电增长 17%(163 太瓦时)、光伏增长 35%(114 太瓦时),占据了发电量增长的一半。2017 年全球新增的太阳能光伏装机容量约为 100 GW,而中国就占了一半——中国 2016 年新增的太阳能光伏装机容量为 50 GW。风电方面,2017 年中国风力发电量 2950 亿千瓦时,比上年增长 24.4%,这个增速也超过了全球 17% 的增速。

以上分析我们可以明显看出,我国的能源结构在发生着巨大的变化。然而,相应的规范性调整的法律法规仍然滞后。第八届清洁能源部长级会议和第二届创新使命部长级会议上,习近平总书记指出"发展清洁能源,是改善能源结构、保障能源安全、推进生态文明建设的重要任务。"国务院 2012 年 10 月 24 日发布的《中国的能源政策》白皮书称"维护能源资源长期稳定可持续利用,是中国政府的一项重要战略任务。中国能源必须走科技含量高、资源消耗低、环境污染少、经济效益好、安全有保障的发展道路,实现节约发展、清洁发展和安全发展。"同时指出,中国将通过坚持"节约优先"等八项能源发展方针,推进能源生产和利用方式变革,构建安全、稳定、经济、清洁的现代能源产业体系,努力以能源的可持续发展支撑经济社会的可持续发展。

基于《中国的能源政策》的精神,确定了中国能源发展的八项原则。第一,节约优先。实施能源消费总量和强度双控制,努力构建节能型生产消费体系,促进经济发展方式和生活消费模式转变,加快构建节能型国家和节约型社会。第二,立足国内。立足国内资源优势和发展基础,着力增强能源供给保障能力,完善能源储备应急体系,合理控制对外依存度,提高能源安全保障水平。第三,多元发展。着力提高清洁低碳化石能源和非化石能源比重,大力推进煤炭高效清洁利用,积极实施能源科学替代,加快优化能源生产和消费结构。第四,保护环境。统筹能源资源开发利用与生态环境保护,在保护中开发,在开发中保护,积极培育符合生态文明要求的能源发展模式。第五,科技创新。加强基础科学研究和前沿技术研究,增强能源科技创新能力。第六,深化改革。充分发挥市场机制作用,统筹兼顾,标本兼治,加快推进重点领域和关键环节改革,构建有利于促进能源可持续发展的体制机制。第七,国际合作。大力拓展能源国际合作范围、渠道和方式,提升能源"走出去"和"引进来"水平,推动建立国际能源新秩序,努力实现合作共赢。第八,改善民生。统筹城乡和区域能源发展,加强能源基础设施和基本公共服务能力建设,尽快消除能源贫困,努力提高人民群众用能水平。

我国社会经济虽然得到了快速发展,能源结构也发生了一定的变化,但是,今后一段时期,中国仍将处于工业化、城镇化加快发展的阶段,发展经济、改善民生的任务十分艰巨,能源是支撑社会经济发展的基本物质基础,是现代社会发展不可或缺的基本条件。在中国实现现代化和全体人民共同富裕的进程中,能源始终是一个重大战略问题。21 世纪,中国已成为世界上最大的能源生产国之一,形成了煤炭、电力、石油、天然气以及新能源和可再生能源全面发展的能源供应体系,能源普遍服务水平大幅提升,居民生活用能条件极大改善。能源的发展,为消除贫困、改善民生、保持经济长期平稳较快发展提供了有力保障。为减少对能源资源的过度消耗,实现经济、社会、生态全面协调可持续发展,中国不断加大节能减排力度,努力提高能源利用效率,单位国内生产总值能源消耗逐年下降。中国将切实转变发展方式,着力建设资源节约型、环境友好型社会,依靠能源科技创新和体制创新,全面提升能源效率,大力发展新能源和可再生能源,推动化石能源的清洁高效开发利用,努力构建安全、稳定、经济、清洁的现代能源产业体系,为中国全面建设小康社会提供更加坚实的能源保障,为世界经济发展做出更大贡献。中国是世界上最大的发展中国家,面临着发展经济、改善民生、全面建设小康社会的艰巨任务。维护能源资源长期稳定可持续利用,是中国政府的一项重要战略任务。中国能源必须走科技含量高、资源消耗低、环境污染少、经济效益好、安全有保障的发展道路,全面实现节约发展、清洁发展和安全发展。

中国人口众多、资源相对不足,要实现能源资源永续利用和经济社会可持续发展,必须走节约能源的道路。中国始终把节约能源放在优先位置。早在 20 世纪 80 年代初,国家就提出了"开发与节约并举,把节约放在首位"的发展方针。2006 年,中国政府发布《关于加强节能工作的决定》。2007 年,发布《节能减排综合性工作方案》,全面部署了工业、建筑、交通等重点领域节能工作。实施"十大节能工程",推动燃煤工业锅炉(窑炉)改造、余热余压利用、电机系统节能、建筑节能、绿色照明、政府机构节能,形成 3.4 亿吨标准煤的节能能力。开展"千家企业节能行动",重点企业生产综合能耗等指标大幅下降,节约能源 1.5 亿吨标准煤。"十一五"期间,单位国内生产总值能耗下降 19.1%。2011 年,中国发布了《"十二五"节能减排综合性工作方案》,提出"十二五"期间节能减排的主要目标和重点工作,把降低能源强度、减少主要污染物排放总量、合理控制能源消费总量工作有机结合起来,形成"倒逼机制",推动经济结构战略性调整,优化产业结构和布局,强化工业、建筑、交通运输、公共机构以及城乡建设和消费领域用能管理,全面建设资源节约型和环境友好型社会(戴彦德 等,2012)。

改革是加快转变发展方式的强大动力。中国将坚定地推进能源领域改革,加强顶层设计和总体规划,加快构建有利于能源科学发展的体制机制,改善能源发展环境,推进能源生产和利用方式变革,保障国家能源安全。

《中国的能源政策》白皮书明确提出"加快能源法制建设"。完善能源法律制度,为规范能源市场、保护生态环境、维护能源安全提供法律保障。中国高度重视并继续积极推进能源法律制度建设,21 世纪正在研究论证制定能源法以及石油储备、海洋石油天然气管道保护、核电管理等方面的行政法规,修改完善《煤炭法》《电力法》等现行法律法规,推进石油、天然气、原子能等领域的立法工作。

1.2 立法意义

发展清洁能源是我国的基本国策,气候变化问题给我国未来能源乃至经济社会可持续发展带来了巨大的压力。发展清洁能源,是实施可持续发展国家战略、实现生态文明的必然要求。培养社会大众的清洁能源观,推进开发运用清洁能源新技术,实现法律制度、政策保障和以经济结构调整带动能源结构优化、加强国家间的交流与合作等思路。伴随着《清洁生产促进法》《节约能源法》《可再生能源法》等的颁布和实施,我国风能、太阳能、核能等清洁能源产业发展迅猛,对我国清洁能源的立法问题进行研究,借鉴国外相关立法经验,促进我国清洁能源的发展具有重大的现实意义。

(1)构建清洁能源法律法规体系的现实要求

20 世纪 50 年代以来,为了恢复国民经济的发展,加之科学技术水平不高,我国长期以来使用的是以煤炭、石油等为主的高碳能源。同时,对规制能源的开采、使用、运输、储存等的相关法律、法规都存在一定的瑕疵。进入 21 世纪后,为了应对气候变化的需要,为了经济社会可持续发展的需要,更是为了生态环境保护的需要,我国科技创新手段不断进步,科学技术水平得到了快速的提升,同时我国的能源结构也发生了较大的变化,即低碳的清洁能源的使用在我国目前的能源使用中占有一定的比例。但是,相关清洁能源法的规定仍然是一个空白。目前的状况是:我国还没有专门的能源法、清洁能源法。在清洁能源法(在此的清洁能源法是指广义角度的法律)领域目前我国只有《可再生能源法》《煤炭法》《电力法》《节约能源法》,也没有一个完善的清洁能源法体系。作为一个法的体系应当由法律(全国人民代表大会、全国人民代表大会常务委员会制定颁布)、法规(国务院制定颁布)、规章(政府部门制定颁布)以及地方性法规及规章构成。因此,目前我国在规制清洁能源方面亟须构建一个完整的法律体系,以期保障我国清洁能源的健康快速发展。

(2)应对气候变化确定清洁能源发展目标

全球气候变化已是一个不争的事实。自 20 世纪 80 年代以来,全球气候变化逐渐成为国际社会共同关注的重要环境问题,同时也演化为人类能否可持续发展的生存问题。气候变化问题以及应对气候变化所采取的措施,涉及自然生态系统和人类生产生活的方方面面,许多重大问题亟待人类社会共同解决。气候是构成地球环境系统的重要因素,适当和稳定的气候是人类在地球环境中产生并生存和发展的必要条件。但是近 200 年以来,全球气候在人类活动的影响下,却发生了一些非自然的和不正常的变化,这些变化可以统称为气候变化。气候变化对人类社会的生存和发展构成了威胁。《气候变化框架公约》则对气候变化进行了定义:"气候变化"指除在类似时期内所观测的气候的自然变异之外,由于直接或间接的人类活动改变了地球大气的组成而造成的气候变化。目前,国际社会所讨论的气候变化问题,主要是指温室气体的增加所产生的全球气候变暖问题。尤其是指由于人类社会在生产和生活过程中,大量使用煤、石油和天然气等矿物燃料所排放的二氧化碳气体,导致地球大气中二氧化碳浓度逐渐增高,形成所谓的"二氧化碳罩子",太阳光可以透入,地球上的热量却不能散发出去,以致地球表面温度逐渐上升,产生气候变暖的现象。因此,应对气候变化,应大力推进能源结构的转型,由传统使用的高碳能源转型为低碳的清洁能源,例如风能、太阳能、水能、潮汐能等,这是我国清洁能源发展的趋势,也是我国能源结构转型的重大战略问题。

(3)科技创新是我国能源结构调整的前提条件

2014 年 6 月 9 日,在中国科学院第十七次院士大会、中国工程院第十二次院士大会上习近平总书记指出:"我国科技界要坚定创新自信,坚定敢为天下先的志向,在独创独有上下功夫,勇于挑战最前沿的科学问题,提出更多原创理论,做出更多原创发现,力争在重要科技领域实现跨越发展,跟上甚至引领世界科技发展新方向,掌握新一轮全球科技竞争的战略主动。"因此,我国目前在新形势下,长期以来主要依靠传统能源的开采和使用支撑着社会经济增长和规模扩张的方式已不可持续,我国发展正面临着能源使用转换、方式转变、结构调整的关键时期。我国低成本、低碳排放的能源使用和投入转型的驱动力明显不强,需要依靠科技创新为清洁能源的发展注入新动力;实现经济社会协调可持续发展、生态文明发展、面临日益严峻的环境污染治理都需要科技创新;能源安全、粮食安全、网络安全、生态安全、生物安全、国防安全等风险压力不断增加,更加需要依靠更多更好的科技创新作为保障。因此,科技创新是能源可持续发展的关键因素,科学技术进步和能源技术不断创新,是促进能源产业健康发展的驱动力,是能源结构转型的前提条件。

(4)保障国家能源安全的现实要求

能源安全是一个国家经济社会发展、生态环境保护等重要战略问题。我国改革开放以来,经过长期的发展,工业化发展已进入中后期,城镇化快速发展,人民群众生活水平及消费的日益提高,导致能源供需以及能源类型需求的矛盾日益突出。经济社会可持续发展、人民群众消费需求、生态环境保护与能源供应紧张、清洁能源使用、科技革新、能源结构转型之间存在着多元价值冲突。同时,中国政府对世界郑重承诺保护地球环境、承担国家环境责任的义务,能源安全已成为我国国家战略安全的重要问题。基于此,制定相应的清洁能源法体系已显得至关重要和紧迫。一是明确我国能源的发展方向、能源安全战略、国家政策导向,依此设计纲领性的规定,为我国能源结构调整提供法律依据,为能源规划及发展指明方向。二是鼓励科技创新。对能源进行立法,在法律内容中体现能源科技创新,通过法律的方式鼓励、促进、推动清洁能源技术创新,提高能源效率,改变能源结构,最终保障经济社会可持续发展。三是通过制定法律的方式,规范能源勘探开采的传统模式,为人类的生存做好能源储备工作,抵御能源风险。四是制定相关法律鼓励发展可再生能源,开发利用新能源(即低碳能源、绿色能源)。五是通过法律的形式加强国际合作,保障、促进中国在国际领域内的能源安全战略合作。

(5)保障创新型国家建设的需要

党的十九大报告提出:"从 2020 年到 2035 年,在全面建成小康社会的基础上,再奋斗 15 年,基本实现社会主义现代化。到那时,我国经济实力、科技实力将大幅跃升,跻身创新型国家前列。"因此,随着中国特色社会主义进入新时代,我国社会主要矛盾已经转化为人民日益增长的美好生活需要和不平衡不充分的发展之间的矛盾。突出在能源方面,主要是能源的供应与社会的需求矛盾、传统能源(高碳能源)的使用与经济社会可持续发展、生态环境保护之间的矛盾,低碳能源(清洁能源、绿色能源)开发利用与科技手段落后之间的矛盾,能源结构转型与科技创新之间的矛盾。要解决这些矛盾,显然不能单靠政策性引导,或者行政管理的手段,通过立法,建构完善的清洁能源法体系,这才是解决问题的根本。随着新一轮技术革命的持续展开,科技在经济发展中具有越来越重要的地位,加快创新型国家建设是全球竞争的大势所趋。加快建设创新型国家,在一些权力交叉领域、新型科学技术发展领域、能源科技创新领域等,需要建构较为规范的、法律上的解决方案,进一步完善创新型国家法律制度框架。加快建设创新型国家也需要法治的坚实保障,只有将创新型国家建设纳入法治化轨道,才能持续释放科技创新的活力,才能为科技创新提供强有力的保障,才能加快建设创新型国家。

2. 清洁能源立法的法理分析

2.1 清洁能源立法的国内外研究现状分析

2.1.1 国内学者的相关研究

对国内相关文献进行收集、整理、分析和归纳,对相关能源、清洁能源、能源法、清洁能源法的研究进行了梳理,目前我国学者对清洁能源立法研究主要从五个角度展开。一是以李杨、沈大勇、杨泽伟等学者的结合国外和地区关于能源法的研究成果进行的比较研究。这些学者主要针对欧盟、英国、德国、美国、澳大利亚、日本等国家的能源法律、能源政策进行了深入细致的研究,特别是在 21 世纪各国为完成《京都议定书》的减排任务,在能源法、能源政策等方面都发生了新的变化,对能源法体系的架构提出了新的观点,甚至扩大了能源法体系的边界,即边缘性相关法律(这些法律是对清洁能源—低碳能源有着一定影响的)的制定与完善,如财税法、反不正当竞争法、知识产权法等。二是以曹广喜、曾培炎、樊凯等学者为代表的以能源消费与经济增长的关系角度进行的研究。这些学者主要是以能源消费在社会经济发展中的关系展开的研究。他们认为中国经济增长、能源消耗与碳排放三者之间存在长期均衡关系;经济增长和碳排放之间存在正向的短期因果关系;能源消耗对碳排放具有负向短期影响。对在全球气候变暖和能源日趋短缺的大背景下,如何将清洁能源作为低碳能源的基本保障进行了分析,以开发清洁能源来降低化石燃料的消耗,减轻环境的压力,实现低碳经济发展。三是以胡德胜、许丽娟、王灿发等学者为代表的主要以能源政策、能源立法为角度展开的研究。认为应当不断加强与完善新能源与可再生能源的立法工作,以保障能源的开发与利用。同时认为新能源与可再生能源的立法存在一些不足之处,如政策配套不成熟,相关定义、种类不明确,立法零散等;在研究后提出了完善新能源与可再生能源立法的建议措施:提出优惠的融资政策、完善价格立法、完善财税立法、强化政府采购、落实强制配额制度、完善能源管理体制等。四是以陈关聚、许国栋、张国宝、石峰、赵蒙等学者为代表的以低碳经济发展的财税政策角度进行研究。主要是从财税政策角度展开研究,用财税政策手段来调整低碳经济的发展。他们认为目前我国清洁能源产业正处于初始阶段,仍然存在许多困境,我国必须针对这些不足,制定合理的财税政策来促进清洁能源产业的发展。另外,目前我国低碳政策主要以行政手段和指令控制为主,为贯彻绿色发展理念,实现可持续发展,在积极借鉴发达国家先进的低碳发展经验的同时,应当明确政府和市场的定位,确立低碳经济发展模式,完善相关管理制度,处理好低碳发展的经济外部性,在低碳产业、金融市场、财税等多方面建立市场机制以及制定低碳政策,为发展低碳经济奠定坚实的基础。五是以刘邦凡、张玉卓等学者为代表的从企业清洁能源发展的战略管理角度进行的研究。分析了中国企业清洁能源发展的环境和存在的挑战,研究和阐释了清洁能源的新概念和中国清洁能源发展的战略思路、实施路径及重点,并提出了保障中国清洁能源发展战略实施的具体对策。

2.1.2　国外学者的相关研究

一是以 Fred Krupp、Miriam Horn、Amina Malaki、Jon Kellett 等学者为代表的从清洁能源发展战略及重要性角度进行的研究。他们从能源的发展趋势以及能源在国家经济发展过程中的重要地位方面进行了研究,认为能源是一个国家经济发展的重要资源,在国家经济发展战略中占有重要地位,能源是国家社会经济发展的重要条件,能源的开发利用及可持续性,决定着一个国家的未来发展。二是以 Menz、Vachon、Judith Lipp、Tükenmez、Mine 等学者为代表以清洁能源政策之间的关系进行分析的比较研究。他们主要从清洁能源的政策这个角度对相关的能源政策进行了比较分析,特别是对这些能源政策的相互关系、作用机制以及完善角度进行了深入细致的分析,为政府的能源决策提供参考依据。三是以 Ryan Wiser、Hongtao Yi、Richard C. Feiock、Fernando Gonzalez、Matyas Tamas 学者为代表的以清洁能源政策的单一性角度进行的研究。他们主要对本国清洁能源政策进行分析和研究,针对政策的灵活性、定位明确的特征,对能源结构转型、能源科技创新等政策内容适时提出完善建议,更加有效地调整国家能源发展的战略方向。四是以日本学者久根正树为代表的以 21 世纪新能源发展战略的新变化与新思考的角度进行了详细分析和研究。他们主要以 21 世纪新能源发展战略为指导思想,认为在 21 世纪能源发展战略出现了新的变化,其研究主要围绕能源危机、能源匮乏、各国之间的能源争夺战、国家能源安全等核心问题展开研究,认为日本是一个能源匮乏的国家,几乎所有能源都需要进口,否则直接会影响国家经济的发展,能源危机意识很强。因此,提出了加大节能力度、能源科技创新、提高能源安全意识、能源市场多元化、构建世界能源新格局等观点。五是以 Christopher Flavin 为代表的对新能源—清洁能源产业发展的可行性进行了较为系统的分析和研究。他们认为随着工业化进程的不断推进,能源战略已经成为国家发展战略中的重要组成部分,经济社会发展的前提及核心是能源,在国家经济快速发展的时期,能源的变革(即能源转型、能源选择)是能源战略的核心,基于此,提出了新能源战略思想,对新能源产业发展进行了系统的分析,认为世界的未来发展主要依赖于新能源的开发与利用。面对全球生态环境危机,必须改变现在的能源结构,鼓励和发展新能源(低碳能源、绿色能源),建立新能源系统。六是以 Rafaj Peter、Niklas Swanstrom 等学者为代表的从与气候有关的角度来研究中国与欧盟清洁能源合作。他们主要从气候变化的角度对能源问题进行了研究,认为随着经济全球化的进一步加深,全球能源局势发生了较大的变化,气候环境问题日益突出,对于能源消费、二氧化碳排放都较大的中国和欧盟,无论从能源结构转型、国家能源安全战略、能源法律政策制定等方面,双方都应当致力于合作机制的构建。特别是清洁能源合作方面应当在制定国内立法、制定政策、签订相关条约等方面完善法律制度,共同为全球应对气候变化及国家经济发展做出贡献。

本文对国外关于能源法、能源政策、清洁能源法、清洁能源政策的相关研究进行了梳理和研究,国外由于国家对能源的使用、能源结构的转型、能源观念、工业发展历史、科技创能力等的不同,能源法及清洁能源法方面的研究成果较为成熟,并形成了较为成熟和完善的能源法、能源政策的框架体系,对我国现阶段的能源结构转型及能源改革(或能源革命)具有一定的借鉴意义。在这里,我们特别要提出的是美国的《清洁能源安全法案》,美国《清洁能源安全法案》(以下简称《法案》)是 2009 年 6 月 26 日在美国众议院获得通过的,这是美国第一部关于应对气候变化、减少温室气体排放、能源战略发展规划的法案。对美国应对气候变化立法、能源结构转型立法以及政策制定起到了纲领性的指导作用。《法案》主要内容包括应对气候变化的策略——清洁能源的战略发展,提高能源的使用效率——节约能源改革,减缓全球气候变暖——减少温室气体排放,发展低碳经济——能源结构转型四个方面。其目的主要有三个方面:一是为了能源科技创新变革,开发利用低碳能源,尽力减少温室气体的排放;二是节约能源,提高能源效率,减少对外能源的依赖性,重视国家能源安全战略发展;三是引导本国经济向低碳经济转型,鼓励和大力发展清洁能源。该《法案》明确了温室气体减排的具体措施及减排目标,以及相应的实施机制,对美国的能源安全战略、经济发展、清洁能源科技创新、应对气候变化以及抑制全球气候变暖、碳减排的国际合作等具有巨大的战略意义。

因此,对美国、德国、日本、澳大利亚以及欧盟等域外相关清洁能源法、国家政策等进行梳理和研究,特别是对美国的《清洁能源安全法案》的研究,对我国相关立法及政策制定也具有一定的指导作用(许鸣,2010),对我国能源结构转型、清洁能源科技创新、生态环境保护、能源节约、社会经济可持续发展等方面也具有一定的借鉴意义。

基于此,本文提出修改和设立中国有关法律政策的建议。加强立法研究,探索新能源法律政策体系,增强新能源法律政策执行力、协调运用政策工具以及加强国际合作等,逐步完善我国清洁能源立法和政策制定,为实现我国的清洁能源安全和发展提供良好的法律和政策基础。

2.2 清洁能源立法的法理分析

清洁能源立法应以气候变化为背景,以我国清洁能源发展为核心内容,对我国清洁能源的立法问题进行研究。本文首先对我国能源法的相关情况进行了梳理、研究和分析,目前我国还没有制定一部具有总论(或纲领性、基本性)性质的能源法(此"能源法"是指狭义的能源法,广义的能源法应当涵盖所有调整能源法律关系的法律、法规等法律规范的总和)。在相关法律中只有《可再生能源法》《节约能源法》,具有行业性质的法律有《电力法》《煤炭法》。在我国未来生态环境保护、应对气候变化、能源结构转型、清洁能源科技创新等战略发展进程中,清洁能源的发展与法律保障,在此就显得异常薄弱。因此,我们提出了制定《清洁能源发展法》(或《清洁能源法》)的设想:一是《清洁能源发展法》设定的构想、设定的理念;二是设定《清洁能源发展法》的具体内容及结构安排;三是提出清洁能源法体系的构建。

　　对我国清洁能源立法提出相关立法建议,拟填补我国的一项立法空白。基于该目标的实现,我们需要重点考虑四个方面的问题。一是清洁能源法的功能定位。即清洁能源法在我国能源法体系中居于什么地位,对我国目前能源发展状况进行分析,我国现阶段正处于能源结构转型期,拟制定《能源法》(或《能源基本法》《能源法总论》)抑或是《清洁能源发展法》;二是《清洁能源发展法》与清洁能源单行法、相关清洁能源政策之间的关系的协调,特别是构建能源法体系,以《清洁能源发展法》为基本法,抑或是《能源法》(《能源基本法》《能源法总论》)作为能源法体系的顶层设计;三是《清洁能源发展法》的主要制度安排,如清洁能源科技创新制度、国家能源安全发展战略、生态环境保护制度、社会经济可持续发展制度等方面如何协调、统筹和安排;四是清洁能源发展的相关财税法、金融法及相关政策的厘定,主要是厘定这些与清洁能源相关的边缘法的关系,实质上这些边缘法也是能源法体系的构成部分。

　　面对全球气候变暖及国内能源危机及生态环境逐步恶化的危机,清洁能源的利用和发展已是全球能源发展战略的大趋势。现阶段,随着我国市场经济的不断深入完善,工业化程度逐渐提高,经济的快速发展对能源的需求越来越大,我国能源消费需求逐年增大。然而,另一方面存在着全球气候变暖、生态环境恶化的趋势。因此,我国必须走低耗能、低污染、低碳排放的低碳能源经济模式,能源结构必须进行一次革命性的变革。科学技术创新是关键和前提,调整优化产业结构,控制能源消费总量,改进能源消费结构,鼓励使用清洁能源,促进清洁能源发展,逐步引导清洁能源在社会经济可持续发展中真正起到关键性的作用。因此,推进清洁能源的开发与利用以及清洁能源科技创新,制定相关法律法规,完善相关法律制度,构建我国清洁能源法律体系,以期保障和实现我国清洁能源安全有效发展。构建完善且可行的具有低碳经济内涵的清洁能源法律制度是保障社会经济可持续发展的基础,这是清洁能源立法的基本要求,也是制定《清洁能源发展法》和构建清洁能源法律体系的法理标准。最终的评价标准应该是《清洁能源发展法》的制定、实施与我国能源发展、能源科技创新、生态环境保护、社会经济发展的可持续性以及国际能源合作的契合性,能否真正将其基本法理功能(即规范性、保障性)发挥出来。

3. 清洁能源法的基本理论分析

3.1　关联概念分析

3.1.1　清洁能源

简单而言就是低碳能源或绿色能源,是指不排放污染物、能够直接用于生产生活,对生态环境不造成恶化的可再生能源。它包括风能、太阳能、潮汐能、水能、核能以及其他能源。因此,我们可以看出清洁能源应是对能源清洁、高效利用、系统化应用的技术体系要求较高。

清洁能源具有三个方面的特质。第一,清洁能源具有科技性属性。清洁能源不是对能源的简单分类,而是指能源利用的技术体系,也就是说清洁能源是建立在科学技术创新基础之上的,清洁能源没有高碳能源(或高污染能源)性质的简单性(简单地开采,不需要复杂的加工),科学技术进步和创新是清洁能源发展的前提。第二,清洁能源具有清洁性和经济性。由于清洁能源是科技创新的成果,因此清洁能源不但具有清洁性,同时在社会发展的可持续过程中蕴含着较强的经济性。另外,在清洁能源的开发利用过程中,清洁能源符合一定的排放标准,即清洁能源对生态环境不可能造成污染。第三,清洁能源具有能源的可再生性。传统的高碳、高污染、高耗能能源,如煤炭、天然气、石油等都具有不可再生性。清洁能源是在科技创新的前提条件下生成的,属于二次能源或转换型能源,其原始能源在自然界中取之不尽,如风能、太阳能等(龚向前,2017)。从清洁能源特质这个角度分析,清洁能源可以从两个方面来理解。一是从清洁能源的可再生性看,即清洁能源属于可再生能源,如水能、生物能、太阳能、风能、地热能和潮汐能等。这些能源消耗之后可以恢复补充,不存在不可再生性问题,并且基本上不产生污染。二是从清洁能源的二次性或转换性看,清洁能源在其生产、转换以及消费利用过程中,选用对生态环境低污染或无污染的能源,如天然气、清洁煤和核能等。因此,清洁能源具有资源量丰富、可再生性、科技性、经济性和生态环境无污染性等方面的特点。

3.1.2　清洁能源法

清洁能源法应从两个角度来分析。一是广义的角度。广义的清洁能源法是指调整在清洁能源使用(或发展)过程中形成的各种法律关系的法律规范的总称。在此的法律规范是指所有规范清洁能源使用(或者发展)的法律、法规、规章及政策。目前我国还未制定单行的清洁能源法,只有与之相配套的《清洁生产促进法》《可再生能源法》《节约能源法》等。因此,清洁能源法应当是(构想):第一层次是《清洁能源发展法》或《清洁能源法》;第二层次是《能源法》《可再生能源法》《节约能源法》《清洁生产促进法》等;第三层次是国务院及各部委制定的清洁能源行业法规及规章;第四层次是地方人大及政府部门制定的相关清洁能源地方性法规及规章。以此构成清洁能源法的基本内涵。二是狭义角度。从狭义角度进行分析,清洁能源法就是指调整在清洁能源开发与利用活动过程中产生的权利义务关系的法律规范。因此,从这个角度分析,清洁能源法即《清洁能源发展法》或《清洁能源法》。从清洁能源法狭义角度分析存在一个立法的技术性问题,即能源法的立法规划问题。能源法、清洁能源法都是规范能源发展过程中产生的法律关系的,在我国现阶段能源结构转型期,在立法上出现多元价值的选择。其一,对能源活动产生的法律关系是由能源法(是指狭义的能源法,即《能源基本法》或《能源法总论》)(肖国兴,2011)进行调整抑或是《清洁能源发展法》调整(胡德胜,2018);其二,单独制定《能源基本法》,将《清洁能源发展法》的内容涵盖其中;其三,分别制定《能源基本法》和《清洁能源发展法》,以调整各自不同的法律关系。该问题的提出,以期获得同行专家学者的宝贵意见。

3.1.3　清洁能源法体系

法律体系(legal system)(法学中有时也称为"法的体系")通常是指一个国家全部现行法律规范分类组合为不同的法律部门而形成的有机联系的统一整体。简单地说,法律体系就是部门法体系,是由各个不同门类的法律(该法律概念应从广义角度理解)构成的一个完整的部门法体系。中国特色社会主义法律体系,是指适应我国社会主义初级阶段的基本国情,与社会主义的根本任务相一致,以宪法为统帅和根本依据,由部门齐全、结构严谨、内部协调、体例科学、调整有效的法律及其配套法规所构成,是保障我们国家沿着中国特色社会主义道路前进的各项法律制度的有机的统一整体。这个体系由法律、行政法规、地方性法规三个层次,宪法及宪法相关法、民法商法、行政法、经济法、社会法、刑法、诉讼与非诉讼程序法七个法律部门组成。法律体系具有以下特征:第一,法律体系是一国国内法构成的体系,包括被本国承认的国际法;第二,它是现行法构成的体系;第三,构成法律体系的单位是法律部门,法律部门是由若干相关的法律规范构成的,因此法律规范是法律体系构成的最基本单位;第四,法律体系不同于立法体系,立法体系构成单位是规范性文件。

　　基于法律体系的概念及特征分析,结合清洁能源法概念的界定,清洁能源法体系构建将出现两种情形。一是以《能源基本法》为统领,以《清洁能源发展法》以及相关能源法律、行业专门性法律为核心,以相关能源法规、规章、地方性法规为骨干,建构能源法的基本法律体系。二是基于我国目前能源结构转型期的现状,以《清洁能源发展法》为统领,以其他相关能源法为核心,以相关能源法规、规章、地方性法规为骨干,构建清洁能源法法律体系(胡德胜,2018)。

3.1.4　清洁能源与可再生能源

　　我国《可再生能源法》于 2005 年 2 月 28 日由全国人大常委会第 14 次会议通过,于 2006 年 1 月 1 日正式实施。因此,有学者认为我国已制定和颁布实施了《可再生能源法》,清洁能源属于可再生能源,没有必要制定相关的清洁能源法。但是我们认为,清洁能源和可再生能源是有一定差别的。可再生能源是指可以不断自然生成循环利用的能源,其主要特征是自然性。而清洁能源是在可再生能源的基础上,对可再生能源进行科技创新后的新能源,不排放任何污染物,也称绿色能源,其主要特征是科技性。因此,清洁能源有二次能源的属性。例如,风能、太阳能、水能、海洋能等属于可再生能源,但是,这些能源不可以直接被人们使用,需要利用科技手段,将这些可再生能源进行科技研发才可以被人们利用,因此,清洁能源是可再生能源科技创新的成果。对此,在能源发展与管理过程中,需要相应的法律规范进行调整,以保障清洁能源的安全、健康、稳定发展。

3.2　清洁能源法的立法理念

3.2.1　科技性(科技创新)

　　我国清洁能源法要有效规范清洁能源的使用(或发展),就必须坚持使用清洁能源与科技创新的结合。清洁能源具有二次性和转换性的特质,是随着科学技术的不断进步、科学技术水平的不断提高、科技创新成果的转化与利用,原始能才可以转换为清洁能源,才具备人类社会发展的使用价值。要实现经济社会的可持续发展,就要促进清洁能源科学技术进步,保障清洁能源科技成果转化,树立科技创新的立法理念,将科技性要素充分运用在清洁能源立法中,确保清洁能源法的先进性、实效性。

3.2.2　生态环境保护

　　清洁能源的使用,其基本价值目标就是对生态环境的保护,清洁能源属于低碳能源,对环境排污少,甚至没有。在相关立法时,我国清洁能源法必须重视清洁能源发展的持续性,遵循生态系统原理,坚持与自然生态环境协调发展,坚持高效、协调、平衡和持续发展的原则。

3.2.3　清洁能源安全

清洁能源安全是清洁能源法必须尊重的重要价值理念,这是由清洁能源安全的重要性决定的。它强调清洁能源资源的永续利用,进而保证经济社会发展的安全,清洁能源安全是经济社会发展安全的基础和保障(严蔚,2013)。国家清洁能源政策、清洁能源战略目标以及清洁能源法律规范与法律制度都应该在清洁能源安全价值理念的指引下进行具体的制定和设立。

3.2.4　社会经济可持续发展

我国以及发达国家都经历过一个工业发展的过程,在能源开发与利用的过程中,最初选择的都是使用高碳能源(即高耗能、高污染、低效率能源),国民经济得到了快速的发展,特别是科学技术的进步,人们认识到高碳能源对人类社会经济发展、人类生存以及生态环境带来巨大的危害,因此,提出了代际公平原则。即用可持续发展的战略思想指导人们对能源进行开发利用,每一代人都有开采使用自然资源的权利,但是要充分考虑为后代保留利用自然资源的机会和获取自然资源的数量。这是社会可持续发展的根本,也是在清洁能源立法时应遵循的基本理念。清洁能源与传统能源有很大的不同,清洁能源具有二次能源的属性,是通过能源科技创新、科技转换的能源,其原始能源在自然界中取之不尽,如风能、太阳能等。因此,其基本功能表现在两个方面:一是低碳、无污染,对生态环境不会造成危害;二是清洁能源的无限性(当然需要科技创新手段),是社会经济可持续发展的动力源泉。

3.2.5　国家能源战略安全

随着人类社会的发展,人类文明意识的提高,人们提出了保护生态环境、社会经济可持续发展、代际公平等理念,随着全球气候变暖,人们又提出了应对气候变化、减少二氧化碳排放、发展低碳经济等思想。与此同时,国家能源安全战略引起世界各国的关注。能源是一个国家国民经济发展的根本,因此能源上升到了国家战略安全的高度。国家能源战略安全主要体现在四个方面:一是在本国国民经济发展中的体现;二是在能源国际合作中的体现;三是为应对气候变化,降低碳排放,在国际组织相关条约承诺中的体现(王灿发 等,2015);四是在世界各国能源争夺战中的体现。基于此,我国在清洁能源立法时,应当充分考虑到国家能源战略安全理念,以规范我国的能源战略安全,特别是在世界能源战略合作、能源谈判中具有法理依据。

4.《清洁能源发展法》的基本框架结构及内容

对我国现在的能源法[①]进行梳理和分析后认为,第一,我国目前还没有单行能源法;第二,没有清洁能源法(从广义概念和狭义概念理解和分析,我国都没有关于清洁能源的法律规范);

[①] 目前我国还没有一部单行的能源法律,从法律原理角度看,我国只有广义概念的能源法。然而,于2005年就提出了制定能源法,2007年能源法草案就已起草完毕,并公布了草案征求意见稿。2010年经过征求意见,能源法草案上报到国务院。但是,遗憾的是能源法至今没有出台。

第三,由于没有能源、清洁能源方面的基本法,因此,我国能源法体系不完善;第四,能源法框架设定存在缺陷,甚至能源法的框架根本就没有搭建;第五,对能源法的定位、定性不清楚;第六,从法律部门这个角度分析,能源法能否成为一个独立的部门法目前在我国也不清楚。随着人类文明社会以及工业化程度的不断提高和快速发展,世界各国对生态环境的重视,也基于我国社会经济的可持续发展,特别是科技创新能力的提升,能源、清洁能源在人类生存发展过程中愈加重要。就像《墨子·法仪》中提到的:"天下从事者,不可以无法仪;无法仪而其事能成者,无有也。"(刘利 等,2008)也就是说,天下一切事务不可以没有标准,做人要有做人的标准,即原则;做事要有做事的标准,即规则;治国要有治国的标准,即法则。又如法国著名的法学家莱翁·狄冀在他的著作《宪法论》中表述的:"正常制定的一项法律(始终假定它是公正的),应当根据人们的共同意识,这种共同意识应该体现在风尚中,体现在居民的各种有机集团的集体需要和需求中,或体现在正在形成的自发的社会和公共服务的规定中。"(莱翁·狄冀,1959)因此,能源法、清洁能源法以及相关政策的制定应提上国家立法的战略规划议程。

基于以上这些问题,我们提出了一些粗浅的认识和设想,以供参考。

4.1　能源法(在此指广义的能源法)、清洁能源法的顶层设计

根据我国经济社会可持续发展、生态环境保护、国家能源战略安全等需要,能源法应是我国法律部门中的一个重要部门法,作为一个部门应当是有相关的法律、法规、规章构成的其基本框架体系。但是,在此存在一个问题,即在该部门法顶层设计中是以能源法(在此是指狭义的能源法,即《能源基本法》)或是清洁能源法(在此是指狭义的清洁能源法,即《清洁能源发展法》)为统领,有学者认为能源法涵盖了清洁能源法中的相关内容,其基本原则及相关法律制度也与清洁能源法一致,因此建议以《能源基本法》为统领,赋予其纲领性法律的性质。但是,我们对该建议存在不同的意见。我们对能源、清洁能源进行了相关法理分析,《能源基本法》和《清洁能源发展法》所调整的法律关系和所规制的内容不一致,以及所设计安排的法律制度都有一定的差别。《能源基本法》及《清洁能源发展法》所调整的都是能源活动过程中所产生的法律关系,都是以能源为主要内容进行规范的,也都是以保障能源发展为目的的法律规范。但是从能源这个角度分析,两部法律所调整的内容就存在一定的差别。能源分为再生能源和不可再生能源两类,清洁能源与这两类能源都有所不同,清洁能源具有通过科技手段进行二次转换的属性。如果我们从能源的广义角度考虑,能源应当包括可再生能源、不可再生能源以及清洁能源。清洁能源是能源中的一类,在此如果规定得不明确,能源可能会与清洁能源相混淆。因此,如果从《能源基本法》以所有能源为对象进行调整,那么《能源基本法》就作为能源法体系的顶层设计,具有纲领性的法律规范(肖国兴,2011)。其基本原则是作为其他相关能源法制定的指导思想。应以此为根本,制定相关的能源法律、法规及规章,构建能源法律体系。但是,这样的立法构想不切实际,如果《能源基本法》所调整的是所有的能源活动所产生的法律关系的法律规范,但是一部单行的能源法不可能涵盖所有涉及能源领域的法律关系,从立法角度分析,是不符合立法原则和立法规范的,在立法的相关制度设计上也是不可行的。以这种方案制定出来的法律将导致其逻辑结构混乱、技术规范难以操作,最终达不到法治的效果。从法理角度进行分析,这样的立法不具备基本的法理属性,导致法的优秀品格的缺失,不符合法的价值需

求,更不可能表现出法的精神。从法的调整范围角度考虑,虽然两部法律都是以能源和能源活动产生的法律关系作为调整对象,但是,《清洁能源发展法》调整的范围相对要窄,主要以清洁能源、能源科技创新发展过程中产生的法律关系为对象进行调整。如果将清洁能源作为《能源基本法》中的一章或一部分内容,从立法的技术规范角度考虑,这将不能穷尽清洁能源的所有事项,这部法律将会出现较大的瑕疵。

因此,我们认为在能源法立法及能源法体系设置时,应当充分考虑到立法原则、立法规范、法理要求、法律多元价值的实现等。

4.2 能源法体系的设计构想

基于以上分析,我们认为在构建能源法体系时,应当设定《能源基本法》《清洁能源发展法》两部法律,分别调整和规范能源活动。完备的能源法律体系应是一个以《能源基本法》《清洁能源发展法》为基本法的顶层设计,以清洁生产促进法、节约能源法、可再生能源法、财税法、金融法等为主干,以煤炭法、电力法、石油天然气法、核能法、能源公用事业法为辅助,以国务院和地方制定的行政法规和能源行政规章相配套的清洁能源法律体系。从其现行法框架上看,我国清洁能源法体系存在着三个方面的问题:第一,没有纲领性法的(或者基本法)顶层设计,没有清洁能源法的配套法,没有清洁能源使用(或者发展)的相关法等;第二,没有清洁能源使用(或发展)的相关财税法、金融法等辅助法;第三,没有相关的清洁能源使用(或发展)的科技创新法律规范[1]。因此,能源法体系应当由以下几个方面,并具有立法层次性和效力层次性的法律内容构成。

第一,由全国人民代表大会及其常务委员会制定、颁布的《能源基本法》(或《能源法总论》),以此作为能源法体系构建的顶层设计,其基本原则、法律精神等作为其他相关法律制度时的指导思想,《能源基本法》(或《能源法总论》)应当具有纲领性的法律属性(肖国兴,2011)。

第二,由全国人民代表大会及其常务委员会制定、颁布《清洁能源发展法》《清洁生产促进法》《可再生能源法》《节约能源法》等法律作为能源法体系的核心,对能源法规的制定起到指导性的作用。

第三,由全国人民代表大会及其常务委员会制定、颁布的《电力法》《煤炭法》《太阳能法》《原子能法》《海洋能法》等行业专门法律为骨干,以完善和支撑能源法体系,在能源法相关行业领域专门进行保障、规制和规范能源的安全发展。

第四,由全国人民代表大会及其常务委员会制定、颁布的财税法、金融法、科技法、知识产权法、环境法等相关法律为辅助,以调整和保障我国能源发展。该部分法律的立法可以选择两种方式:一是单独立法,即以专门单行法的方式进行立法,确保能源的合理利用,特别是对清洁能源的创新发展起到保障作用;二是在现有法律的基础上,对该法进行修改,增加关于能源安全使用和发展的相关法律规定。因此,要对我国能源的相关财税政策进行分析和研究。能源的发展是我国能源战略的必然趋势,国家应当制定完善的财税、金融政策及其他相关法律,规范、鼓励、扶持能源科技创新、能源安全发展、清洁能源科技化和市场化。

---

[1] 虽然我国目前出台了相关的科技法、知识产权相关法,但是,这些法与清洁能源的使用(或发展)存在着严重脱节的状况。

第五，由国务院制定和颁布的能源相关行政法规。该部分的法律是以条例的形式来制定和颁布。这些条例主要有两个方面的功能：一是对相关能源上位法做出一定的解释和细化（须有全国人大及其常委会的授权），如实施细则等，以期更有效、易于操作；二是对一些不是很成熟的立法事项，先以条例的方式制定和颁布，实施一定时期待成熟后，可以上升为法律。

第六，由国务院相关部门制定的政府规章。这些规章以"办法""规定"等的形式制定和颁布。主要是由能源相关行业管理部门制定，这些规章的制定是基于能源的科技性、行业性和专业性特征，特别是能源的专业性，由相关部门组织学者和行业部门的专家制定，其立法内容更加规范。

第七，由地方人大及政府部门制定的地方性法规及地方政府规章。地方人大及政府部门根据本区域实际情况，结合本区域自然资源分布情况、能源发展实际和社会经济发展的需要，适时制定相关规范和激励能源发展的法规规章，最大限度地促进和保护能源的发展，同时对本区域社会经济可持续发展和生态环境保护起到保障作用。

另外，促进能源法律、法规与政策之间的相互协调。目前我国能源法出现几个方面的不协调：一是相关法律之间的不协调，如能源法与财税、金融法、环境法等能源边缘法之间的不协调；二是相关法律与法规之间的不协调，目前关于能源方面的相关行政法规极少，甚至是空白；三是相关法律、法规与地方性法规之间的不协调，地方性法规应当根据地方能源、经济发展的实际来制定，但是，由于缺乏能源法的顶层设计，为地方立法应遵循的相关原则和精神造成困惑；四是能源法与相关政策之间的不协调。因此，根据实际对我国现行相关的能源法等相关清洁能源法等相关法规及政策要进行必要梳理和协调。

4.3 《清洁能源发展法》制定原则及相关内容的大致设想

对我国相关能源法进行细致的梳理和分析发现，能源法已于 2005 年提出立法规划，并成立了相关能源法起草工作小组，于 2010 年对能源法草案征求意见稿进行了修改，并报国务院。因此，能源法的出台只是时间问题。但是，正如前面分析，能源法（或能源基本法、能源法总论）的功能和内容不能替代和涵盖清洁能源法（或清洁能源发展法）的功能和内容。基于社会经济可持续发展、能源科技创新、生态环境保护等需求，制定《清洁能源发展法》已是我国当前社会发展的现实需求。

4.3.1 制定《清洁能源发展法》的原则

(1)科技创新原则；

(2)社会经济可持续发展原则；

(3)生态环境保护原则；

(4)国家能源战略安全原则。

4.3.2 《清洁能源发展法》的基本内容

(1)总则

总则部分内容主要包括：立法背景；立法目的；法律原则；指导思想；具体概念的界定（如能源、清洁能源等）；调整范围等。

(2)清洁能源管理

清洁能源管理的内容主要包括：管理部门（国务院能源主管部门负责组织、协调和管理全国清洁能源，并会同国务院有关部门组织制定清洁能源的管理规范。国务院有关部门在各自的职责范围内负责清洁能源资源的调查,调查结果报国务院能源主管部门汇总);管理体制;管理部门的权利义务;管理部门的职责。

(3)清洁能源的规划与发展

清洁能源的规划与发展的内容主要包括:清洁能源的规划;清洁能源的类型;清洁能源开发与利用的中长期规划制定;清洁能源规划的编制;清洁能源规划的报送以及报送程序;清洁能源的发展原则;清洁能源的发展与生态环境保护。

(4)清洁能源科技创新

清洁能源科技创新的内容主要包括:清洁能源的技术规范;清洁能源技术革新;清洁能源技术规范的标准;清洁能源的行业标准;清洁能源的标准化备案制度;清洁能源科技创新标准;清洁能源科技创新指导。

(5)清洁能源的开发与利用

清洁能源的开发与利用的内容主要包括:清洁能源的开发;清洁能源的推广与应用;鼓励清洁能源的开发与应用;清洁能源开发与利用的政府财政支持;清洁能源开发与利用的税收政策支持。

(6)激励制度

激励措施的内容主要包括:对清洁能源开发与利用的相关企业、事业、科研院所以及个人的奖励制度;国家对清洁能源技术创新的奖励措施;清洁能源的宣传、教育、培训制度;国家对清洁能源开发与利用财政补贴制度;国家对清洁能源出国的奖励措施;国家对清洁能源的价格政策。

(7)监督制度

监督制度的内容主要包括:国家设立清洁能源监督制度;相关部门的监督、检查制度。

(8)清洁能源发展战略安全制度

清洁能源发展战略安全制度的内容主要包括:清洁能源发展战略安全理念;清洁能源发展与国家战略发展制度;清洁能源发展与社会经济可持续发展制度;清洁能源发展与生态环境保护制度;清洁能源发展与能源国际合作制度。

(9)法律责任

法律责任内容主要包括:相关管理部门及其工作人员应承担的责任;承担责任的具体方式及种类;行政责任制度;民事责任制度;刑事责任制度。

(10)附则

附则的内容主要包括:相关概念的界定;需要补充的说明;颁布和实施的具体时间。

(本报告撰稿人:焦冶)

作者简介:焦冶(1968—),男,南京信息工程大学气候变化与公共政策研究院/法政学院教授,主要研究方向为法社会学、气象法,Email:j025y399@aliyun.com。

　　本报告受南京信息工程大学气候变化与公共政策研究院开放课题(课题名称:气候变化背景下中国清洁能源法发展路径研究;课题编号:18QHA006)资助。

参考文献

白泉,刘静茹,符冠云,等,2017. 中国节能管理制度体系:历史与未来[M]. 北京:中国经济出版社:156-157.

戴彦德,白泉,2012. 中国"十一五"节能进展报告[J]. 北京:中国经济出版社:45-48.

戴彦德,吕斌,冯超,2015. "十三五"中国能源消费总量控制与节能[J]. 北京理工大学学报(社会科学版),17
(1):1-7.

樊凯,徐旭,温卓,2011. 清洁能源——低碳经济发展的必然选择[J]. 中国环境管理(3):24-26.

范战平,2016. 我国《节约能源法》的制度局限与完善[J]. 郑州大学学报(哲学社会科学版),49(6):33-37.

龚向前,2017. 可再生能源优先权的法律构造——基于"弃风限光"现象的分析[J]. 中国地质大学学报(社会
科学版),17(1):29-36.

国家统计局能源统计司,2015. 中国能源统计年鉴 2015[M]. 北京:中国统计出版社:85-90.

韩力,2016. 国有大型煤炭企业清洁能源战略研究——神华集团清洁能源战略研究[J]. 中国高新技术企业,
361(10):83-85.

胡德胜,2018. 论能源法的概念和调整范围[J]. 河北法学(06):35-40.

乐欢,2014. 美国能源政策研究[D]. 武汉:武汉大学.

李艳芳,2010. 各国应对气候变化立法比较及其对中国的启示[J]. 中国人民大学学报(4):57-66.

刘邦凡,张贝,连凯宇,2015. 论我国清洁能源的发展及其对策分析[J]. 生态环境,31(8):80-84.

刘红丽,2017. 促进我国清洁能源发展的财税政策研究[D]. 天津:天津工业大学:35-40.

刘利,纪凌云,2008. 墨子(精选本)[M]. 北京:高等教育出版社:75.

吕建中,毕研涛,余本善,等,2017. 传统能源企业转型和清洁化发展路径选择——以国内外大型石油公司的
转型发展为例[J]. 国际石油经济,25(9):1-6.

罗丽,代海军,2017. 我国《煤炭法》的修改研究[J]. 清华法学(3):79-92.

[法]莱翁·狄冀,1959. 宪法论[M]. 北京:商务印书馆:345.

马德秀,曾少军,朱启贵,等,2016. "低碳十"的内涵、外延与路径[J]. 经济研究参考(62):3-8.

孟雁北,2015. 中国《石油天然气法》立法的理论研究与制度构建[M]. 北京:中国人民大学出版社:57-66.

彭单,2017. 中国鼓励清洁能源发展政策的区域性绩效评估[D]. 济南:山东大学:45-56.

彭峰,2015. 环境与发展:理想主义抑或现实主义?——以法国《推动绿色增长之能源转型法令》为例[J]. 上
海大学学报(社会科学版),32(3):16-29.

秦翔,2013. 中国居民生活能源消费研究[D]. 太原:山西财经大学:8-10.

孙进安,2014. 我国清洁能源发展策略[J]. 科技与管理(12):118.

王灿发,刘哲,于文轩,等,2015. 能源与气候变化法(笔谈)[J]. 中国政法大学学报,50(6):113-122.

王谋,潘家华,陈迎,2010. 美国清洁能源与安全法案的影响与意义[J]. 气候变化研究进展,6(4):307-312.

王庆一,2017. 中国能源统计系统改革的几点建议[EB/OL]. 载美国自然资源保护协会网中文版(http://
www.nrdc.cn/information/informationinfo? id=122&cid=49). 2017-08-01.

王仲颖,张有生,2014. 合理控制能源消费总量:理论与实践[M]. 北京:中国经济出版社:157-162.

文绪武,胡林梅,2016. 在压力型体制中嵌入市场化的节能减排机制[J]. 经济社会体制比较,187(5):43-51.

吴志忠,2013. 论我国《节约能源法》的完善[J]. 学习与实践(10):27-34.

席月民,2017. 能源法应该重在调控而非监管[N]. 经济参考报,2017-08-01.

肖国兴,2011. 论中国能源革命与法律变革的维度[J]. 郑州大学学报(哲学社会科学版),44(5):39-43.

徐绍史,2016. 中华人民共和国国民经济和社会发展第十三个五年规划辅导读本[M]. 北京:人民出版社:78-80.

许鸣,2010. 《美国清洁能源安全法案》简介及其对我国的启示[J]. 新西部(6):244-245.

严蔚,2013. 我国清洁能源立法研究[D]. 保定:华北电力大学:15-18.

气候变化视域下中国能源法的变革

摘　要：随着中国社会经济的快速发展、国际能源格局的复杂多变，以及应对气候变化的客观需要，特别是能源开发与利用的生态性与可持续性，我国能源立法于 2005 年被列入国务院立法工作计划，同时被列入《国家安全立法规划（2015—2020 年）》，2007 年 3 月能源法草案编写完成，2010 年 2 月将经过多次修改的能源法草案报国务院。至此，能源立法问题也被我国学者所关注，相关学者对此展开研究。目前我国能源法（该能源法从广义角度理解，包含所有能源法律、法规及规章）正在发生深刻的变革，能源法肩负着能源结构转型、能源科技创新、能源与环境保护协调互补、国家能源安全战略发展等多元价值的重任。对能源法的未来发展及变革进行深入的研究，在科技创新、代际公平、生态环境保护和能源战略安全理念的引领下，厘清能源、能源法等相关概念，准确界定能源法的调整范围和功能，同时在比较研究和借鉴国外发达国家能源立法的先进经验的基础上，提出我国能源法（该能源法为狭义概念，仅指能源单行法）的立法定位和立法模式。并提出以能源法（即能源基本法或能源法总论）为统领或刚性法构建我国能源法律体系的设想，以期保障和规范我国能源发展、能源科技创新、国家能源战略安全，对我国能源立法提供借鉴和参考。

关键词：气候变化；能源；能源法；能源立法；变革

Reform of China's Energy Law from the Perspective of Climate Change

Abstract: With the rapid development of China's social economy, the complex and changeable of international energy pattern, and the objective need to cope with climate change, especially the ecology and sustainability of energy development and utilization, China's energy legislation was included in the legislative work plan of State Council. It was also included in the National Security Legislation Plan(2015—2020). The draft energy law was completed in March 2007 and submitted to the State Council in February 2010 after many revisions. Up to now, the energy legislation has also been concerned by Chinese scholars, and relevant scholars research on it. Now the energy law in China(which is understood in a broad sense and includes all energy laws, regulations and rules)is undergoing profound changes. Energy law shoulders the important task of multiple values such as energy structure transformation, energy science and technology innovation, coordination and complementarity between energy and environmental protection, and development of national energy security strategy. This

research deeply studied the future development and reform of energy law. Guided by the scientific and techno-
logical innovation, intergenerational equity, ecological environment protection and concepts of energy strategic
security, clarifying the concepts of energy and energy law, and accurately defining the adjustment range and
functions of energy law. At the same time, on the basis of comparative study and drawing lessons from the ad-
vanced experience of foreign developed countries in energy legislation, putting forward the legislative orientation
and legislative mode of China's energy law(this energy law is a narrow concept and only refers to the energy
single law). This research puts forward the idea of taking the energy law as the guiding law to construct energy
legal system in China, in order to ensuring and standardizing the energy development, energy technology inno-
vation and national energy strategic security, providing reference for China's energy legislation.

Key words: climate change; energy; energy law; energy legislation; reform

　　中国是能源生产和消费大国,2013 年全国能源工作大会国家能源局公布,中国已成为世界第一能源生产大国。然而,目前我国能源法(在此指狭义的能源法,即能源单行法)立法较为滞后,随着社会经济的快速发展,以及应对气候变化、生态环境保护、国家能源安全战略发展的需要,能源法立法[①]是一个迫切需要研究的课题,能源法的早日出台,对规范和保障我国能源发展具有重大的现实意义。

1. 中国能源法立法的可行性分析

　　人类的生存和社会的发展离不开能源,能源是人类的基本生存及经济社会可持续发展的根本性力量源泉。目前,世界各国能源供应仍然以传统高污染、高耗能的化石能源为主,但是这类能源的储量有限。另外,这类能源中蕴含有大量的碳成分,在对其利用的过程中会向大气中排放大量的二氧化碳等气体,对大气环境造成不同程度的污染。随着人类的生存和社会经济的快速发展,人们长期以来对这类能源的大量的过度开采和利用,使得这类能源储量已经严重匮乏,而且对全球的气候变化也产生了深刻的影响。气候是构成地球环境系统的重要因素,适当和稳定的气候是人类在地球环境中生存与发展的必要条件。但是近 200 年以来,全球气候在人类活动的影响下,却发生了一些非自然的和非常态的变化,这些变化可以统称为气候变化。气候变化已对人类社会的生存和发展构成了威胁。《气候变化框架公约》则对气候变化进行了定义:"气候变化指除在类似时期内所观测的气候的自然变异之外,由于直接或间接的人类活动改变了地球大气的组成而造成的气候变化。"目前,国际社会所讨论的气候变化问题,主要是指温室气体的增加所产生的全球气候变暖问题。尤其是指由于人类社会在生产和生活过程中大量使用煤、石油和天然气等矿物燃料所排放的二氧化碳气体,导致地球大气中二氧化碳浓度逐渐升高,形成所谓的"二氧化碳罩子",太阳光可以透入,地球上的热量却不能散发出去,以致地球表面温度逐渐上升,产生气候变暖的现象。因此,为了社会经济的稳定可持续发展,能源结构也在发生变化。

　　因此,应对气候变化和这种高污染、高耗能能源(或称高碳能源)的枯竭已经成为人类社会

---

① 能源法立法不能等同于能源立法。能源法立法是指制定能源单行法,即《能源基本法》或《能源法总论》(肖国兴,2012),在此基础上,推动和促进我国能源立法和构建完善的能源法体系。

发展的矛盾所在,那么寻求一种能够持续供应且低碳的能源来代替高碳能源是人类生存和社会经济发展的必然趋势,即必须经过一场巨大的能源革命。因此,可再生能源兼具可再生性、清洁性和可持续性的特征,且储量非常丰富,是替代高碳能源的最佳选择。目前,世界诸多国家开发和利用可再生能源,并且采取了一系列能源变革方式及手段,试图通过实现可再生能源产业的快速发展来应对气候变化和保障能源供应安全。我国是世界上最大的发展中国家,社会经济的发展还处于一个转型时期,能源变革及能源革命对我国社会经济的未来发展将产生巨大的影响,但是目前我国的能源供应仍然以煤炭、石油等高碳能源为主。这就产生了经济的持续稳定发展需要持续稳定的能源供应、依照《气候变化框架条约》《京都议定书》等国际条约承担节能减排的国际压力以及能源变革的多维矛盾。因此,推动可再生能源的开发和利用已成为我国的必然选择,同时,相关法律(如能源法)的制定及出台已是必然。从 20 世纪 90 年代至今,规范我国可再生能源产业的发展已经从政策性指导过渡到法律规范的模式,特别是我国《可再生能源法》《节约能源法》以及相关行业法律、法规的颁布实施,标志着我国可再生能源产业的发展开始步入法治化轨道。虽然在此期间我国的可再生能源(如太阳能、风能、核能等)的发展速度很快,但可再生能源发展水平及技术革新与西方发达国家仍然存在很大的差距,特别是在低碳能源的发展及变革时期,规范性的法律、法规出现了迟滞的情形,同时相关法律制度的缺陷也显现出了很多的问题及不足。例如,能源法体系问题——根本性的问题是我国至今没有出台能源法(或能源基本法,在此引起诸多学者的研究观点及立法建议),能源法相关制度性建设还未起步,目前仍然存在着大量利用政策性引导的方式,基于此,这就在规范我国能源发展、调整能源结构、社会经济可持续发展方面带来诸多问题。

随着全球日益发生的能源问题,原始自然资源的过度开采与社会需求矛盾的逐步加剧,高碳能源对生态环境的污染及危害日益严重,二氧化碳的过度排放,导致全球气候变化加剧,给人类的生存、基本生活、经济社会可持续发展带来严重影响。根据国际相关组织的调查报告表明,改变气候变化的主要方式就是减少碳排放,降低温室气体的比重。能源转型,能源技术开发,相关法律、政策研究等就成为各国政府部门研究的课题。我国从 20 世纪 90 年代开始,能源法的制定就提到了立法的议事日程,1998 年 1 月 1 日实施《节约能源法》,2007 年和 2016 年分别进行了两次修订;2006 年 1 月 1 日,我国正式实施《可再生能源的法》,在 2009 年 12 月进行了修订。这些法律的出台,相对于低碳能源的发展趋势而言,还是相对滞后的。特别是 2010 年后,气候变化引起了世界各国的高度重视,在其法律的相关领域都发生了巨大的变革,甚至于我们将其称之为"法律革命"。我国在此也意识到了能源变革带来的诸多问题,开始在相关法律方面展开研究。面对当前我国发展可再生能源存在的问题,也为了应对气候变化,能源变革已势在必行,构建和完善我国能源法律体系和相关制度已被国家提到了议事日程。

2014 年 6 月 13 日,习近平总书记在中央财经领导小组第六次会议上强调,要加快推进"能源法"制定工作。在当前推进能源革命、应对气候变化和深化重大能源改革的形势下,"能源法"缺位带来诸多弊端,立法进程亟须提速。同时,习近平总书记在此次会议上提出了我国能源安全发展的"四个革命、一个合作"战略思想。四个革命是指:"推动能源消费革命,抑制不合理能源消费";"推动能源供给革命,建立多元供应体系";"推动能源技术革命,带动产业升级";"推动能源体制革命,打通能源发展快车道"。一个合作是指:"全方位加强国际合作,实现开放条件下能源安全。"因此,建设法治国家和发展市场经济,要求能源革命的推进实施以及成果保障,都应该经由法治的路径,迫切需要能源法相关理论研究的支撑。这也是一个国家社会经济发展的基本保障,另外,考量我国能源法的未来发展趋势、能源法体系的框架模式,都必然存在能源法的定位等问题,这也更是一个国家法治化的主要标志。

2. 中国能源法立法的必要性分析

2014 年 6 月,习近平总书记在中央财经领导小组第六次会议提出:"要启动能源领域法律法规立改废工作"。2015 年 4 月,国务院相关部门立法规划将制定《能源法》列为全面深化改革和全面依法治国急需项目;2014 年 8 月,《能源法》被列入十二届全国人大二类立法项目。因此,从诸多学者的研究成果及立法建议,到国家层面的立法启动,我们可以看到,能源法的立法研究具有其主要的现实意义和国家战略意义。

2.1　完善和构建能源法法律体系的需要

基于"能源革命"的需要,能源法体系必然要符合一个完整的模式体例,目前我国还没有正式出台《能源法》[①]。因此,我们认为应当制定《能源基本法》,以此作为能源法体系的纲领性法律,在此基础上,制定相关的能源单行法,要充分考虑到能源基本法与相关单行法的功能定位。同时应当涉及能源与气候变化领域的有关法律问题,在此我们可以看出,能源法体系是一个完整的法律规范,即以能源基本法为基础性、综合性、框架性和纲领性法律。只有这样才可以对能源安全、能源效率、能源管理、能源环境保护等整体性问题加以规范。

2.2　应对气候变化的需要

《联合国气候变化框架公约》《京都议定书》等国际条约规则的问世,以及我国参加的几次世界气候峰会,中国政府都对其做出了郑重的承诺,我国也明确提出发展低碳经济,以应对气候变化带来的能源环境问题。党的"十七大""十八大""十九大"数次报告中都明确提出了保护环境,建设生态文明,这是我国经济社会可持续发展和实现小康社会的必然要求和重大任务。应合理开发利用低碳能源,有效保障能源的可持续发展,抑制能源利用带来的环境污染。若要彻底解决我国能源方面的重大问题,需要建立完备的能源法律体系和完善的能源法律制度。构筑稳定、经济、清洁、安全的能源供应体系,促进低碳经济的发展,将是我国能源立法面临的新任务。

2.3　优化能源结构和促进经济社会可持续发展的需要

低碳能源的开发与利用、能源结构的调整存在着诸多社会问题,在这个历史性的变革时期,在整个能源结构发生变化的时期,必然需要相关法律、法规的严格规范。依据社会发展的规律,立法是规范人与人之间、人与经济社会发展之间最有效的方法。完善的能源立法必然可

---

① 在此的能源法应当包含广义的概念和狭义的概念,目前有学者在该方面提出了不同的观点,有学者认为设立能源基本法,有学者从广义角度探讨能源法的设立,即有众多相关能源的法律构成能源法的基本框架。也有学者认为设立能源法总则或总论,以此为基础,构建能源法的基本框架。

以优化能源结构,促进市场经济增长方式的转变,促进社会经济可持续发展。因此,在能源法律的规范下发展新能源、可再生能源以及其他低碳能源,实现能源结构的转变和多元化发展,同时进行能源结构的调整,也可以树立循环经济理念,促进经济增长方式的转变。

2.4 保障国家能源安全和经济安全的需要

能源对一个国家和地区的安全有着不可估量的影响。首先,能源是经济制裁的有效手段,关系着一国和一个地区的经济安全。其次,能源通过经济作用于政治,由内而外的政治渗透对一国的国家主权和民族独立有着严重的威胁。因此,保障能源安全、维护经济发展和政治稳定,是各国对能源问题的一个不容置疑的原则性共识。

2.5 履行国际条约的需要

20世纪80年代末,世界各国开始特别关注气候变化及能源危机问题,联合国也成立了相关的组织开始进行调查和展开研究,对调查和研究结果形成了一些阶段性的研究报告,并予以公布。我国也相继成为这些组织及条约的成员国,也向全世界做出了郑重的承诺,以表示作为世界上最大的发展中国家应当承担的责任。因此,我国于20世纪90年代开始重视相关的立法工作,并进行了相关的政策制定和政策调整。完善的能源立法在提高能源利用效率的同时,也降低了能源消耗对生态环境造成的破坏,更重要的是促进了我国对所加入的关于环保方面的国际条约的有效履行。

3. 中国能源法的现状及存在的问题

在此我们提出的"能源法"应当有广义和狭义之分,广义的能源法应当是涵盖所有的与能源相关的法律、法规。狭义的能源法我们理解为《中华人民共和国能源法》或《中华人民共和国能源基本法》或《中华人民共和国能源法总论》[①](胡德胜,2018a)。从这个角度我们来考量我国能源法的现状及存在的问题。

作为能源法律体系的基本法(基于本研究课题的观点——我国应当设立能源基本法,作为我国能源法体系的纲领性法律),纵观我国《能源法》的制定,经过了一个长期而复杂的过程。从20世纪80年代末提出制定《能源法》的动议,至今《能源法》仍未出台,一方面表明我国能源变革的艰难与阵痛;另一方面说明《能源法》的立法工作在我国的慎重。到了2005年10月,温家宝总理亲自批示了《能源法》的起草工作,《能源法》立法工作才开始正式起步。在《能源法》起草的相关机构推动下,2007年3月《能源法(草案)》第一稿完成,经过多次征求意见和修改,于同年9月完成了《能源法(草案)》的讨论稿,同年10月完成《能源法(草案)》征求意见稿,随之向社会各界广泛征求意见。《能源法(草案)》历经了多次的修改、补充。直到2010年2月,修改后的《能源法(草案)》上报至国务院,列入了立法规划(李艳芳,2008)。

基于此,《能源法》作为能源法律体系的基本法,其他相关能源的单行法进入了修订阶段。《煤炭法》于1996年12月1日实施,期间2011年、2013年、2016年经过了三次修订。《电力

---

① 这是根据学者研究的成果所做的表述。

法》于 1996 年 4 月 1 日实施,期间于 2009 年、2015 年经过了两次修订。然而,直到现在为止,历届全国人大会议及历次全国人大常委会所公布的立法规划中都没有《能源法》,因此,《能源法》仍处于起草、征求意见、讨论(甚至于研讨)的一个尴尬阶段。

随着国民经济的不断发展,中国已成为世界上最大的能源产出国和消费国,而且目前主要是以煤炭、石油等高碳能源为主,风能、太阳能等低碳能源为辅的能源供给体系。能源低碳转型是应对能源供应安全、气候变化问题以及国际政治经济压力的最佳手段和路径。因此,必须通过具体的、完善的法律制度进行规范和调整,法律制度是作为国家在能源结构调整和运行过程中最佳的制度安排,可以为能源低碳转型的成功保驾护航。中国作为当今世界第一大能源生产国、第二大能源消费国,至今还缺少一部能源领域的基础性、基本性、纲领性的法律,制定《能源法》或《能源基本法》已成为我国立法工作中的一项紧迫任务(肖国兴,2012)。《能源法》作为调整我国能源开发利用和管理活动诸多法律关系的"纲领法"和"基本法",是我们能源领域基础性法律,起一个统领的指导作用,对于目前能源领域已经出台的《电力法》《煤炭法》《节约能源法》和《可再生能源法》四部单行法,《能源法》和单行法将根据它们不同的定位,发挥各自的作用。

通过以上分析,从总体上看,能源立法还处于初期的发展阶段,没有形成统一有效的能源法律体系。从 20 世纪 90 年代开始,国家陆续出台了多部能源方面的法律、法规,如《矿产资源法》《电力法》《煤炭法》《节约资源法》《可再生能源法》等,为了配套单行法规的执行还出台了《煤炭生产许可证管理办法》《节约用电管理办法》等相关配套法律规范,同时在多部相关法律中还涉及了能源方面的内容,如《环境保护法》《矿产资源法》《大气污染防治法》等,形成了以专门单行能源法律为主,配套法规、规章为辅的现状。这些法律、法规的颁布实施对于我国能源的开发和利用有着较好的规范性作用。但是,随着我国市场经济体制的逐步完善与发展,特别是社会经济可持续发展理念的提出,以及与国际社会合作逐步深入,涉及相关能源法规制方面的问题随之凸显出来。

3.1　没有形成一个完整的能源法体系

一个完整的法律体系,需要一个纲领性的基本法的指导,而我国目前缺少一部起统领作用的《能源法》或《能源基本法》,单行法的修改和制定缺乏《能源基本法》的原则指导。因此指导思想及指导原则的缺失,必然限制能源单行法的协调及功能的发挥,更不能体现出我国能源结构完善方面的法律价值所在。依照《立法法》的指导原则,下位法的制定需要服从上位法的原则,而且制定的内容不能与上位法产生冲突与矛盾,然而目前我国还没有能源法方面的上位法,其下位法的制定则出现了指导原则的真空状态。另外,一个完整的法律体系应当由全国人大(包括全国人大常委会)制定的法律、国务院制定的行政法规、国务院相关部委制定的部门规章、地方人大制定的地方性法规以及地方政府规章构成。但是,目前由于《能源基本法》的缺位,能源规范方面则更多的是以行政法规或规章的形式呈现出来,凸显出的问题是立法位阶低、效力层次低。一个完整的法律体系,需要法律体系中的法律、法规、规章的全面性,更主要的是效力层次的规范性。就能源结构而言,结合国家社会经济的发展形势,能源法应当具有自身科学性、规范性的调整范围。这样的法律体系应当是:基本法(具有纲领性的顶级设计的法律)、单行法律规范(涵盖规范各类能源的法律)、相关行业的能源法律规范、地方性能源法律规范、部门能源管理方面的法律规范。

3.2 没有一部"纲领性"的《能源法》(或者是《能源基本法》)

从现在的情况看,纵观我国关于能源方面的法律规范,目前只有相关的能源单行法,主要是《电力法》《煤炭法》《节约能源法》《可再生能源法》,四部单行法律连同与其配套的能源法规规章的出台,构成了我国能源法律体系框架的雏形。但是,《电力法》和《煤炭法》分别是电力和煤炭的行业性法律,《节约能源法》是为了推动社会节约能源、提高能源利用效率的专门法律,《可再生能源法》是为了促进可再生能源的开发和利用,提高能源效率,完善能源结构的专项法律。因此,至今仍未有一部全面体现能源基本原则和基本制度的基本性法律,由于纲领性、基本性法律的缺位,对于能源开发与利用、能源管理职能、能源结构调整、能源安全保障、能源与生态环境等关系的协调与规制则显现出法律价值的不能实现。因此,制定具有纲领性的《能源基本法》就显得至关重要和紧迫。

3.3 国家能源安全没有法律保障

能源是为人类的生产和生活提供各种能力和动力的物质资源,是国民经济的重要物质基础。2016 年 9 月 G20 杭州峰会,我国提出了中国将大力推进能源结构战略调整。在这一背景下,能源安全战略显得尤为重要。能源安全是保障国家安全的重要后盾。虽然在 20 世纪 90年代就有了制定能源法的动议,21 世纪初将能源法纳入了国务院的相关立法规划,但到目前为止《能源法》(或《能源基本法》)仍未出台,而且还处于起草阶段。目前对能源法、能源结构问题还处在一个研究层面。然而,客观事实存在的情况是我国能源安全存在较大的问题,相关法律的制定、相关制度的构建等应从国家能源战略安全角度出发。我国从单一的煤炭、石油等高碳能源转型到风能、太阳能等低碳能源,能源结构的调整是涉及国家能源安全战略发展的重要规划,另一方面,从国际能源形势的发展来看,世界各国关于能源的安全意识已提升到国家安全战略层面,如果没有一部科学的规范能源安全的法律,国民经济的可持续发展将面临严峻的形势。因此,对我国能源安全战略的法律保障的研究要有高度的认识,加紧制定相关法律,完善相关法律体系,以保障我国能源安全。

3.4 不能科学规范地协调能源发展与生态环境保护的关系

能源是社会经济可持续发展的基础,国民经济的快速发展必然导致能源的消耗量不断增加,能源短缺问题变得日益突出。过度使用高碳能源必然导致生态环境的破坏。在能源消耗过程中,我国能源消耗的产业结构单一(主要是煤炭),对生态环境造成很大的威胁,这种能源失衡的情况极不利于国民经济的可持续发展。与之相配套的《环境保护法》《环境影响评价法》《大气污染防治法》《清洁生产法》等的法律已修改和制定,然而在能源开发与利用,以及生产、运输、消费、储存等环节,由于法律的缺位,给生态环境的保护带来巨大的困难。过度的开采和无序的使用,影响了能源可持续利用,最终导致能源浪费和环境污染。《能源基本法》的缺位和能源法体系的不完善,使得不能较好地协调能源与生态环境保护的法律关系,致使国民经济不能健康、可持续地发展。

3.5　《能源基本法》的缺位，导致能源单行法的功能不能完全发挥

我国能源方面的单行法主要有《电力法》《煤炭法》《节约能源法》《可再生能源法》，四部单行法律以及与其配套的能源法规、规章的出台，构成了我国能源的基本法律体系框架。但是，考察这些单行法的相关内容，我们发现单行法出台的内容规定过于宽泛，没有具体可执行的依据，没有能源基本法这种位于第一位阶法的原则指导，也就失去了一个法律体系的核心和灵魂。同时，在具体的实施过程中缺乏相应的标准、办法、核心指导思想，也缺乏具体配套的实施细则。根本原因就是《能源基本法》的缺位，基本法的缺位致使相关单行法的内涵不完善，相关职能部门的权力责任不明确，必然导致能源单行法的功能不能完全发挥出来。

3.6　《能源基本法》的缺位，导致能源单行法定位不准

能源法体系应当是在具有纲领性性质的《能源基本法》的统领下，以能源单行法为核心内容，能源行政法规、部门规章、地方性法规为基础的框架体系。各法律、法规、规章应当有自身调整的法律关系或规范的内容。但是，由于《能源基本法》的缺位，能源单行法失去了其核心指导思想和指导原则，在其内涵的基本定位上不准确，导致能源法律、法规、规章的调整范围及调整对象模糊，因此，在能源结构调整、能源开发利用、能源安全保障、能源科技研发、能源国际合作等方面存在法律规制不到位、调整对象不明确的情形。

能源立法这种缺少纲领性的能源基本法，使得能源单行法不完整，法律、法规、规章协调不一致，功能定位不明确，相关内容笼统、不具体，能源法体系结构不健全。因此，目前我国能源法存在较大的问题，这些问题直接影响我国能源结构调整、国民经济可持续发展、能源战略安全以及国际的合作。

4. 新时期能源法立法的法理分析

4.1　国内外能源立法的现状分析

4.1.1　我国学者关于能源立法的研究

我国学者主要从五个角度对能源立法进行了研究。一是以杨泽伟、杜群、廖建凯等学者为代表的域外能源法比较研究。这些学者对域外能源法的基本情况进行研究，特别是对德国、日本、美国等国家的能源法及相关政策进行了梳理、归纳、分析和研究，阐述了这些国家能源法的法律规定、法律制度，特别是对德国和日本，能源法起步较早，已形成较为完善的能源立法体系，并采取了多种措施保障实施，包括建立统一管理体制、注重法规的灵活性和可操作性、通过制度安排内化法律目标、明确经济激励措施等。这些能源立法及其执行的经验，对我国能源法具有重要的借鉴作用。二是以蔡守秋、肖国兴、马俊驹、龚向前等学者为代表的以生态环境保护为根本的能源法立法研究。这些学者以气候变化为视角，生态环境保护为基本出发点，认为以工业化为主要特征的现代社会已经深深地依赖于廉价的化石燃料，即煤炭、石油和天然气等这些排放二氧化碳并最终引起气候变暖的能源资源。它们虽然是世界经济和社会发展的关键

物质基础,然而,环境污染和破坏几乎与人类对能源的开发利用相生相伴。气候变化问题给人类社会经济带来巨大负面影响,已经成为世界各国面临的严峻挑战。因此,这些学者认为,能源法的制定及其法律制度应以生态环境保护为根本宗旨。三是以杨解君、谭宗泽、宋彪等学者为代表的以能源法立法和我国能源政策的关系比较为视角展开研究。认为与大量应对气候变化或者低碳政策形成鲜明对照的是,法律和行政法规却"缺席"不作为。现行法律、行政法规中并没有体现低碳理念或方式的规定,也无专门的低碳法律制度安排,法律与政策之间出现了严重的脱节。低碳理念的提出以及有关低碳的大量政策需要上升到法律法规层面加以落实和付诸实施,相关法律和行政法规的制定与修改却依然止步不前。近年来,为适应碳排放控制和应对气候变化的迫切需要,有关部门开始出台相关部门规章。但是,我们必须清醒地意识到,尽管规章体现了政策精神,有利于政策的具体实施,但是,规章在法律效力层次上毕竟处于最低位阶,在司法适用中只具有参照的意义,因而其适用范围和效力约束皆受到明显的限制。在法律和行政法规基本缺席的情况下,仅靠几部零星的规章是不可能推动一场"能源变革"的。四是以莫神星、杨春桃、曹俊金、赵爽等学者为代表的以低碳经济为理念的能源法立法原则研究。这些学者以低碳经济为基础,提出能源立法的相关建议,分析了我国现行能源法律制度存在的基本法缺位、单行法缺失、法律规范之间不协调等缺陷,并从健全能源法律体系和完善"低碳+能源"法律规范内容等方面提出了完善建议,以期为支持能源结构调整和低碳转型的实现提供借鉴。同时认为,在应对气候变化背景下,发展低碳能源科技是我们的必然选择。能源低碳科技创新是发展低碳经济动力之源,将会极大地改变世界的政治格局和地缘政治。我国在低碳技术的研发方面还面临诸多困难,缺乏完整、有效的政策支持体系;低碳技术项目还没有形成稳定的政府投入机制。这就要求我们要大力推进低碳科技创新,加强法律政策对低碳科技创新的支撑力度。五是以迟翔宇、张勇、叶荣泗、朱怀念等学者为代表的以我国能源安全为角度进行的立法研究。这些学者以能源安全角度展开分析和研究,并提出了相关的立法建议,认为能源安全是我国制定能源法首先考虑的、最基本的价值追求。没有能源安全作为保障,我国的经济发展无法取得最终进步,可以说能源安全是能源法的基础与核心,国家的能源政策、能源发展规划和目标都应该在能源安全的价值基础上具体开展。能源安全不能仅局限于能源供应的安全,更包括能源事故的安全、能源使用的安全。能源法的制定、实施应贯穿安全性原则,能源安全原则作为能源法的首要基本原则,不仅体现了我国安全第一、以人为本的经济发展理念,更是国计民生经济发展的重要环节。

4.1.2 国外学者的相关研究

对域外能源立法的研究进行归纳、分析和总结,这些学者主要从八个方面对能源立法进行研究。一是以美国能源专家 Robert Copper 为代表的从长期安全政策方面展开的研究;二是以美国能源政策专家 Laurance R Geri 和 Ddvid E. McNabb 为代表的从能源及国家安全战略方面展开的研究;三是以 David S. Macdougall、Thomas W. Walde 等为代表的从能源与环境的关系角度展开的研究;四是以 M. Roggenkamp、C. Redgwell、I. Del Guayo 等为代表的从能源与国际法的关系角度展开的研究;五是以 Adrian J. Bradbrook、Richard L. Ottinger 为代表的从能源对气候变化的影响进行的研究;六是以 Rex. J Zedalis 为代表的从能源变革、能源与可再生能源的关系角度进行的研究;七是以 Janne Haaland Matlary 为代表的从能源与欧盟政策角度进行的研究;八是以 Frank Umbach 为代表的从能源与政治的关系角度展开的研究。

　　从国外有关欧盟能源法律与政策的研究成果来看,国外的研究具有以下几方面特点。第一,对能源变革的意识形成较早,从不同角度进行了相关研究。比较而言,国外对能源变革的意识形成较早,认识程度较高,研究角度广,分别从能源与环境的关系、能源与国家安全战略、能源与国际法的关系、能源政策、能源与社会经济发展、能源与可再生能源等角度进行了深入广泛的研究。第二,与社会经济的发展、国家安全战略等角度紧密结合展开研究。随着国际能源形势的变化,欧美国家的研究内容由能源安全走向能源合作,由传统能源领域逐步扩展到可再生能源领域,研究内容逐步扩大,具有时代特点,体现了法的时代价值内涵。第三,其研究内容高度结合生态环境保护。从以上研究我们可以看出,更多学者关注了能源与生态环境的关系,特别是能源使用对环境造成的影响,因此对能源法的研究特别关注环境、气候变化和可持续发展问题。

4.2　能源立法的法理分析

　　对气候变化背景下能源法律制度的研究,其理论意义在于将气候变化下新能源中可再生能源的发展来作为重点研究对象,总结国外能源立法的可借鉴之处和我国能源法律制度上的不足,提出完善建议。在现实研究意义方面,能源法律制度的制定与完善使得我国能源在发展中有着更好的法律依据,推动我国能源发展和能源安全,促使我国社会经济健康发展。基于此,对中国能源法展开研究,提出相关立法建议,研究的目标设想有三个方面。一是梳理目前我国关于能源法(在此的能源法是指广义的能源法)方面的相关法律,对这些法律进行归纳、分析和研究,厘清它们的功能和作用。找出存在的缺陷,弥补其不足,更好地规范我国当前能源结构转型的法律需求。二是分析和界定能源法的内涵、概念及调整范围。更加有效地发挥能源法的作用,这也是社会经济可持续发展的法律价值所在。三是在梳理能源法和厘清能源法内涵的基础上,提出能源法的立法建议。同时展开能源法体系构建的可行性分析。

　　对能源立法进行研究,最终的目的为:《能源基本法》作为能源法体系的顶层设计,发挥其统领性、纲领性的法律属性;切合实际,规范设定《能源基本法》的内容及结构;准确定位《能源基本法》的基本功能;协调发展《能源基本法》与能源单行法、能源边缘法的关系;科学、合理设定《能源基本法》的主要制度;完善构建能源法体系。

　　面对全球气候变暖及国内能源环境危机,我国必须走低耗能、低污染、低碳排放的低碳经济发展道路。低碳能源在低碳经济发展中起着关键性的作用,构建合理而可行的具有低碳经济内涵的能源法律制度是保障低碳经济发展的基础。完善我国低碳能源法律体系,实现我国能源战略安全与生态环境保护的经济社会可持续发展,这是能源立法的客观实际要求,也是制定《能源基本法》和构建能源法律体系的现实标准。《能源基本法》制定、实施的可行性与我国能源发展、生态环境保护、社会经济发展的可持续性以及国际能源合作的契合性,这是评价《能源基本法》的法理标准,一部法律的制定必须符合其现实性标准和法理性标准。

　　因此,针对我国现行的能源法(在此为广义的能源法),提出制定具有统领性、纲领性的《能源基本法》,以其基本原则和理念制定和修改相关能源法律、法规和规章,构建我国能源法体系,规范和保障我国能源安全、持续发展。在气候变化背景下,以及低碳经济发展前提下,研究和借鉴相关学者的研究成果基础上提出《能源基本法》的设定,以《能源基本法》为纲领、能源单行法（涵盖相关法律、法规、规章和地方性法规规章，以及相关能源政策）为核心内容和骨干的框架体系架构。

5. 能源法立法的基本理论分析

5.1 相关概念的厘清

5.1.1 能源

在此的能源是指本研究中具有法律属性的能源，因此能源的概念是建立在为能源立法完善、能源法体系建构、能源法功能发挥以及能源法价值理念的前提基础上的。基于此，如果从法律属性的前提下，从我国目前能源使用的情形分析，具有法律意义上的能源是指煤炭、石油、天然气等不可再生能源（或称高碳能源），生物质能和电力、热力等转化能源，风能、太阳能、核能以及通过其他方式直接或者通过加工、转换而取得有用能的各种资源。从自然因素的角度分析能源的概念，能源亦称能量资源或能源资源；是指可产生各种能量（如热能、电能、光能和机械能等）或可做功的物质的统称；是指能够直接取得或者通过加工、转换而取得有用能的各种资源，包括煤炭、原油、天然气、煤层气、水能、核能、风能、太阳能、地热能、生物质能等一次能源和电力、热力、成品油等二次能源，以及其他新能源和可再生能源。能源是国民经济的重要物质基础，未来国家命运取决于能源的掌控。能源的开发和有效利用程度以及人均消费量是生产技术和生活水平的重要标志。

从自然因素和人工技术转化方面，我们可以简单地对能源的内涵进行分析。首先，能源是能够提供能量的资源，能源是人类生存、社会经济发展的基本物质条件。能源按来源可分为三大类。一是来自太阳的能量。包括直接来自太阳的能量（如太阳光热辐射能）和间接来自太阳的能量（如煤炭、石油、天然气、油页岩等可燃矿物及薪材等生物质能、水能和风能等）。二是来自地球本身的能量。一种是地球内部蕴藏的地热能，如地下热水、地下蒸汽、干热岩体；另一种是地壳内铀、钍等核燃料所蕴藏的原子核能。三是月球和太阳等天体对地球的引力产生的能量，如潮汐能。《大英百科全书》将能源定义为："能源是一个包括所有燃料、流水、阳光和风的术语，人类用适当的转换手段便可让它为自己提供所需的能量"；《日本大百科全书》认为："在各种生产活动中，我们利用热能、机械能、光能、电能等来做功，可利用来作为这些能量源泉的自然界中的各种载体，称为能源"；我国的《能源百科全书》记载："能源是可以直接或经转换提供人类所需的光、热、动力等任一形式能量的载能体资源。"因此，能源具有多种形式，但基本上可以分为两类，即可再生能源和不可再生能源。确切而简单地说，能源是自然界中能为人类提供某种形式能量的物质资源。

5.1.2 能源法

关于能源法的概念，目前主要的定义有多种，相关学者从不同的角度对其进行了定义，角度不同其定义的内容也不相同。但是大体而言有两类，一是广义的能源法，即涵盖所有的能源方面的法律、法规、规章甚至能源政策。狭义的能源法就是指《能源法》（或是本文中的《能源基本法》），具有纲领性的作用（胡德胜，2018a）。

国际著名能源法学者澳大利亚的阿德里安·布拉德布鲁克（Adrian Bradbrook）教授将能源法定义为"个人之间、个人与政府之间、政府与政府之间、州与州之间有关所有各类能源资源开发利用的权利与义务的配置"；英国的拉斐尔·J赫夫龙教授将能源法定义为："能源法事关能源资源的管理事宜。"

在我国，相关学者对能源法的定义也不尽相同，大致有以下几个方面。

能源法是指国家调整能源开发、转换、生产、输送、供应、使用、管理、保护等活动中所发生的社会关系的法律规范的总称（吕振勇，2014）。

能源法是由国家制定或认可，由国家强制力保证实施，调整能源领域中能源勘探、开发、生产加工、储存、运输、贸易、消费、利用、节约、对外合作、安全、环境保护等环节中产生的各种社会关系，保证能源安全、有效、持续供给的能源法律规范的总称（黄振中 等，2009）。

能源法是调整能源开发、利用、管理和服务活动中的社会关系的法律规范的总称，或定义为：能源法是国家为调整人们在能源合理开发利用、加工转换、供应保障、运输贸易和调控管理活动中产生的各种社会关系而制定的法律规范的总称（王文革 等，2014）。

能源法是一切调整能源关系的法律、法规、规章的总称，或定义为：能源法是由国家制定或认可，由国家强制力保证实施，调整在能源勘探、开发、生产、运输、贸易、消费、利用、对外合作、安全、环境保护等环节中产生的人与人之间的权利、义务关系，以实现能源安全、能源效率，以及可持续发展的能源法律规范的总称（李响 等，2016）。

能源法是指基于可持续发展理念，为了维护和促进能源领域的市场经济健康发展以及保障国家安全、民生福祉和生态环境，国家制定或者认可的，调整以能源企业为一方主体的能源原材料和产品（商品）生产供应活动以及直接影响能源生产、供应和消费的节能减排活动中所产生的能源社会关系的，以规定当事人的能源权利和能源义务为内容的法律规范的总称（胡德胜，2018）。

我们认为，随着经济社会的不断发展及相关社会关系的变革，能源法的定义也在发生着变化，因此，能源法应当是基于社会经济可持续发展及国家能源安全的考虑定义为：能源法是国家制定和认可的，由国家强制力保证实施的，调整在一切能源活动中的自然人、法人、社会组织及国家之间的权利和义务关系的所有法律规范的总称。

5.1.3　能源法体系

能源法律体系是指以《能源法》为基本法，所有领域中涉及的现行法律规范形成的有机联系的统一整体，它是由法律规范和法律制度共同组成。其基本框架为：

《能源基本法》
⇩
全国人民代表大会及常务委员会颁布实施的能源单行法
⇩
国务院制定的相关能源行政法规法规
⇩
国务院相关部门制定的能源行政规章
⇩
地方人大及政府部门制定的相关地方性能源法规及部门规章

5.1.4 能源法的调整范围

法的调整范围简单地说就是法律规范和调整的社会关系。能源法的调整范围也可以简单指能源法律所规范和调整的社会关系。但是,基于能源法的内涵,我们可以看出能源法调整的这种社会关系是在能源安全及社会经济可持续发展前提下的。关于能源法的调整范围,我国学者有诸多界定。例如,肖乾刚教授和魏宗琪教授认为能源法的调整范围十分广泛、关系错综复杂。包括:国家在进行宏观经济调节时,有关能源建设的管理关系;国民经济各部门生产、供应、利用能源过程中所产生的能源管理关系;各企业事业单位及公民个人生产、利用能源过程中与国家能源主管部门的关系;企业事业内部有关能源供应、输送和节约能源的管理关系。还有能源管理部门、国民经济各部门、各企业事业单位及公民个人,相互之间在生产、供应、输送、利用能源过程中所发生的关系,等等。胡德胜教授认为能源法调整的是以能源企业为一方主体的能源原材料和产品(商品)生产供应活动以及直接影响能源生产、供应和消费的节能减排活动中所产生的能源社会关系(胡德胜,2018b)。

基于对能源、能源法概念的界定,我们认为能源法的调整范围是指在能源安全和生态环境保护的前提下,基于能源开发生产、运输、贸易、消费、利用、节约等环节中产生的能源领域社会关系及其规制而发生的,并以这些行为作载体存在和表现的能源物质利益关系。

界定能源法调整范围的目的在于明确确定能源法的规制边界,更好地发挥能源法的价值功能。

5.2 能源法立法的价值理念

5.2.1 理念一:能源节约与科技创新

我国一直以来在能源使用方面存在着高耗能、高污染的问题,在能源法设立的同时,必须考虑到我国在能源结构调整、能源开发利用的过程中有效的规范能源活动。应坚持和鼓励科技创新,减少高碳能源的使用,促进能源科学技术发展,使用科技手段转化能源成果,最大限度地实现经济社会可持续发展。

5.2.2 理念二:代际公平

代际公平是可持续发展原则的重要内容之一,要求人类不同代际之间要公平地使用自然资源。同时,代际公平也作为能源立法的价值理念,体现在能源法法律制度之中。在能源立法中应当体现的重要理念,要求每一代人在合理使用自然资源的基础上,要考虑到为下一代利用能源留有机会和能源的数量。因此,应公平合理地使用能源,保障资源利用的代际均衡,鼓励和支持使用可再生能源,或大力发展科学技术,将风能、太阳能等这些科技转化清洁能源得以大量运用。最终实现资源利用的可持续发展。

5.2.3 理念三:生态环境保护

根据能源的性质和科技水平的提升,能源可以分为可再生能源和不可再生能源、低碳能源和高碳能源,不同能源的开发与利用,对生态环境带来的影响也不同。由于不同能源的性质不同,不可再生能源与高碳能源的使用对生态环境带来巨大的破坏,因此,在能源立法时,必须考虑到生态环境的污染问题,应当遵循生态环境保护的理念,坚持生态环境可持续、可协调发展。

同时,也与其他相关法律(如《环境保护法》《大气污染防治法》《环境影响评价法》等)原则及理念协调一致,遵循生态系统原理,坚持与自然生态环境协调发展,坚持高效、协调、平衡和持续发展的理念。

5.2.4 理念四:能源战略安全

2014 年 6 月,国务院办公厅印发《能源发展战略行动计划(2014—2020 年)》,明确了 2020 年我国能源发展的总体目标、战略方针和重点任务,明确提出能源的"创新发展、安全发展、科学发展"三大理念,这是我国未来能源发展的行动纲领,也是我国能源立法的重要理念之一。能源安全是能源立法遵循的重要理念,在该理念的指导下设立我国相关的能源法律制度和国家能源政策,也是我国未来能源变革的战略指导思想,要求我们在能源开发利用上要充分考虑到能源的可持续性,国际合作中应当在能源安全的价值理念指导下进行。

5.3 能源法体系的框架设计

能源法立法研究是建立在广义能源法的基础之上的,在该理念的指导下,提出构建能源法体系的设想。一个完整法律体系的构建,从其基本形式要件上看要具备法律、法规、规章的要素,从其实质性内容看是要具有构建体系的指导思想、基本原则、先进理念、成熟完善的法律内容。相对于能源法体系而言,完备的能源法律体系应是一个以《能源基本法》为统领,能源单行法(由全国人民代表大会或全国人民代表大会常务委员会制定并颁发实施)为核心(相关法律主要《有电力法》《核电法》《煤炭法》《自然资源法》《节约能源法》《可再生能源法》《清洁生产法》等),国务院能源行政法规、部门规章、地方性能源法规为骨干的完整体系。因此,从该方面我们就我国能源法的现状进行分析分析。第一,能源法体系缺乏顶层设计,能源基本法应当是其他相关能源法律的渊源和基础,在我国能源法法律体系中应当具有纲领性及统领性的作用,否则将直接影响能源法律的功能定位,其法律的价值功能不能完全发挥出来。第二,完善的能源法体系对于我国现阶段能源结构转型、能源开发与利用、能源战略安全等得以科学规范地调整。第三,完善的能源法体系可以使相关法律、法规,特别是具有鲜明行业性质的法律在能源法律关系中明确其基本功能价值,真正达到立法的真实意图和目的。第四,完善的能源法体系使能源法与相关法律能够协调一致。一是环境法律的协调。环境法是关于保护人类生存环境、自然资源开发与利用、污染防治、环境影响评价等方面法律关系的相关法律规范。在气候变化视域下,经济可持续发展模式要求能源法律体系的构建要充分考虑能源资源的有效规定与自然资源法律协调一致,以期更有效地来保护自然资源与生态环境。二是与民事、行政、刑事法律制度相互尊重、共同发展。三是与相关能源政策的协调一致。我国现阶段能源活动的行为很多情况下是由能源政策来进行调整和规制的,因此,能源法体系的构建要充分考虑到与能源政策的协调一致。第五,比较研究域外能源法及能源政策,借鉴与吸收先进的经验做法。对美国、德国、日本、澳大利亚以及欧美相关能源法进行研究,整理、归纳域外相关法律政策的发展思路、目标、原则。特别是借鉴他们在新能源法律与政策的成功经验,提出修改和设立中国能源法律、政策的建议。

基于以上分析,我们提出了构建我国能源法体系的大致设想如下。

《能源基本法》

（作为能源法体系的顶层设计，具有纲领性、能源法领域中"小宪法"的功能）

⇩

全国人民代表大会及常务委员会颁布实施的能源单行法

（能源单行法是能源法体系的核心，重要涵盖煤炭法、石油法、天然气法、核电法、太阳能法、风能法、电力法、水能法、可再生能源法、节约能源法、清洁生产法以及其他边缘性法，如环境保护法、大气污染防治法、环境影响评价法等）

⇩

国务院制定的相关能源行政法规

（国务院依据宪法和立法法的原则，可以制定能源相关的行政法规，主要包括能源法规、实施细则以及全国人大或全国人大常委会授权立法的相关内容，如解释意见等，这是能源法体系的骨干）

⇩

国务院相关部门制定的能源行政规章

（国务院相关职能部门根据法律授权及立法委托，可以制定能源相关的政府部门规章，特别是关于涉及能源方面的行业性特色法律的解释及具体实施办法）

⇩

地方人大及政府部门制定的相关地方性能源法规及部门规章

（地方立法部门根据本地区社会发展的具体情况，可以制定相关的地方性法规以及政府部门规章）

6.《能源基本法》的立法设置及相关内容

6.1 《能源基本法》的设置思路分析

在《能源基本法》的立法问题上，我国诸多学者都提出了各自不同的设想与建议。最有代表性的是华东政法大学的肖国兴教授，在其相关课题研究和发表的学术论文中提出制定能源法的三种路径选择。一是以"基本法"为纲领性的设置方式。他认为这是一种传统法学理论之基本法的思路，严格按"规范等级体系"理论构建法律位阶，采用上位法是下位法的"渊源"，下位法是上位法的"适用"的理论，在总结"能源开发利用的基本原则、基本行为规则、基本权利与义务"的基础上，分别提炼出能源法的基本制度与单行能源法律无法协调需要上升到能源法中的制度。这种定位的优点在于：在内容上能统一安排我国能源法律制度，如管理与管制制度、开发利用制度、产业发展与竞争制度、法律责任制度等，为下位法的制度安排提供基础性规范。形式上容易形成规范等级体系，保持一国能源法律制度的衔接与体系的完整统一，避免法律冲突，同现行的法律体系与制度具有亲和力。这种定位的不利在于：容易形成法律规范的重复，造成法律资源的浪费。还有可能妨碍尚未制定的能源法出台，特别是制度设计与现行的四部单行能源法冲突，有可能拖延能源法出台的进程，处理不好还会导致能源法难以出台。此外，可能涉及与其他法律如《矿产资源法》的制度变革也将是一个难点。二是将能源法的制定定位于"战略和政策法"的方式。即规定能源战略和规划思想、目标、措施、基本的政策手段与程序等。根据能源开发利用的突出问题或重大问题,做出法律规定。这种定位的优点在于:在内容上突出一国能源战略的重点,既为能源战略的制定、实施提供法律根据,又为能源政策的制定和实施提供保障,特别是容易通过。这种定位的不利在于:内容容易空洞、抽象,经常是理论指导,而不是行动规则,无法实施与操作。如此制度设计会使我国现存的能源法律产生重大问题,如能源管理体制、能源市场及其监管等依然无法得到有效解决。长期以来我国没有法律意义上的能源战略,被称为一国能源对策核心的能源战略在我国主要表现为领导讲话或学者研究,这极大妨碍了我国能源行动的战略性、长期性、一贯性和科学性。我国人们的传统思维习惯、法律理念与立法例可能不会接受。三是以"综合能源法"的方式进行立法,即规定能源战略和能源政策,也对单行能源法中重要或涉及全局的重大制度或突出问题进行规定。这种定位的优点在于:满足我国能源对策体系的需要,既为形成正式的国家能源战略和能源政策提供法律根据,又给单行能源法指出方向,特别是对其制度设计留有较大的空间,这有助于正在修订或未制定的单行能源法的出台。这种定位的不利在于:内容复杂、涉及面宽,特别是涉及未来能源制度改革的前景及其制度操作,在一定程度上加大了法律出台的难度,有可能致使《能源基本法》的制度设计与现行立法体制不吻合。虽然突破法律迁就体制或确认改革成果立法已成为大势所趋,但是通过法律来安排新体制也未必就能取得较好的效果。从我国的现实需要看,在立法技术上走"综合能源法"之路切实可行,但应以能源战略与政策的制度设计为主(肖国兴,2007)。

因此,借鉴相关学者的研究成果,本文对现行能源法进行梳理、分析和研究,提出制定《能源基本法》,以《能源基本法》作为能源法体系的顶层设计,是整个能源法体系的纲领性法律,以其基本原则为指导,制定相关的能源法律、法规和规章,构成我国完整的能源法体系。其优点在于:第一,设计一部具有"小宪法"功能的基本法,统领能源法的规范发展;第二,符合《宪法》《立法法》的基本原则和精神,规范科学立法;第三,与其他能源法的边缘法(如《财税法》《清洁生产促进法》《环境法》《矿产资源法》等)相协调一致,共同发展;第四,更好地规范和保障我国能源安全战略发展、生态环境保护和社会经济可持续发展;第五,更为有效地发挥法律功能的多元价值。

基于以上分析,我们提出了设置《能源基本法》大致框架内容的建议。

6.2 《能源基本法》的相关内容

6.2.1 总则(能源法总则部分应当包括立法目的、立法原则以及相关制度)

(1)立法目的

立法目的应涵盖立法需求,即改善能源结构、提高能源效率、保障能源安全、保护生态环境、构建安全稳定的能源供应体系、促进社会经济可持续发展。

(2)能源立法的基本原则

主要包括能源节约与科技创新原则、代际公平原则、资源与生态环境保护原则、能源战略安全原则、多元主体参与及共同发展原则、政府宏观调控与市场功能发挥原则、公共服务与社会共同参与原则。

(3)相关能源制度

主要包括能源统一规划制度、能源使用影响评价制度、能源信息公开发布制度、劳动安全保护制度、生态环境影响评价及保护制度、能源开发与利用备案制度等。

(4)能源概念的阐释、能源法的调整范围、能源法的效力。

6.2.2　能源监督与管理

(1)能源监督与管理的原则

能源监督与管理的原则应当包括管理与监督相分离原则、能源使用定期检查原则、提高能源使用效率原则、责权利分离原则。

(2)相关职能部门的设立

包括国务院能源行政职能部门的设立、地方政府能源管理与监督职能部门的设立。

(3)各相关职能部门的职责

(4)预警预案机制及体系的构建

(5)能源战略安全规划与实施

(6)能源开发与利用的计划及编制

(7)能源监督管理职权的行使

(8)能源管理机制的建设

6.2.3　能源与能源市场

(1)能源的概念等一般性规定

(2)能源勘探权

(3)能源开发与利用权

(4)能源开发使用过程中权利的冲突与解决

(5)能源利益的归属

(6)能源开发过程中损益的补偿

(7)能源开发的主体

(8)能源市场竞争与法律规制

(9)能源市场交易与法律规制

(10)能源行业协会的设立、权利义务、法律属性

(11)能源消费权利的法律保护

(12)能源市场准入机制的构建

包括能源开发使用审核制度、能源开发使用许可制度、能源开发使用备案制度等。

(13)能源供应与服务

包括能源输送、使用、分配等。

(14)能源合同的法律属性、签订、纠纷解决等。

(15)能源服务与补偿机制

(16)能源国际合作与对外贸易

包括能源国际合作、对外贸易许可、对外贸易补偿、对外贸易限制等。

(17)能源价格

包括能源价格的一般规定、政府定价依据以及政府定价原则等。

(18)能源定价的标准

(19)能源价格的调整及听证制度

6.2.4 能源战略安全保障

(1)能源结构转型优化

(2)能源科技创新、科技创新奖励政策、税费优惠政策、政府指导机制等。

(3)能源科技项目研究、科研经费管理与使用

6.2.5 能源利用与生态环境保护

(1)能源合理利用及利用效率评估

(2)能源合理利用部门管理及评价标准

(3)能源使用的效率标准

(4)社会主体节约能源的激励机制

(5)能源开发与生态环境保护

(6)能源环境管理与监督

(7)能源环境评估体系

(8)能源使用过程中社会主体责任

(9)清洁生产以及清洁生产发展机制的构建

(10)农村能源的一般性规定

(11)农村能源的类型、管理、服务、资金扶持、规划、合理利用、利益协调以及奖励措施

6.2.6 能源管理、开发利用的相关制度

(1)能源投资产权制度、能源进出口管理制度、能源统计与预警制度、能源标准化管理制度、公众参与能源决策制度等。

(2)能源战略与规划

包括能源战略的地位与内容,能源战略的制定依据,能源战略的编制、评估和修订,国家能源规划的内涵构成和种类,国家能源规划制定依据,各类能源规划的衔接,国家能源规划的编制,国家能源规划的评估和修订,国家能源规划的实施与监督等。

(3)能源储备

包括能源储备管理、能源储备分类及管理办法、能源产品储备、石油储备建设及管理、能源资源储备、国家能源储备的动用、地方能源产品储备等。

(4)能源应急

包括应急范围与阶段、应急预案、应急事件分级、应急事件认定、应急处置原则、应急措施授权条件和约束、应急保障重点、应急相关主体责任和义务、应急善后等。

6.2.7 能源国际合作

(1)能源国际合作的一般性规定

(2)能源国际合作的领域

(3)能源海外投资的激励机制

(4)能源国际合作纠纷的解决

6.2.8 法律责任

(1)法律责任的承担主体

包括政府责任—行政责任、政府工作人员责任—刑事责任、政府责任—国家赔偿与补偿责任、特殊能源企业责任、个人责任。

（2）罚则

包括罚则的一般性规定、行政责任、民事责任、刑事责任。

6.2.9　附则

附则的内容主要包括：相关概念的界定；需要补充的说明；颁布和实施的具体时间。

进入 21 世纪，能源法面临着更大的挑战，能源法的未来与发展并未走出立法、体系建构的困境。长期以来传统的能源开发与利用的指导理念，随着社会的快速发展、市场经济的不断深入完善、科技手段的更新，特别是人类社会可持续发展的要求，必然给能源立法带来一场理念的革新，这也是在气候变化与可持续发展理念指导下的能源法理念的变革。可持续发展理论从发展至今，从国内法到国际法，人们必然关注三种公平：即代内、代际和种际公平。在遵循相关原则前提下，我国能源法必须要经历一次大的变革，即"能源革命"。一是出台《能源基本法》。《能源基本法》是对能源法律关系、能源活动行为、能源战略安全、社会经济可持续发展、生态环境保护等进行的全面性、整体性规范，在整个能源法律体系中居于顶层设计，用以统领、约束、指导、协调各专项能源法律、法规，同时也是能源法律体系建立的纲领性规范，其范围应该涵盖能源法律的基本性理论内涵。二是在《能源基本法》顶层设计的架构下，建构和完善能源法体系（《能源基本法》—能源单行法—能源行政法规、规章—地方能源法规及规章），有效地发挥能源法的功能价值。三是制定、完善和修订能源单行法。能源单行法是指在《能源基本法》的原则和指导思想的基础上，制定的单一能源的具体能源属性的或具体行业领域的专门性法律，是《能源基本法》的具体化和重要内涵的体现。四是制定能源配套的相关法律。能源配套的相关法律在使用低碳能源的法律体系中有着不可替代的作用。对能源法中抽象的、笼统的规定内容的具体化，主要表现形式为实施细则、实施办法等，从而提高能源法的可操作性。五是完善我国能源法律制度。法律是调控人类社会活动的主要手段，人类在能源开发、使用等过程中必然产生相应的法律行为和法律关系，建立相应完善合理的能源法律制度，是社会经济可持续发展、生态环境保护的有力保障。

（本报告撰写人：凌萍萍）

作者简介：凌萍萍（1979—），女，博士，南京信息工程大学气候变化与公共政策研究院/法政学院副教授，主要研究方向为刑法学、环境刑法。Email：lingmi79jun@126.com。

本报告受南京信息工程大学气候变化与公共政策研究院开放课题（课题名称：气候变化背景下能源法的发展与变革；课题编号：18QHA008）资助。

参考文献

白泉，刘静茹，符冠云，等，2017. 中国节能管理制度体系：历史与未来[M]. 北京：中国经济出版社.

程荃，2016. 中国—欧盟能源合作的法律原则与发展趋势——以《可持续能源安全方案》为视角[J]. 暨南学报（哲学社会科学版），210(7)：30-40.

戴彦德,白泉,2012. 中国"十一五"节能进展报告[M]. 北京:中国经济出版社:25-26.

范战平,2016. 我国《节约能源法》的制度局限与完善[J]. 郑州大学学报(哲学社会科学版),49(6):33-37.

冯然,2017. 美国能源独立与安全法对国内立法启示[J]. 法制博览(7):217.

龚向前,2017. 可再生能源优先权的法律构造——基于"弃风限光"现象的分析[J]. 中国地质大学学报(社会
　　科学版),17(1):29-36.

国家统计局能源统计司,2015. 中国能源统计年鉴 2015[M]. 北京:中国统计出版社:56-57.

侯洁林,2017. 德国《可再生能源法 2014》及其最新修订研究[D]. 保定:华北电力大学:22-26.

胡德胜,2015. 关于拟制定《能源法》的定性定位问题[J]. 江西理工大学学报,36(6):18-23.

胡德胜,2018a. 论能源法的概念和调整范围[J]. 河北法学,36(6):30-45.

胡德胜,2018b. 论能源法学的独立学科地位和理论体系[J]. 西安交通大学学报(社会科学版),33(2):
　　99-108.

黄振中,赵秋雁,谭柏平,2009. 中国能源法学[M]. 北京:法律出版社:210.

乐欢,2014. 美国能源政策研究[D]. 武汉:武汉大学:23-26.

李响,陈熹,彭亮,2016. 能源法学[M]. 太原:山西经济出版社:180.

李艳芳,2008. 论我国《能源法》的制定—兼评《中华人民共和国能源法》(征求意见稿)[J]. 法学家(2):
　　92-100.

李艳芳,2010. 各国应对气候变化立法比较及其对中国的启示[J]. 中国人民大学学报(4):58-66.

李艳芳,张忠利,李程,2016. 我国应对气候变化立法的若干思考[J]. 上海大学学报(社会科学版),33(1):
　　1-12.

吕振勇,2014. 能源法导论[M]. 北京:中国电力出版社:187.

罗丽,代海军,2017. 我国《煤炭法》的修改研究[J]. 清华法学(3):79-92.

孟雁北,2015. 中国《石油天然气法》立法的理论研究与制度构建[M]. 北京:中国人民大学出版社:56-59.

彭峰,2011. 我国原子能立法之思考[J]. 上海大学学报(社会科学版),18(6):69-83.

彭峰,2015. 环境与发展:理想主义抑或现实主义? ——以法国《推动绿色增长之能源转型法令》为例[J]. 上
　　海大学学报(社会科学版),32(3):16-29.

秦江波,孙永波,张德江,2015. 中国能源可持续发展模式研究[J]. 学术交流,250(1):136-140.

王灿发,刘哲,2015. 论我国应对气候变化立法模式的选择[J]. 中国政法大学学报,50(6):113-121.

王文革,莫神星,2014. 能源法[M]. 北京:法律出版社:130.

王仲颖,张有生,苏铭,等,2016. 合理控制能源消费总量:理论与实践[M]. 北京:中国经济出版社:51-53.

吴志忠,2013. 论我国《节约能源法》的完善[J]. 学习与实践(10):27-34.

席月民,2017. 能源法应该重在调控而非监管[N]. 经济参考报,2017-08-01.

肖国兴,2007. 我国《能源法》起草中应考虑的几个问题[J]. 法学(2):111-115.

肖国兴,2010. 中国节能减排的法律路径[J]. 郑州大学学报(哲学社会科学版),43(6):55-60.

肖国兴,2012.《能源法》制度设计的困惑与出路[J]. 法学(8):3-14.

徐绍史,2016. 中华人民共和国国民经济和社会发展第十三个五年规划辅导读本[M]. 北京:人民出版社:
　　56-60.

张清立,2014. 美日能源税制与相关产业发展研究[D]. 长春:吉林大学:34-38.

扬子江城市群能源环境时空格局演化及政策协同研究

摘　要:新常态背景下,江苏省经济转型升级面临着众多考验,其中能源环境问题是经济可持续发展的主要阻碍。本文以扬子江城市群为研究对象,运用非期望产出 SBM 模型对其能源环境效率进行全面测度,通过分析其时空格局演化特征以及各个相关因子对其的影响和作用,以期有针对性地提出政策协同建议。研究结果表明:①2008—2017 年扬子江城市群能源环境效率均值达 0.849,各城市能源环境效率总体呈不断提升的趋势,空间差异随着时间推移呈现有波动的减弱态势,说明整个城市群内的能源环境效率水平较高,地区差异逐渐缩小;②2008—2017 年扬子江城市群能源环境效率空间格局呈现以苏州、南通和无锡为中心的极核式——"东西偏高,中部下陷"的山谷式——单点及面式的演化趋势;从总体上看,形成了"以能源环境中效区和能源环境高效区分居西北和东南两侧"的空间布局特征;③经济发展水平与能源环境效率呈现"U"型关联特征;政府管制、技术进步和人口密度对其有显著的推动作用;产业结构对其有负面作用。根据以上研究成果提出四点针对性建议:坚持经济绿色发展,实现持续提效;加快产业结构调整,实现转型提效;加强政府环保管制,实现宏观提效;构建区域协调机制,实现协同高效。

关键词:能源环境效率;时空格局;政策协同;SBM 模型;Tobit 模型

Spatial and Temporal Evolution of Energy-Environment Patterns and Policy Synergy in Yangtze River City Group

Abstract: Under the new normal background, China's economic transformation and upgrading are facing many challenges, among which energy and environment problems are the main obstacles to sustainable economic development. This paper takes Yangtze River Urban Agglomeration as the research object, uses the unexpected output SBM model to measure its energy and environmental efficiency comprehensively, and through analyzing the evolution characteristics of its spatial and temporal pattern and the influence and role of various related factors on it, in order to put forward policy synergy suggestions pertinently. The results show that: (1) The average energy and environmental efficiency of Yangtze River urban agglomeration is 0.849 from 2008 to 2017, and the energy and environmental efficiency of each city is on the rise. The spatial difference shows a fluctuating weakening trend with the passage of time, which indicates that the energy and environmental efficiency level of the whole urban agglomeration is relatively high and the regional difference is gradually narrowing. (2) From

2008 to 2017, the spatial pattern of energy and environmental efficiency of Yangtze River urban agglomeration presents the evolutionary trend of single point and surface, which is polar core type with Suzhou, Nantong and Wuxi as the center -"east-west high, central sinking". Overall, the spatial distribution characteristics of "middle energy and environment efficient areas and high energy and environment efficient areas are located on both sides of northwest and southeast" have been formed. (3) The level of economic development and the efficiency of energy and environment show a U-shaped correlation; government regulation, technological progress and population density have a significant role in promoting it; industrial structure has a negative effect on it. Four specific suggestions are put forward based on the above research results: insisting on green economic development, reducing ecological load; speeding up industrial restructuring, realizing transformation and improving efficiency; strengthening government environmental protection control to achieve macro-efficiency; building regional coordination mechanism to achieve synergistic effect.

Key words: Energy and Environmental Efficiency; Spatial and Temporal Patterns; Policy synergy; SBM Model; Tobit Model

1. 绪论

1.1 研究背景及意义

1.1.1 研究背景

经济发展步入"新常态",更加强调平衡、协调和可持续,传统的高能耗、高排放的增长模式已经难以为继。能源消费结构不合理、环境污染等问题逐渐成为影响我国经济社会持续发展的重大瓶颈。江苏省作为我国的经济大省,虽然 2015 年形成了产业结构"三二一"的转变,但第二产业中传统重工业比重大,能源消费仍以煤炭为主,能源结构不合理,经济发展对生态环境依旧有较大负面影响,能源投入产出效率有待进一步提高。对此《江苏省"十三五"能源发展规划》中明确提出"推动能源结构优化、能源效率提高,构建清洁低碳高效的现代能源体系"的要求,2018 年江苏省政府在全省生态环境保护大会上也明确指出"坚定不移走生态优先、绿色发展之路"的发展理念。这些都表明了政府对能源环境问题的高度重视,说明能源环境效率对于资源开发利用、经济持续发展和生态环境保护有着十分重要的作用。扬子江城市群处于国家"一带一路"建设和长江经济带下游门户地区,地理位置优越,经济综合实力强,是江苏省"1＋3"重点功能区的核心引擎,但区域内能源环境状况不容乐观,经济结构、产业结构、能源结构正处在调整转型期,能源环境效率有待进一步提高。

1.1.2 研究意义

(1)理论意义

首先,将环境因素作为非期望产出纳入 SBM 模型中,弥补了传统 DEA 模型在测算能源效率时产出变量考虑不全的缺点,使测度结果更加符合实际的投入产出状况。再者,目前大多数学者对于能源效率的研究主要基于国家和省域尺度,对于小范围的城市间能源环境效率的探究较少。因此本文以扬子江城市群为研究对象,分析城市角度下能源环境效率的时空格局和影响因素,丰富了能源环境效率领域的学术研究,有重要的理论价值。

（2）现实意义

研究扬子江城市群能源环境效率的时空格局演化及其影响因素问题,总结其能源环境效率的现状和变化趋势,有助于本文把握城市群内能源环境效率的时空演化特征,从而有针对性地在发展绿色经济、调整产业结构、加强政府管制和构建区域协调机制等方面为扬子江城市群能源环境效率的改善提出相关政策建议。以期促进扬子江城市群经济发展朝着绿色、协调和可持续转变,促进城市群内生态环境的保护和修复,缩小扬子江城市群内地区差异,加速城市一体化进程,打造真正意义上的长三角北翼核心区。

1.2　文献综述

1.2.1　能源环境效率测度方法

国内外对能源效率问题的研究,主要从单要素和全要素能源效率两个角度展开。Patterson(1996)首先提出"能源消耗强度"这一概念,即能源消耗量占生产总值的比重,以此揭示能源效率的内涵,并被学术界普遍认同和接受。史丹(2006)在此基础上进一步明确能源效率是指能源消耗强度的倒数,从地域和产业角度分析了能源效率产生因素的一致性问题。然而单因素能源效率虽然易获取数据而且计算简单,但却忽视了能源效率其实是多种生产投入要素共同作用的结果。

考虑到单要素能源效率的弊端,Hu 和 Wang(2006)对其进行了完善,将单投入—单产出模型拓展为多投入—多产出模型,提出了全要素能源效率的概念,从而更加全面、客观地评价了能源环境效率,使结果更具合理性。在全要素能源效率的评估模型中以非参数估计的数据包络分析模型(Data Envelop Analysis,DEA)和参数估计的随机前沿函数分析模型(Sto-Chastic Frontier Analysis,SFA)为主。早期大多学者主要利用传统的 DEA 模型(CCR 模型和 BCC 模型)进行能源效率的研究。如魏楚和沈满洪(2007)基于 DEA-CCR 模型构建出一个相对前沿的能源效率指标,并运用 1995—2004 年我国各省份的面板数据进行了能源效率的计算。Zhang 等(2011)首次利用 DEA 模型研究了 23 个发展中国家在 1980—2005 年的全要素能源效率及其变化趋势。Bai(2012)选择了基于非期望产出的超效率 DEA 模型,截距分析了西部省(区、市)能源效率的变化趋势。

由于传统 DEA-CCR 等模型未考虑非径向松弛变量的因素,而假设所有投入、产出等比例变化,使得最终能源效率值高于真实能源效率值。对此,关伟和许淑婷(2015)基于非期望产出的 SBM 模型对中国 1997—2012 年各省份能源生态效率进行计算,并分析了能源生态效率的空间分布特征和演变规律。张星灿等(2018)将环境要素中的雾/霾因子作为非期望产出纳入SBM 模型中,对长江经济带 11 省 2006—2015 年的能源环境效率进行计算,并运用离差分解模型对各省差异性进行分析。

由上述文献综述可以看出,基于非期望产出的 SBM 模型是目前较为成熟的测度区域能源环境效率的方法。因此本文也将采用此模型测度扬子江城市群的能源环境效率。

1.2.2　能源环境效率时空格局演化

目前,国内外学者对于能源环境效率时空格局演化特征的研究主要是以国家、区域和省级尺度为主。Zhang(2011)对 23 个发展中国家的能源效率进行测度,结果表明,博茨瓦纳、墨西哥和巴拿马在能源效率方面一直维持较高水平,肯尼亚、斯里兰卡等在整个研究期间表现最差,有 11 个国家的能源效率呈持续下降趋势,而中国的增长却最为迅速。潘雄锋等(2012)运用空间自相关分析方法对我国省域能源效率的时空分异规律进行了研究,结果表明我国各省区能源效率存在着明显的近邻效应,东西部两极分化严重。杨宇和刘毅(2014)利用 DEA-ES-DA 模型对我国各省市能源效率进行分析,得出相似结论,即呈现东高西低的趋势,同时能源效率的冷热点格局亦呈现区域分化的特征。

吴传清和董旭(2015)指出,从整体上看长江经济带能源环境效率的变化基本呈"双峰一谷"的"M"形分布,表现为两个"上升—下降"周期;从空间层面看,各省之间全要素能源效率差异远大于上中下游差异,不过在近几年这种差异正慢慢缩小。关伟等(2016)运用核密度估计和分层聚类法从时空层面对辽宁省能源效率演化规律进行研究,结果显示能源效率分布格局相对稳定,能源空间配置向均衡性方向发展,不存在明显的空间分化现象。岳宏志等(2016)研究得出,我国东、中、西部地区各省能源环境效率由高到低,呈阶梯式下降的趋势;2003—2013年期间各区域全要素能源效率普遍下降。

综上可知,学术界大多以国家、省级或区域尺度分析地区能源环境效率的时空演化特征,基于城市尺度的能源效率分析屈指可数,而关于新兴的扬子江城市群的能源效率时空格局研究就更少了。因此本文以扬子江城市群内 8 个城市为研究对象,探讨其能源环境效率的时空演化特征。

1.2.3　能源环境效率影响因素

在能源环境效率的影响因素的研究中,不同的学者对选取的指标和结果的分析各有己见。Cui 等(2014)利用面板回归模型分析了影响能源环境效率的主要因素,得出结论:科技水平和管理指标是影响能效的重要原因。而近些年研究者们普遍采用 Tobit 回归模型对影响能效的因素进行分析。Lv 等(2105)利用 Tobit 模型,发现产业结构和制度因素对能源环境效率有积极的促进作用,而能源消费结构则会阻碍能源效率的提高。刘文君等(2017)基于面板数据的Tobit 回归模型,对我国旅游业能源效率的影响因素进行了研究分析,指出旅游业规模、产业结构、制度因素以及科技创新水平都有利于提高旅游业的能源效率。张博茹(2017)的研究结果表明,经济发展水平、结构禀赋要素、技术进步和对外开放程度对长三角城市群能源环境效率有显著的影响,而政策因素和资源丰富度的影响就不明显。张媛等(2018)在研究微观企业能效问题时得出结论,经济结构的调整、企业管理的优化有利于改善企业的能源效率,而不合理的能源消费结构则会影响效率的提升。王慧芳(2018)利用 PVAR 模型得出结论,对外直接投资逆向技术溢出对长三角地区全要素能源效率具有动态影响,但这种影响并不明显。杨仲山等(2018)的研究显示,经济发展水平、对外开放程度以及产业结构和能源价格的调整有利于"一带一路"重点地区能效的改善,能源利用率低对其有明显的负面影响,而技术开发和政策因素对其没有显著的影响。尹庆平等(2019)同样利用 Tobit 模型分析了发展水平、结构禀赋、外部冲击和行为主体对长江经济带工业能源环境效率的影响。

从上述文献综述可知,目前学术界较为普遍采用 Tobit 模型,从经济发展水平、结构禀赋要素、技术水平、能源消费结构、对外开放和制度因素等角度分析其对能源环境效率的影响。

1.2.4　简要评述

通过上述能源环境效率方面的文献综述可以发现,在经济全球化、绿色低碳发展的大背景下,当前学术界对于能源环境效率的研究越来越重视,能源环境效率问题逐渐成为国内外学者共同关注的热点话题。但大多数研究者在研究能源环境效率问题时并未考虑非期望产出对其的影响,同时由于小范围地区实证数据难以完整获取的原因,以城市角度研究能源环境效率问题的文献就较少了。因此本文以扬子江城市群为研究对象,在现有的文献资料的基础上,将非期望产出纳入能源环境效率的测度中,利用核密度、基尼系数和 GIS 可视化等方法分析各城市能效的时空格局演化特征,并借助 Tobit 回归模型考察不同因素对其能源环境效率的影响和作用,希望以此给出有针对性的政策建议。

1.3　研究思路与方法

本文从扬子江城市群能源环境效率问题出发,在 Maxdea、Eviews 8.0、ArcGIS 10.2 等软件的支持下,通过构建 DEA 模型、空间计量分析模型和计量经济模型等方法对扬子江城市群能源环境效率的时空格局演化和影响因素进行分析。

具体步骤如下:首先介绍本文的研究背景和意义,梳理相关研究进展,以此展开本文的研究视角,接着明确能源环境效率内涵和相关理论基础;其次基于非期望产出 SBM 模型对扬子江城市群能源环境效率进行测度,并利用核密度估计、GIS 可视化、变异系数和基尼系数等方法,从时间和空间两个维度分析扬子江城市群能源环境效率的特征,然后利用 Tobit 回归模型分析各要素对城市群能源环境效率的影响和作用;最后得出结论,提出政策建议和文章仍存在的问题。

本文的研究框架如图 1 所示。

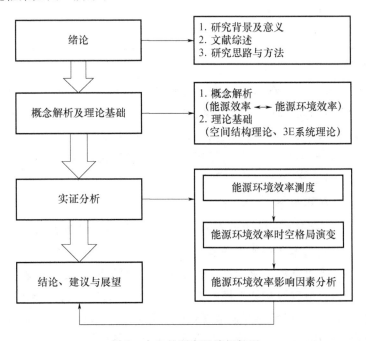

图 1　本文的研究思路框架图

2. 概念解析及理论基础

2.1　相关概念解析

2.1.1　能源效率概念

能源效率这个词由来已久,根据赵婷(2016)在其文章中提到的,世界能源委员会于 1995 年指出能源效率就是为了降低能源投入要素的比重。而依据是否考虑能源以外的其他投入要素及其替代效应,能源效率又分为单要素能源效率和全要素能源效率两类。根据 Adam Rose (2018)在其发表的文章中提到的,Patterson(1996)对单要素能源效率进行了如下解释:用较少的能源生产出同样数量有用的产品和服务(表 1)。

表 1　四种单要素能效指标对比

指标	概念界定	指标特点
热力学指标	实际与理想热能效率之比	各指标相互独立,无法进行加总求和
经济热量指标	能源消耗值与国内生产总值之比	单纯考虑能源消耗与 GDP 之间的关系,忽略了其他投入指标的影响
物理热量指标	能源消耗量与产品总产值之比	各个单位产品能效无法在同一水平下加总和比较
纯经济指标	能源投入价值与国民产出值之比	须考虑单位能源投入所带来的经济的增长量,而现实中能源价格无法统一确定

资料来源:引自范丹(2013)。

鉴于单要素能源效率的缺陷,即没有考虑多种投入要素对产出的影响,忽视了资本、劳动力等指标的替代作用,Hu 等(2006)提出了相对完善的全要素能源效率这一概念。全要素能源效率着重分析能源、劳动、资本等多指标投入与产出指标之间的关系,具体将其定义为:在保证劳动和资本等投入要素不变的情况下,按照生产投入最优化条件,一定的产出所需的目标能源投入量与实际投入量之比。

2.1.2　能源环境效率概念

能源环境效率是相对于能源效率而言的,结合已有研究,参考黄杰(2018)对中国能源环境效率空间网络结构的分析,本文将能源环境效率定义为在全要素模式下,考虑环境约束,即非期望产出(如工业 SO_2 排放量和工业废水排放量)时的能源效率。在如今这个呼吁生态文明建设,提倡节能优先和绿色低碳可持续发展的大环境下,如何高效地利用能源,提高能源效率是社会各界共同关注的焦点。将环境因素考虑到能效问题中,可以更真实并准确地反映能源投入与产出之间的相互作用,为能源环境效率的改善做好准备工作。

鉴于前人的研究成果,本文将非期望产出纳入扬子江城市群能源效率的测度分析中,使其更真实地反映扬子江城市群能源环境现状,为区域内经济可持续发展、生态环境的改善和能源结构的调整等问题给出实践指导意见。

2.2 相关理论基础

2.2.1 区域空间结构理论

依据涂人猛(2014)所指出的,区域空间结构理论就是研究区域系统内各经济活动与其生产因子在空间上的分异演化规律的理论。其目的在于反映各种因素在空间上的集聚—扩散规模和离散程度。从19世纪发展至今,区域空间结构理论主要经历了三个阶段(图2)。

图 2 区域空间结构理论演进史

根据郭腾云等(2009)所指出的,区域经济空间结构聚集分异理论是研究一定区域内各经济要素在空间上的聚散分布规律及相对区位关系的理论。

城市群能源环境效率问题本质上是区域内各经济要素的关系问题,本文以扬子江城市群为研究对象,分析其能源环境效率的空间格局演变和分异规律,恰恰符合区域经济空间结构理论研究范畴。在该理论的支持下,可以更好地从地理视角分析城市群能源环境效率的空间分布情况。同时考虑到扬子江城市群的地理位置以及城市间的差异因素,本文将主要借鉴增长极理论和中心—外围理论,为分析扬子江城市群能源环境效率的时空格局演化特征提供理论支撑。

2.2.2 能源—经济—环境3E系统理论

能源—经济—环境(Energy-Economy-Environment)3E系统理论是由能源子系统、经济子系统和环境子系统有机结合形成的关于能源开发利用、社会经济发展和生态环境保护协调运行的理论。陈雅(2016)指出,3E系统理论主要是分析能源、经济和环境三者的内在联系和协调机制。20世纪80年代中期,我国首次提出能源、经济、环境协调发展的理念,为我国能源环境效率的改进提供了理论支持。

3E系统中各要素相互影响、相互作用,与能源环境效率有着紧密的联系。首先,经济的发展为环境的保护和能源的开发提供资金技术支持,一定程度上可促进能源环境效率的提升;但是过度的开发和粗放式的发展模式也会造成环境污染和能源的枯竭,从而降低能源环境效率。其次,能源的开采和使用会促进经济的增长;但能源的过度开发和消耗会造成环境的污染,使得能源环境效率下降,也不利于经济的绿色可持续发展。再者,良好的生态环境能够为经济提供良好的发展空间,促进能源环境效率的提高;但生态环境一旦遭到破坏将会制约经济增长的同时加剧能源短缺,从而阻碍能源环境效率的改善。因此三者只有协调发展,才能相互促进,实现绿色、低碳和可持续,能源环境效率才能持续稳步提升。

对扬子江城市群能源环境效率问题的研究,实质上是分析能源—经济—环境三因子的内在联系和相互影响关系,而 3E 系统理论可以全面揭示三者的影响机制,为扬子江城市群能源环境效率问题提供可靠的理论支持和指导意见。

3. 扬子江城市群能源环境效率的测度

3.1 能源环境效率的测度方法

依据国内外对能源环境效率的研究进展,本文采用目前学术界较为认可的基于非期望产出 SBM 模型对扬子江城市群能源环境效率进行测度分析。

规模报酬不变的基于非径向的 SBM 模型公式如下:

$$minEEN = \frac{1 - \frac{1}{M}\sum_{m=1}^{M}\frac{s_m^x}{x_{k'm}^{t'}}}{1 + \frac{1}{N+1}\left(\sum_{n=1}^{N}\frac{s_n^y}{y_{k'n}^{t'}} + \sum_{i=1}^{I}\frac{s_i^b}{b_{k'i}^{t'}}\right)} \tag{1}$$

$$s.t. \sum_{t=1}^{T}\sum_{k=1}^{K} z_k^t x_{km}^t + s_m^x = x_{k'm}^{t'}, m = 1,2,\cdots,M \tag{2}$$

$$\sum_{t=1}^{T}\sum_{k=1}^{K} z_k^t y_{kn}^t - s_n^y = y_{k'n}^{t'}, n = 1,2,\cdots,N \tag{3}$$

$$\sum_{t=1}^{T}\sum_{k=1}^{K} z_k^t b_{ki}^t + s_i^b = b_{k'i}^{t'}, i = 1,2,\cdots,I \tag{4}$$

$$z_k^t \geqslant 0, s_m^x \geqslant 0, s_n^y \geqslant 0, s_i^b \geqslant 0, k = 1,2,\cdots,K \tag{5}$$

式中,M 为总指标个数,N 为期望产出指标个数,I 为非期望产出指标个数,z_k^t 为各个城市的权重,(s_m^x, s_n^y, s_i^b) 为投入、期望产出和非期望产出的松弛向量,$(x_{k'm}^{t'}, y_{k'n}^{t'}, b_{k'i}^{t'})$ 为第 k' 个城市在 t' 年的投入产出值,EEN 为城市能源环境效率值,且 $0 < EEN \leqslant 1$。当 $EEN = 1$ 时,说明 DEA 有效,处于生产前沿面上,城市能源环境效率高,当 $EEN < 1$ 时,即 DEA 无效,说明城市能源环境效率并不高,有改善的空间。

3.2 指标选取及数据说明

基于非期望产出 SBM 模型测度扬子江城市群能源环境效率值,本文以扬子江城市群内 8 个城市为决策单元,采用 2008—2017 年的面板数据为研究样本。同时依据柯布—道格拉斯生产函数,构建扬子江城市群全要素能源环境效率的投入产出指标,如表 2 所示。

表 2　扬子江城市群能源环境效率指标体系

指标类型	指标体系	文献来源
投入指标	资本	李强等(2019)
	劳动力	
	能源消费	
产出指标	期望产出	吴传清和董旭(2015)
	非期望产出	

(1)投入指标

本文选取了资本、劳动力和能源消费三大投入指标。其中能源投入指标选取扬子江城市群 8 个城市的能源消费总量；鉴于数据的可获得性，劳动力投入指标主要选用扬子江城市群 8 个城市的从业人员数；这两大指标的数据主要从 2008—2018 年《江苏省统计年鉴》和各城市的统计年鉴中整理所得。

资本投入指标以资本存量为主。对于资本存量的计算，本文选择目前较为公认的"永续存盘法"，具体公式如下：

$$K_{i,t}=I_{i,t}+(1-\delta_{i,t})K_{i,t-1} \tag{6}$$

式中，$K_{i,t}$ 表示 i 城市在第 t 年的资本存量，$I_{i,t}$ 表示 i 城市在第 t 年的固定资产投资额，$\delta_{i,t}$ 表示 i 城市在第 t 年的固定资产折旧率，$K_{i,t-1}$ 则表示 i 城市在第 $t-1$ 年的资本存量。

为了得出 2008—2017 年各城市的资本存量，首先要确定 2008 年扬子江城市群各城市的初始资本存量。初始资本存量的计算公式为：

$$K_{i,0}=\frac{I_{i,0}}{\delta+r_i} \tag{7}$$

式中，$K_{i,0}$ 表示 i 城市在初始年份的资本存量，$I_{i,0}$ 表示 i 城市在初始年份的固定资产投资额，δ 表示城市固定资产折旧率，r_i 则表示城市固定资产投资增长速度。

在计算各城市 2008 年初始资本存量时，鉴于数据的可获得性，本文借鉴张博茹（2017）的研究成果，以 10% 近似表示 $\delta+r_i$，同时由于扬子江城市群内 8 个城市在地理位置上接近，经济扩散效应强，本文以 9.6% 统一表示扬子江城市群 8 个城市的固定资产折旧率。固定资产投资额主要通过收集 2008—2018 年《江苏省统计年鉴》中的数据获得。

(2)产出指标

产出指标涵盖期望产出和环境约束下的非期望产出两大类，根据以往学者的研究结果，本文以 2008—2017 年扬子江城市群各城市的 GDP 作为期望产出指标，考虑到结果的可比性，以 2008 年不变价格 GDP 为基础统一换算。GDP 数据源于 2008—2018 年《江苏省统计年鉴》。同时本文选取了 2008—2017 年扬子江城市群 8 个城市的工业 SO_2 和工业废水排放量的合成变量作为非期望产出指标。数据来源于 2008—2018 年《江苏省统计年鉴》《中国环境统计年鉴》《中国能源统计年鉴》和 8 个城市的统计年鉴。

3.3 能源环境效率测度结果分析

通过对 2008—2017 年扬子江城市群 8 个城市的投入产出指标数据的汇总整理，基于非期望产出 SBM 模型，利用 Maxdea 软件计算得出扬子江城市群能源环境效率值，如表 3 所示，同时以此数据绘制反映扬子江城市群能源环境效率变化的直方图（图 3）。

根据表 3 结果可以发现，将环境因子纳入模型后，扬子江城市群能源环境效率具有以下特点：①能源环境效率最高的城市是苏州和无锡，在 2008—2017 年间效率值均为 1，即 DEA 有效，处于生产前沿面上，而这与两市的经济发展水平和独特的地理区位优势是分不开的；②南通和常州两市紧随其后，绝大多数年份也位于前沿曲线上，能源环境效率年均值超过 0.9；③能源环境效率较低的两个城市分别是泰州和镇江，虽然与其他城市相比有一定的差距，但是也达到了 0.7 左右的较高效率水平，并且具有较大的节能提升空间。

表 3　非期望产出 SBM 模型的扬子江城市群能源环境效率测算结果

年份	2008	2009	2010	2011	2012	2013	2014	2015	2016	2017	年均值
常州	0.652	0.674	1.000	1.000	1.000	1.000	1.000	1.000	0.893	0.972	0.919
南京	0.589	0.578	0.636	0.619	0.658	0.695	0.786	0.865	1.000	1.000	0.743
南通	1.000	1.000	1.000	1.000	1.000	1.000	1.000	1.000	0.799	1.000	0.980
苏州	1.000	1.000	1.000	1.000	1.000	1.000	1.000	1.000	1.000	1.000	1.000
泰州	0.588	0.617	1.000	0.603	0.592	0.590	0.620	0.754	0.697	0.691	0.675
无锡	1.000	1.000	1.000	1.000	1.000	1.000	1.000	1.000	1.000	1.000	1.000
扬州	0.600	0.620	0.654	0.640	0.680	0.683	0.756	0.801	1.000	1.000	0.743
镇江	0.677	0.708	0.741	0.599	0.645	0.659	0.730	0.789	0.741	1.000	0.729
地区均值	0.763	0.775	0.879	0.808	0.822	0.828	0.862	0.901	0.891	0.958	0.849

　　通过表 3 的直方图可以更直观地看出：①自 2008 年以来，除了苏州、无锡和南通一直保持高效率，没有明显波动外，其余 5 个城市的能源环境效率呈现波动上升的趋势，至 2017 年已有 6 个城市的能源环境效率达到 1；②而就以 2008 年和 2017 年的绝对增加值对比，南京的能源环境效率提高了 0.411，位于前沿曲线上，是所有城市中效率提升绝对数额最大的；③从总体分布上看，10 年间扬子江城市群能源环境效率均值达到 0.849，除 2011 年有小幅回落外，整体呈现平缓上升的趋势，说明扬子江城市群内能源投入产出结构逐渐优化，向节能高效的方向逐步迈进。

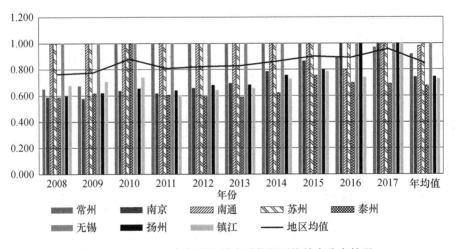

图 3　2008—2017 年扬子江城市群能源环境效率分布情况

4. 扬子江城市群能源环境的时空格局

　　为进一步探究扬子江城市群能源环境效率的时空分异特征，本节将结合上一节对扬子江城市群 8 个城市 10 年的能源环境效率测度结果，首先运用核密度函数对其效率值进行时间分异特征的分析；其次利用 ArcGIS 10.2 软件，通过 GIS 可视化的方法对其进行区域等级划分，以研究能源环境效率的空间格局演变；最后利用基尼系数和变异系数进一步探究能源环境效率的空间差异变化。

4.1 扬子江城市群能源环境时间分异特征

核密度估计(Kernel Density Estimation)是基于非参数检验的一种用于估计变量概率密度函数的方法，是从数据样本本身出发研究数据分布特征的方法。在经济应用领域，通过核密度估计可以计算出不同年份的概率密度分布情况，从而便于比较分析某一特定生产活动在时间上的变化规律。在借鉴孙才志和李欣(2015)的研究成果的基础上，本文将采用核密度估计法探究扬子江城市群能源环境效率的时间分异特征。

假设$(x_1, x_2, \cdots, x_n)$为独立同分布 F 的 n 个样本点，设其概率密度函数为 f，核密度估计如下：

$$f_n(x) = \frac{1}{n} \sum_{i=1}^{n} K_h(x - x_i) = \frac{1}{nh} \sum_{i=1}^{n} K\left(\frac{x - x_i}{h}\right) \qquad (8)$$

式中，$K\left(\frac{x - x_i}{h}\right)$为核函数(非负，积分为 1，并且均值为 0)，$h > 0$，被称作带宽，本文的带宽将采用 Eviews 8.0 软件中的系统默认值。

参考 Jiang 等(2019)对于核密度估计的研究结论，在核函数的选择上本文借助高斯核函数：

$$Gaussian = \frac{1}{\sqrt{2\pi}} e^{-\frac{1}{2}t^2} \qquad (9)$$

考虑到数据的合理性，本文选取了具有代表性的 2008 年、2011 年、2014 年和 2017 年共 4 个等年距的效率数据值，利用 Eviews 8.0 软件，分析制作了扬子江城市群 8 个城市能源环境效率的核密度分布图(图 4)。

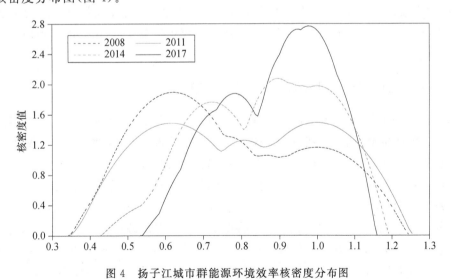

图 4　扬子江城市群能源环境效率核密度分布图

(1)从核密度曲线形状上看，2008—2017 年间扬子江城市群能源环境效率均出现双峰状态。2008 年第一个波峰对应的核密度值较大，第二个波峰对应的核密度值较小，说明能源环境效率空间差异显著。2011年两个波峰对应的核密度值十分接近,且波峰较为平滑,表明能源环境效率有所改善。到 2017 年两个波峰已经较为相近,与 2008 年不同,此时右侧峰值较高,意味着 8 个城市的能源环境效率分化现象减弱。同时随着曲线两侧开口的收缩,表明高能效与低能效之间的差距正逐渐缩小,分化现象趋于缓和。从宏观角度分析,近年来,扬子江城市群一体化程度逐渐加深,城市间人才、资本和技术的流动越来越频繁,产业转移、产业集群加速发展,现代化交通网络的构建、政府间的横向协作等使得城市之间扩散效应逐渐增强,极化效应逐渐减弱,从而渐渐缩小了城市间的差距。

(2)从位置上看,2008—2017 年扬子江城市群能源环境效率的核密度曲线整体向右侧偏移,特别是低能源环境效率区右移明显,对应的核密度值逐渐减小,波峰对应的核密度值逐渐增大,说明扬子江城市群能源环境效率总体呈上升趋势,向高水平靠近。从投入—产出角度分析,10 年间扬子江城市群能源消耗总量虽由 2008 年的 21082.75 万吨增加到 2017 年的 30035.27 万吨,但能耗增速变缓由 6.1% 降为 5.4%,并且随着新型清洁绿色能源(如核能、风能和太阳能等)的开发利用,能源结构逐渐调整转型;同时 2008—2017 年城市群内工业废水、废气等排放量也有所下降,以废水为例,由 22.3 亿吨降低到 11.8 亿吨,环境污染问题逐渐改善。因此扬子江城市群整体能源环境效率呈现上升态势。

(3)从峰度上看,2008—2017 年扬子江城市群能源环境效率的核密度曲线峰度向右侧趋于陡峭,右侧波峰的核密度值逐渐增大,波峰高度上升明显,说明 10 年间大部分城市能源环境效率均有所提高,向高效率区聚拢,尤其是原先低效率城市提升幅度较大。从能源—经济—环境 3E 系统角度分析,以能源环境效率总体提升幅度较大的南京和扬州为例,2008—2017 年,南京和扬州的 GDP 由 3775 亿元和 1573.29 亿元增加到 11715.1 亿元和 5064.92 亿元,经济发展水平显著提高;同时单位 GDP 能耗从 112.93% 和 57.42% 下降为 46.83% 和 31.52%;环境污染因子从 8.61 和 4.52 单位降为 1.52 和 1.25 单位。这充分说明了南京和扬州逐渐朝着绿色、低碳的发展模式转变,能耗降低促进生态环境的改善,生态环境状况好转为经济提供良好的发展空间,经济发展同时又为处理能源环境问题提供资金支持,由此南京和扬州的能源环境效率也得到有效提升。

4.2 扬子江城市群能源环境空间格局演变

本节基于上一小节中 4 个年份的效率数据和 10 年间各城市能源环境效率均值,通过 ArcGIS 10.2 软件绘制了能源环境效率空间分布图,并以此划分其区域类型,以期更为直观明了地分析扬子江城市群能源环境效率的空间格局演变规律。

通过绘制扬子江城市群能源环境效率雷达图(图 5),可以发现城市群内能源环境效率水平总体较高,效率值集中分布在 0.6~1。因此在借鉴袁荷等(2017)、朱承亮(2010)和盖美等(2016)对效率值的划分方法的基础上,本节将扬子江城市群能源环境效率分为 4 个层次:能源环境低效区(0~0.6)、能源环境中效区(0.6~0.75)、能源环境较高效区(0.75~0.9)和能源环境高效区(0.9~1.0),以此得出分级图,如图 6 所示。

如图 6a 所示,2008 年扬子江城市群出现了三类能源环境效率等级区,能源环境效率由东南部向西北部呈阶梯式逐级下滑,形成了以无锡、苏州和南通为核心的极核式空间分布态势。其中南京、扬州和泰州三市处于能源环境低效区,效率值在 0~0.6;镇江和常州则位于能源环境中效区,效率值在0.6~0.75;相较之下,苏州、无锡和南通三市的能源环境效率就高出了一个等级,效率值都达到了1,与西北部三市构成了鲜明的对比,由此形成了中心—外围型的空间布局。

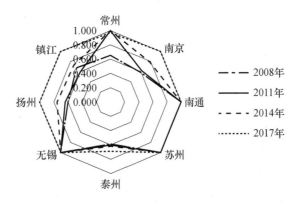

图5　考察期内扬子江城市群能源环境效率雷达图

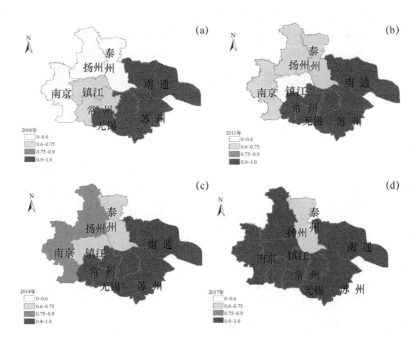

图6　扬子江城市群不同年份能源环境效率分层图

如图6b所示,2011年扬子江城市群能源环境效率的空间结构发生了轻微的改变,呈现出由四周向中部蔓延的空间格局。这一时期仍然出现了三类能源环境效率等级区,苏州、无锡和南通三市依旧处于能源环境高效区;常州由原先的中效区一跃成为高效区中的一员,能源环境效率从2008年的0.652提升为2011年的有效值1,增长幅度达53.37%;西北部三市能源环境效率也有所提高,上升了一个等级;而镇江市的效率却由2008年的0.677下降为2011年的0.599,落入能源环境低效区。从投入—产出角度分析其中的原因(表4)可以发现,相较2008年,2011年镇江市在生产要素的投入上冗余扩大,缺乏合理性,能源消耗过多,污染物排放超出目标值,从而一定程度上使得其能源环境效率相较往年有些许滑落。

表 4　镇江市 2008 年和 2011 年投入产出及松弛情况

投入—产出指标	2008 年(能环境效率值 0.677)			2011 年(能源环境效率值 0.599)		
	原始值	目标值	松弛量	原始值	目标值	松弛量
资本存量(亿元)	456.22	234.56	221.66	1226.94	856.67	370.27
从业人员数(万人)	165.39	117.34	48.05	190.26	170.14	20.12
能耗(万吨标准煤)	1167.29	978.34	188.95	1436.116	1124.97	311.146
GDP(亿元)	1408.14	1408.14	0	2311.45	2311.45	0
污染物排放量(亿吨)	6.2068	3.234	2.9698	8.6868	4.164	4.5228

数据来源:根据 SBM 模型测算结果整理所得。

如图 6c 所示,2014 年扬子江城市群能源环境效率呈现出"东西偏高,中部下陷"的山谷式空间分布形态。这一年常州、苏州、无锡和南通四市继续保持着在东南部的领先位置,能源环境效率值为 1,位于生产前沿曲线上;镇江在 2011 年能源环境效率有所下降后,再次小幅提升,重新达到中效水平;泰州的能源环境效率值较 2011 年只提高了 0.017,增长幅度只有2.819%;南京和扬州由原先的能源环境中效区逐步进入较高效区,效率工作取得了阶段性的进展。从投入—产出角度分析可知,与 2011 年相比,2014 年南京生产投入要素松弛量均有所减小,要素投入与产出的实际值和目标值差距逐渐拉近,投入产出规模趋于合理化,从而使得其能源环境效率由 0.619 提高到 0.786,增长幅度达 26.98%(表 5)。

表 5　南京市 2011 年和 2014 年投入产出及松弛情况

投入—产出指标	2011 年(能源环境效率值 0.619)			2014 年(能源环境效率值 0.786)		
	原始值	目标值	松弛量	原始值	目标值	松弛量
资本存量(亿元)	3757.25	2958.55	798.7	5430.77	4770.649	660.121
从业人员数(万人)	468.34	361.889	106.451	453	423.166	29.834
能耗(万吨标准煤)	4842.67	3125.337	1717.333	5437.4665	4339.896	1097.57
GDP(亿元)	6145.52	6145.52	0	8820.75	8820.75	0
污染物排放量(亿吨)	12.2156	8.468	3.747	10.3949	8.877	1.518

数据来源:根据 SBM 模型测算结果整理所得。

如图 6d 所示,2017 年扬子江城市群能源环境效率呈现出单点及面式的空间格局分布。这一时期,除泰州仍处在能源环境中效区外,其余 7 个城市均达到高能源环境效率水平,空间极化效应减弱,扩散效应增强。具体来看,苏州、无锡和南通一直起着领头羊的作用,能源环境效率持续保持高效水平;南京和扬州继续保持不错的前进态势,进入了能源环境高效区;镇江在 2011 年跌入低谷后,能源环境效率从 2014 年的 0.73 提升为如今的 1.0,以 36.99% 的提升幅度踏进高效率行列;值得一提的是,7 个高效率城市中 EDA 有效的占 6 席,能源环境效率处于生产前沿曲线上,进一步说明了扬子江城市群能源环境效率总体上升趋势明显,并且区域差距逐渐缩小,空间格局向一体化方向演进。

除此以外,本文根据之前对能源环境效率的等级划分方法,又对扬子江城市群 8 个城市2008—2017 年能源环境效率的年均值进行等级区分,如图 7 所示。可以看出,2008—2017 年间扬子江城市群能源环境效率在空间上呈现出差异较小的两极分化现象,总体上形成了"以能源环境中效区和能源环境高效区分居西北和东南两侧"的空间布局特征。具体来说,东南部四市(苏州、无锡、南通、常州)处于第一梯队上,西北和中部四市(南京、扬州、泰州、镇江)则位于第三梯队中效区(表6)。

图 7 扬子江城市群 2008—2017 年能源环境效率分层图

从表6可以更直观地发现:①2008—2017 年间扬子江城市群主要分布在能源环境中效区和能源环境高效区两个板块,2017 年与 2008 年相比各城市逐步地向高层次的区域迈进,最终聚集在能源环境高效区,整体效率水平提高;②其中无锡、苏州、南通三市一直处于高效区,说明其能源利用率高,节能减排效果好,投入产出规模合理;③南京、扬州、镇江和常州 4 个城市从原先的能源环境中、低效区逐级向高效区过渡,效率提升明显;而泰州在 2011 年进入中效区后,便没有前进的趋势,一直处于中等水平,和其他城市的差距逐渐拉大。

表 6 扬子江城市群城市所处能源环境效率等级区

	2008 年	2011 年	2014 年	2017 年	2008—2017 年均值
能源环境低效区	南京、扬州、泰州	镇江	—	—	—
能源环境中效区	镇江、常州	南京、扬州、泰州	镇江、泰州	泰州	南京、扬州、镇江、泰州
能源环境较高效区	—	—	南京、扬州	—	—
能源环境高效区	苏州、无锡、南通	苏州、无锡、南通、常州	苏州、无锡、南通、常州	苏州、无锡、南通、常州、南京、扬州、镇江	苏州、无锡、南通、常州

4.3 扬子江城市群能源环境空间差异性趋势

为了更详细地研究扬子江城市群能源环境效率在空间差异上的变化趋势,本节选取了可以比较数据总体差异和离散程度的基尼系数和变异系数作为分析工具。

(1)基尼系数

基尼系数是 20 世纪初意大利经济学家基尼提出的通过定量分析测定收入分配差异程度

总体水平的经济指标。随着区域经济学的发展,如今基尼系数已被众多学者用于研究分析区域差异。本文利用 1991 年克鲁格曼提出的区位基尼系数公式进行计算分析,公式如下:

$$G = \frac{1}{2N^2\bar{c}} \sum_{i=1}^{N} \sum_{j=1}^{N} |c_i - c_j| \tag{10}$$

式中,G 表示基尼系数,N 表示城市个数,本文中 $N=8$,c_i 和 c_j 分别表示城市 i 和城市 j 的能源环境效率,$\bar{c}$ 表示城市能源环境效率均值。

(2)变异系数

变异系数是衡量一组数据中各观测值离散程度的统计量,其计算公式如下:

$$CV = \frac{\sigma}{|\bar{c}|} \tag{11}$$

式中,CV 表示变异系数,$\sigma = \sqrt{\dfrac{\sum (c_i - \bar{c})^2}{N}}$,表示城市能源环境效率的标准差,$\bar{c}$ 表示各城市能源环境效率均值,N 为样本个数,本文中 $N=8$。

由此计算出扬子江城市群 2008—2017 年能源环境效率的基尼系数和变异系数,并绘制折线图,如图 8 所示。

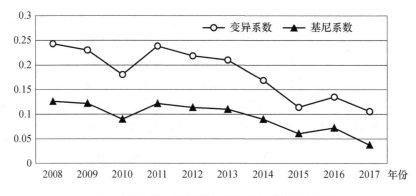

图 8 扬子江城市群能源环境效率空间差异分析图

从图 8 可以看出,2008—2017 年间扬子江城市群能源环境效率基尼系数虽有些许波动,但整体呈小幅下降趋势。基尼系数由 2008 年的 0.126 降为 2017 年的 0.038,10 年间城市能源环境效率年均差异缩小了 6.95%,说明各城市间能源环境效率空间差异逐渐减小。

再者,扬子江城市群能源环境效率的变异系数与基尼系数呈现类似的波动起伏态势,具体而言,变异系数高于基尼系数,反映的城市间能源环境效率离散程度更明显。其中在 2009—2011 年间出现了较大的波动,整体上,由 2008 年的 0.243 降低到 2017 年的 0.106,年均下降幅度达 9.314%,进一步表明 10 年间扬子江城市群能源环境效率空间差异性随着时间推移逐步缩小。

综上所述,扬子江城市群能源环境效率的变异系数和基尼系数共同表明了 2008—2017 年间城市群内能源环境效率空间差异呈现波动缩小的态势。从宏观的外部环境分析,随着扬子江城市群经济的发展,在中心城市的辐射带动作用下,人才、资本、技术等要素逐渐向发展水平较低的城市流动,加快了城市群整体经济水平的提升和一体化的进程。而 2017 年《江苏省"十三五"能源发展规划》中也指出 2010—2015 年间全省能源空间布局得到有效调整:其中煤炭消费占比由 70.4% 下降为 64.4%,天然气占比由 3.5% 提高到 6.6%;能源消费强度由 2011 年的 0.601 吨标准煤降为 0.462 吨。这进一步说明区域内能源消费结构渐趋优化,能效水平不断提升,能源环境效率的空间差异逐渐缩小。

5. 扬子江城市群能源环境效率影响因素分析

在前两节中对扬子江城市群能源环境效率进行了测度并分析了其时空格局演化的特征,那么城市群能源环境效率关键受哪些因素影响呢? 在本节中,将考虑投入—产出以外的因子,运用 Tobit 模型探究扬子江城市群能源环境效率的影响因素。

5.1 变量选取及数据说明

通过第一节综述部分有关能源环境效率影响因素方面的文献分析,在兼顾数据可得性的基础上,本文选取了经济发展水平、产业结构、对外开放程度、技术进步、政府管制和人口密度 6 个因素(表 7),分析其对扬子江城市群能源环境效率的影响程度和大小。以上指标数据来源于 2008—2018 年《江苏省统计年鉴》和各城市统计年鉴以及各城市统计局官网公报信息。具体变量解释如表 7 所示。

表 7 扬子江城市群能源环境效率影响因素解释说明

变量	变量名	变量说明	文献依据
被解释变量	能源环境效率(Y)	能源环境效率值	
解释变量	经济发展水平(X1) 产业结构(X2)	人均 GDP 取对数 第二产业总产值/GDP	陆晓婷 (2014)
	对外开放(X3)	进出口总额/GDP	张博茹 (2017)
	技术进步(X4) 政府管制(X5)	单位 GDP 能耗 政府环保投入/GDP	马骏等 (2019)
	人口密度(X6)	单位面积常住人口数取对数	曾贤刚 (2011)

5.2 模型与方法介绍

通过第 3 节对扬子江城市群能源环境效率的测度,得出效率值被截断在 0~1,即效率值属于受限因变量,为了有效避免利用一般面板回归模型计算时所产生的结果有偏差与不一致,本文选择了目前学术界较为普遍采用的研究效率问题时使用的 Tobit 回归模型,作为分析能源环境效率影响因素的工具。

Tobit 标准面板模型如下:

$$Y_i^* = \alpha x_i + \mu_i, \mu_i \sim N(0, \sigma^2), i = 1, 2, \cdots, n \tag{12}$$

式中,i 表示第 i 个决策单元,Y_i^* 为真实的样本值,x_i 为第 i 个决策单元的影响因素,μ_i 是服从正态分布的随机随机干扰项。

$$Y_i = \begin{cases} Y_i^* , Y_i^* > 0 \\ 0, Y_i^* \leqslant 0 \end{cases} \tag{13}$$

基于传统的 Tobit 回归模型和前述选择的指标变量,本文将模型构建如下:

$$Y_{i,t}^* = \alpha + \beta_1 X_1 + \beta_2 X_1^2 + \beta_3 X_2 + \beta_4 X_3 + \beta_5 X_4 + \beta_6 X_5 + \beta_7 X_6 + \varepsilon_{i,t} \tag{14}$$

$$Y_{i,t} = \begin{cases} 0, Y_{i,t}^* \leqslant o \\ Y_{i,t}^* , 0 < Y_{i,t}^* < 1 \end{cases} \tag{15}$$

式中,$Y_{i,t}$ 为第 i 个城市第 t 年的能源环境效率值,X_1^2 表示经济发展水平的平方项,其他指标含义如上文所述,$\beta_1, \cdots, \beta_7$ 为各指标对应的系数,$\varepsilon_{i,t}$ 为随机误差选项,且 $\varepsilon_{i,t} \sim N(\mu, \sigma^2)$。

5.3 实证结果和分析

5.3.1 Tobit 回归结果

建立上述 Tobit 回归模型后,运用 Eviews 8.0 软件,导入各项变量数据,得出如下结果(表 8)。

表 8　扬子江城市群能源环境效率影响因素 Tobit 回归结果(一)

变量名	回归系数	标准差	z 统计值	概率
$X1$	−4.597178 **	2.129441	−2.158866	0.0309
$X1^2$	0.217279 **	0.095926	2.265060	0.0235
$X2$	−1.588471 ***	0.449290	−3.535518	0.0004
$X3$	−0.042826	0.036799	1.163759	0.2445
$X4$	−0.038279 *	0.100038	0.013893	0.0479
$X5$	1.781996 ***	0.328235	−5.429032	0.0000
$X6$	0.186935 **	0.078233	2.389474	0.0169
C	24.16408	11.80911	2.046223	0.0248

注:***、** 和 * 分别表示回归系数在 1%、5% 和 10% 水平下显著。

上述 Tobit 回归结果表明,对外开放因素($X3$)没有通过 10% 显著性水平检验,说明其对扬子江城市群能源环境效率的影响并不显著,因此将其从该模型当中剔除,再次进行回归,结果如表 9 所示。

表 9　扬子江城市群能源环境效率影响因素 Tobit 回归结果(二)

变量名	回归系数	标准差	z 统计值	概率
$X1$	−2.826965 *	1.702651	−1.660332	0.0568
$X1^2$	0.142286 **	0.076421	1.861875	0.0226
$X2$	−1.548414 ***	0.318295	4.864712	0.0000
$X4$	−0.159607 *	0.095552	1.670368	0.0648

变量名	回归系数	标准差	z统计值	概率
X5	1.626795 ***	0.302656	−5.375068	0.0003
X6	0.054590 **	0.069881	−0.781186	0.0247
C	14.13160	9.560930	1.478057	0.0515

注：***、** 和 * 分别表示回归系数在1%、5%和10%水平下显著。

根据上述回归结果可以得出结论：①经济发展水平在10%显著性水平下,对城市群能源环境效率有负面作用,相关系数为−2.826965;而经济发展水平的平方项则通过了5%的显著水平检验,与能源环境效率的相关系数为0.142286,说明其对能源环境效率的提升有明显的正面促进作用,这与陆晓婷(2014)在考虑环境因素对江苏省全要素能源效率研究的结论相同;②单位GDP能耗在10%显著水平下、产业结构在1%显著水平下对城市群能源环境效率有阻碍作用,单位GDP能耗每上升1%,能源环境效率就下降0.159607%;第二产业总产值占GDP比重每提高1%,效率就会明显下降1.548414%;③政府管制在1%显著水平下、人口密度在5%显著水平下,对城市群能源环境效率的提升具有正面推动作用,这与马骏等(2019)对江苏省环境效率的研究结论一致,政府环保投入占GDP比重每上升1%,能源环境效率就会明显提高1.626795%;人口密度每上升1%,能源环境效率就会提升0.054590%;④对外开放程度对扬子江城市群能源环境效率虽有消极作用,相关系数为−0.042826,但并没有通过10%显著性检验。

5.3.2 结果分析

扬子江城市群能源环境效率的时空格局演化,除了与各城市投入—产出要素条件的改变有关,还和宏观的外部环境密不可分。

(1)从经济发展水平角度分析,扬子江城市群经济发展水平对其能源环境效率的影响呈"U"型状态。具体而言,2008—2017年间随着城市群内经济的发展和居民整体生活水平的提高,能源环境效率出现先下降后提高的变化趋势。根据能源—经济—环境3E系统理论可以分析其中的原因:①在经济发展的前期,政府主张大力发展生产力,高速增长模式下的高能耗、高排放和高污染不可避免地会出现高投入低产出的状况,使得能源环境效率下降;②而近年来随着绿色低碳经济理念的逐渐推广、生产方式的改进、城市生态环境的保护和修复以及整个社会环保意识的增强,能源投入趋于合理化,能源消费结构有所改善,环境污染得到有效控制,能源环境效率也因此逐步提升。

(2)从产业结构上分析,扬子江城市群第二产业总产值占地区生产总值的比重与能源环境效率呈显著的负相关,这与众多学者的研究结论相一致。本文将测度到的扬子江城市群能源环境效率值与对应的产业结构进行横向比对发现,近10年来各城市第二产业比重有所下降,第三产业比重逐渐上升,截至2016年,多数城市第二产业比重已低于50%,而能源环境效率总体也呈现上升态势。换句话说,产业结构向合理化和高级化方向转型升级,意味着生产的投入低能耗和高产出、高附加值,由此将对能源环境效率的提高起到正面推动作用。

(3)从技术水平方面分析,单位GDP能耗与扬子江城市群能源环境效率呈显著的负相关性。换言之,粗放式的经济增长模式使得能源要素的投入在带来较高的经济产出的同时,也将导致环境的恶化,影响能源环境效率的提高。扬子江城市群作为江苏省的经济核心区,在苏州、南京等地聚集着众多传统的高能耗、高排放的制造业和重工业,对能源环境效率的提升十分不利;需要通过调整能源消费结构,研究开发新型能源,改进生产技术,降低经济发展的能源投入,提高能源利用率,从而逐步提升能源环境效率。

(4)从政府管制方面分析,政府的环保投入对扬子江城市群能源环境效率有十分显著的正面促进效应。从宏观角度看,随着能源消费结构不合理、能源短缺和环境污染等问题的日益凸显,各地政府越来越重视能源环境问题。通过投入环境资本、调整能源消费结构、降低煤炭等传统能源的使用占比、开发引进新能源、出台相关环保政策、淘汰高污染企业、提倡低碳经济等方式,可以有效地改善地区的能源消费结构和环境污染状况,提升环境质量,从而促进能源环境效率的提高。

(5)从人口密度角度分析,扬子江城市群人口密度与其能源环境效率呈显著的正相关性。根据区域经济空间结构理论分析其中的原因:城市经济的发展伴随着人口数量的增加,人口密度增大,会形成扩散效应,从而促进地区居民整体文化程度、生活水平、低碳理念和环保意识的提高。由此带来的社会影响力要大于人口增长流动、人口基数大所造成的能源消耗和环境破坏。基于 3E 系统理论,结合扬子江城市群能源环境效率影响因素的实证结果可知,当前人口密度的增大还在能源环境的承载力范围内,可以促进城市群内能源环境效率的提升。但是人口的快速增长一旦超过生态环境的负荷,将会对能源环境效率造成严重的负面效应。

(6)对外开放程度对扬子江城市群能源环境效率虽有消极作用,但并不显著。笔者认为其中的原因可能是:①从出口方面来看,现阶段扬子江城市群出口贸易仍然以传统的劳动密集型和资源密集型产品为主,能源消耗大、污染排放大从而阻碍了城市能源环境效率的提高;②从进口方面来看,由于目前城市环境规制水平不高,多数外来资本将高污染产业迁至江苏省,从而在经济发展的同时也造成了能源环境效率的下降;③由于扬子江城市群内部各城市在对外开放程度上有较大差异,除苏州、无锡和南京的开放程度较高外,其余城市的进出口总额占GDP 比重指标都较低,可能导致了最终结果的不显著。

6. 结论与对策

6.1　主要结论

目前学术界对能源效率问题的研究,大多从国家和省级层面分析能源经济效率问题,而缺少环境因素的考量。本文则基于城市尺度研究小范围区域内能源环境效率问题,将环境因子纳入 SBM 模型,使得效率测度结果更能反映实际情况。依据区域空间结构演化理论和能源—经济—环境 3E 系统理论,从时间和空间两个维度分析扬子江城市群能源环境效率演化特征,并有针对性地选取影响因子纳入 Tobit 回归模型中,最终得出结论如下。

(1)将环境因子纳入 SBM 模型后,计算出 2008—2017 年扬子江城市群能源环境效率值,可以发现,苏州和无锡在 2008—2017 年间能源环境效率值均为 1,即 DEA 有效,处于生产前沿面上,说明两市能源投入产出合理,能源利用率高,在保持经济稳速增长的同时,也注重生态环境保护,节能减排效果显著。而泰州和镇江两市的能源环境效率相对较低,与其他城市相比有一定的差距,但是也达到了 0.7 左右的较高效率水平,具有较大的节能提升空间。从总体分布上看,扬子江城市群能源环境效率均值达到 0.849,除 2011 年有小幅回落外,整体呈现平缓上升的趋势,说明扬子江城市群整体能源利用效率较高,投入产出结构、能源消费结构逐渐优化,向节能高效的方向逐步迈进。

(2)通过核密度估计和基尼系数、变异系数等研究方法对扬子江城市群能源环境时空格局进行分析发现:①2008—2017 年间扬子江城市群能源环境效率总体呈不断上升的趋势,各城市能源环境效率空间差异随着时间推移呈现有波动的减弱态势;②扬子江城市群能源环境效率由 2008 年和 2011 年以苏州、南通和无锡为中心的极核式空间格局逐渐演变为 2014 年的"东西偏高,中部下陷"的山谷式空间格局,最终形成 2017 年的单点及面式的分布格局;③2008—2017 年间扬子江城市群能源环境效率总体上呈现出"以能源环境中效区和能源环境高效区分居西北和东南两侧"的空间布局特征。从宏观角度分析,近些年来,扬子江城市群一体化程度逐渐加深,城市间人才、资本和技术的流动越来越频繁,产业转移、产业集群加速发展,现代化交通网络的构建、政府间的横向协作等使得城市之间扩散效应增强,极化效应减弱,从而渐渐缩小了城市间的差距。

(3)扬子江城市群能源环境效率的时空格局演化,除了与各城市投入—产出要素条件的改变有关,还和宏观的外部环境密不可分。通过 Tobit 回归模型分析发现:①经济发展水平与能源环境效率呈现"U"关联特征,高能耗、高排放的粗放式发展模式会大大阻碍能源环境效率的提高;只有转变生产方式、调整能源结构才能促进经济的绿色、低碳和可持续发展,从而保证能源环境效率的稳步提升;②政府管制是促进扬子江城市群能源环境效率改善的关键驱动因子,这是因为政府通过投入环境资本、制定相关环保政策和开发引进新能源等宏观调控手段,可以弥补市场在能源环境问题处理上的不足和弊端,从而有效地促进能源环境效率的提升;③技术进步带来的低能耗和高产出以及人口密度增大在一定程度上形成的社会影响力对能源环境效率的提升都有显著的推动作用;④产业结构不合理,第二产业比重过高会阻碍能源环境效率的改善;对外开放程度对能源环境效率也有负面作用,但这种作用却并不显著,其中的原因可能是扬子江城市群内部各地区在进出口贸易上的较大差异,导致整体影响程度下降。

6.2　政策协同建议

本文研究发现,扬子江城市群能源环境效率呈现逐步提高的趋势,但能源环境效率空间差异仍然存在,个别城市能源环境效率提升缓慢,对于整个城市群的协调发展造成不利影响。同时,研究还表明,扬子江城市群能源环境效率与城市的经济发展水平、产业结构、政府管制等影响因素有密切关系。因此,根据前文实证分析结论和国内外学者研究成果,为扬子江城市群能源环境效率整体水平的提升提出相关政策协同建议。

(1)坚持经济绿色发展,实现持续提效

本文通过 Tobit 模型分析表明,经济发展水平对扬子江城市群能源环境效率有"U"型作用,这是经济发展模式由高能耗、高排放的粗放式逐渐向低能耗、低排放的集约式方向转变的结果。依据能源—经济—环境 3E 系统理论,为了实现扬子江城市群能源环境效率的持续稳步提升,避免再走下坡路,首先必须加快生产方式的转变,实现新旧动能的转换,加快城市群内的能源消费结构性改革,优化沿江工业布局,在鼓励技术创新和发展新动能以及淘汰落后和过剩产能上做"加减法",从而降低能源消耗,减少环境污染,实现能源—经济—环境的循环可持续发展。其次,加快发展方式的转型升级,摒弃粗放式的经济发展模式,推动传统产业转型升级和现代化改造,打造沿江新型制造产业集群。对于泰州等能源环境效率较低的城市更要把握高质量发展的方向,树立节能环保、生态优先的发展理念,并加快融入苏南经济核心区。由此一来逐步实现经济绿色协调发展,提高经济质量,降低生态环境负荷,从而促进能源环境效率持续提升。

(2)加快产业结构调整,实现转型提效

本文通过 Tobit 模型实证发现,三次产业中第二产业比重过高会阻碍扬子江城市群能源环境效率的提升。扬子江城市群第二产业内部多包含高耗能、高污染、低产出、低附加值的能源密集型重工业,会对能源环境造成不利影响。因此,各城市首先需要加快产业结构调整,发展地区特色产业和优势产业,共建优势互补、协同紧密的现代化产业体系;对于能源环境效率水平高的苏州、无锡和南通应优先发展先进制造业和战略性新兴产业,降低重工业比重;区域中心城市南京要依靠资源、人才、资金的先天优势,继续推进现代化服务业和能源利用高效的第三产业的发展。其次,建立低碳循环、区域一体的现代化产业体系,转变能源利用方式,培育清洁能源产业,合理优化产业布局,如依托南通临海优势,建立特色海洋产业基地。由此推动产业结构向合理化与高级化的方向延伸,从而促进能源环境效率在产业结构转型中提高。

(3)加强政府环保管制,实现宏观提效

本文通过 Tobit 模型实证分析发现,政府环保投入对扬子江城市群能源环境效率的提升起着至关重要的作用,近年来扬子江城市群内各地区政府对环保的投入逐渐增多,有效地改善了能源环境状况。对此,为了保持整个城市群能源环境效率的良好态势,首先政府应继续加大生态环境保护和修复的投资力度,积极探索区域间生态补偿机制,通过设立生态补偿基金、完善税收政策、探索市场化模式等多种方式,逐步扩大生态补偿的覆盖面,提高生态补偿的效益;其次,各级政府部门要积极探索"绿色 GDP"核算体系,严格规范市场秩序,强化企业环保信用管理,淘汰或改造高污染、高能耗的企业,提高能源环境项目的准入门槛,从而在宏观上改善生态环境状况,优化能源结构,促进扬子江城市群能源环境效率的提升。

(4)构建区域协调机制,实现协同高效

依据区域经济空间结构集聚分异理论可知,随着时间推移,扬子江城市群能源环境效率空间极化效应逐渐减弱,扩散效应逐渐增强,城市群内部能源环境效率整体呈现稳步提升的趋势,空间差异逐步缩小,但部分城市(如泰州、镇江)与苏州、无锡等地相比仍存在一定差距。对此,为继续缩小地区差异,实现整体效率水平的提升,扬子江城市群应积极配合构建区域协调发展机制。首先应加大对能源环境效率水平较低城市(如泰州、扬州)的人力、财政、技术等资源和政策的倾斜力度,同时能源环境高效地区(苏州、无锡等)通过外部协作和要素转移,全力推进低水平城市能源环境效率的改善。其次,需要加强各市政府间的横向合作,逐渐打破行政壁垒和要素壁垒,通过构建现代化的交通网络等方式,促进资本流动和产业转移,构建城市群内部能源消耗和污染排放协同治理机制,充分发挥南京等中心城市的辐射带动作用,从而促进落后地区能源环境效率水平提升,进而实现城市群能源环境效率在协同中向高水平方向迈进。

6.3 不足与展望

鉴于研究水平和数据资料获取的局限性,文章中尚存在些许不足。在计算扬子江城市群能源环境效率时,以工业 SO_2 和工业废水排放量的合成量作为非期望产出指标,并未考虑其他环境污染因子,可能造成效率值有偏差;同时研究范围也仅限于 2008—2017 年,可能导致时间维度缺乏参考对比价值。

因此,在今后的研究中可以通过完善扬子江城市群环境污染指标,扩大研究的时间跨度,建立更精确的分析模型,希望以此得出更能准确反映时空差异的数据结果。

(本报告撰写人:彭本红,叶雁卿)

作者简介:彭本红(1969—),男,博士,南京信息工程大学气候变化与公共政策研究院/管理工程学院教授,主要研究方向为气候与环境治理、创新与风险管理。

本报告受南京信息工程大学气候变化与公共政策研究院开放课题(课题名称:扬子江城市群能源环境时空格局演化及政策协同研究;课题编号:18QHA012)资助。

参考文献

陈雅,2016. 长三角能源碳排放与区域经济增长关系研究[D]. 上海:华东师范大学.

范丹,2013. 低碳视角下的中国能源效率研究[D]. 大连:东北财经大学.

盖美,刘丹丹,曲本亮,2016. 中国沿海地区绿色海洋经济效率时空差异及影响因素分析[J]. 生态经济,32(12):97-103.

关伟,杜海东,许淑婷,等,2016. 辽宁省能源效率测度及其时空分异研究[J]. 资源开发与市场,32(05):556-561,625.

关伟,许淑婷,2015. 中国能源生态效率的空间格局与空间效应[J]. 地理学报,70(06):980-992.

郭腾云,徐勇,马国霞,等,2009. 区域经济空间结构理论与方法的回顾[J]. 地理科学进展,28(01):111-118.

黄杰,2018. 中国能源环境效率的空间关联网络结构及其影响因素[J]. 资源科学,40(04):759-772.

李强,左静娴,王琰,2019. 环境分权对全要素能源效率的影响——基于空间杜宾模型的分析[J]. 地域研究与开发,38(01):123-127.

刘文君,李娇,刘秀春,2017. 碳排放约束下中国旅游业能源效率的实证分析——基于 SBM 模型和 Tobit 回归模型[J]. 中南林业科技大学学报(社会科学版),11(01):40-46.

陆晓婷,2014. 环境约束下的江苏省全要素能源效率研究[D]. 南京:南京理工大学.

马骏,李夏,张忆君,2019. 江苏省环境效率及其影响因素研究——基于超效率 SBM-ML-Tobit 模型[J]. 南京工业大学学报(社会科学版),18(02):71-80,112.

潘雄锋,李良玉,杨越,2012. 我国能源效率区域差异的时空格局动态演化研究[J]. 管理评论,24(11):13-19.

史丹,2006. 中国能源效率的地区差异与节能潜力分析[J]. 中国工业经济(10):49-58.

孙才志,李欣,2015. 基于核密度估计的中国海洋经济发展动态演变[J]. 经济地理,35(01):96-103.

涂人猛,2014. 区域空间结构理论的形成与发展[J]. 企业导报(22):37-40.

王慧芳,2018. OFDI 逆向技术溢出对全要素能源效率影响的实证研究[D]. 南昌:江西财经大学.

魏楚,沈满洪,2007. 能源效率及其影响因素:基于 DEA 的实证分析[J]. 管理世界(08):66-76.

吴传清,董旭,2015. 环境约束下长江经济带全要素能源效率的时空分异研究——基于超效率 DEA 模型和 ML 指数法[J]. 长江流域资源与环境,24(10):1646-1653.

杨宇,刘毅,2014. 基于 DEA-ESDA 的中国省际能源效率及其时空分异研究[J]. 自然资源学报,29(11):1815-1825.

杨仲山,魏晓雪,2018."一带一路"重点地区全要素能源效率-测算、分解及影响因素分析[J]. 中国环境科学,38(11):4384-4392.

尹庆民,吴秀琳,2019. 环境约束下长江经济带工业能源环境效率差异评价与成因识别研究[J]. 科技管理研究,39(06):240-247.

袁荷,仇方道,朱传耿,等,2017. 江苏省工业环境效率时空格局及影响因素[J]. 地理与地理信息科学,33(05):112-118.

岳宏志,卢平,2016. 我国全要素能源效率时空分异特征研究——基于能源供给侧改革视角[J]. 云南财经大学学报,32(04):35-45.

曾贤刚,2011. 中国区域环境效率及其影响因素[J]. 经济理论与经济管理(10):103-110.

张博茹,2017. 长三角城市群能源效率的时空分异及影响因素分析[D]. 上海:华东师范大学.

张星灿,曹俊文,2018. 雾霾约束下的长江经济带能源效率的空间差异研究[J]. 科技与经济,31(04):106-110.

张媛,许罗丹,2018. 基于 SFA 的微观企业能源效率及影响因素实证研究[J]. 社会科学家(05):57-63.

赵婷,2016. 有关能源效率的研究综述[J]. 消费导刊(04):24-25.

朱承亮,2010. 中国经济增长效率及其影响因素的实证研究[D]. 西安:西北大学.

Adam Rose,2018. Distributional considerations for transboundary risk governance of environmental threats[J]. International Journal of Disaster Risk Science,9(04):445-453.

Bai Yongping,2012. Research of regional energy efficiency based on undesirable outputs and its influential factors:A case of Western China[A]. International Materials Science Society. Proceedings of 2012 International Conference on Future Energy,Environment,and Materials (V16 (Part B)).

Cui Qiang,Kuang Haibo,Wu Chunyou,2014. The changing trend and influencing factors of energy efficiency:The case of nine countries[J]. Energy,64:1026-1034.

Hu J L,Wang S C,2006. Total-factor energy efficiency of regions in China[J]. Energy Policy,34(17):3206-3217.

Jiang Yan,Huang Guoqing,Yang Qingshan,et al,2019. A novel probabilistic wind speed prediction approach using real time refined variational model decomposition and conditional kernel density estimation[J]. Energy Conversion and Management,185(APR):758-773.

Lv Wendong,Hong Xiaoxin,Fang Kuangnan,2015. Chinese regional energy efficiency change and its determinants analysis:Malmquist index and Tobit model[J]. Annals of Operations Research,228(1):9-22.

Patterson M,1996. What is energy efficiency? Concepts,indicators and methodological issues[J]. Energy Policy,24(5):377-390.

Zhang X P,Cheng X M,Yuan J H,et al,2011. Total-factor energy efficiency in developing countries [J]. Energy Policy,39(2):644-650.

产业结构优化、能源消费节约与大气环境全要素绩效

摘　要:应用加法结构的 Luenberger 生产率分解方法,针对工业相关变量(能源、产值、污染物),对 2006—2013 年中国大陆地区省级区域面板数据进行分析,以厘清中国省级区域工业大气污染防治以及产业结构优化的工作重点。研究结果表明:工业二氧化硫、工业能源消费和工业氮氧化物排放仍然是导致中国省级区域大气环境无效率的首要因素,华北、东北与西部省区的各项工业指标静态效率水平显著劣于其他地区,而东南沿海省份的工业能源与环境绩效位于国内前列。"十一五"时期以来,工业能源消费、污染物排放、产值绩效明显优于非工业指标,其中工业二氧化硫排放和工业产值绩效对大气环境全要素生产率(TFP)产生明显正向效应,而非工业能源消费与非工业产值相关绩效为负,政府后期应注重对非工业能源节约与挖掘其他产业增长潜力。从全要素的根源角度,全部能源消费、污染物排放的全方位技术进步可以补偿技术效率下降带来的负面影响,仅有工业产值技术效率为正,而负向的工业产值技术进步又落后于其他能源与排放变量。无论从省级尺度的工业节能减排还是产业结构调整,后期应首先注重非工业能源消费效率提升,加大对其他产业绿色扶持,同时坚持氮氧化物排放规制,从而实现工业的绿色发展与产业结构调整的双重目标。

关键词:能源消费;经济增长;污染物排放;产业结构;全要素生产率;绩效分解

Industrial Structure Optimization, Energy Consumption Saving and Atmospheric Environment Total Factor Performance

Abstract: Based on the Luenberger productivity decomposition method with additive structure, the panel data of provincial regions in mainland China from 2006 to 2013 were analyzed according to the variables related to industry sector(energy consumption, added value and air pollutants), in order to clarify the key points of air pollution prevention and industrial structure optimization in provincial regions of China. The results show that the sulfur dioxide emissions, industrial energy consumption and industrial nitrogen oxides emissions is the primary variables of China's provincial atmospheric environment inefficiency, north, northeast and eastern China provinces of the industrial static efficiency were significantly worse than other areas. The southeast coastal provinces are leading industrial energy and environmental performance. In the "11th Five-Year Plan" period, the industrial energy consumption, air pollutant emissions, and added value performance is obviously better than non-industrial indicators. Furthermore, industrial SO_2 emissions and industrial added value performance of atmospheric environment total factor productivity（TFP）has significantly positive effects，and non-industrial energy consumption is associated with non-industrial added value performance is negative，the government should pay attention to non-industrial energy-saving and other industry sector growth potential. From the per-spective of the root decomposition of TFP，the technical progress of all energy consumption and air pollutant e-missions can compensate for the negative impact brought by the decline of technological efficiency. Only the technical efficiency of industrial added value is positive，while the negative technical progress of industrial added value lags behind other energy and pollutant emissions variables. From the perspective for provincial industrial energy conservation and emission reduction or industrial structure adjustment，in the later stage，we should first pay attention to the improvement of non-industrial energy consumption efficiency，increase the green develop-ment for other industrial sectors，and adhere to the nitrogen oxides emission regulation，so as to achieve the dual goals of industrial green development and industrial structure adjustment.

Key words：Energy consumption；Economic growth；Pollutant discharge；Industrial structure；Total factor productivity；Performance of the decomposition

1. 引言

目前，中国社会的经济与社会发展面临能源匮乏、温室气体引致的气候变化以及部分地区环境恶化等诸多困境。作为世界上最大的能源消费与碳排放国家，中国承担着为其他国家树立节能与减排责任的使命担当。值得注意的是，中国的全方位工业化进程尚在进行，部分中西部地区和欠发达地区仍处于工业化中期，地方经济的发展需求将继续引致一定的能源消费和污染物排放压力。难以改变的现实情况是，中国经济与社会发展需要消费大量的能源以维系，且目前能源消费结构相对单一。中国处于城镇化和工业化阶段的关键节点，尽管能源消费的增长速度有所下降，但能源消费总量巨大与能源消费结构单一的严峻现实并没有得到本质改善。

工业目前仍是中国现阶段能源消费与污染物排放的重要部门。为进一步减少中国工业发展对于能源和环境的负面影响，全面实现到 2020 年以及 2035 年的奋斗目标，中国政府提出节能减排相应目标并进行任务分解。中国经济的绿色发展需要产业结构调整，而产业结构调整又需要低能源消费与低污染排放的高附加值产出部门。但需要引起足够重视的是，有些区域的资源禀赋与生态环境压力并不适合发展工业，而另外一些地区的工业也不存在必然的产业升级与转移条件。上述问题都需要本文相关研究予以证明。

本文其他部分安排如下：第二部分介绍基于 Luenberger 指数的全要素生产率分解分析方法，并对相关样本进行来源说明；第三部分为实证分析结果及讨论，对包含工业能源消费、工业经济增长与工业污染物排放的中国省级区域大气环境全要素生产率变化率的测算及分解结果进行多角度分析，并结合各区域工业及非工业的能源消费和大气污染物排放 TFP 的演化趋势，结合产业结构现状，对工业的绿色发展及产业结构调整重点进行分类总结；第四部分为结论与政策含义。

2. 研究方法及数据说明

为了更好地对中国省级区域工业能源、产值增长和污染物排放全要素绩效进行针对性分析,并在刘瑞翔和安同良(2012)的研究思路基础上,本文构建出包含工业及非工业能源消费、工业及非工业排放二氧化硫、氮氧化物,工业及非工业产值的大气环境全要素生产率指数体系,对能源、二氧化硫、氮氧化物约束下的全要素增长绩效进行分解分析。首先,基于省级面板数据建立跨多个时期的统一前沿面,将每一个省区视为被评价的决策单元(DMU),通过测算该单元与统一前沿面的距离作为广义前沿面下技术效率,并通过测算该单元与当期前沿面的距离作为当期前沿面下技术效率,在此基础上逐步拓展出针对全部投入和产出要素绩效的分析框架,详见下文。

2.1　环境生产技术

合理构建出针对非期望产出的分析框架,是奠定其全要素生产率的研究基础。近年来,随着对环境问题的日益重视,污染物作为环境约束并在多种研究框架中得以表征,并对技术效率以及全要素生产率相关指标产生显著影响。此类研究成果中,Färe 等(1989,2007)首先对环境生产技术进行了机理刻画,为包含非期望产出的环境效率研究奠定了理论基础。Zhou 等(2008)对部分国家和地区的二氧化碳排放绩效,苗壮等(2013)对中国的省级大气污染物排放绩效都进行了相关研究。现对环境生产技术进行简介。

在环境生产技术分析框架下,决策单元存在 P 个投入变量 $x=(x_1,\cdots,x_p)\in R_P^+$,$Q$ 个期望产出变量 $y=(y_1,\cdots,y_q)\in R_Q^+$,同时伴随着 R 种非期望产出 $b=(b_1,\cdots,b_r)\in R_R^+$。在 t 时期,第 i 个决策单元的投入、期望产出和非期望产出变量为 (x_i^t,y_i^t,b_i^t),在投入、期望产出满足强可处置性,非期望产出满足弱可处置以及零结合性(zero-joint)等前提下,该环境生产技术表征为:

$$P^t(x^t)=\{(y^t,b^t):\lambda X\leqslant x_{ip}^t,\lambda Y\geqslant y_{iq}^t,\lambda B=b_{ir}^t\ \forall\ p,q,r,\lambda\geqslant 0\} \tag{1}$$

式中,λ 为大于等于零的权重向量,X、Y 和 B 分别是构建技术前沿面的投入、期望产出和非期望产出变量。根据对 λ 值约束条件的不同,又可具体表征为可变规模报酬(VRS)和不变规模报酬(CRS)。

2.2　大气环境全要素生产率指数构建

基于角度和径向的 DEA 方法在现有的能源和环境绩效的相关测算研究中被广泛采用,但其缺陷在于:只能从投入角度或者产出角度进行测算的单一性,以及无法考虑全部松弛变量影响的片面性。为了更加全面地测算投入和产出要素的绩效,Tone(2001)、Fukuyama 和 Weber(2009)、王兵等(2010)及刘瑞翔和安同良(2012)提出或改进了 SBM(slack-based measure)方法,该方法通过测算投入和产出变量冗余值的方式完成对技术前沿面的构建,可应用于全部变量的非径向测算,故被称为非径向方向距离函数。在投入和产出变量都存在冗余的情况下,应用非径向方向距离函数的计算结果与传统方向距离函数存在一定差异。本文将沿用刘瑞翔和安同良(2012)所使用的距离函数作为研究起点,其具体形式如下所示:

$$\vec{S}^t(x_i^t,y_i^t,b_i^t;\boldsymbol{g}^x,\boldsymbol{g}^y,\boldsymbol{g}^b)=\frac{1}{3}\max\left(\frac{1}{P}\sum_{p=1}^P\frac{S_p^x}{g_p^x}+\frac{1}{Q}\sum_{q=1}^Q\frac{S_q^y}{g_q^y}+\frac{1}{R}\sum_{r=1}^R\frac{S_r^b}{g_r^b}\right)$$

$$\text{s. t. }\lambda X+S_p^x=x_{ip}^t,\lambda Y-S_q^y=y_{iq}^t,\lambda B+S_r^b=b_{ir}^t;$$

$$\forall\ p,q,r,\lambda\geqslant 0;S_p^x,S_q^y,S_r^b\geqslant 0 \tag{2}$$

式中,(x_i^t, y_i^t, b_i^t)表示决策单元i在t时期的投入和产出量值,$(\boldsymbol{g}^x, \boldsymbol{g}^y, \boldsymbol{g}^b)$表示减少投入、增加期望产出和减少非期望产出的方向向量,(S_p^x, S_q^y, S_r^b)分别表示投入、期望产出和非期望要素的松弛变量。应用加法结构对全部变量分解,进一步得到每一个变量的无效率值:

$$IE = \overrightarrow{S}^t = IE_x + IE_y + IE_b = \frac{1}{3P}\sum_{p=1}^{P}\frac{S_p^x}{g_p^x} + \frac{1}{3Q}\sum_{q=1}^{Q}\frac{S_q^y}{g_q^y} + \frac{1}{3R}\sum_{r=1}^{R}\frac{S_r^b}{g_r^b} \tag{3}$$

式中,$\frac{1}{3P}\sum_{p=1}^{P}\frac{S_p^x}{g_p^x}$为投入变量无效率值之和,$\frac{1}{3Q}\sum_{q=1}^{Q}\frac{S_q^y}{g_q^y}$为期望产出变量无效率值之和,$\frac{1}{3R}\sum_{r=1}^{R}\frac{S_r^b}{g_r^b}$表示非期望产出变量无效率值之和。为了对中国省级区域不同产业的能源与环境全要素绩效进行针对性分析,本文以工业能源消费($E1$)、其他产业能源消费($E2$)、人口数量(P)和资本存量(K)作为投入变量,以工业产值($Y1$)、其他产业产值($Y2$)作为期望产出变量,以工业排放二氧化硫($S1$)、其他产业排放二氧化硫($S2$)、工业排放氮氧化物($N1$)、其他产业排放氮氧化物($N2$)作为非期望产出变量,因此公式(3)可根据本文的研究对象进行变量分解:

$$IE = IE_{E1} + IE_{E2} + IE_P + IE_K + IE_{Y1} + IE_{Y2} + IE_{S1} + IE_{S2} + IE_{N1} + IE_{N2} \tag{4}$$

借鉴 Oh(2010)的研究思路,刘瑞翔和安同良(2012)采用多个连续分析期内的全部投入产出变量构建统一前沿面,可测算出统一前沿面下所有样本点的技术效率,进一步通过相邻样本期数据效率值相减得到相关生产率变化。结合本文研究思路,可先以式(2)和(3)测算出全部要素的技术无效率值 IE,并将统一前沿面前提下的技术无效率值以 GIE 表示,将某一期前沿面的技术无效率值以 CIE 表示,将两种不同前沿面下的同一样本的技术差距以 TG 表示,以下标 c 表示 CRS,则两种不同前沿面下的要素无效率值的关系如下列公式所示:

$$GIE_c(t) = CIE_c(t) + TG_c(t) \tag{5}$$

此据 Oh(2010)的定义,Luenberger 生产率变化可表示为:

$$LTFP_t^{t+1} = GIE_c(t) - GIE_c(t+1) \tag{6}$$

进一步将全要素生产率变化分解为效率变化(LEC)和技术进步(LTP)两部分:

$$LEC_t^{t+1} = CIE_c(t) - CIE_c(t+1) \tag{7}$$

$$LTP_t^{t+1} = TG_c(t) - TG_c(t+1) \tag{8}$$

如果考虑规模效应的可变性,可将效率变化进一步分解为纯效率变化(LPEC)和规模效率变化(LSEC),并将技术进步分解成纯技术进步(LPTP)和技术规模变化(LTPSC)。针对本文的研究对象,可将式(4)中的 9 个变量作为投入和产出变量,根据式(5)~(8)可得出包含全部能源和环境变量的生产率变化。

2.3 数据来源及说明

本文以包含工业及非工业能源与气体排放的全要素生产率分解作为基本分析框架,以中国大陆地区 30 个省级区域作为研究对象(DMU),并以二氧化硫与氮氧化物排放作为环境约束,试图得出中国省级区域工业及非工业的能源与环境相关变量的生产率变化趋势。与同类研究不同的是,为了更好地测度不同能源种类的全要素绩效,同时兼顾数据的可获得性,本文以工业能源消费($E1$,包括一次能源消费、二次能源消费)、其他产业能源消费($E2$,包括一次能源消费、二次能源消费)、人口数量(P)和资本存量(K)作为投入变量,以工业产值($Y1$)、其他产业产值($Y2$)作为期望产出变量,以工业排放二氧化硫($S1$)、其他产业排放二氧化硫($S2$)、工业排放氮氧化物（N1）、其他产业排放氮氧化物（N2）作为非期望产出变量。

因中国省级区域氮氧化物排放数据仅在 2006 年后被纳入统计范畴，因此我们将 2006—2013 年的省级面板数据作为研究样本。此外，西藏自治区的能源和环境数据缺失，因此本文选择中国大陆地区的 30 个省级区域作为决策单元。

其中，2006—2013 年的省级数据源自《中国统计年鉴》《中国环境年鉴》以及《中国能源统计年鉴》。一次能源包含原煤、原油和天然气 3 种化石能源，二次能源包括洗精煤、其他洗煤、型煤、焦炭、焦炉煤气、其他煤气、其他焦化产品、汽油、煤油、柴油、燃料油、液化石油气、炼厂干气、其他石油制品、热力和电力等 16 种，其分别排放的二氧化碳根据 IPCC 的排放系数以及相应能源的终端消费量相乘估算得到。另外，我们根据单豪杰（2008）所采用的永续盘存法计算得出各省资本存量数据。另外，我们还将资本存量和国内生产总值统一调整为 2000 年不变价格数据。由于篇幅所限，表 1 仅给出各省级区域 2006—2013 年间能源、排放及产值各变量的变化情况。

表 1　2006—2013 年间中国省级区域相关要素变化率一览表（%）

区域	E1	E2	S1	S2	N1	N2	Y1	Y2
北京	−72.37	51.03	−44.49	−57.44	−3.52	−35.10	47.52	100.55
天津	24.01	132.77	−10.54	−60.21	65.16	641.09	142.44	209.80
河北	29.32	140.43	−11.51	−49.14	11.46	187.76	100.36	104.14
山西	11.10	103.83	−3.10	−61.89	61.82	127.51	87.33	123.56
内蒙古	41.56	123.20	8.59	−70.77	46.27	91.13	199.83	135.87
辽宁	11.27	90.06	−8.64	−64.11	0.78	96.03	130.37	120.66
吉林	13.48	104.00	−1.45	−30.99	13.42	422.96	187.71	110.17
黑龙江	3.84	129.20	−19.83	74.73	21.20	228.07	50.70	167.14
上海	−40.11	104.71	−53.82	−67.85	−19.05	−23.33	39.34	126.77
江苏	−7.99	237.07	−26.74	−60.56	16.34	37.75	85.36	156.07
浙江	−34.79	222.72	−30.15	−52.34	7.49	−20.75	77.09	113.57
安徽	18.48	187.79	−13.28	−21.13	28.01	96.63	207.21	92.49
福建	4.79	139.60	−23.33	−17.16	88.92	−16.49	132.94	133.29
江西	48.33	105.88	−4.63	−77.83	79.80	168.55	159.55	101.04
山东	−9.81	162.96	−14.32	−27.46	21.26	70.86	85.83	156.69
河南	62.53	227.78	−24.70	−5.26	28.80	119.82	121.49	109.67
湖北	−10.31	175.95	−19.83	−29.18	−5.75	66.53	160.80	120.43
湖南	−16.64	105.48	−23.15	−68.67	28.98	114.92	170.43	116.70
广东	−31.73	113.58	−41.28	46.90	−3.06	16.74	86.73	115.73
广西	22.30	126.15	−53.61	−31.89	133.88	87.63	182.11	108.31
海南	14.80	232.15	35.93	6.74	440.79	−28.35	85.97	128.10
重庆	15.87	174.95	−30.51	−64.12	58.49	71.42	211.00	139.89
四川	137.51	62.13	−33.41	−56.08	40.20	224.50	184.15	106.28

续表

区域	E1	E2	S1	S2	N1	N2	Y1	Y2
贵州	−30.77	111.11	−25.11	−51.13	240.34	126.72	111.12	150.76
云南	8.80	118.96	34.36	−47.11	81.63	105.66	106.92	136.86
陕西	96.70	81.08	−16.40	−27.26	155.19	93.91	153.08	148.05
甘肃	−3.80	150.21	2.12	7.45	69.92	192.50	99.19	123.04
青海	25.04	280.73	7.93	194.18	82.80	62.65	158.22	111.83
宁夏	−7.69	229.23	5.16	−34.56	341.15	−1.01	100.08	135.68
新疆	48.94	217.95	72.23	−24.39	140.38	56.47	83.92	123.30
全国平均	12.42	148.09	−12.25	−27.62	75.77	112.76	124.96	127.55

2006—2013 年期间,中国省级区域中,工业能源消费增加幅度较大的是四川(137.51%),其次是陕西(96.7%)和新疆(48.94%),减少的是北京(−72.37%)、上海(−40.11%)、浙江(−34.79%)和广东(−31.73%);非工业能源消费增加幅度较大的主要有青海(280.73%)和江苏(237.07%)和海南(232.15%),增幅最小的是北京(51.03%)、四川(62.13%)和陕西(81.08%);工业二氧化硫增加幅度较大的主要有新疆(72.23%)、云南(34.36%),明显减少的是上海(−53.82%)、广西(−53.61%)和北京(−44.49%);非工业二氧化硫增加幅度较大的主要有青海(194.18%)、黑龙江(74.73%),降幅较大的是江西(−77.83%)、内蒙古(−70.77%);工业氮氧化物排放增加幅度明显的有海南(440.79%)、宁夏(341.15%)、贵州(240.34%),而显著减少的是上海(−19.05%)、湖北(−5.75%)和北京(−3.52%);工业产值增加幅度较大的是重庆(211%)、安徽(207.21%)、内蒙古(199.83%),增加幅度较小是上海(39.34%)、北京(47.52%)和黑龙江(50.7%);非工业产值增加幅度较大的是天津(209.8%)、黑龙江(167.14%)、江苏(156.07%),增加幅度较小是安徽(92.49%)、北京(100.55%)和黑龙江(101.04%)。

从全国平均水平而言,工业和非工业二氧化硫排放量均呈现总体下降(−12.25%、−21.06%),工业能源消费增幅较小(12.42%),非工业能源消费、非工业氮氧化物排放水平增加较为明显(148.09%、112.76%)。华北(河北、山西)与西北省区(青海、新疆)的各种能源与排放指标增加幅度都远高于东南沿海地区(上海、浙江、广东),首都北京的各项能源与排放指标的下降幅度在国内处于领先地位。

3. 实证分析结果与讨论

3.1　环境无效率值分析

根据式(3)和式(4)可计算中国各省份区域在全部样本期内的大气环境无效率值(简称无效率值)。表 2 为基于规模报酬可变前提下(VRS)的计算结果[①],由于篇幅限制,本文给出分

---

① 若无其他说明,本文给出的数据均为基于 VRS 假设。

析期内统一前沿面前提下的工业能源消费($E1$)、其他产业能源消费($E2$)、人口数量(P)、资本存量(K)、工业排放二氧化硫($S1$)、其他产业排放二氧化硫($S2$)、工业排放氮氧化物($N1$)、其他产业排放氮氧化物($N2$)、工业产值($Y1$)、其他产业产值($Y2$)等全部要素在 2006—2013 年间的无效率平均值(即 GIE),并根据 L 指数的加法结构原理,将无效率值分解为各个变量之和,结果见表 2。

表 2   2006—2013 年间中国省级区域相关要素 GIE 均值一览表

区域	GIE	E1	E2	P	K	S1	S2	N1	N2	Y1	Y2
北京	0.12	0.02	0.01	0.01	0.00	0.01	0.03	0.01	0.02	0.01	0.00
天津	0.00	0.00	0.00	0.00	0.00	0.00	0.00	0.00	0.00	0.00	0.00
河北	0.38	0.06	0.03	0.03	0.04	0.06	0.07	0.05	0.04	0.00	0.01
山西	0.48	0.05	0.05	0.05	0.05	0.07	0.07	0.07	0.07	0.00	0.00
内蒙古	0.47	0.05	0.05	0.05	0.04	0.07	0.07	0.07	0.06	0.00	0.01
辽宁	0.08	0.02	0.00	0.00	0.00	0.02	0.02	0.01	0.00	0.00	0.00
吉林	0.37	0.05	0.03	0.03	0.04	0.05	0.07	0.05	0.03	0.00	0.01
黑龙江	0.12	0.01	0.01	0.01	0.01	0.02	0.03	0.01	0.01	0.00	0.00
上海	0.09	0.01	0.01	0.01	0.01	0.01	0.03	0.01	0.01	0.00	0.00
江苏	0.01	0.00	0.00	0.00	0.00	0.00	0.00	0.00	0.00	0.00	0.00
浙江	0.04	0.01	0.00	0.00	0.00	0.01	0.01	0.00	0.00	0.00	0.00
安徽	0.15	0.02	0.01	0.01	0.02	0.02	0.03	0.03	0.01	0.00	0.01
福建	0.04	0.01	0.00	0.00	0.00	0.01	0.01	0.00	0.00	0.00	0.00
江西	0.29	0.04	0.01	0.01	0.05	0.06	0.06	0.04	0.03	0.00	0.01
山东	0.19	0.04	0.01	0.01	0.01	0.03	0.05	0.03	0.03	0.00	0.01
河南	0.36	0.05	0.02	0.02	0.04	0.05	0.07	0.05	0.04	0.00	0.03
湖北	0.10	0.02	0.01	0.01	0.01	0.02	0.03	0.01	0.00	0.00	0.00
湖南	0.12	0.02	0.01	0.01	0.02	0.02	0.03	0.01	0.00	0.00	0.00
广东	0.00	0.00	0.00	0.00	0.00	0.00	0.00	0.00	0.00	0.00	0.00
广西	0.32	0.05	0.01	0.01	0.05	0.07	0.07	0.04	0.02	0.01	0.00
海南	0.00	0.00	0.00	0.00	0.00	0.00	0.00	0.00	0.00	0.00	0.00
重庆	0.34	0.04	0.02	0.02	0.04	0.07	0.08	0.04	0.03	0.00	0.01
四川	0.21	0.03	0.01	0.01	0.03	0.04	0.05	0.02	0.01	0.00	0.00
贵州	0.47	0.06	0.06	0.06	0.06	0.08	0.08	0.07	0.01	0.00	0.00
云南	0.41	0.06	0.03	0.03	0.06	0.07	0.07	0.06	0.04	0.00	0.00
陕西	0.42	0.05	0.04	0.04	0.04	0.07	0.08	0.01	0.02	0.00	0.03
甘肃	0.42	0.05	0.04	0.04	0.04	0.07	0.08	0.06	0.02	0.00	0.00
青海	0.00	0.00	0.00	0.00	0.00	0.00	0.00	0.00	0.00	0.00	0.00
宁夏	0.35	0.04	0.03	0.03	0.00	0.06	0.06	0.06	0.04	0.01	0.03
新疆	0.46	0.06	0.04	0.04	0.03	0.07	0.08	0.07	0.06	0.00	0.00
全国	0.22	0.03	0.02	0.02	0.02	0.04	0.04	0.03	0.02	0.00	0.00

表 2 的数据结果显示,2006—2013 年间中国省级区域大气环境整体无效率平均值为
0.22,其中,与两项产值相关的无效率值均为 0,说明在现有能源消费与污染物排放条件下,各
地区盲目提升经济总量空间有限,后期应以产业结构优化和绿色发展作为目标;与人口、区域
资本存量相关的无效率值为 0.02 和 0.02;与工业能源消费、污染物排放、产值增长相关的要
素影响较大,其相关四项变量汇总为 0.10,占全部无效率值 0.22 的 45.31%;其中,工业能源
消费无效率值 0.03 高于非工业能源消费 0.02,工业与非工业排放二氧化硫相关无效率值相
等(均为 0.04),工业二氧化硫排放无效率值(0.03)大于非工业排放(0.02),可见工业相关变
量的无效率提升空间大于非工业,加强工业节能减排规制能提升相应的能源环境绩效,从而降
低整体无效率水平。

各省份工业能源与环境无效率值水平分化较大。天津、广东、海南和青海的各项无效
率值均为 0,天津和广东经济较为发达,但是与其他地区相比,仍能较好地协调了工业与非
工业的发展,同时注重工业的可持续发展,各项技术效率位于全国前列;海南和青海虽然经
济总量不高(工业比重分别为 20.66% 和 41.32%,2013 年数据),但是各项能源消费与污染
物排放能与之相适应。北京、上海的无效率水平值总体较低(分别为 0.12,0.09),但因为周
边省区污染物(尤其工业排放污染物)传输影响其空气质量,仍然承受一定的环境压力。北
京和上海分别位于中国政府提出的《重点区域大气污染防治“十二五”规划》所提及的“三区
十群”的“京津冀”和“长三角”地区。考虑工业各项要素无效率值之和,处于中西部的河北
(0.17)、山西(0.19)、内蒙古(0.19)、贵州(0.20)、云南(0.19)、陕西(0.18)、甘肃(0.19)和
新疆(0.20)地区,由于产业结构以及能源消费结构原因,其工业能源与环境变量无效率值
较大,部分省区的非工业产值存在提升空间(陕西和宁夏)。上述地区部分涵盖了京津冀、
山西中北部、甘宁、新疆乌鲁木齐等国家大气污染防治重点区域,后期面临产业结构优化和
大气环境治理压力。

纵观各省份的无效率值,整体呈现明显的区域集聚现象。处于东部沿海区域省份的无效
率值普遍较低(如北京、天津、上海、浙江、福建、广东、海南),部分省区处于前沿面上,显示良好
的能源、环境与经济增长绩效;而位于华北、产业结构以采掘业、重工业为主的山西、河北无效
率值较高,并同属于“三区十群”重点区域。位于中部地区诸多省份(如河南)的无效率值水平
高于东部地区;位于中国西部内陆省区的贵州、云南、宁夏、新疆、甘肃和陕西地区,共同成为能
源、环境、经济增长无效率值的“落后共同体”,多项指标效率存在较大的提升空间;总体而言,
能源、环境、经济变量的无效率值呈现“由东向西逐渐增加”“由南向北依次降低”的阶梯提升与
集聚现象。

3.2　大气环境全要素生产率的变量分解

本文分别采用全部面板数据构建 global 前沿面和某一年的截面数据构建当期前沿面的
两种处理方式,结合式(5)~(8),可以计算出计算中国省级区域在 2006—2013 年间的大气环
境全要素生产率(简称生产率)的平均增长水平,并根据 L 指数的加法结构原理,将全要素增
长分解为全部变量的贡献之和,结果见表 3。

表3　2006—2013年间中国省级区域大气环境全要素生产率平均增长率及其变量分解(%)

区域	LTFP	E1	E2	P	K	S1	S2	N1	N2	Y1	Y2
北京	5.11	0.72	0.37	0.37	0.54	0.53	0.97	0.00	0.84	0.77	0.00
天津	1.58	0.27	0.05	0.05	0.27	0.48	0.27	0.18	0.01	0.00	0.00
河北	0.40	−0.16	0.22	0.22	0.38	0.08	0.06	0.04	−0.19	0.00	−0.23
山西	0.09	−0.04	0.07	0.07	0.20	0.00	0.03	−0.10	−0.25	0.00	0.11
内蒙古	1.18	0.16	0.04	0.04	0.77	0.11	0.06	0.09	0.16	0.00	−0.26
辽宁	1.70	0.29	0.15	0.15	0.48	0.27	0.21	0.41	−0.17	0.00	−0.10
吉林	0.92	0.16	0.05	0.05	0.66	0.37	0.05	0.26	−0.47	0.00	−0.22
黑龙江	−4.59	−0.54	−0.21	−0.21	−0.55	−0.69	−0.94	−0.65	−0.81	0.00	0.00
上海	3.33	0.61	0.02	0.02	0.61	0.61	1.11	0.39	0.56	0.00	0.00
江苏	1.23	0.04	0.00	0.00	0.15	0.26	0.49	0.08	0.10	0.00	0.10
浙江	2.40	0.30	0.00	0.00	0.31	0.60	0.25	0.37	0.40	0.00	0.16
安徽	−2.31	−0.72	−0.09	−0.09	−0.15	−0.26	−0.76	−0.23	−0.06	0.29	−0.25
福建	2.38	0.38	0.00	0.00	0.52	0.64	0.47	0.00	0.37	0.00	0.00
江西	1.42	0.12	0.00	0.00	0.36	0.25	0.44	0.16	0.11	0.00	−0.02
山东	0.77	0.05	−0.25	−0.25	0.45	0.17	0.07	0.00	0.00	0.00	0.49
河南	0.08	0.02	−0.31	−0.31	0.41	0.29	0.08	0.15	−0.05	0.00	−0.20
湖北	−1.22	−0.41	−0.21	−0.21	−0.05	−0.18	−0.45	0.08	0.01	0.21	0.00
湖南	−0.34	−0.31	0.10	0.10	−0.09	−0.09	0.02	−0.11	−0.17	0.22	0.00
广东	0.00	0.00	0.00	0.00	0.00	0.00	0.00	0.00	0.00	0.00	0.00
广西	0.98	0.02	−0.05	−0.05	0.25	0.26	0.20	−0.17	0.04	0.48	0.00
海南	0.00	0.00	0.00	0.00	0.00	0.00	0.00	0.00	0.00	0.00	0.00
重庆	1.61	0.28	−0.16	−0.16	0.52	0.24	0.16	0.28	0.45	0.00	0.00
四川	0.32	−0.58	0.22	0.22	0.27	0.23	−0.24	0.24	−0.04	0.00	0.00
贵州	0.40	0.27	0.06	0.06	0.04	0.05	0.05	−0.11	−0.07	0.00	0.00
云南	0.84	0.21	0.06	0.06	0.14	0.05	0.38	0.08	0.00	−0.14	0.00
陕西	0.87	0.01	0.17	0.17	0.41	0.16	0.05	−0.06	0.00	0.00	−0.14
甘肃	0.13	0.17	−0.08	−0.08	0.13	0.05	0.07	0.03	−0.17	0.00	0.00
青海	0.19	0.08	−0.19	−0.19	0.40	0.12	−0.05	0.04	0.16	0.00	−0.19
宁夏	0.16	0.10	−0.09	−0.09	0.14	0.02	0.10	−0.08	0.06	0.00	0.00
新疆	−0.21	0.04	−0.21	−0.21	0.14	−0.01	0.11	−0.06	0.00	0.00	0.00
全国	0.65	0.05	−0.01	−0.01	0.24	0.15	0.11	0.05	0.03	0.06	−0.03

由表3可以看出,2006—2013年间,全国大气环境全要素生产率总体平均进步率为0.65%,其中能源与污染物排放变量贡献0.38%,其他要素(P、K)影响贡献为−0.01%和0.24%,可见能源、环境与资本变量对全要素生产率的影响巨大。在能源与环境的6项要素(E1、E2、S1、S2、N1、N2)中,对全要素进步贡献由高到低的要素总分别是S1(0.15%)、S2(0.11%)、E1(0.05%)、N1(0.15%)、N2(0.03%)和E2(−0.01%)。由此可以看出:①尽管

国家在"十一五"以来对能源强度提出规制目标,但部分省区能源消费总体仍显"粗放式"(尤其体现在黑龙江、湖北、河南、四川、青海和新疆等中西部地区),由此引致上述地区 $E1$ 和 $E2$ 贡献之和为负数;②二氧化硫减排对于整体全要素生产率的贡献突出,这与国家从 2006 年采取强制减少二氧化硫排放量规制要求有关系,也取得了成效;③氮氧化物减排对全要素生产率贡献小于二氧化硫贡献,这与国家在"十一五"时期缺乏对氮氧化物的规制目标存在一定联系,前期的无规制排放造成总体绩效偏低;④在能源消费和大气污染物作为约束的前提下,经济增长带来的全要素生产率提升并不明显(总体 0.03%),大部分所有省区经济增长的改进空间为 0,而导致相应的全要素进步为 0;而由上述分析可见,国家对能源和环境要素规制的实施与否,将直接对全要素生产率产生直接影响。

从工业和非工业角度比较:①在整个样本区间中,工业能源消费更趋向于"集约化",而非工业能源消费有粗放化趋势,以致 $E2$ 为负;②工业二氧化硫全要素生产率高于非工业二氧化硫,这与国家强制大中型工业企业进行脱硫脱硝的措施有密切关系;③非工业氮氧化物绩效偏低,这与"十一五"时期以来机动车数量的迅猛增长引致的交通氮氧化物排放急剧增加有直接关系;④工业产值绩效总体增加明显(主要是北京、安徽和广西贡献),而非工业绩效有待于提高(-0.03%),意味着中国产业结构仍需要优化;⑤与工业相关 4 项要素之和(0.31%)远大于非工业之和(0.11%),证实中国工业能源消费、污染排放和产值增长是大气环境全要素生产率增长的源泉。

由表 2 和表 3 可知,6 项能源与污染物排放变量(以 $E1$、$S1$、$N1$ 为典型)既是导致大气全要素无效率值的主要来源(表 2),同时也对大气环境全要素生产率增长起到一定促进作用(表 3),此结论表述并不矛盾。由式(6)可知,本文涉及全要素生产率变化由统一前沿面下的技术无效率值的跨期比较而得,即使用表 2 涉及的静态无效率值相减得出表 3 对应的动态生产率变化。虽然在整体样本分析期内的能源与污染物排放要素的静态无效率值较大,但部分要素因国家加强了对其规制而呈现出动态进步(尤其是 $S1$、$S2$);部分变量的静态无效率值原本较小,而动态生产率也取得进步($Y1$);部分变量的静态无效率值原本不大,但动态略有退步($Y2$)。从区域视角来看,北京及东南部沿海省区(上海、浙江、福建)的全要素进步超过全国,尤其污染物排放绩效的持续改善对全国整体生产率进步贡献较大;而黑龙江、安徽、湖北和新疆出现全要素下降趋势,西部地区只有重庆进步明显,而部分地区(四川、贵州、甘肃、青海、宁夏)的生产率呈现较为严重的停滞现象,此类变化应引起地方政府的反思。

3.3　大气环境全要素生产率增长的根源分解

前文虽然已经完成全要素生产率变化的变量分解,仍须将全要素生产率变化进行根源分析,以寻求技术效率(EC)和技术进步(TP)对于大气环境全要素生产率变化的驱动效应。根据式(5)~(8),可将中国 30 个省份的全要素生产率($LTFP$)分解为效率变化(LEC)和技术进步(LTP)指标,并将效率变化深化分解为纯效率变化($LPEC$)和规模效率变化($LSEC$)的影响,同理,将技术进步分解为纯技术进步($LPTP$)和技术规模变化($LTPSC$)。由于篇幅所限,表 4 和表 5 仅给出 2006—2013 年期间能源与污染物排放变量的 LEC 和 LTP 的年均变化。

表 4　2006—2013 年间中国省级区域能源与污染物排放根源分解（技术效率部分 LEC）（%）

区域	E1	S1	N1	Y1	Total	E2	S2	N2	Y2	Total
北京	0.00	0.00	0.00	0.00	0.00	0.00	0.00	0.00	0.00	0.00
天津	0.00	0.00	0.00	0.00	0.00	0.00	0.00	0.00	0.00	0.00
河北	−0.17	−0.16	−0.01	0.00	−0.35	−0.03	0.08	−0.66	−0.23	−0.85
山西	−0.10	−0.09	−0.12	0.00	−0.31	0.02	0.04	−0.34	0.07	−0.21
内蒙古	−0.19	−0.08	−0.03	0.55	0.24	0.06	0.06	−0.19	−0.26	−0.33
辽宁	−0.65	−0.69	−0.43	0.00	−1.77	−0.09	−0.94	−0.37	−0.10	−1.51
吉林	−0.57	−0.47	−0.20	0.55	−0.68	0.00	−0.49	−0.56	−0.22	−1.27
黑龙江	−0.54	−0.69	−0.65	0.00	−1.88	−0.21	−0.94	−0.81	0.00	−1.96
上海	0.00	0.00	0.00	0.00	0.00	0.00	0.00	0.00	0.00	0.00
江苏	0.00	0.00	0.00	0.00	0.00	0.00	0.00	0.00	0.00	0.00
浙江	0.00	0.00	0.00	0.00	0.00	0.00	0.00	0.00	0.00	0.00
安徽	−0.72	−0.54	−0.73	0.00	−1.99	−0.09	−0.96	−0.38	−0.25	−1.68
福建	0.00	0.00	0.00	0.00	0.00	0.00	0.00	0.00	0.00	0.00
江西	0.26	0.65	0.45	0.54	1.91	0.00	1.00	0.08	0.00	1.08
山东	−0.35	−0.30	−0.35	0.00	−1.00	0.24	−0.18	0.03	0.08	0.17
河南	−0.31	−0.04	−0.06	0.00	−0.41	−0.18	0.06	−0.37	−0.42	−0.90
湖北	−0.61	−0.49	−0.26	0.00	−1.36	−0.21	−0.91	−0.03	0.00	−1.15
湖南	−0.59	−0.69	−0.38	0.00	−1.67	−0.09	−0.72	−0.17	0.00	−0.98
广东	0.00	0.00	0.00	0.00	0.00	0.00	0.00	0.00	0.00	0.00
广西	−0.41	−0.04	−0.56	0.89	−0.12	−0.04	0.00	−0.51	0.00	−0.55
海南	0.00	0.00	0.00	0.00	0.00	0.00	0.00	0.00	0.00	0.00
重庆	−0.34	−0.06	−0.13	0.79	0.26	−0.04	0.14	−0.32	0.00	−0.22
四川	−0.84	−0.69	−0.28	0.00	−1.80	−0.12	−0.97	−0.04	0.00	−1.13
贵州	0.03	−0.08	−0.54	0.82	0.23	0.07	0.06	−0.74	0.00	−0.61
云南	−0.20	−0.50	−0.57	0.82	−0.45	0.00	0.42	−0.67	0.00	−0.16
陕西	−0.53	−0.03	−0.35	0.13	−0.77	0.22	0.05	−0.17	−0.24	−0.15
甘肃	−0.14	−0.22	−0.27	0.77	0.15	0.00	0.09	−0.83	0.00	−0.80
青海	−0.16	−0.15	−0.22	0.54	0.02	−0.17	−0.04	−0.14	−0.19	−0.53
宁夏	−0.05	−0.07	−0.24	0.59	0.22	−0.08	0.10	−0.30	0.00	0.00
新疆	−0.22	−0.36	−0.33	0.58	−0.33	−0.18	0.11	−0.17	0.00	−0.24
平均	−0.25	−0.19	−0.21	0.25	−0.40	−0.03	−0.13	−0.25	−0.06	−0.47

　　从全国总体角度来看，与能源与污染物排放 6 种变量技术效率相关的生产率变化（LEC）下降明显（均为负），仅有与 Y1 相关的技术效率变化为正（0.25%），这说明在全部分析期内，能源与污染物排放技术效率指标总体呈现负向效应，其中 E1、N1 和 N2 的滞后效应较为明显，说明工业能源节约以及氮氧化物减排是全要素技术效率提升的关键环节。LEC 指标整体下降尤为明显的地区有黑龙江（−3.84%）、安徽（−3.67%）、辽宁（−3.28%），其中，黑龙江的

$S2$ 和 $N2$、安徽的 $S2$ 和 $E1$、辽宁的 $S1$ 和 $S2$ 缺乏技术效率提升的实质性效果，以至于该项要素对全要素生产率造成负面冲击；作为工业大省的广东和江苏的技术效率为 0，因为该区域的各项要素位于前沿面上；中西部省份技术效率退步情况较其他地区更为明显。

从工业和非工业角度比较：①在整个样本区间中，工业能源消费技术效率下降程度（−0.25%）超过非工业（−0.03%），说明工业节能工作有待于进一步加强；②工业二氧化硫技术效率下降幅度超过非工业二氧化硫，而非工业氮氧化物技术效率下降幅度超过工业氮氧化物；③工业产值总体技术效率提升明显（主要是广西、贵州和云南贡献），而非工业技术效率有待于提高（−0.06%），意味着中国非农产业增长存在空间；④与工业相关四项变量技术效率变化之和（−0.40%）略优于非工业之和（−0.47%），证实提升各产业技术效率是改善全要素进步率的当务之急。

表 5　2006—2013 年间中国省级区域能源消费与污染物排放根源分解（技术进步部分 *LTP*）（%）

区域	E1	S1	N1	Y1	Total	E2	S2	N2	Y2	Total
北京	0.72	0.53	0.00	0.77	2.02	0.37	0.97	0.84	0.00	2.18
天津	0.27	0.48	0.18	0.00	0.93	0.05	0.27	0.01	0.00	0.33
河北	0.01	0.24	0.05	0.00	0.30	0.25	−0.02	0.47	0.00	0.70
山西	0.07	0.09	0.02	0.00	0.18	0.04	−0.01	0.09	0.04	0.17
内蒙古	0.35	0.20	0.12	−0.55	0.13	−0.02	0.00	0.35	0.00	0.33
辽宁	0.94	0.97	0.84	0.00	2.75	0.24	1.15	0.21	0.00	1.60
吉林	0.73	0.84	0.46	−0.55	1.48	0.05	0.54	0.09	0.00	0.68
黑龙江	0.00	0.00	0.00	0.00	0.00	0.00	0.00	0.00	0.00	0.00
上海	0.61	0.61	0.39	0.00	1.62	0.02	1.11	0.56	0.00	1.69
江苏	0.04	0.26	0.08	0.00	0.38	0.00	0.49	0.10	0.10	0.69
浙江	0.30	0.60	0.37	0.00	1.28	0.00	0.25	0.40	0.16	0.81
安徽	0.01	0.28	0.50	0.29	1.08	0.00	0.19	0.32	0.00	0.51
福建	0.38	0.64	0.00	0.00	1.02	0.00	0.47	0.37	0.00	0.84
江西	−0.14	−0.40	−0.30	−0.54	−1.38	0.00	−0.56	0.03	−0.02	−0.55
山东	0.40	0.48	0.39	0.00	1.26	−0.49	0.25	−0.03	0.41	0.13
河南	0.33	0.32	0.21	0.00	0.87	−0.14	0.02	0.32	0.22	0.42
湖北	0.20	0.31	0.34	0.21	1.06	0.00	0.45	0.04	0.00	0.50
湖南	0.28	0.60	0.28	0.22	1.38	0.19	0.74	0.00	0.00	0.93
广东	0.00	0.00	0.00	0.00	0.00	0.00	0.00	0.00	0.00	0.00
广西	0.43	0.30	0.39	−0.41	0.71	−0.01	0.20	0.55	0.00	0.74
海南	0.00	0.00	0.00	0.00	0.00	0.00	0.00	0.00	0.00	0.00
重庆	0.62	0.31	0.41	−0.79	0.54	−0.11	0.01	0.77	0.00	0.67
四川	0.25	0.91	0.52	0.00	1.69	0.34	0.73	0.00	0.00	1.08
贵州	0.24	0.12	0.43	−0.82	−0.03	−0.01	0.00	0.66	0.00	0.65
云南	0.41	0.55	0.65	−0.97	0.64	−0.02	−0.05	0.67	0.00	0.60

区域	E1	S1	N1	Y1	Total	E2	S2	N2	Y2	Total
陕西	0.53	0.19	0.28	−0.13	0.88	−0.05	0.01	0.27	0.10	0.33
甘肃	0.31	0.27	0.30	−0.77	0.10	−0.02	−0.02	0.66	0.00	0.62
青海	0.25	0.26	0.26	−0.54	0.23	−0.02	−0.02	0.30	0.00	0.26
宁夏	0.16	0.09	0.16	−0.59	−0.18	−0.01	−0.01	0.09	0.00	0.07
新疆	0.26	0.35	0.27	−0.58	0.29	−0.03	−0.01	0.17	0.00	0.14
平均	0.30	0.35	0.25	−0.19	0.71	0.02	0.24	0.28	0.03	0.57

从 LTP 变化的区域角度，从全国总体来看，与能源与污染物排放6种变量技术进步相关的生产率变化（LTP）提升明显（均为正），仅有与 Y1 相关的技术进步变化为负（−0.19%），说明各变量全方位技术进步（1.28%）是带动全要素生产率增长的深层次驱动，能够抵消相应技术效率退化（−0.86%）的负面效应。北京、辽宁、吉林、上海、四川的整体技术进步尤为明显，山西、内蒙古、甘肃、青海、新疆等华北和西北省区的整体进步率较低（均在1%以下），而江西、宁夏的进步率为负（−1.93%，−0.11%）。从 LTP 变化的变量分解角度，S1 与 S2 减排技术进步引致的生产率增长最为明显（0.59%），其次是 N1 与 N2 之和（0.53%），高于能源消费变量之和（0.32%）。从能源和污染物减排技术进步角度，辽宁、吉林和四川的增长率较为明显，尤其工业大省辽宁的 E1、S1、S2、N1 减排技术进步贡献率非常大，这说明该省近年来通过淘汰落后产能而改进能源与环境绩效取得实质性成果。吉林与四川的 S1、北京和上海的 S1 和 N2 技术进步增长率处于国内领先地位。与技术效率的地区集聚效应相同，技术进步水平同样呈现东部—中部—西部依次下降现象，这与东部地区（尤其是东北地区）利用自身区位优势，积极采用国内外先进节能减排技术，或者淘汰落后产能有直接关系。

从工业和非工业角度比较：①在整个样本区间中，工业能源消费技术进步提升程度（0.30%）远远超过非工业（0.02%），说明非工业节能技术有待于进步；②工业二氧化硫技术进步幅度（0.35%）超过非工业二氧化硫（0.24%），而工业氮氧化物技术进步幅度（0.25%）落后非工业氮氧化物（0.28%）；③工业产值总体技术倒退明显（−0.19%），主要是重庆、贵州、云南、内蒙古、吉林等中西部省区影响导致，而非工业产值取得微弱技术进步（0.03%）；④与工业相关四项变量技术效率变化之和（0.71%）略好于非工业之和（0.57%），证实各产业全方位的技术进步是全要素进步率的内在驱动。

3.4　中国省级区域工业绿色发展与产业优化路径选择

基于 Luenberger 分解分析，本文已经分别从变量和根源角度，测算出不同要素的技术效率和技术进步引致全要素生产率变化，并对能源消费、污染排放和产值增长等变量进行重点分析。为了更好地分析中国省级区域工业绿色发展与产业优化路径选择，本部分将工业能源、污染和产值变量的全要素增长结合产业结构进行讨论，进而从产业角度比较分析优化路径，为地方政府出台具有较强针对性的工业可持续发展与防治大气污染措施提供量化依据。

对2006—2013年间各省级区域的 E1、S1 和 N1 年均全要素变化进行分析，能够清楚地发现工业能源与污染物排放等3个变量中较为薄弱的防治环节。如四川应该重点加强工业节能工作,湖北需要同时加强工业节能以及工业二氧化硫减排,尽管两个地区的工业比重类似(36.41%和38.64%)。比重相近的工业大省江苏(51.33%)和山东(52.34%)应该进一步加大工业节能和工业氮氧化物减排工作。工业化程度不高的安徽(35.62%)应该全面加强工业节能减排工作,不能盲目追求粗放式的工业发展模式。

进一步,为了更直观对工业和非工业的可持续发展模式进行分类分析,本文以工业能源与环境变量的全要素变化之和为横坐标,以非工业能源与环境变量的全要素变化之和为纵坐标,绘制散点图,并将全部省区划分为四个区域(图1),区域特征如下。

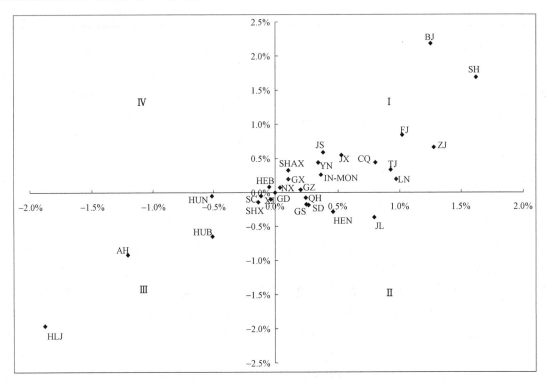

图1 中国省级区域工业与非工业能源消费与污染物排放全要素进步率分类示意图

(1)区域Ⅰ特征为工业节能减排相关全要素生产率为正,且非工业节能减排相关全要素变化为正,此地区后期可同时发展工业和非工业,加强节能减排重点环节治理;北京、上海、江苏、浙江、重庆、天津皆属于此类地区。

(2)区域Ⅱ特征为工业节能减排相关全要素生产率为正,但非工业节能减排相关全要素变化为负,此地区工业节能减排绩效较好,可以进一步发展环境友好型的工业,该区域后期应优先加强非工业节能减排工作,注重源头和末端治理;吉林、河南、山东、甘肃皆属于此类地区。

(3)区域Ⅲ特征为工业节能减排相关全要素生产率为负,且非工业节能减排相关全要素变化为负,此地区节能减排绩效落后,无论发展何种产业,都应优先严格各行业节能减排规制,努力将能源消费和污染物排放绩效"扭负为正",实现能源—经济—环境的可持续发展;黑龙江、安徽、山西等属于此类地区。

(4)区域Ⅳ特征为工业节能减排相关全要素生产率为负,但非工业节能减排相关全要素变化为正,此地区非工业节能减排绩效较好,可以优先发展低能耗、低污染、低排放的现代服务业,该区域后期应优先加强工业节能减排工作,通过"关、停、并、转"等强制措施,淘汰工业落后产能,逐步将工业节能减排绩效"扭负为正";河北于此类地区。

4. 结论

针对现有研究对于工业和非工业节能减排绩效对比研究之不足,本文首次将工业及非工业能源消费、二氧化硫和氮氧化物排放同时纳入环境生产技术分析框架,以非径向非导向的松弛变量计算为基础,采用加法结构的 Luenberger 指数分解,对 2006—2013 年中国 30 个省份工业及非工业投入产出变量的静态无效率值以及动态全要素生产率变化进行测度,并从变量和根源角度进行分解分析,重点对比工业及非工业能源消费与污染物排放变量影响,并对中国省级区域工业绿色发展与产业结构优化路径进行分类分析。研究发现,在能源消费、二氧化硫、氮氧化物等多重约束下,中国省级区域整体无效率值分化较为严重,$S1$、$S2$、$N1$、$E1$ 依次构成大气环境整体无效率的主要源泉,而 $N2$、$E2$ 的无效率值水平相对较低;工业各变量无效率值略高于非工业;各区域无效率值集聚效应明显,总体呈现"东南沿海高、西部内陆低"的整体分布。全部样本分析期间的中国大气环境全要素生产率平均增长率为 0.65%,经要素分解后发现,能源与环境要素对生产率贡献为 0.38%,其中贡献最大的是 $S1$、$S2$,而 $E2$ 对全要素绩效的贡献较低,可见"十一五"时期以来的环境规制政策对相应要素生产率提升起到显著效果,工业各要素是提升大气环境全要素绩效的重要驱动,后期应重点加强对 $E2$ 和 $N2$ 的严格规制。经全要素生产率根源分解后,工业和非工业的能源与环境要素的技术效率对全要素生产率均起到负面效应,必须依靠能源与环境变量全面技术进步的"扭亏为正"才能实现整体的全要素生产率增长。经过对工业和非工业的能源消费、大气污染物排放绩效和进行分类分析后,将全部省级区域划分成产业可持续发展的四种类型,进而指出不同省区谋求产业结构优化与节能减排协同治理的关键路径。

(本报告撰写人:苗壮)

作者简介:苗壮(1979—),男,博士,西南财经大学中国西部经济研究中心副研究员,硕士生导师,主要研究方向为大气环境治理、农业农村资源与环境管理,Email:miaozhuang@nuaa.edu.cn。

本报告受南京信息工程大学气候变化与公共政策研究院开放课题(课题名称:基于能源消费与产业结构"二元优化"的区域大气污染防治研究;课题编号:18QHA011)资助。

参考文献

刘瑞翔,安同良,2012. 资源环境约束下中国经济增长绩效变化趋势与因素分析——基于一种新型生产率指数构建与分解方法的研究[J]. 经济研究(11):34-47.

苗壮,周鹏,王宇,等,2013. 节能、"减霾"与大气污染物排放权分配[J]. 中国工业经济(6):31-43.

单豪杰,2008. 中国资本存量 K 的再估算:1952—2006 年[J]. 数量经济技术经济研究(10):17-27.

王兵,吴延瑞,颜鹏飞,2010. 中国区域环境效率与环境全要素生产率增长[J]. 经济研究(5):95-109.

Färe R,Grosskopf S,Lovell C K,1989. Multilateral productivity comparisons When some outputs are undesirable:A nonparametric approach[J]. The Review of Economics and Statistics,71(2):90-98.

Färe R,Grosskopf S,Pasurka C A,2007. Environmental production functions and environmental directional distance functions[J]. Energy,32:1055-1066.

Fukuyama H,Weber W L,2009. A directional slacks-based measure of technical inefficiency[J]. Socio-Economics Planning Sciences,43(4):274-287.

Oh D H,2010. A global Malmquist-Luenberger productivity Index—An application to OECD countries 1990—2004[J]. Journal of Productivity Analysis,34(3):183-197.

Tone K,2001. A slacks-based measure of efficiency in data Envelopment Analysis[J]. European Journal of Operational Research,130:498-509.

Zhou P,Ang B W,Poh K L,2008. Measuring environmental performance under different environmental DEA technologies[J]. Energy Economics,30(1):1-14.

煤炭产业生态效率评价与提升路径研究

摘　要：近年来，中国资源利用规模呈现爆炸式扩张，煤炭资源高消耗和生态环境压力加大与生态效率低下并存，日益威胁着我国能源和生态环境安全。在生态文明建设、煤炭产业转型升级和清洁高效利用的背景下，提升煤炭产业生态效率是解决可持续发展中合理利用能源和防治生态破坏、环境污染三大核心问题之所在。以煤炭产业为对象，从资源—环境—经济—社会的系统角度出发，界定生态效率和煤炭产业生态效率的内涵；阐释煤炭产业生态效率研究的重要性；识别全生命周期煤炭产业生态效率关键影响因素，构建基于投入产出角度的煤炭各产业链环节生态效率评价指标体系，并运用 DEA-BCC 模型对 2004—2015 年湖南省煤炭利用生态效率进行综合评价和提升设计；最终提出煤炭产业生态效率提升的路径。

关键词：煤炭产业；生态效率；影响因素；评价指标体系；提升

Study on the Eco-efficiency Evaluation and Improving Path of Coal Industry

Abstract：In recent years，China's total resource utilization scale has explosively expanded，at the same time high coal resources consumption，increasing pressure on ecological environment and low eco-efficiency co-exist，which threaten China's national energy and ecological environment security increasingly. As ecology civilization construction，coal industry transformation and upgrading，clean and efficient use becoming a trend，improving coal industry eco-efficiency is an important path to solve the three core problems of reasonable energy utilization，prevention and control of ecological damage and environmental pollution and environmental pollution in sustainable development. Based on systematic perspective of resources，environment，economy and society，we take coal industry as the research object，define the connotation of eco-efficiency and coal industry eco-efficiency；state the importance of the research on coal industry eco-efficiency；identify the key factors which affect the full life-cycle coal industry eco-efficiency，build the eco-efficiency evaluation index system of all links of the coal industrial chain. Using the DEA-BCC model we comprehensively evaluated the eco-efficiency of coal use in Hunan province from 2004 to 2015，which is designed for eco-efficiency improvement. Finally，we put forward the paths of improving coal industry eco-efficiency.

Key words：coal industry；eco-efficiency；affecting factors；evaluation index system；improving

1. 引言

中国各种资源特别是煤炭资源的利用强度和规模呈爆炸式扩张,三高粗放型开发利用方式导致生态环境的极大破坏,在生态环境问题已经引起高度重视的今天,煤炭产业转型升级以及安全、清洁、高效利用被作为未来发展的战略方向。煤炭产业生态效率是衡量煤炭清洁、高效利用水平的重要指标,提升煤炭产业生态效率既可以有效解决能源合理利用的问题,又可以防治生态环境破坏。环境压力和技术路径依赖决定了提升煤炭产业生态效率具有复杂性和艰巨性。对于以煤炭占主导能源的中国而言,系统研究具有大宗性和战略性的煤炭资源的生态效率,对于解决中国能源生态效率低下、挖掘煤炭资源生态效率的潜力、实现煤炭产业升级转型,具有重要的现实意义和理论研究价值。

关于煤炭生态效率国内外学者进行了相关研究。国外学者如 Vukadinovića 等(2016)构建了燃煤电厂的生态效率指标,即能源消耗、气候变化、酸化效应和废弃物,提出经过测试,可以提高塞尔维亚燃煤电厂的资源效率和洁净生产评估措施。Brent(2011)和 Czaplicka 等(2015)提出了采用生命周期方法对煤矿开采过程进行生态效率评价,以评估环境和经济两方面的效率。Burchart 等(2013)考虑四种不同的煤气化技术,即有二氧化碳捕获和无二氧化碳捕捉的烟煤、褐煤,对全生命周期煤炭气化技术包括从煤炭生产、运输、气化、合成气净化到发电的生态效率进行了评价,研究表明,无二氧化碳捕捉的褐煤气化具有最高的生态效率。Burchart 等(2016)基于全生命周期对波兰地下煤气化的生态效率进行了评价,评估其生命周期成本,对地下煤气化电力生产的生态效率进行了敏感性分析。研究表明,为降低地下煤气化生产电力的成本,需要最大限度地提高安装的规模,并且充分利用生产的电力,有效性安装的规模和煤层的厚度是利用地下煤气化生产电力生态效率的主要决定因素。Korhonen 等(2015)根据对芬兰南部拉普兰地区供热能源系统的研究发现,能源多样性与生态效率正态相关。

国内学者对煤炭资源生态效率的研究主要集中于燃煤电厂方面。陈梅倩等(2004)提出了根据燃料性质、减排措施、电厂效率评价 SO_2、NO_x 及 CO_2 对电站生态效率影响程度的方法。何伯述等(2001,2003)通过计算我国燃煤电站的生态效率,发现能源转换系统的高效率能获得高生态效率;燃用污染指数小的燃料可以提高生态效率;利用燃料时,合理组织燃烧方式、使用控制污染物排放的技术和设备是必要的;为了进一步提高燃煤电厂的生态效率,应考虑对 CO_2 的脱除。王灵梅等(2002)通过计算循环流化床锅炉热电厂的生态效率,发现循环流化床锅炉热电厂的生态效率高于煤粉锅炉热电厂,提高脱硫效率也是保证循环流化床锅炉热电厂生态效率合格的有效措施。Guo 等(2017)运用 DEA 模型,对中国 31 个生态工业园区的 44 个燃煤热电联产电厂的生态效率进行了评估,结果表明,每年的运营工作时间是影响生态效率的最重要因素;淡水消耗和资本贬值对生态效率产生重大影响;园区的能源密集型产业越多,其生态效率就越低;具有低于 120 兆瓦容量的热电联产电厂通常更有效。Long 等(2018)通过对 2009—2011 年中国长三角地区 192 个火电厂的环境效率进行评价,发现 2009—2010 年,环境效率有所提高,并在 2011 年有所下降;2010—2011 年,环境技术的异质性不断扩大,上海的环境效率最高;煤炭消费强度对环境效率产生了负面影响,减少煤炭使用,扩大不同省份和电厂的生产技术和环境技术的技术溢出效应至关重要。Liu 等(2017)构建保证最优权重唯一性，考虑决策单元的不理想输出和排序偏好的数据包络分析交叉效率模型，并对中国燃煤电厂的生态效率进行评价，结果表明中国大多数燃煤电厂运行状况不佳。除此以外，牛苗苗(2012)分析了煤炭产业生态效率的主要影响因素，包括产业规制、产业集中、安全环保、技术进步和循环经济等，研究构建煤炭产业生态效率的评价指标体系，并利用数据包络分析方法对中国煤炭产业生态效率进行了实证评价分析。智静等(2014)在物质流分析框架基础上，构建生态效率分析指标体系，运用模糊综合判定法，对宁东能源煤化工基地的生态效率水平进行了测算。结果表明环境治理水平不高与资源利用水平低是造成生态效率低下的主要原因。卞丽丽等(2013)运用能值理论，构建了基于能值的矿区生态效率指标体系(EEEIS)，并对 2000—2009 年徐州矿区的复合生态系统进行了能值评估和生态效率指标的计算。结果表明徐州矿区 2000—2009 年经济增长速度基本快于生态消耗的速度，从资源依赖型经济走向资源效率型经济，生态效率稳步提升。

综上所述，国内外学者分别从煤矿开采、燃煤电厂、地下煤气化、煤气化、煤化工等方面进行了煤炭生态效率研究，但主要是集中于运用数据包络分析法开展生态效率评价，尚缺乏专门针对煤炭产业生态效率的系统研究，从产业链的角度系统研究煤炭产业生态效率的成果更是缺乏。鉴于此，本文首先界定生态效率和煤炭产业生态效率的内涵，阐释煤炭产业生态效率研究的重要性，并且识别从煤炭开采、加工转化到最后进入终端消费的不同环节生态效率关键影响因素，构建基于投入产出角度的煤炭各产业链环节生态效率评价指标体系，最后提出煤炭产业生态效率提升的路径。可以为煤炭产业可持续发展、经济资源环境协调发展、煤炭产业政策制定提供科学决策支持。

2. 概念与内涵

2.1 生态效率

生态效率是可持续发展的重要理论基础之一，它既强调经济方面的效率，也强调生态方面的效率，追求以最少的原材料、能源、生态环境投入获得最多的满足人类需求的产品。Schaltegger 等(1990)首次提出生态效率的概念，即经济增加值与增加的环境影响的比值，用以考察经济活动对生态环境的影响。1999 年世界可持续发展工商业委员会(World Business Council for Sustainable Development，WBCSD)将生态效率定义为：在保证经济快速发展的前提下，通过提供能满足人类需要和提高生活质量的竞争性产品和服务，使整个生命周期的生态影响程度与资源消费强度逐渐减低到一个至少与地球的估计承载能力一致水平的指标(Verfaillie et al，2000)。首次将其作为一种商业概念阐述，并不断推广，生态效率在研究和应用领域得到国际社会高度关注。世界经济合作和发展组织(OECD，Organization for Economic Cooperation and Development)、欧洲环境署(EEA，European Environmental Agency)、联合国贸易与发展会议(UNCTAD，United Nations Conference on Trade and Development)、加拿大工业部(Industry Canada)分别将生态效率定义为生态资源用于满足人类需要的效率，可以用投入产出的比值来表示；以最少的自然界投入创造更多的福利；增加(至少不减少)股东价值的同时,减少对环境的破坏;是一种使成本最小化和价值最大化的方法(尹科,2015)。

关于生态效率中国学者也开展了相关研究,例如,诸大建等(2005)提出生态化的标准生态绩效应该用整个社会经济发展所带来的经济福利和自然物质要素的损失的实际量来衡量;戴铁军等(2005)认为生态效率可以表述为单位产出的原材料消耗、能源消耗和污染物排放量;黄光宇等(2002)认为将生产企业所使用的生产资料和企业所处生态环境考虑进来,生态效率必须考虑到实物、资本、生产力、信息传递等诸多因素的利用效率,并建议使用环境的生态代价与产出的商来衡量生态效率;余德辉等(2001)和王金南(2001)认为生态效率是一个技术与管理概念,提出应更多地关注生产要素的产出倍增效果,同时兼顾对生产要素的节约使用,以降低单位产品的资源消费和污染物排放为目标。

以上关于生态效率内涵的表述虽略有不同,但含义大致相同,结合前人的研究成果本研究提出生态效率为人类合理的资源、产品、服务需求得到满足的前提下,经济福利增长最大化与生态环境影响最小化。

2.2　煤炭产业生态效率

煤炭产业生态效率涉及煤炭开采、加工转化、终端消费各产业链环节以及经济绩效、生态、污染治理等各方面,任何一个环节或方面的不足都严重影响煤炭产业生态效率的提高。我们将煤炭产业生态效率定义为:在生态化开采、高效加工转化、满足人类合理的煤炭产品需求的前提下,通过对生态破坏和环境污染的有效治理,使经济福利增长最大化与生态环境影响最小化。根据 OECD 的研究,投入产出是生态效率研究的重要角度,明确煤炭产业链各环节的投入产出,对于更好把握煤炭产业生态效率十分重要。开采环节的投入是煤炭开采所需要的能源、资金、设备、技术、人力,经济产出是原煤产值,环境产出是煤炭开采对植被、土地的破坏以及废气、废水的排放。加工转化环节的投入是煤炭加工所消耗的能源、水资源以及资金、设备、技术、人力投入,经济产出是各种煤炭加工转化产品的产值,环境产出是煤炭加工导致的废物排放。终端消费环节的投入是煤炭消费总量,经济产出是 GDP,环境产出是燃煤导致的各种废物排放。提高煤炭产业生态效率要强化煤炭产业投入和产出生态化,投入生态化要求在经济和环境产出一定的条件下降低资源、资金、设备和人力等投入,产出生态化要求在投入一定的条件下经济产出最大化而生态破坏、污染环境最小化。

3. 煤炭产业生态效率研究的重要性

3.1　生态效率是经济社会环境可持续发展的重大问题

近年来,中国粗放型经济快速发展导致了一系列的生态环境问题,随着生态环境问题日益严峻,致力于生态环境修复和生态经济协调发展的生态文明建设成为国家发展的重大命题之一。党的十八大首次将生态文明建设作为"五位一体"总体布局的一个重要部分,十九大又对生态文明建设进行了多方面的深刻论述,中国逐渐进入经济结构和能源结构转型,以及生态文明建设的重要攻关阶段。在这一背景下,生态效率研究的重要性日益凸显,传统的效率研究重视经济效率而忽视生态效率,而提高生态效率已成为经济社会环境可持续发展的重大问题。提高经济效率侧重于解决人类物质文明发展的需求,而提高生态效率则是为了满足人类日益增长的物质和生态文明双重建设的需求。生态效率作为经济与资源环境可持续发展的有效度量和管理方法,可以综合反映经济—资源—环境复合系统的协调发展水平(尹科,2015)。由于其突出的定量化分析优势,成为实现可持续发展的重要手段和工具,将生态效率作为产业生态管理的核心决策指标,可以为社会、经济、自然可持续发展提供决策支持(陈林心,2017)。

3.2 煤炭产业生态效率是生态效率问题的关键

进入 21 世纪以来,中国成为世界最大的资源消耗国,推动了中国资源流动的强度和规模呈爆炸式扩张。2017 年,中国占全球能源消费量的 23.2% 和全球能源消费增长的 33.6%。中国连续 17 年稳居全球能源增长榜首(BP,2018)。煤炭作为我国的基础能源,在能源生产和消费中的比例居高不下。2012 年之前煤炭在中国能源消费中的比重都高居 70% 以上,比世界平均水平高 40 个百分点,之后煤炭在中国能源消费结构中所占比重虽有所下降,但至 2016 年仍达 62%。随着我国工业化和城镇化推进,煤炭消耗总量逐年递增,2016 年中国煤炭消费量 27.03 亿吨标准煤,而 2000 年为 10.07 亿吨标准煤,不到 20 年间增长了 1.68 倍。根据《能源发展"十三五"规划》,我国将逐渐降低煤炭在能源结构中的比重,2020 年的近期目标是煤炭消费比重降至 58% 以下,2050 年的远期目标是非化石能源占比将超过 50%,短时间内中国以煤炭为主体的地位不会改变。煤炭工业在促进国民经济快速发展的同时却带来了一系列的生态环境问题,与煤炭资源高消耗相对应的是煤炭资源从开采、加工转化到终端消费导致的巨大生态环境压力。煤炭资源开采改变了资源地的环境,占用土地,造成地面塌陷、沉降,引发崩塌、滑坡、泥石流等地质灾害,也破坏了资源地的水土生物资源。在资源加工、使用过程中产生的"三废"不合理排放,使得我国的生态环境受到严重污染和破坏,煤炭燃烧排放的污染物是中国大气环境污染的主要来源。煤炭的重要地位和资源环境属性决定了煤炭资源生态效率是生态效率研究的关键问题之一。

3.3 社会经济转型和环境压力对煤炭产业生态效率提出更高要求

我国人均能源资源匮乏,近年来粗放型经济快速发展,对能源的高强度开发及低效利用,一方面加剧了能源供需的矛盾,另一方面导致生态破坏和环境污染越来越严重,传统的"三高"粗放型煤炭开发利用模式所带来的弊端日益凸显,资源短缺和环境问题已成为制约我国经济社会可持续发展的双重瓶颈。在粗放型经济向集约型经济转型的背景下,为应对资源经济环境压力,煤炭产业转型升级和提高煤炭资源生态效率已经成为大势所趋。提高煤炭产业生态效率意义重大,是解决可持续发展中合理利用能源和防治生态环境破坏这两个核心问题的根本途径,既有利于缓解资源约束,又有利于降低对生态环境的影响,也利于缓解中国面临的温室气体减排的压力。提升煤炭资源生态效率也可以显示中国政府节能减排的坚定决心,以及作为履行《巴黎协定》自主贡献承诺而采取的实质性行动。

4. 关键影响因素与评价指标体系

根据图 1 煤炭流动分析框架(徐增让,2007),煤炭产业作为一个完整的产业链条,经历从资源开采、加工转化到最后进入终端消费的不同环节,从全生命周期分析(LCA)角度研究煤炭流动的不同环节是煤炭产业生态效率研究的重要切入点。煤炭产业在各流动环节的生态效率受多种因素的影响,需要分别识别其关键影响因素,如区位、规模、煤质、煤价、资源税、环境治理投入、产品多样化指数、经济发展水平、产业结构、政策、科技和管理水平等。

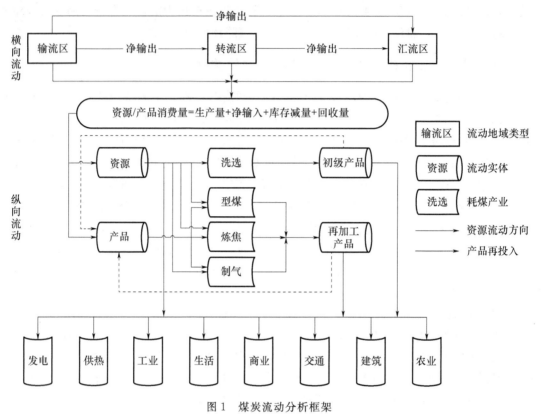

图 1　煤炭流动分析框架

4.1　煤炭产业生态效率关键影响因素

4.1.1　煤炭开采环节

(1)区位条件。区位条件优劣是首要前提,资源的空间属性决定了煤炭资源分布、开发利用水平在区域之间不平衡,单位面积储量越丰富、煤层越厚、埋藏越浅、优质煤比率越高,煤炭开发效率越高,对生态环境的影响也相对较小。根据《全国矿产资源规划(2016—2020)》,我国有蒙东基地、冀中基地、鲁西基地、河南基地、两淮基地、晋北基地、晋东基地、晋中基地、神东基地、宁东基地、陕北基地、黄陇基地、云贵基地和新疆基地 14 个亿吨级国家重点煤炭基地。厚煤层资源丰富是我国的一大优势,广泛分布在我国的大部分产煤省区,厚煤层产量占原煤总产量的 45% 左右,但适宜于露天开采的资源/储量仅占总量的 10%~15%,集中分布于内蒙古、山西、新疆、云南。从煤炭的用途来看,中国优质动力煤丰富,优质无烟煤和炼焦煤不多,其中山西、陕西、内蒙古(蒙西)的动力煤煤质最好,西北地区、河北、安徽的次之,贵州最差;河北、山西、河南、淮北的炼焦煤煤质具有一定优势,山东、东北地区的次之,贵州硫分较高,品质最差;山西省无烟煤资源煤质最好。

(2)经济发展和政策导向。矿山开采前疏干排水导致地下水位下降,破坏矿区周围地下水资源的平衡,矿山开采过程中形成大量的采空区,破坏大面积森林、草地、农田等天然植被,导致土地挖损、塌陷、压占等问题,并且产生大量废水、废气、废渣,严重破坏当地自然生态平衡。加强矿山复垦、三废治理以及煤矸石、瓦斯等煤矿伴生矿的回收是现阶段解决矿山经济可持续发展及矿山环境问题的重要途径。而这些治理和投入能否落实与经济发展状况以及国家和地区的政策导向有重要关系。根据国土资源部门测算,治理一亩矿山土地需要 1.0 万～1.2 万元的资金投入,这意味着"十三五"期间的矿山土地复垦和生态修复的资金近 1000 亿元,国民经济的发展水平和实际运行状况在很大程度上决定投入治理的能力(刘晓慧,2017),资金问题是目前我国矿山土地复垦和生态修复的关键问题。另外,实现煤炭生态化开采以及生态修复的根本在于制度建立,国家和地区政策导向反映对提升煤炭开采生态效率的重视程度。

(3)资源税。资源税是调节资源级差收入,促进企业合理开发、利用的有效手段,资源税从量计征到从价计征是我国资源税制改革的重大进步,各煤炭产区严格落实从价计征资源税有利于规范财税秩序,完善煤炭价格形成机制,促进煤炭资源合理开采利用。

(4)煤炭企业发展状况。良好的经营状况有助于煤炭开发企业提高煤炭开采生态效率,并促使其有能力和意愿积极地向国家或地区政策导向靠拢,因此提高煤炭企业的利润率十分重要。勘查投入所占比重过高会加重企业负担和降低企业的利润率,机械化水平和技术工人比重反映煤炭开发企业的先进程度,提高煤炭开发企业集中度有助于减少企业恶性竞争导致的资源浪费、提高利润率和集中力量开展煤炭生态开发。采矿权转让是煤炭开发企业生产经营中十分重要的组成部分,尤其是在国家开展煤炭资源整合的背景下,应重视和强调采矿权转让价格中环境治理补偿部分。

4.1.2 煤炭加工转化环节

(1)煤炭洗选政策。原煤经过洗选可脱除 50%～80% 的灰分、30%～40% 的全硫,有效降低烟尘、SO_2、氮氧化物的排放,大幅度提高燃烧效率,同时原煤洗选过程中去除大量杂质,可大大节省运力。因此,提高煤炭产业生态效率要大力发展煤炭洗选。提高洗选率和洗选水平是煤炭洗选发展的两个重要方面,目前我国煤炭洗选存在入洗比例低,洗选粗放,不能妥善处理煤矸石、煤泥、污水等问题。大力发展煤炭洗选需要国家和地区出台具有强制约束力的洗选政策,并积极推动,而非只能发挥有限作用的指导性、推荐性的用煤标准。

(2)煤炭加工技术及装备改造。首先,选煤厂技术装备水平决定选煤的效率和效果,采用先进技术装备的选煤厂能根据用户要求及时调整产品质量,精煤损失小、产品灰分低、分选效果好。而目前我国有很多技术水平落后的小型选煤厂,大型现代化洗选企业较少,采用先进技术装备的选煤厂所占比例不到一半,湿法洗选耗水较多,也限制了洗选煤的发展。其次,煤炭转化的技术装备水平直接影响煤炭转化效率的高低,须不断革新和采用先进的煤炭加工转化技术,并对加工转化设备进行改造,提高煤电转化率、煤焦转化率、煤气转化率、液化煤转化率。

(3)企业规模。中小型煤炭加工企业较多虽然能反映煤炭加工市场化程度高,但若产能过于分散,则会导致竞争太过激烈和资源配置相对无效。目前我国煤炭加工企业处于多、小、散的状况,使得化解产能过剩的多方面利益调整更加困难。提高大中型煤炭加工企业的比例,适当增强煤炭加工企业的集中度,可提高资源的配置效率以及与上下游企业的议价能力,从而提高利润率。同时大中型煤炭加工企业的社会责任意识更强,也更有能力采用和更新先进的技术装备,有助于提高煤炭产业生态效率。

4.1.3 煤炭终端消费环节

(1)煤炭利用效率。煤炭利用效率高低对煤炭消费增长的影响至关重要,尤其是在当前煤炭高消耗的背景下。火力发电机组是煤炭消耗的大头,降低火电厂平均装机耗煤,对提高煤炭利用效率意义重大。随着经济发展及资本深化,人均煤炭消费以及生活用煤快速增长,提高煤炭利用效率愈加重要。

(2)产业结构。工业煤炭消耗量大,在煤炭消费中占绝对主体地位,而能源密集型产业又是工业能源消耗的大户,尤其是规模以上能源密集型产业,因此规模以上能源密集型产业在工业结构中的比重对煤炭消耗的影响至关重要,是探讨煤炭产业生态效率需要考虑的一项重要指标。目前,我国正处于产业结构调整的关键时期,加快粗放的能源密集型产业升级还面临诸多困难。

(3)煤炭清洁利用和环境治理。煤炭主要作为燃料燃烧使用,我国煤炭燃烧效率低,燃烧过程中排放大量 SO_2、CO_2 和烟尘,造成以煤烟型为主的大气污染。受供给侧限制,我国以煤炭为主的能源消费结构在短时间内不会发生改变。在当前雾霾天气频发的背景下,必须加强煤炭清洁利用和环境治理,具体衡量指标表现为清洁煤利用率、环境补偿税税率和三废治理投入。

4.1.4 煤炭损失

煤炭产业除上述从开采、加工转化到终端消费三大环节的生态效率关键影响因素以外,煤炭损失,包括煤炭物流损失和工艺损失也是影响煤炭产业生态效率提升的重要因素,并且贯穿煤炭产业三大环节。

(1)煤炭物流损失。煤炭物流是生产煤炭产品以及组织煤炭销售等一系列物料实体的运送搬运等动态流转过程,主要包括煤炭生产物流、生产供应物流和煤炭分销物流三部分(李润澍,2011)。在煤炭物流各环节的储运过程中存在资源损失,即煤炭运输损失和存储损失。煤炭资源从开采、加工到进入终端消费要经过长距离的输运和多次存储,中国煤炭生产和消费在空间分布上的不对称加剧了煤炭运输损失和存储损失,煤炭产业链各环节中都存在煤炭运输损失和存储损失,可用煤炭运输损失率和煤炭存储损失率来表示。

(2)煤炭工艺损失。煤炭从资源开采、加工转化到终端消费的一系列工艺过程中,会产生一定工艺损失,我国以煤为主的能源结构和煤炭高产消量使煤炭的工艺损失总额巨大。煤炭开采环节的工艺损失包括与采煤方法有关的损失、由于不正确开采引起的损失、落煤损失、地质及水文地质损失、设计规定的永久煤柱损失、开采技术条件达不到造成的损失等(阎海鹏等,2009)。通过煤炭资源回采可降低采煤工艺损失,煤炭回采率与采煤工艺损失成反比。煤炭加工环节的工艺损失与加工技术条件、设备的先进程度和设置的合理性有重要关系,可用煤加工工艺损失率表示。煤炭消费环节的工艺损失包括不完全燃烧热损失、锅炉排烟热损失、飞灰热损失、锅炉的散热损失等,可用燃煤工艺损失率表示。

4.2 煤炭产业生态效率评价指标体系

煤炭产业生态效率受多种因素的影响,煤炭产业链各环节的影响因素既有一定共性,也有相对独立性,根据煤炭产业链各环节的关键影响因素,构建基于产业链环节的煤炭产业生态效率评价指标体系(表1)。DEA(Data Envelopment Analysis)投入产出分析是开展效率评价的重要常用方法,因此同时建立基于投入产出角度的煤炭各产业链环节生态效率评价指标体系,分别包括基于投入产出角度的煤炭开采生态效率评价指标体系、基于投入产出角度的煤炭加工转化生态效率评价指标体系、基于投入产出角度的煤炭终端消费生态效率评价指标体系(表2)。

表1　基于产业链环节的煤炭产业生态效率评价指标体系

产业链环节	指　标
开采	单位面积储量、煤层平均厚度、优质煤比率、埋藏深度、勘查投入、技术工人比重、利润率、采矿权转让价格、机械化水平、煤炭生产企业集中度、煤炭存储损失率、煤炭运输损失率、煤炭回采率、从价计征资源税税率、煤矿伴生矿(煤矸石、瓦斯等)回收率、三废治理投入、矿山复垦率
加工转化	原煤洗选率、煤电转化率、煤焦转化率、煤气转化率、液化煤转化率、煤炭存储损失率、煤炭运输损失率、煤加工工艺损失率、煤炭加工企业集中度、装备技术水平
终端消费	火电厂平均装机耗煤量、人均煤炭消费、生活用煤增长率、单位 GDP 煤炭消费、规模以上能源密集型产业增加值占规模以上工业增加值比重、清洁煤利用率、煤炭存储损失率、煤炭运输损失率、燃煤工艺损失率、环境补偿税税率、三废治理投入

表2　基于投入产出角度的煤炭各产业链环节生态效率评价指标体系

产业链环节	分项指标	具体指标	指标说明	作用方向判断
开采	投入指标	资源消耗	能源消耗	煤炭开采能源消耗量	—
			资本投入	煤炭开采投资总额	—
			人力资本投入	煤炭开采年均从业人员数	—
			运行费用	煤炭开采年成本费用	—
	产出指标	经济产出	原煤产出	原煤产量	＋
		环境产出	矿井瓦斯排放	煤炭矿井瓦斯排放量	—
			矸石山自燃排放	矸石山自燃废气排放量	—
			地表沉陷	煤炭开采采空区面积	—
			植被破坏	煤矿区植被覆盖率	＋
			废水排放	煤炭开采废水排放量	—
			土壤污染	煤炭开采土壤污染面积	—
			烟(粉)尘排放	能源消耗烟(粉)尘排放量	—
			SO_2排放	能源消耗 SO_2 排放量	—
			碳排放	能源消耗碳排放量	—
			氮氧化物排放	能源消耗氮氧化物排放量	—
加工转化	投入指标	资源消耗	能源消耗	煤炭加工能源消耗量	—
			水资源消耗	洗煤水资源消耗量	—
			资本投入	煤炭加工投资总额	—
			人力资本投入	煤炭加工年均从业人员数	—
			运行费用	煤炭加工年成本费用	—

产业链环节		分项指标	具体指标	指标说明	作用方向判断
加工转化	产出指标	经济产出	精煤产出	精煤产量	+
			煤电转化	煤电转化量	+
			焦炭产出	焦炭产量	+
			煤气转化	煤气转化量	+
			液化煤转化	液化煤转化量	+
		环境产出	污水排放	洗煤厂污水排放量	−
			烟(粉)尘排放	能源消耗烟(粉)尘排放量	−
			SO_2排放	能源消耗 SO_2 排放量	−
			碳排放	能源消耗碳排放量	−
			氮氧化物排放	能源消耗氮氧化物排放量	−
终端消费	投入指标	资源消耗	煤炭消费	煤炭消费量	
	产出指标	经济产出	GDP	基期不变价 GDP	+
		环境产出	烟(粉)尘排放	煤炭消费烟(粉)尘排放量	−
			SO_2排放	煤炭消费 SO_2 排放量	−
			碳排放	煤炭消费碳排放量	−
			氮氧化物排放	煤炭消费氮氧化物排放量	−

5. 煤炭利用生态效率评价

由于当前研究条件限制无法开展系统的煤炭产业生态效率评价,此处以湖南省为例进行煤炭利用生态效率评价。湖南省是中部地区崛起"十三五"规划的重要省份之一,近年来经济快速发展的同时,出现了日益严峻的资源环境问题,尤其是秋冬季节雾霾天气频发,与湖南省以煤为主的能源结构有重要关系。2005 年和 2015 年湖南省一次能源生产中原煤占比分别为84.20%和 60.76%,能源消费总量中煤品燃料的占比分别为 68.51%和 59.92%,煤炭在一次能源产消中的占比高于全国平均水平。2016 年年初以来,去产能成为煤炭行业的重点,国务院及相关部委陆续出台了多项相关政策,地方纷纷响应国家号召提出了各自去产能的目标。2017 年 5 月湖南省提出力争到 2018 年底,将全省煤矿总数控制在 200 处左右。从目前国家能源利用形势来看,今后能源结构将逐渐向新能源倾斜,但短时间内煤炭的主体地位不会发生改变。煤炭消费对气候变化和环境污染的影响巨大,在世界各国各地区大力倡导发展生态文明的背景下,湖南省煤炭产业必须由"三高"粗放型发展模式转向集约型,走可持续发展之路,这对于湖南省经济进步和环保具有重大战略意义。那么湖南省煤炭利用是否可持续,与资源环境的协调关系如何,均需要合理有效的生态效率评价来给予解答。

生态效率由美国学者 Schaltegger 等(1990)首次提出,其核心理念强调"经济效率和环境效益统一",追求以最少的原材料、能源、生态环境投入获得最多的满足人类需求的产品,对开展循环经济和可持续发展应用研究具有积极进步意义,因此得到学术界和企业界的广泛认可,成为相关政策制定的重要参考。目前,中国关于煤炭产业效率研究多停留在经济效率评价阶段,仅有少数利用 DEA 方法、主成分分析的数据包络(PCA－DEA)组合评价模型、非径向和非角度的 SBM 模型,对中煤集团下属的七家煤炭企业生态效率(彭毅 等,2011)、中国煤炭产业生态效率(程晓娟 等,2013;牛苗苗,2012)、安徽省 9 个城市煤炭产业生态效率(潘敏倩 等,2015)进行了评价,对湖南省煤炭产业生态效率的研究未有涉及。因此,基于生态效率的基本理论和方法,评估湖南省煤炭利用生态效率,以期准确把握湖南省煤炭利用生态经济的运行状况,同时提出绿色发展对策建议,为湖南省煤炭产业可持续发展提供支撑。

5.1 研究区概况

湖南省常规化石能源贫乏,但煤炭相对丰富且分布较为广泛。2004 年全省煤炭储量 20.26 亿吨,2015 年下降至 6.6 亿吨,全省除岳阳外,其他 13 个市(州)的 86 个县(市、区)均有煤炭资源。湖南省煤炭生产波动性比较强,2004 年仅有 2168.72 万吨标煤,2005 年突增至 4848.73 万吨标煤,之后至 2009 年相对稳定,大约保持在 4800 万吨标煤左右,2010—2012 年上升趋势明显,达到 7981.05 万吨标煤,之后开始下降,2015 年下降至 3000.55 万吨标煤。湖南省煤炭消费量呈不断上升趋势,2004—2015 年增长近一倍,由 4314.22 万吨标煤上升至 7958.92 万吨标煤,其中 2011 年达到峰值 9290.19 万吨标煤。煤炭燃烧是 SO_2、烟(粉)尘、工业废气、CO_2 排放的重要来源,导致煤烟型大气污染和气候变暖。2004—2005 年湖南省工业 SO_2(燃料燃烧)和工业烟(粉)尘排放量有所上升,之后至 2015 年呈较为明显的下降趋势,分别由 57.4 万吨、122.2 万吨下降至 32.39 万吨、41.24 万吨;工业废气排放总量(燃料燃烧)呈波动上升趋势,2004—2006 年大致稳定于 2800 亿米³ 左右,2008 年上升至最高值 7308 亿米³,2009 年回落至 4373 亿米³,之后至 2015 年呈小幅波动上升趋势,大约保持在 5500 亿米³ 左右。除 2008 年略有下降以外,2004—2011 年湖南省煤炭消费碳排放量由 2902.78 万吨快速上升至 6250.81 万吨,之后呈下降趋势,2015 年下降至 5355.08 万吨。2004—2015 年湖南省煤炭产量、消费量、CO_2 及污染物排放量数据见图 2。

5.2 方法与指标

5.2.1 方法

(1)DEA 方法

DEA 方法由著名运筹学家 Charnes 等(1978)正式提出。作为根据一组关于输入、输出的观察值来估计有效生产前沿面的一种统计分析方法,它可以用来评价多个决策单元的效率,也可以用来研究多种方案之间的相对有效性和预测一旦做出决策后相对效果如何,甚至可以用来进行政策评价,应用领域不断扩大。由最初不考虑规模收益的 CCR 模型,到考虑规模收益的 BCC 模型,以及之后的 CCGSS 模型、CCW 模型、CCWH 模型,DEA 方法的模型不断被完善和进一步发展。本文选用基于规模报酬可变的 BCC 模型(Charnes et al,1978),湖南省煤炭利用的生态效率主要通过综合效率、纯技术效率和规模效率三项效率值得以反映。规模效率表示规模集聚水平,反映规模收益的变化情况,投入量偏大、偏小还是处在最适规模,规模过大或过小都将导致平均投入的增加;纯技术效率表示要素资源的配置、利用水平,反映对所投入

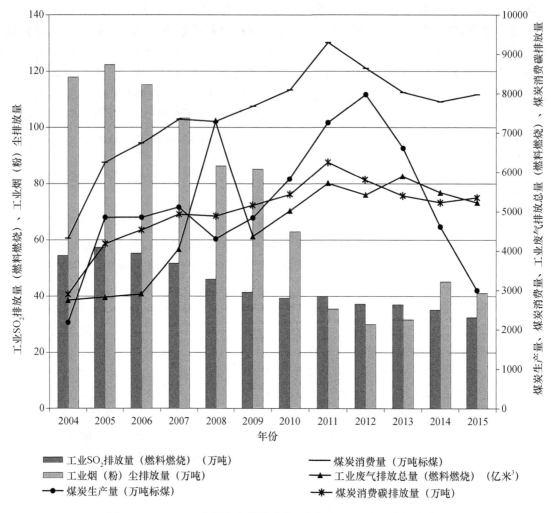

图 2　2004—2015 年湖南省煤炭产量、消费量、CO_2 及污染物排放量

数据来源:《湖南省统计年鉴》《中国统计年鉴》《中国环境统计年鉴》(2005—2016 年)

资源的利用是否有效及输出相对输入的效率情况;综合效率反映要素资源的配置、利用水平和规模集聚水平,为以上两者的值相乘所得,两者共同决定了决策单元的综合效率水平(薛静静等,2014)。另外,我们还将通过煤炭利用生态效率评价优化设计反映达到生态效率最优可以增加或减少多少投入或产出。

(2)CO_2 排放计算方法

CO_2 排放计算基本方法主要有 3 种:实测法、物料衡算法和经验计算法。借鉴"物料衡算法"中"投入某系统或设备的物料质量必须等于该系统产出的物质质量"的原理,利用"经验计算法"中通过碳排放系数测算 CO_2 排放量的方法,同时考虑到能源消费和燃料燃烧的具体情况,来估算湖南省煤炭消费的 CO_2 排放量(郭义强 等,2010),见下式。

$$EE_{CO_2} = \sum_{i=1}^{3} ECon_i \times EF_i \times Co_i \tag{1}$$

式中:EE_{CO_2} 表示能源消费导致的 CO_2 排放量;$ECon_i$ 表示各类能源的消费量,$i=1,2,3,\cdots,$

本文仅考虑煤炭的消费量；EF_i 表示各类能源的碳排放系数，其中煤炭为 0.748 吨碳/吨标准煤（"中国可持续发展能源暨碳排放情景分析"课题组，2003）；Co_i 表示各类能源的碳氧化率，煤炭的碳氧化率为 0.90（中国气候变化国别研究组，2000）。

5.2.2 煤炭利用生态效率评价指标与数据

（1）指标选取

一个地区某种资源的生态效率水平受多种因素的影响，如地理条件、气候状况、资源禀赋、经济结构、发展状态、科技和管理水平。就煤炭而言，其产业生态效率与其开发、加工、利用和消费的不同环节有关，本文将着重研究分析煤炭消费的生态效率，将其定义为煤炭高效利用下的经济福利增长最大化与生态环境影响最小化。综合考虑指标数据的可获取性，投入指标选取煤炭消费量，环境产出指标选取工业 SO_2 排放量（燃料燃烧）、工业烟（粉）尘排放量、工业废气排放总量（燃料燃烧）、煤炭消费碳排放量，经济产出指标选取 2004 年基期区域不变价 GDP。

（2）数据

本研究以湖南省煤炭产业 2004—2015 年各年份为评价单元，指标数据除 CO_2 排放量外均来源于《中国统计年鉴》和《中国环境统计年鉴》。煤炭消费量数据来源于《中国统计年鉴》（2005—2016 年）。名义 GDP 数据的纵向可比性不强，因此根据《中国统计年鉴》（2005—2016 年）的名义 GDP 数据，计算得出 2004 年基期区域不变价 GDP，作为经济产出指标的 DEA 基础输入数据。环境产出指标的工业 SO_2 排放量（燃料燃烧）、工业烟（粉）尘排放量、工业废气排放总量（燃料燃烧）数据来源于《中国环境统计年鉴》（2005—2016 年），煤炭消费的 CO_2 排放量数据根据"经验计算法"计算得出。生态效率追求环境有害物质排放的最小化，而 DEA 方法对决策单元开展效率评价是基于投入最小化或产出最大化，因此在输入 DEAP2.1 软件之前，先对环境产出指标数据取倒数值。

5.3 实证分析

5.3.1 生态效率分析

本文以 DEAP2.1 软件为平台，计算得出湖南省 2004—2015 年各年份的煤炭利用生态效率（表 3）。表中综合效率值即煤炭利用生态效率值，湖南省煤炭利用生态效率值介于 0.636～1，2004 年、2013 年、2015 年生态效率值为 1，说明 3 个年份煤炭利用的生态效率 DEA 相对有效。煤炭利用生态效率 DEA 有效表明煤炭利用实现了最小化工业废气排放总量（燃料燃烧）等 4 个环境指标产出和最大化 GDP 经济指标产出，投入产出效果较好，同时规模报酬不变表明规模处在最佳水平，煤炭资源配置、利用和规模都达到最优。除此之外的其他 9 个年份煤炭利用生态效率相对无效，说明煤炭资源配置、利用水平没有达到最优，或规模集聚水平偏低，需要通过改变其投入与产出才能实现煤炭利用生态效率 DEA 有效。总体来看，湖南省煤炭利用生态效率值的变化相对平缓，生态效率最优年份相对其他年份有一定优势，但并非异常凸显，生态效率值的变化呈现先由大变小，后由小变大的特征。除 2004 年、2013 年、2015 年 3 个年份落在效率前缘面上，其他 9 个年份都落在效率前缘面的右侧，但大部分年份的煤炭利用生态效率都集中于高效区，无煤炭利用生态效率极低的情况出现。

表 3   2004—2015 年湖南省煤炭利用生态效率

年份	综合效率	纯技术效率	规模效率	规模报酬情况
2004	1.000	1.000	1.000	—
2005	0.716	0.995	0.719	drs
2006	0.691	0.993	0.696	drs
2007	0.636	0.837	0.759	drs
2008	0.743	0.829	0.897	drs
2009	0.770	0.913	0.842	drs
2010	0.772	0.885	0.872	drs
2011	0.783	0.911	0.860	drs
2012	0.962	1.000	0.962	drs
2013	1.000	1.000	1.000	—
2014	0.956	0.959	0.997	drs
2015	1.000	1.000	1.000	—

注:irs、drs、—分别代表规模报酬递增、递减和不变。

在生态效率无效的 9 个年份中,2012 年实现纯技术效率有效,说明 2012 年湖南省纯技术绩效维持在较高水平,煤炭资源配置比较合理、利用水平较高,而规模无效对生态效率相对无效的影响较大,规模报酬递减更进一步表明,湖南省 2012 年生态效率无效的原因主要是煤炭利用规模过剩,存在投入冗余。其余 8 个年份的纯技术效率和规模效率均无效,且规模报酬递减,表明煤炭利用绿色化技术水平不高,煤炭资源配置存在不合理,如工业煤炭消费在煤炭消费总量中所占比重不断上升,2010 年高达 88.69%,且集中于高能耗、高污染的部门,同时运输中的污染、废弃物的直接排放等非"绿色"行为也造成湖南省经济发展与生态环境保护之间的失衡,并且存在煤炭利用规模过大,利用过程存在浪费现象。其中 2005—2011 年 7 个年份的生态效率值在湖南省煤炭利用生态效率值中最低,这与煤炭消费量的变化有重要关系,从图 2可以看出,2005—2011 年湖南省煤炭消费量大幅持续攀升,而与此同时湖南省洁净煤技术水平的提高和应用并不是特别显著,煤炭消费量大幅上升加剧了煤炭资源在行业部门之间分配的不平衡和利用各环节中的浪费。此外,除了 2008 年、2012 年、2014 年,其他生态效率无效年份的规模效率都略低于其纯技术效率,表明规模无效是湖南省煤炭利用生态效率无效的主要影响因素,且规模报酬递减说明规模过剩,纯技术效率无效的影响相对较低。规模无效说明湖南省煤炭产业在快速扩张的同时,资源利用浪费较为严重,规模无效扩张导致湖南省煤炭利用生态效率低下。

5.3.2   煤炭利用生态效率优化设计

煤炭利用生态效率优化遵循如下三条原则(赵淑芹 等,2014):①DMU 落在效率前缘面上是 DEA 有效的充分必要条件;②煤炭利用生态效率优化优先考虑污染物的排放控制与减少;③在实现 DEA 有效中,现实的客观条件不约束煤炭利用过程中的投入产出与实现 DEA 有效的各项投入产出指标。以湖南省 12 个年份为例优化每个 DMU 的松弛变量(煤炭消费减少量)和剩余变量(工业燃料燃烧的 SO_2、烟(粉)尘、工业废气排放减少量、煤炭消费碳排放减少量及 2004 年基期不变价 GDP 增加量），结果如表 4 所示。与生态效率值相对应，湖南省煤炭生态利用优化也主要集中于 2005—2011 年。

表 4　2004—2015 年湖南省煤炭利用生态效率评价优化设计

年份	煤炭消费量/万吨	工业 SO₂ 排放量（燃料燃烧）/万吨	工业烟（粉）尘排放量/万吨	工业废气排放总量（燃料燃烧）/亿米³	煤炭消费碳排放量/万吨	2004 年基期区域不变价 GDP/亿元
2004	0	0	0	0	0	0
2005	2451.633	500	1000	0	0	0
2006	2870.27	1000	1000	0	0	0
2007	2394.611	0	500	0	0	1053.167
2008	773.786	0	250	0	0	3784.827
2009	1463.617	0	200	0	0	3134.45
2010	1260.985	0	333.333	0	0	3177.419
2011	1251.74	0	0	0	0	755.758
2012	31.477	500	0	0	0	0
2013	0	0	0	0	0	0
2014	34.946	1000	0	0	0	0
2015	0	0	0	0	0	0

　　2004 年、2013 年、2015 年 3 年湖南省煤炭利用的生态产出效果最好，若使其他 9 个 DMU 的煤炭利用生态效率有效，则需要调整优化相应的投入与产出方案。除 2004 年、2013 年、2015 年 3 年以外，其他 9 个年份都需要减少煤炭利用生态效率投入指标的量以实现 DEA 有效。其中 7 个年份都存在近 1000 万吨或 1000 万吨以上的煤炭消费节能潜力，2006 年最高为 2870.27 万吨，另外，2012 年和 2014 年 2 个年份仅有 30 多万吨的节能潜力。总体来看，9 个年份煤炭消费投入指标的松弛量呈下降的趋势。除 2004 年、2013 年、2015 年 3 年外，其他 9 个年份都需要调整煤炭利用生态效率产出指标的量以实现 DEA 有效。其中 2005—2010 年 6 个年份需要调整 2 个指标的量，2011 年、2012 年、2014 年 3 个年份需要调整 1 个指标的量。就各单项指标而言，煤炭消费碳排放量和工业废气排放总量（燃料燃烧）的调整量在各年份都为 0，实现 DEA 有效仅须调整工业 SO₂ 排放（燃料燃烧）、工业烟（粉）尘排放、2004 年基期区域不变价 GDP 3 项指标的量。其中 2005 年、2006 年、2012 年、2014 年须分别减少 500 万吨、1000 万吨、500 万吨、1000 万吨的工业 SO₂ 排放量，2005—2010 年各年份工业烟（粉）尘排放的减少量介于 200 万～1000 万吨，2007—2011 年各年份 GDP 的增加量差异较大，最高为 2008 年须增加 3784.83 亿元，最低为 2011 年须增加 755.76 亿元。工业烟（粉）尘排放、2004 年基期区域不变价 GDP 2 项指标的调整量也呈下降趋势。

5.3.3　对策建议

　　"十三五"时期是煤炭发展转型的重要战略机遇期，湖南省煤炭产业绿色化发展在取得一定成就的同时也存在不少问题，如煤炭产业绿色化管理水平不够、绿色技术落后、政策实施效果差、专项资金不足与相关技术人才严重缺失等。应综合制度、生产、消费等方面开展煤炭产业绿色化改革,发挥政策、市场、人文等方面的综合作用致力于推动湖南省煤炭产业生态效率提升。

(1)建立绿色消费制度和树立煤炭绿色消费观念。严格执行《商品煤质量管理暂行办法》,推进供给侧改革,引导劣质煤产能有序退出,加快建设群矿选煤厂洗选设施,增加原煤入洗率,提高商品煤质量和利用效率。严格执行排污许可制度,加强细颗粒物排放控制,确保从价计征资源税落实,积极推行环境补偿税。逐步提高清洁电煤在煤炭消费中的比重,推进燃煤电厂和煤电节能减排升级改造,继续加强对高能耗和产能严重过剩行业执行差别电价、惩罚性电价和阶梯电价政策,促进产业结构升级、化解过剩产能和淘汰落后产能。通过提高煤炭有效运输量等措施减少运输污染,提高煤炭综合利用率。加强地区间的交流与合作,建立产学研一体的煤炭清洁高效利用技术研发与推广平台,加强技术示范引领。公众绿色消费有利于促进煤炭企业进行绿色化生产,进而带动整个煤炭产业的绿色化发展。发挥新闻媒体舆论引导和政府的导向作用,加大对煤炭产业绿色化发展的宣传,促进公众形成绿色消费理念和绿色消费模式,发挥消费者对煤炭产业的市场引领作用,为煤炭清洁高效利用创造良好的社会氛围,进而促进煤炭企业走节约资源、高效清洁生产、循环经济的道路,提高资源利用效率,降低污染物的排放量。

(2)推进煤炭绿色化技术创新和发展循环经济。建立多元化资金支持方式,通过财政、税收、优惠信贷、绿色信贷、发债、专业化节能环保公司、民间资本设立股权基金、产业基金等融资政策,支持煤炭产业以技术创新为根本动力,大力发展洁净煤技术,纵向延伸煤炭产业链,从加工和利用环节推动煤炭产业绿色低碳化发展。加强研发和推广型煤、水煤浆、流化床燃烧和先进燃烧器、消烟除尘和可资源化的烟气脱硫脱氮等直接燃烧洁净技术和煤炭液化、气化、煤气化联合循环发电等煤炭的洁净燃料转化技术。加强新突破的低阶煤分级转化技术的深化研究和推广,开展多种污染物协同控制技术、燃煤锅炉的高效燃烧和超低排放技术、高浓度 CO_2 利用或封存技术研究及应用。发展煤炭产业循环经济对于煤炭产业绿色化十分重要,强化煤炭资源综合利用装备技术、节能降耗技术、废弃物再利用技术、减排技术、污染治理技术等方面的技术进步,鼓励大中型企业积极参与研发和相关技术推广应用,构建完善可行的煤炭产业循环经济技术支撑体系。

6. 煤炭产业生态效率提升路径

6.1　科学、绿色开发

粗放性煤炭开发严重破坏矿区生态环境,生态环境修复面临巨额"历史欠账",是我国建设资源节约型和环境友好型社会需要重点关注的问题。我国开展生态文明建设必须将大力推进煤炭科学开发与绿色开发相结合,重视矿区生态环境修复,建设绿色矿山。制定煤炭科学开发和绿色开发的有效评价机制并严格执行,对达到标准的准予开发,不达标准的升级整改后方可开发,不能整改的则强制退出。通过科学开发和绿色开发去产能,逐步实现煤炭行业的整体拔高发展。

加快绿色矿山建设,当前绿色矿山建设主要依靠政府的引导和扶持,若要调动企业建设绿色矿山和生态环境恢复治理的积极性,还需要制定绿色矿山建设的长效机制。减少开采损失,采用机械化程度较高的采煤工艺方式,按照由上而下的顺序合理开采,升级采煤装备,运用无煤柱开采技术,有效回收边角煤、残煤和煤柱,提高煤炭采出率。有效推广保水开采、充填开采、煤与瓦斯共采、数字化矿山等绿色开采技术,可以效仿神华神东煤炭集团有限责任公司,创新采矿区"三废三控三用"环保模式,开发煤矿地下水库技术,将矿井水存储在井下,并给矿区生产生活供水,将煤炭开采产生的井下矸石回填废弃巷道或硐室,重视煤炭开采前的大范围高标准生态治理和开采后生态系统的保护,提高矿山生态系统的抗开采扰动能力和生态可持续性(贺佑国,2018)。将生态恢复治理资金纳入企业生产成本,建立矿山环境治理恢复基金,响应国家号召取消矿山环境治理恢复保证金,并建立可行的环境治理保证金返还机制,积极推动矿山复垦。因地制宜,依据废弃矿山的特色,效仿上海辰山植物园矿坑花园、黄石国家矿山公园、萨利那·图尔达盐矿主题公园等建设矿山公园,实现废弃矿山的生态恢复性再利用,促进煤炭开发与生态环境协调发展。

6.2　清洁高效加工转化

通过市场控制,以及提高煤炭利用排污的环境成本和监管力度,提高煤炭尤其是动力煤的入洗率和分选率,突破褐煤和高硫煤提质技术及其规模化、产业化推广应用。鼓励煤炭加工企业完善工艺,制定精细化操作方案和严格的考核措施,减少煤炭加工损失。加强电厂环保减排改造和煤炭清洁高效发电技术的研发,积极推广目前比较先进的超超临界循环流化床等燃烧发电技术,提高超超临界燃煤火电机组的比例,淘汰低容量、低参数的小机组。提高煤炭直接发电比例,加强散煤综合治理,逐步减少分散燃煤锅炉,通过扩大"煤改电""煤改气"和冬季清洁供暖等措施,降低民用散煤的燃烧排放。电代煤、气代煤投资大、周期长,对于暂时不适宜开展煤的电、气替代的地区,全面整治环保严重不达标的高污染低效锅炉,推广高效煤粉工业锅炉和加快精煤用户终端推广,发挥煤炭加工企业在散煤大量使用地区的能源供应作用,积极推广优质无烟煤、型煤、兰炭等洁净精煤。大力推动集中供热,推广热电联产和工业炉窑余热高效回收利用。

开展煤炭深加工,加大煤炭转化力度,可以提高煤炭的就地转化率和附加值,同时也是煤炭去产能和高碳能源低碳化利用的重要途径和发展方向。综合考虑水资源、煤炭生产基地、环境友好布局发展煤化工,向生产差异化的高端产品尤其是石油替代产品的现代煤化工转型,有序发展避免产能过剩,淘汰落后产能,打造园区化、规模化、一体化的大型煤化工基地。煤化工发展须重点攻克废水处理技术、结晶盐利用与处置技术,新增产能严格执行国家最新环保政策,加强废水制水煤浆、空气冷却等节水型技术的推广(贺佑国,2018)。加快煤基多联产技术研发和产业示范项目建设。

6.3　优化煤炭消费市场

煤炭消费应坚持节约优先、生态环境保护优先、绿色消费的原则,营造煤炭节约和绿色消费的制度和政策导向环境,建立煤炭节约和绿色消费的激励、约束机制,扩大可再生能源、天然气、电力等对煤炭消费减量替代的实施范围,积极推动煤炭绿色消费市场偏好。煤炭产品高端化,通过制定煤炭产品市场准入标准,对于不符合市场准入标准的煤炭产品严格控制其市场流通,长远来看可以发展煤炭产品效率标识和生态标识,提高清洁高品质煤炭产品的比重。建立完善的洁净精煤供应系统,严格控制未经洗选散煤的市场进入,还未执行"煤改电""煤改气"的地区给予散煤利用的精煤补贴。

煤炭产业转型升级是大势所趋,加快推动煤炭企业、发电集团、钢铁集团、煤化集团等内部和跨行业,以及央企、国企、民企间多形式的重组整合,发挥产业链上下游企业的产业链协同效应,推进煤电一体化,鼓励煤钢联营、煤化联营,可以有效避免重复建设、同业竞争和内耗,形成产业集群和交叉互补的优势。煤炭输送会产生运输损失、存储损失和能耗,我国煤炭资源的分布格局对煤炭运输优化提出更高要求,即优化各大煤炭基地就近运输调控,北方的煤炭基地优先输送到中东部地区,云贵煤炭基地输送至华南和西南地区,远距离输煤优先输送洗选后的洗精煤。输煤输电并举,增加煤炭就地转化率,加快特高压输电技术的推广应用,建设连接大型煤炭基地和东部能源高消费省区的特高压输电网络。为避免由于去产能、天气、运力和需求高峰等的影响,出现偶发性"煤荒",应优先加快"煤荒"高发省区的煤炭储备基地建设。

6.4　污染物排放控制

未来煤炭产业发展应坚持污染物超低排放、减量化原则,加强制度约束和监督,广泛利用环保技术和设备,严格控制煤炭产业各环节污染物的排放。积极探索和推广煤炭产业循环经济发展模式,从生产、加工转化和消费各环节加强资源综合利用,提高资源综合开发和回收利用率,增加煤炭产品的附加值,实现污染物排放控制。加强大型煤炭基地的循环经济工业园区规划,建设煤—电—建材、煤炭—炼焦—化工等循环经济产业链条,对煤炭开采、洗选加工、燃烧产生的煤泥、煤矸石和粉煤灰进行回收加工再利用,使所有废弃物在闭合的循环经济链条内被消化。煤炭洗选加工产生的煤矸石可以作为燃料配料或加工制作水泥、建筑材料、化工产品等。矿井排水夹带或煤炭洗选产生的煤泥经烘干后可以加入电煤或加工成型煤,电厂也可以引进专门燃烧煤泥设备的锅炉—循环流化床,将煤泥直接作为电厂的燃料,或者将煤泥作为建筑材料或化工原料。循环经济工业园区规划应该与大型煤电基地建设规划相协调,将电厂产生的粉煤灰作为建材原料。中国是焦炭产量大国,煤炭炼焦产生的焦炉煤气规模巨大,炼焦—化工产业链可以使大量的焦炉煤气作为化工原料,解决焦炉煤气的出路问题。在煤炭开采方面,可以利用煤矸石回填支撑采空区,矿井水和采煤产生的废水通过排水系统进入采空区,经煤矸石过滤为清水储存于地下水仓,供给矿区生产生活用水;采用矿井通风系统或水力压裂技术抽采瓦斯,为矿区供暖供电或作为工业燃料、化工原料。另外,积极加强多污染物协同控制技术、富氧燃烧技术、碳捕获、利用与封存(CCUS)技术等的研发,有效减少燃煤废气排放。

（本报告撰写人:薛静静）

作者简介:薛静静(1986—),女,博士,南京信息工程大学气候变化与公共政策研究院/法政学院讲师,主要研究方向为资源经济与政策、资源生态利用,Email:xjjsdlc@sina.com。

本报告受南京信息工程大学气候变化与公共政策研究院开放课题(课题名称:产业转型背景下的煤炭资源生态效率:提升潜力评价与路径研究;课题编号:18QHA018)资助。

参考文献

卞丽丽,韩琪,张爱华,2013. 基于能值的煤炭矿区生态效率评价[J]. 煤炭学报,38(2):549-556.

陈林心,2017. 金融集聚、经济增长与区域生态效率的实证分析[M]. 北京:中国环境出版集团.

陈梅倩,林江,何伯述,2004. 燃煤电站生态效率评价方法的应用研究[J]. 应用基础与工程科学学报,12(4): 392-400.

程晓娟,韩庆兰,全春光,2013. 基于 PCA-DEA 组合模型的中国煤炭产业生态效率研究[J]. 资源科学,35 (6):1292-1299.

戴铁军,陆钟武,2005. 钢铁企业生态效率分析[J]. 东北大学学报(自然科学版)(12):1168-1172.

郭义强,郑景云,葛全胜,2010. 一次能源消费导致的二氧化碳排放量变化[J]. 地理研究,29(6):1027-1036.

何伯述,陈梅倩,林江,2003. 污染物的脱除率对燃煤电站生态效率的影响[J]. 北方交通大学学报,27(1): 1-5.

何伯述,郑显玉,侯清濯,2001. 我国燃煤电站的生态效率[J]. 环境科学学报,21(4):435-438.

贺佑国,2018.2018 中国煤炭发展报告[M]. 北京:煤炭工业出版社:107,120.

黄光宇,杨培峰,2002. 城乡空间生态规划理论框架试析[J]. 规划师,18(4):5-9.

李润灏,2011. 基于供应链管理的煤炭物流模式探析[J]. 宏观经济研究(12):27-34.

刘晓慧,2017. 矿区土地复垦和生态修复再迎风口[N]. 中国矿业报,2017-10-27-(2).

牛苗苗,2012. 中国煤炭产业的生态效率研究[D]. 武汉:中国地质大学.

潘敏倩,黄志斌,2015. 基于 SBM 模型的安徽省煤炭产业生态效率研究[J]. 合肥工业大学学报:社会科学版, 29(1):36-39.

彭毅,聂规划,2011. 基于 DEA 的煤炭行业企业生态效率评价方法[J]. 煤矿开采(4):110-113.

王金南,2001. 发展生态工业是解决工业污染的重要途径[J]. 中国环境报,2001-12-24-(5).

王灵梅,张金屯,尚立虎,2002. 循环流化床锅炉热电厂的生态效率[J]. 电站系统工程,18(6):15-16.

徐增让,2007. 中国煤炭资源流动的机理、过程及效应研究[D]. 北京:中国科学院地理科学与资源研究所.

薛静静,沈镭,彭保发,2014. 区域能源消费与经济和环境绩效——基于 14 个能源输出和输入大省的实证研究[J]. 地理学报,69(10):1414-1424.

阎海鹏,黄江宁,刘毅,2009. 采煤工艺[M]. 北京:中国矿业大学出版社:115.

尹科,2015. 生态效率理念、方法及其在区域尺度的应用[M]. 北京:经济科学出版社:9,11-12.

余德辉,王金南,2001. 发展循环经济是 21 世纪环境保护的战略选择[J]. 环境保护(10):36-38.

赵淑芹,刘倩,2014. 基于 DEA 的矿产资源开发利用生态效率评价[J]. 中国矿业,23(1):54-57.

智静,乔琦,傅泽强,2014. 能源煤化工基地生态效率分析[J]. 生态经济,30(7):85-90.

中国气候变化国别研究组,2000. 中国气候变化国别研究[M]. 北京:清华大学出版社:15.

"中国可持续发展能源暨碳排放情景分析"课题组,2003. 中国可持续发展能源暨碳排放情景分析[R]. 北京:国家发展和改革委员会能源研究所:23-26.

诸大建,朱远,2005. 生态效率与循环经济[J]. 复旦学报(社会科学版)(2):60-66.

BP,2018. BP statistical review of world energy 2018[R]. https://www.bp.com/content/dam/bp-country/zh_cn/Publications/2018SRbook.pdf.

Brent G F,2011. Quantifying eco-efficiency within life cycle management using a process model of strip coal mining[J]. International Journal of Mining,Reclamation and Environment,25(3):258-273.

Burchart K D,Krawczyk P,Czaplicka K K,2016. Eco-efficiency of underground coal gasification(UCG)for electricity production[J]. Fuel,173(6):239-246.

Burchart K D,Krawczyk P,Śliwińska A,2013. Eco-efficiency assessment of the production system of coal gasification technology[J]. Przemysl Chemiczny,92(3):384-390.

Charnes A,Cooper W W,Rhodes E,1978. Measuring the efficiency of decision making units[J]. European Journal of Operational Research(6):429-444.

Czaplicka K K,Burchart K D,Turek M,2015. Model of eco-efficiency assessment of mining production processes[J]. Archives of Mining Sciences,60(2):477-486.

Guo Y,Liu W,Tian J P,2017. Eco-efficiency assessment of coal-fired combined heat and power plants in Chinese eco-industrial parks[J]. Journal of Cleaner Production,168(12):963-972.

Korhonen J,Snäkin J P,2015. Quantifying the relationship of resilience and eco-efficiency in complex adaptive energy systems[J]. Ecological Economics,120(12):83-92.

Liu X H,Chu J F,Yin P Z,2017. DEA cross-efficiency evaluation considering undesirable output and ranking priority:a case study of eco-efficiency analysis of coal-fired power plants[J]. Journal of Cleaner Production,142(1):877-885.

Long X L,Wu C,Zhang J J,2018. Environmental efficiency for 192 thermal power plants in the Yangtze River Delta considering heterogeneity:A metafrontier directional slacks-based measure approach[J]. Renewable and Sustainable Energy Reviews,82(2):3962-3971.

Schaltegger S,Sturm A,1990. Okologisce rationalitat:Ansatzpunkte zurausgestaltung yon okologieorienttierten management instrumenten[J]. Die Unternehmung(4):273-290.

Verfaillie H,Bidwell R,2000. Measuring eco-efficiency:A guide to reporting company performance[C]. Geneva:WBCSD,134-145.

Vukadinoviĉa B,Popoviĉb I,Dunjiĉ B,2016. Correlation between eco-efficiency measures and resource and impact decoupling for thermal power plants in Serbia[J]. Journal of Cleaner Production,138(12):264-274.

长江经济带大气污染治理研究

摘　要:多年来"高污染、高能耗、高排放"的粗放型经济增长模式使得长江经济带正面临着严峻的大气污染危机。本文一方面基于长江经济带大气污染治理效率视角,运用数据包络分析法对长江经济带 11 省市大气污染的治理效率进行时空差异分析,另一方面,面对严峻的大气污染现状以及不断恶化的市场分割与产业趋同形式,基于区域联合共治角度,提出提高长江经济带 11 省市大气污染治理效率必须加快构建、完善长江经济带区域合作机制的政策建议。

关键字:长江经济带;大气污染;综合评价;联合共治

Study on the Control of Atmospheric Pollution in the Yangtze River Economic Zone

Abstract: Over the years, the extensive economic growth mode of "high pollution, high energy consumption and high emissions"has made the Yangtze River Economic Zone facing a severe crisis of atmospheric pollution. On the one hand, based on the perspective of atmospheric pollution control efficiency in the Yangtze River Economic Zone, the report uses data envelopment analysis to analyze the spatial and temporal differences of atmospheric pollution control efficiency in 11 provinces and cities in the Yangtze River Economic Zone. On the other hand, in the face of the severe air pollution situation and the deteriorating market segmentation and industrial convergence, the report puts forward policy suggestions based on the perspective of joint regional governance, that is, to improve the efficiency of air pollution control in 11 provinces and municipalities of the Yangtze River Economic Zone, it is necessary to speed up the construction and improvement of the regional cooperation mechanism of the Yangtze River Economic Zone.

Key words: Yangtze River Economic Zone;air pollution;comprehensive evaluation;joint governance

1. 引言

长江经济带横跨我国东中西三大区域,覆盖 11 省市,GDP 占全国 43% 左右,以约 205 万平方千米的面积养育着 6 亿左右人口,是中国经济与文化版图上的中枢和脊梁。国家"七五"计划强调要提升长江中游地区的经济开发力度,促进中西部地区的横向经济联系,推动长江中上游地区的经济发展,使长江下游地区能够发挥其应有的示范效应;20 世纪 90 年代,随着上海浦东地区的开发和长江三峡工程建设等重大决策的相继实施,中央于 1992 年针对长江经济带中下游地区提出了发展"长三角及长江沿江地区经济"的经济发展战略构想;中共十四届五中全会进一步明确指出,要建设以上海为核心示范区域的长三角及沿江地区经济带;2014 年 9月,国务院颁发的《关于依托黄金水道推动长江经济带发展的指导意见》将长江经济带的建设工作提升至国家战略层面,部署将其打造成具有全球影响力的内河经济带、东中西互动合作的协调发展带、沿海沿江沿边全面推进的对内对外开放带和生态文明建设的先行示范带。经过多年的发展建设,长江经济带的经济高速增长,工业发展迅猛、城镇化建设进程加快、交通网络日趋发达,使得该区域某种程度上已成为世界规模最大的内河产业带。

　　然而,多年来"高污染、高能耗、高排放"的粗放型经济增长模式使得长江经济带正面临着严峻的大气污染危机。调查显示,长江经济带承接了中国大部分的高耗能产业,能源消费总量占据全国的 45% 以上,其中煤炭消费占比更是超过了 75%。废气中的二氧化硫、烟粉尘、氮氧化物等主要污染物排放量也分别占据了全国水平的三分之一左右。这些大气污染物过度排放导致长江经济带雾霾天气频发,大气环境质量快速下降,严重影响了公众身体健康与生产生活。由此可见,长江经济带经济发展与大气环境保护之间的矛盾日益凸显。2016 年 1 月,习近平总书记在重庆推动长江经济带发展座谈会上郑重强调:长江是中华民族的母亲河,也是中华民族发展的重要支撑。推动长江经济大发展必须从中华民族长远利益考虑,走生态优先、绿色发展之路,使母亲河永葆生机活力。因此,在长江经济带建设进程中不仅要追求经济效益,更应注重环境的保护,这是实现长江经济带经济社会可持续发展的客观要求。

　　本文从长江经济带大气污染治理效率入手,运用数据包络分析法对长江经济带 11 省市大气污染的治理效率进行时空差异分析。通过对长江经济带 11 省市大气污染治理效率进行测度,一方面为进行大气污染治理工作的监督提供有效的可视化监控管理数据窗口,大气污染治理效率测度能为相关部门与工作人员提供预警,更有助于在环保行政部门乃至整个政府机构内部都形成浓厚的环保意识。另一方面为政府有针对性地提高大气污染治理成效、促进大气治理工作提供重要的参考建议,能有效避免政府及相关部门在大气污染治理时的资源浪费,从而使得政府可以采用最优的方式促进大气环境更为有效地得到改善。同时,面对严峻的大气污染现状以及不断恶化的市场分割与产业趋同形式,本文基于区域联合共治角度,提出提高长江经济带 11 省市大气污染治理效率必须加快构建、完善长江经济带区域合作机制。

2. 文献综述

2.1　大气污染治理效率

近年来,数据包络分析(DEA)方法在环境效率中得到了广泛应用。范纯增等(2015)、曾理等(2013)、汪克亮等(2017)、Wu(2018)等采用径向 DEA 模型测算中国不同地区的大气污染治理效率。但是,由于径向 DEA 模型忽略了松弛变量,因而容易高估决策单元效率的真实水平。为了改进这一局限,Tone(2001)提出基于松弛测度的 SBM 模型。作为一种非径向、非角度的 DEA 模型,SBM 模型突出了松弛变量在效率测度中的重要作用。蓝庆新等(2015)构建了一个制度软化、公众认同与大气污染治理之间的理论模型并提出研究假说,采用 SBM 模型对我国各省份大气污染治理效率进行测算,并通过构建面板分位数模型对研究假说进行经验论证。何为等(2016)和金玲等(2014)均采用 SBM 模型测度中国不同地区的环境效率。

另一方面,为了应对传统 DEA 模型评价相对效率时可能出现的多个主体同时相对有效的情况,Andersen 等(1993)提出了超效率 DEA 模型,使有效主体之间能进一步比较效率高低。王奇等(2012)选取废气治理设施数、废气处理运行费用和工业二氧化硫、工业烟尘、工业粉尘去除量作为大气污染治理的投入与产出变量,运用超效率 DEA 模型,对中国各省份2004—2009 年大气污染治理效率进行研究。结果表明,研究期内我国大气污染治理效率的省际格局基本不变,中部地区大气污染治理效率高于东部和西部地区,并据此提出了相应的大气污染治理投入的对策建议;郑石明等基于我国 29 个省市 2005—2014 年大气污染治理面板数据,运用超效率 DEA 模型测算出大气污染治理效率,并运用面板校正标准误(PCSE)模型评估三类环境政策工具对大气污染治理效率的影响(郑石明 等,2017)。

此外,众多学者运用 DEA-Malmquist 指数法测度大气污染治理动态效率。范纯增等(2016)利用 DEA 和 Malmquist 指数模型,计算了城市工业大气污染治理效率,结果表明:城市间工业大气污染治理设施减排效率差异明显,投入冗余和减排不足并存;动态效率变化波动大,大多城市大气污染治理的技术效率和技术进步率不足。田颖等(2017)基于 Malmquist 指数模型分析了 14 年间江苏省重点行业的大气环境经济综合效率及其影响因素,通过分析大气环境经济的全要素生产效率(TFP)发现,技术变化指数作为影响 TFP 增长快慢的最主要的因素,呈现波动增加的趋势,但是增加幅度有限,加强技术改进和创新是进一步提高江苏省大气环境经济综合效率的关键。

2.2 区域合作机制

行政区域的划分与大气污染的流动性、整体性相矛盾。这就决定了长江经济带跨区域的大气污染防治必需走合作的道路,本文认为构建长江经济带大气污染合作机制的重点是区域联防联控,但要想从根源治理长江经济带的大气污染必须要建立促进 11 省市的发展合作机制,经济社会的高质量发展才会根除大气污染,还大家一片蓝天。区域合作机制是指不同行政区域为推进区域合作所制定的制度、规则、措施、手段的综合体现。区域合作在促进集聚效应、避免重复建设、优化资源配置等方面具有巨大促进作用,而区域合作机制有助于区域合作更有实效地开展,有助于区域合作健康可持续发展。

通过总结现有关于长江经济带区域发展合作机制的研究可以发现,苏斯彬等(2015)针对长江经济带产业合作现状,构建利益共享型合作机制与行政推动型合作机制,共同推进江海联运、绿色石化、黄金旅游带等产业建设。孙博文等(2015)结合密西西比河、莱茵河以及多瑙河的开发与管理机制,认为构建双边及多边合作机制、强化风险意识、鼓励公民参与以及完善法律法规是构建长江经济带区域合作机制的关键。王立伟等(2017)基于省际合作视角,构建了包括现代高效市场合作机制、准行政准市场的合作方式、新型行政合作方式、现代法治合作方式以及多元社会参与方式的长江经济带省际合作机制。胡艳等(2016)以长三角城市群为突破口,提出构建长江经济带城市群合作机制的重点在于如何利用长三角城市群带动中上游城市的发展。现有研究成果为后续研究提供了有益的借鉴,但应该指出的是,当前长江经济带区域合作刚刚起步,关于其合作机制还缺乏系统深入的研究。

因此,本文在借鉴国内外区域合作经验和深入分析长江经济带三大次区域合作机制现状的基础上,尝试构建长江经济带合作机制体系,从区域联合治理角度出发为提高长江经济带11 省市大气污染治理效率提供有效建议。

3. 长江经济带大气污染治理效率测算

3.1　评价模型

常见大气污染治理评价是在分层建立反映社会、经济、资源、环境、制度等各个方面的评价指标体系的基础上,应用 Delphi 法、层次分析法、灰色关联分析法、主成分分析法等确定指标权重,通过对指标值的加权平均计算评价结果。这类评价方法,通过系统、科学的指标体系的设置和合理的指标权重的确定,以对评价指标值的加权平均进行大气污染治理效率分析,较全面地反映了特定区域的大气污染治理水平、能力等,具有一定的科学性。但不容忽视的是,这类评价方法也存在明显的不足之处:其一,多数研究成果只能对被评价对象进行先后排序,且不能解释被评价对象排名落后的具体原因;其二,以加权平均计算最终评价结果的方式在一定程度上掩盖了以牺牲资源、经济为代价换取较少大气污染物排放的现象。由此,一些学者尝试将数据包络分析法应用于区域大气污染治理效率研究(Zhao et al,2017;Houshyar et al,2012;Masterna-ka-Janus et al,2017),从而为实现社会、经济和生态系统的协同持续发展出谋划策。

DEA 评价方法是解决以多投入、多产出和复杂巨系统为特征的综合评价问题的有效方法。首先,DEA 方法是一种非参数研究方法,以相对效率为基础,使用数学规划模型从投入、产出角度评价具有多个投入、产出的决策单元(DMU)。其次,DEA 方法可避免主观判断和客观要素的量纲、单位对评价结果产生影响。最后,DEA 评价方法在对各 DMU 的相对效率做出衡量的同时,可指出其无效的原因和程度,为决策单元效率的提高提供调控依据。另一方面,DEA 方法要求投入、产出指标个数的乘积小于 DMU 的个数,同时投入、产出指标总个数的 2 倍也须小于 DMU 的个数,即:$\max\{m \times q, 2 \times (m+q)\} < n$(Cooka,2009),若评价指标数量过多则很容易出现大部分甚至全部 DMU 均有效的结果。而构建全面、客观的区域可持续发展评价指标体系往往包含多项投入、产出指标,因此,需要在已建立的评价指标体基础上生成 DEA 投入、产出综合指标。为测度长江经济带大气污染治理效率,本文基于 DEA 方法指标数量的要求,在构建区域大气污染治理效率评价指标体系的基础上,采用主客观权重相结合的办法生成 DEA 投入、产出综合指标,从而为 DEA 方法在大气污染治理效率综合评价中的应用提供思路。

3.1.1　Super-SBM-Undesirable 评价模型

首先,针对传统 DEA 评价模型对无效 DMU 的解释说明仅包含对投入、产出等比例缩小或扩大,Tone Kaoru(2001)创新性地将松弛变量直接纳入目标函数,构建了一种能够测度松弛变量的非径向非角度的 SBM 评价模型。其次,针对产生活过程中的非期望产出,国内外学者在传统评价模型的基础上提出多种处理构想,如表 1 所示。最后,针对多个 DMU 同时有效问题,Andersen、Petersen 基于传统 DEA 模型提出一种可以进一步区分效率值为 1 的 DMU 的超效率模型。综上所述,在借鉴 SBM 模型及其对非期望产出的处理方法的基础上,结合 Andersen、Petersen 建立的超效率评价模型,本文构建了适用于区域可持续发展综合评价的 DEA 模型——Super-SBM-Undesirable 评价模型。

表 1　非期望产出处理方法的总结评价

处理方法	代表人物	总结评价
将非期望产出视作投入变量	Hailu (2001)	将非期望产出视作投入变量进行处理,其缺点在于该处理方法与现实生产过程不符
将非期望产出乘以－1	Seiford 等 (2005)	较好地解决了非期望产出问题,但受强凸性约束影响,该方法只能在规模报酬可变的情况下进行求解评价
非角度非径向处理	Tone 等(2011)	有效解决了非期望产出问题,提高了评价的准确性,但当存在多个 DMU 有效时,则难以对有效 DMU 进行进一步评价
距离函数法	Fare 等 (2007)	有效解决了非期望产出问题,但不能对投入、产出的松弛变量进行测度

本文首先对 Tone 所构建的 SBM-Undesirable 模型进行简单介绍,以此为基础,结合超效率评价模型的基本思想推导出 Super-SBM-Undesirable 评价模型。Tone 构建的 SBM-Undesirable 评价模型如下所示:

$$\min\rho = \frac{1 - \dfrac{1}{m}\sum_{i=1}^{m}\dfrac{s_i^-}{x_{ik}}}{1 + \dfrac{1}{q_1+q_2}\left(\sum_{r=1}^{q_1}\dfrac{s_r^{g+}}{y_{rk}} + \sum_{t=1}^{q_2}\dfrac{s_t^{b}}{y_{tk}}\right)} \tag{1}$$

$$\text{s. t.}\begin{cases} X\lambda + s^- = x_k \\ Y^g\lambda - s^{g+} = y_k^g \\ Y^b\lambda + s^{b-} = y_k^b \\ s^-, s^{g+}, s^{b-}, \lambda \geqslant 0 \end{cases}$$

式中:ρ 为目标 DMU 的综合技术效率值;λ 为权重向量;k 为第 k 个被评价单元;x、y^g、y^b 分别为投入值、期望产出值和非期望产出值;s^-、s^{g+}、s^{b-} 分别为投入、期望产出和非期望产出的松弛量。目标函数的分子与分母分别表示 DMU 的实际投入、产出值相对于生产前沿的等比例缩减或扩大值,即投入无效率与产出无效率。从式(1)中可以看出,SBM-Undesirable 模型将投入与产出的松弛量直接放入目标函数中,直接度量了变量松弛性所产生的与最佳生产前沿间的差距,解决了传统 DEA 模型中投入与产出的松弛性问题,同时也解决了非期望产出下的综合技术效率评价问题。

　　Andersen 与 Petersen(1993)所构建的超效率 DEA 评价模型的核心思想是将被评价 DMU 从参考集中剔除,即 DMU 的效率是参考其他 DMU 构成的前沿得出的。基于上述原理,由 SBM-Undesirable 评价模型与超效率评价模型推导而得的 Super-SBM-Undesirable 评价模型定义如下:

$$\min \rho^* = \frac{1+\dfrac{1}{m}\sum_{i=1}^{m}\dfrac{s_i^-}{x_{ik}}}{1-\dfrac{1}{q_1+q_2}\left(\sum_{r=1}^{q_1}\dfrac{s_r^{g+}}{y_{rk}}+\sum_{t=1}^{q_2}\dfrac{s_t^{b}}{y_{tk}}\right)} \tag{2}$$

$$\text{s.t.}\begin{cases} \sum\limits_{j=1,j\neq k}^{n} x_{ij}\lambda_j - s_i^- \leqslant x_{ik} \\[2mm] \sum\limits_{j=1,j\neq k}^{n} y_{rj}^g\lambda_j + s_r^{g+} \geqslant y_{rk}^g \\[2mm] \sum\limits_{j=1,j\neq k}^{n} y_{tj}^b\lambda_j - s_t^{b-} \leqslant y_{tk}^b \\[2mm] 1-\dfrac{1}{q_1+q_2}\left(\sum\limits_{r=1}^{q_1}\dfrac{s_r^{g+}}{y_{rk}}+\sum\limits_{t=1}^{q_2}\dfrac{s_t^{b-}}{y_{tk}}\right)>0 \\[2mm] s^-,s^{g+},s^{b-},\lambda \geqslant 0 \\[1mm] i=1,2,\cdots,m;r=1,2,\cdots,q;j=1,2,\cdots,n(j\neq k) \end{cases}$$

　　Super-SBM-Undesirable 模型不仅可以测算 DMU 的效率值,还能够测算 DMU 投入和非期望产出的冗余率以及期望产出的不足率。当 $\rho^*<1$,DMU 处于无效状态时,则被评价单元无效率来源可以分解为(Zhou et al,2018):

$$\begin{cases} IE_x = s^-/x_k \\ IE_g = s_r^{g+}/y_k^g \\ IE_b = s_t^{b-}/y_k^b \end{cases} \tag{3}$$

式中:IE_x 为投入冗余率,即投入要素可缩减比例;IE_g 为期望产出不足率,即期望产出可扩大比例;IE_b 为非期望产出冗余率,即非期望产出可缩减比例;其余变量含义与公式(2)一致。

3.1.2　熵值法

　　熵(Entropy)的概念起源于经典热力学理论,后来由 C. E. Shannon 将其应用于信息论中,将熵定义为对不确定性的一种度量。根据熵的特性,可以通过计算熵值来判断指标的离散程度,离散程度越大表明该指标对综合评价的影响越大,进而求得各项指标的权重,为多指标综合评价提供依据。以 n 个被评价单位、m 项评价指标为例计算各项指标的权重。$X=(x_{ij})_{m\times n}$ 是其原始指标数据矩阵,具体应用步骤如下:

　　(1)计算第 i 年份第 j 项指标的比值:$y_{ij}=x_{ij}/\sum\limits_{i=1}^{n}x_{ij}$;

　　(2)计算第 j 项指标的信息熵:$E_j=-k\sum\limits_{i=1}^{n}y_{ij}\ln y_{ij}$,$k=1/\ln n$;

　　(3)计算信息熵冗余度:$D_j=1-E_j$;

　　(4)计算指标权重:$\theta_j=D_j/\sum\limits_{i=1}^{n}D_j$ 。

3.2 综合评价体系的构建

3.2.1 指标选取原则

建立系统、科学的综合评价指标体系是对长江经济带11省市大气污染治理效率进行综合评价的关键一步。而应用DEA方法综合评价长江经济带过去10年大气污染治理效率,其评价指标体系的建立需要在满足DEA方法应用要求的前提下,以区域大气污染治理相关理论为指导,遵循指标体系设计的目的性、可比性、可操作性等原则。

(1)目的性原则。评价指标体系是服务于DEA评价模型在大气污染治理效率综合评价中的应用,因此须包括投入、期望产出及非期望产出三类指标,能够全面、系统地反映11省市的社会、经济、资源、大气环境等要素的特征。

(2)可比性原则。评价指标体系所选用的各项指标具有一定的代表性,且满足在不同子区域、不同年份之间具有可比性,使得该评价指标体系既可应用于长江经济带大气污染治理效率的横向对比评价,也能实现对长江经济带大气污染治理效率的纵向对比评价。

(3)可操作性原则。建立评价指标体系须充分考虑指标数据的可得性、数据处理的难易程度,做到复杂性和简易性的统一。

3.2.2 大气污染治理评价指标体系

本文在借鉴国内外相关文献的同时,遵循指标体系设计的目的性、可比性、可操作性三大原则,建立了包含投入、期望产出与非期望产出的长江经济带大气污染治理评价指标体系,如表2所示。旨在以投入产出为主线,以资源消耗、资金投入、经济发展以及大气污染为基本要素单元,力求系统、科学地反映长江经济带大气污染治理现况。为保证指标体系建立的科学性,指标体系的最终确定还征求了来自高等院校、科研院所、规划部门、环境部门、统计部门等多名专家的意见。

表2 大气污染治理效率评价指标体系

类型	一级指标	二级指标	三级指标
投入	其他投入 X_1	物力消耗 X_{11}	工业废气治理设施数(套)X_{111}
		能源消耗 X_{12}	能源消费总量 X_{121}
			煤炭消费占比 X_{122}
		人力消耗 X_{13}	就业人数 X_{131}
	资金投入 X_2	环境资金投入 X_{21}	城镇环境基础设施建设投资(亿元)X_{211}
			工业污染源治理投资(亿元)X_{212}
			环境污染治理投资强度% X_{213}
		社会资金投入 X_{22}	资本存量 X_{221}
期望产出	经济发展 Y_1	经济增长 Y_{11}	GDP 增长率 Y_{111}
		经济结构 Y_{12}	第三产业占比 Y_{121}
		经济规模 Y_{13}	人均 GDP Y_{131}

续表

类型	一级指标	二级指标	三级指标
非期望产出	大气污染 Y_2	二氧化硫 Y_{21}	工业二氧化硫排放量 Y_{211}
			生活二氧化硫排放量 Y_{212}
		氮氧化物 Y_{22}	工业氮氧化物排放量 Y_{221}
			生活工业氮氧化物排放量 Y_{222}
			机动车工业氮氧化物排放量 Y_{223}
		烟粉尘 Y_{23}	工业烟粉尘排放量 Y_{231}
			生活烟粉尘排放量 Y_{232}
			机动车烟粉尘排放量 Y_{233}

3.2.3 确定投入、产出综合指标值

本文一方面通过熵值法得到各项指标的客观权重，另一方面通过参阅相关文献、咨询专家意见等途径得到各项指标的主观权重，以主、客观权重相结合的思想，将 19 项三级指标合成 DEA 评价模型所需的投入、产出综合指标。

首先，获取数据及其标准化处理。本例所使用的数据少数直接摘自 2008—2017 年各年的《中国统计年鉴》《中国能源统计年鉴》《中国环境统计年鉴》以及各省市统计年鉴，多数则是由相关年鉴上公布的数据计算而来。本文选择最常用的极大值标准化方法对原始数据进行处理。其次，确定指标权重。指标权重的确定包括两个阶段，首先是确定二级指标下的各个三级指标的权重，然后是确定一级指标下的各个二级指标的权重。若某个二级指标只包含一个三级指标，如"物力消耗""人力消耗"等二级指标，则可将其下三级指标的权重看作 100%。最后，确定综合指标值。以各项三级指标权重、二级指标权重为依据，结合标准化处理原始指标值推导出其他投入、资金投入、经济发展、大气污染四项一级指标值：X_1、X_2、Y_1、Y_2。各项评价指标权重具体结果如表 3 所示。

表 3　评价指标权重

指标	X_{11}	X_{12}	X_{13}	X_{21}	X_{22}	Y_{11}	Y_{12}	Y_{13}	Y_{21}	Y_{22}	Y_{23}
客观权重	0.689	0.168	0.143	0.648	0.352	0.334	0.336	0.330	0.332	0.277	0.391
主观权重	0.300	0.400	0.300	0.600	0.400	0.300	0.300	0.400	0.400	0.300	0.300
权重	0.652	0.212	0.136	0.734	0.266	0.301	0.303	0.396	0.398	0.249	0.352

指标	X_{111}	X_{121}	X_{122}	X_{131}	X_{211}	X_{212}	X_{213}	X_{221}	Y_{111}	Y_{121}	Y_{131}
客观权重	1.000	0.632	0.368	1.000	0.432	0.213	0.355	1.000	1.000	1.000	1.000
主观权重	1.000	0.500	0.500	1.000	0.200	0.500	0.300	1.000	1.000	1.000	1.000
权重	1.000	0.632	0.368	1.000	0.289	0.356	0.355	1.000	1.000	1.000	1.000

指标	Y_{211}	Y_{212}	Y_{221}	Y_{222}	Y_{223}	Y_{231}	Y_{232}	Y_{233}			
客观权重	0.392	0.608	0.422	0.342	0.236	0.212	0.331	0.457			
主观权重	0.700	0.300	0.500	0.200	0.300	0.500	0.200	0.300			
权重	0.601	0.399	0.603	0.195	0.202	0.343	0.214	0.443			

4. 长江经济带大气污染治理效率时空演化分析

取具有代表性年份 2007 年、2011 年、2016 年以及均值对长江经济带 2007—2016 年大气污染治理综合技术效率进行时空演化分析。根据计算结果对各省市的综合技术效率进行排序,并利用 ArcGIS 10.2 绘制 2007—2016 年长江经济带大气污染治理综合技术效率时空演化图,区块颜色越深代表该省(市)综合技术效率值越高,如图 1 所示。

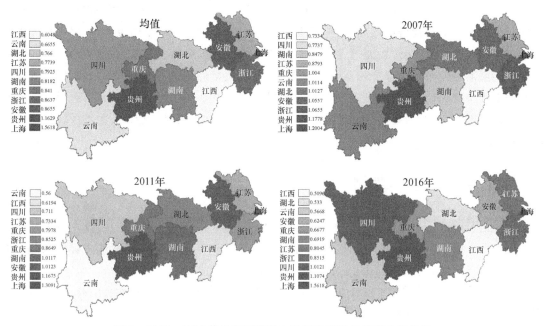

图 1　2007—2016 年长江经济带大气污染治理效率时空演化图

(1)由图 1 横向观测可以发现:长江经济带 11 省市间的大气污染治理效率差距呈不断扩大之势。在 2007 年,11 省市大气污染治理效率的方差为 0.146、极差值为 0.467;到 2016 年,11 省市大气污染治理效率的方差为 0.3、极差值为 1.052。纵向观测可以发现:长江经济带大气污染治理效率整体呈现持续下降趋势。在 2007 年,11 省市大气污染治理效率的均值为 0.978,其中有 7 个省市的效率大于 1,不存在效率小于 0.7 的省市;到 2016 年,11 省市大气污染治理效率的均值为 0.779,其中只有 3 个省市的效率大于 1,且 6 个省市的效率小于 0.7。上述结果表明:由于发展观念、目标的不同,部分省市片面地以 GDP 为主要指标来衡量该地区发展水平,忽视了大气环境这一约束条件。所以,11 省市在过去 10 年的发展历程中涌现出多种发展类型,在探索可持续发展的道路上既有发展模式转型成功的省市,也存在发展模式落后的省市,最终致使长江经济带可持续发展水平不断恶化,11 省市间的差距不断扩大。

(2)从地理位置、区域特征角度出发,对图 1 进行演变分析。在长江经济带上游,一方面,贵州省在过去 10 年大力发展旅游业,重视大气环境的预防与治理,大气污染治理效率水平始终处于相对有效状态,均值为 1.163;四川省在过去 10 年里转变发展方式,由原先大力发展重工业,转向以旅游业为产业龙头,积极促进服务业快速健康发展。其效率水平由 2007—2011

年间的缓慢下跌,向 2011—2016 年间的高速增长转变,截至 2016 年其效率已达 1.012,成为三个有效省市之一;而另一方面,重庆、云南两省市受产业政策影响,效率水平则表现为急速下跌,分别由之前的 1.004 下跌至 0.668、1.011 下跌至 0.567。位于长江经济带中游的湖南、湖北、江西、安徽 4 个省市因为处于相似的地理位置,具有相同水平的发展资源与条件,加上相互影响的发展政策,致使其大气污染治理效率变化的趋势相似,表现为逐年递减。位于长江经济带下游的江苏和浙江两省截至 2016 年大气污染治理效率较低,在过去 10 年发展过程中,两省大气污染治理效率呈 U 型发展,由 2007 年开始下跌,到 2011 年开始转为上升。说明作为我国经济大省的江苏省、浙江省在过去 10 年发展中,其社会进步、经济增长在一定程度上是以牺牲资源与大气环境为代价换取而来,但后期意识到环境变量这一重要约束条件,对区域发展模式进行优化升级,走可持续发展道路。位于长江经济带最前沿的上海市,在过去 10 年发展中,其大气污染治理效率始终保持相对有效水平,且效率值始终排名在第一位。上海凭借其得天独厚的地理位置和政策支持,迅速发展成为我国的金融中心、国际大都市,与江苏、浙江两省相比,上海市以技术创新为导向,充分利用现有资源,追求社会、经济、文化和生态系统的协同均衡发展。

5. 构建区域合作机制

传统的行政区治理机制是导致长江经济带大气污染的重要影响因素,区域发展失衡下的差异化发展方式、各自为政的治理机制和府际主导的松散合作治理模式有其固有的缺陷。面对严峻的大气污染现状以及不断恶化的市场分割与产业趋同形式,长江经济带必须加快构建、完善长江经济带合作机制,加强长江经济带区域合作,促进 11 省市经济社会的高质量发展,从根源上治理长江经济带的大气污染。

但国内对长江经济带区域合作机制的研究尚不多见,针对大气污染联合治理的区域合作机制研究就显得更少。另一方面,《长江经济带发展规划纲要》《关于依托黄金水道推动长江经济带发展的指导意见》等区域发展文件都强调长江经济带区域合作机制的构建与完善。受地理区位、发展环境、经济基础等因素的影响,长江经济带区域合作在不同次区域和主题表现为非平衡。因此,本报告结合区域合作理论,在深入分析长江经济带三大次区域的合作现状和地区差异的基础上,以大气污染联防联控为主线,以促进社会经济高质量发展为根本构建了包含主体机制、制度化机制、运行机制和保障机制的长江经济带区域合作机制体系,构建沿海与中西部相互支撑、良性互动的新格局,以推进长江经济带大气污染治理。

5.1 长江经济带区域合作现状

受地理位置、基础设施、经济规模、产业结构及大气污染现状等因素的影响,长江经济带下、中、上游区域合作水平存在着明显差异,且影响区域合作的因素也各有差异。

长江经济带下游地区的区域合作是目前中国区域合作水平最高的。江苏、浙江及上海三省市的社会经济水平排在我国前列,区域市场联系密切,区域合作从专题研究到共同规划,再到项目建设已经全面开展,合作机制也在不同层次铺开。沪苏浙经济合作与发展座谈会、长三角城市经济协调会、协调办公室制度等区域合作机制有效推动了长江经济带下游的区域合作进程。南京都市圈、浙东经济合作区、江阴靖江产业园区等次区域的合作成果也成为引领全国的合作发展模式(王云骏,2005)。另一方面,三省市对非政府组织在区域合作进程中的功能定位缺乏清晰的认识,且三省市的非政府组织自身缺乏制度规范体系与监督机制,从而使得一些非政府组织违背了非营利的初衷,开始为个人或小集体谋取利益,不能在政府与企业间发挥其纽带作用。

比较而言,长江经济带中游四省区域合作水平相对较低。1987 年成立的以武汉为中心的中部城市群经济协作组织逐渐淡出中游地区区域合作机制的视野;2012 年首次举行了中游的湖北、江西和湖南三省的会商会议;2015 年国务院批准《长江中游城市群规划》(龚胜生 等,2014)。长江经济带中游区域合作进程缓慢主要与四省经济发展水平相似,缺乏强有力的中心城市作引领,四省在争取国家政策、承接长三角产业资源以及吸引外商投资上存在着激烈的竞争,地区竞争激励大于合作激励等因素相关。加之流域合作管治的事务多涉及区域性的公共产品,如水资源管理等具有非竞争性和排他性,也导致了长江经济带全流域区域合作总体发展缓慢。另一方面,现行的行政激励机制强化了地方政府之间的竞争性,致使各级政府只专注自身短期利益,"各扫门前雪",形成以邻为壑的城市发展思路。该现状严重阻碍了各区域自身的发展与区域合作进程的推进,集中反映了我国部分区域合作所存在的困境——宏观区域协调的体制激励滞后。

上游地区的区域合作发展比较注重在项目建设方面,区域合作水平处于中等。1988 年,滇、川、黔、渝的 18 个城市联合成立"重庆经济协作区";2004 年,四川与重庆签署了《关于加强川渝经济社会领域合作,共谋长江上游经济区发展的框架协议》;2012 年,国家发改委批准川渝合作示范区的总体规划;2013 年,建成成渝高速公路环线,同时川江航道最低水深提高到2.9 米等一系列合作机制持续推动"三省一市"区域合作(饶光明,2006)。另一方面,从合作环境来看,上游地区市场程度和开放程度较低,对市场主体的行政干预较多,政府管理手段和服务理念与长三角地区相比仍有待提高。从合作层次来看,滇、川、黔、渝四省市区域合作内容主要集中在政府合作,企业与非政府组织参与较少,且非省会城市参与也较少,多数集中在省会城市。从合作广度来看,四省市区域合作成果主要集中在经济、水利、交通,而关于民政、教育、治安等方面的区域合作尚未开展。

5.2　长江经济带区域合作机制研究

当前长江经济带区域合作机制仍处在磋商阶段,尚未形成一套完整的合作机制体系。由于长江经济带区域合作在不同主题和地区的发展并不平衡,受到的影响机制也各有差异。因此,长江经济带合作机制构建应是多样并存的,需要结合上、中、下游合作现状(郝寿义 等,2015)。本文借鉴欧盟(郭关玉,2006)、密西西比河流域(张畅,2017)、珠三角(张稷锋 等,2004)等地区区域合作经验,构建了包含主体机制、制度化机制、运行机制和保障机制的长江经济带区域合作机制,其系统结构框架如图 2 所示。

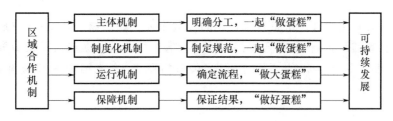

图 2　长江经济带区域合作机制框架图

5.2.1　主体机制

主体机制是指区域合作中关于合作主体的类型、角色职能定位等涉及合作主体问题的总称。政府、企业以及非政府组织是推进长江经济带 11 省市大气污染联防联控、社会经济高质量发展的三大合作主体,不同合作阶段主体职能确定的模糊或缺损都会影响区域合作的深度和广度,推进长江经济带区域合作,必须充分发挥各合作主体的能动性(何小东,2009)。

（1）政府

政府是推进长江经济带区域合作的行政主体,是实现区域利益最大化的基础和保障。资源投入冗余、生态恶化、恶性价格竞争、信息不流通及不正当经营等问题的解决,需要政府的宏观调控与指导。在长江经济带区域合作中,政府作为行政主体,发挥主导性作用,扮演多种角色,是区域合作的倡导者、组织者、推动者、监督控制者、规范制度者和协调者,是推进区域合作的核心,其主要职能如表 4 所示。

表 4　政府在区域合作中的角色

扮演角色	职　能
倡导者	积极引导,开展宣传,展开企业交流
组织者	制定规划,组建机构,配置资源
监督者	监控项目实施、政策落实
推动者	基础设施建设,人才培养,信息共享
制定者	制定合作政策,规范市场,完善法律
协调者	协调利益关系、区域关系、企业关系

（2）企业

企业是推进长江经济带区域合作的市场主体,区域间企业的联合协作构成了区域合作的主要内容。区域资源配置、基础设施、产业升级以及要素流动等项目的实施,都是在市场环境下由企业完成的,且企业生产对生态环境的影响至关重要。在长江经济带区域合作中,企业是社会经济活动、相关利益、生活产品的资源配置者与具体实施者,其主要职能如表 5 所示。

表 5　企业在区域合作中的角色

扮演角色	职　能
资源配置者	合理配置区域资金、技术、人才、信息等资源要素,实现优势互补
具体实施者	资源开发、基础设施建设、产品生产

（3）非政府组织

非政府组织是推进长江经济带区域合作的社会主体。在区域合作中,非政府组织是连接政府和企业的桥梁与纽带,在监督管理、关系协调、维护秩序以及促进信息交流和共享等方面具有特殊的作用,是区域合作的调研分析者、关系协调者、交流沟通者和监督者,具体职能如表 6 所示。

表 6　非政府组织在区域合作中的角色

扮演角色	职　能
调研分析者	为政府、企业等提供意见、建议或咨询
关系协调者	协调区域合作内部各种关系,制定行业规范和标准,维护市场秩序
交流沟通者	为政府、企业提供沟通平台,促进信息交流与共享
监督者	是政府监控机制的有效补充

(4)合作主体关系的架构

在区域合作中,合作主体关系包括合作成员间关系以及不同合作主体间的相互关系。在不同合作阶段,不同成员、主体具有不同的行为特征,发挥着不同作用,导致不同成员、主体间的竞争与合作博弈也各不相同。所以长江经济带合作主体关系的架构是动态变化的,如表 7 所示(苏怡文,2016)。

表 7　合作关系架构

合作阶段	成员间关系	主体间关系
初期	各要素替代,竞争性关系	政府主导,企业参与,非政府组织不显
中期	各要素互补,协作性关系	企业主导,政府引导,非政府组织参与
后期	各要素相互依存,共生性关系	企业主导,非政府组织引导,政府参与

5.2.2　制度化机制

制度化机制是指能对区域合作主体行为构成约束的法律、法规、政策等制度安排,对保障区域合作、联手治理大气污染的有效运行至关重要(李建忠,2017)。首先,制度化的安排具有约束力,可以为三大次区域的合作主体提供安全与信任的合作环境,遏制机会主义囚徒困境的产生,促进各要素流通。其次,制度化的安排具有激励作用。市场化的激励机制主要是通过利益驱动各合作主体投身区域合作,而制度化的安排通过建设公平、公正的合作环境激发各合作主体积极参与区域合作。最后,制度化机制有效规定了各合作主体的行为范围,因此制度化机制能有效防止和化解各类合作冲突,协调各主体关系。

整体来看,目前长江经济带三大次区域的区域合作多数仍然停留在非制度化阶段,仍采用连续性及约束性较弱、随意性较强的区域合作形式,如对话、论坛等。构建三大次区域合作的制度化机制可以从以下三方面着手。首先,推进合作区域制度化建设,消除市场、资源的隐形分割。区域内各级政府应联合制定区域合作条例,对基础设施建设、信息共享、生态保护等区域合作建设制定具体条例,为区域合作提供法律依据。同时,清除阻碍区域合作的现有地方性法规,消除行政壁垒和市场壁垒,促进区域合作的无缝对接。其次,推进会议模式制度化建设。长江经济带的区域合作要有制度化的会议模式,会议须采取年度轮值的形式举办,要有年度的工作主题,围绕主题开展区域合作目标、任务、方案及对策的探讨,达成共识。最后,推进组织机构制度化和规范化建设。三大次区域须建立轮流坐庄的、专门负责合作事宜的组织机构,负责根据区域内各城市发展现状确定合作目标、项目、政策以及合作成效评估等工作。

5.2.3　运行机制

合作运行机制是指为了保证区域合作启动及运行所应建立的制度和机构,主要包括组织机构、合作目标、合作动力、合作模式四大运行机制。

（1）组织机构机制

针对区域管理机构存在着法律地位不明确、职能交叉分割以及缺乏自主管理权等问题,长江经济带三大次区域须建立（或完善）一个由各省市党政主要领导轮值担任负责人的专门负责区域合作的综合组织机构,设置办公室处理日常工作,设置专业委员会制定统一发展规划、优化资源配置、协调合作主体关系、部署各城市的具体工作,设置监督机构督促合作各方自觉遵守合作规则等区域合作各项事宜,实现区域合作的正和博弈（邓可祝,2013）。受地理位置、基础设施条件、经济总量和规模以及资源环境等因素的影响,长江经济带上、中、下游的综合组织机构应重点关注的区域合作问题各不相同,具体如表 8 所示。

表 8　三大次区域区域合作组织机构关注的核心问题

区域	负责研究的区域合作核心问题	
	个性问题	共性问题
下游	确定非政府组织机构的职责、权利和义务	共同制定区域产业发展方针政策;破除行政、市场壁垒,避免重复建设、产业趋同;制定对外竞争方针;对重大问题进行责任分析和事故处理;利益分配与补偿;奖优罚劣;政府绩效考核;监督检查政策、项目等合作内容的执行落实情况
中游	联合编制区域发展规划;推进交通一体化建设;搭建合作平台	
上游	政府权力下放,做好引导;推动企业转型,鼓励企业积极参与区域合作;优化产业布局	

（2）目标机制

区域合作是一个动态的、复杂的系统,合作的深入开展需要共同的行动目标作引导。确定合作目标不仅是合作的动力,也是整个长江经济带区域合作的基础。根据长江经济带区域合作的现状及发展条件,实现区域可持续发展将是未来很长一段时间努力的目标。另一方面,上、中、下游三大次区域需要根据各省市发展现状,兼顾各方利益,制定相应的阶段目标（蒋瑛 等,2011）。

建议沪、苏、浙三省市将加快推进区域生态一体化建设作为近期目标。三省市联合制定推行碳排放和排污权交易制度,构建生态保护区与受益区之间的生态补偿机制。同时,以长江、太湖、洪泽湖、西湖等为重点,加强河流湖泊的综合治理,推进碧水工程;以紫金山、老山、天台山、雁荡山为重点,搞好森林和山地资源的保护,推进青山工程;依靠新一代能源技术实现节能减排、清洁生产,推进蓝天工程。建议湘、鄂、赣、皖四省将加快推进区域交通一体化建设作为近期目标。一是加快推进以武汉市为枢纽,连接湖北、湖南、江西和安徽四省的高铁建设;二是加快建成以四省市省会城市为中心的高速公路路网建设;三是加快推进宜昌、荆州、黄石、长沙、九江、岳阳、安庆、芜湖等港口建设。建议滇、川、黔、渝四省市将加快推进区域产业一体化建设作为近期目标。四省市应根据自身的比较优势以及资源禀赋,合理承接产业转移,避免同质化竞争,实现功能互补的产业错位发展;加快企业合作推动产业集聚,以集聚促裂变形成“抱团出海”的巨大的市场冲击波和国际影响力;以教育、技术为抓手,大力培育新兴战略性产业,走新型工业化道路;加快户籍制度改革,打破人才地域限制,搭建公共人才服务平台,构建统一的人力资源市场。

（3）动力机制

动力机制是促进长江经济带三大次区域各合作成员与主体积极参与区域合作的重要保

证。推进长江经济带区域合作的动力可分为内部动力与外部推力。内部动力具体表现为市场机制在更大范围内配置资源所带来经济收益的吸引力,如降低生产运营成本、提供信息技术支持等。外部推力主要有区域经济格局边缘化的压力、区域经济组织施加的推力,如政策扶持(陈佳平,2010)。推进长江经济带区域合作进程,既要完善长江航道治理、沿江高铁建设等重点基础设施,同时根据区域合作现状制定适宜的政策与规划,进一步扩大区域经济合作空间,促进合作动力"显化"。

(4)合作模式机制

区域合作模式是指在特定时期内,区域合作发展的总体方式。区域合作进程在不同的区域条件、背景下呈现不同的合作模式形态,并随着时间不断演化。本文基于区域合作主体视角探讨长江经济带三大次区域的区域合作模式(曹阳 等,2007)。在不同区域合作阶段,根据政府和企业在合作中的地位和作用的不同可以分为政府主导型和企业主导型两种合作模式,长江经济带三大次区域主体合作模式类型如表9所示。

表 9　三大次区域主体合作模式类型

区域	各合作主体的地位与职能	合作模式
下游	企业主导区域合作,非政府组织发挥重要作用,提供信息、咨询等服务,政府逐渐游离	企业主导型
中游	政府作为第一合作主体,企业为参与主体,非政府组织的作用及影响几乎没有体现	政府主导型
上游	企业逐渐取代政府成为区域合作的真正主体,政府主导向政府引导转变,非政府组织开始发挥其有效的监督和服务职能	企业主导型

充分发挥各合作成员、主体的职能,形成发展合力,是保障区域合作又好又快进行的关键。基于不同的合作模式类型,长江经济带三大次区域的区域合作工作重点各不相同。

推进长江经济带下游区域合作,重点在于非政府组织建设。非政府组织在协调各方关系、促进信息交流与共享、提供决策咨询等方面具有不可替代的作用。沪、苏、浙三省市的非政府组织可以学习美国纽约大都市区的区域规划协会,首先摆脱政府的隶属关系,独立行使管理职能,获取企业信任,切实代表企业的权益,从企业的角度出发为其解决合作发展中的问题和矛盾(王宇灏,2010);其次,不断拓宽非政府组织的负责领域,建立区域性的行业组织,对区域合作规划、项目、政策实施进行有效的监督和评估,并提出建设性意见,充分发挥其协调、服务和监督的职能;最后,三省市政府遴选各省市顶级咨询专家,联合现有非政府组织,成立长江经济带下游区域合作咨询委员会、经济联合会及行业联盟等,为长三角区域发展提供决策咨询,为企业合作搭建交流平台,制定行业发展规划和行业标准。

推进长江经济带中游区域合作,重点在于政府发挥主导性作用。成立由政府领导,其余合作主体参与、轮流负责形式的联席会议制度,定期召开会议,各合作成员、主体根据利益诉求各抒己见,协调解决区域合作中出现的矛盾和冲突。湘、鄂、赣、皖四省政府联合对区域发展进行顶层设计,将各自发展的战略重点、发展策略和发展方向有机结合起来,将发展目标、发展内容和发展空间动态结合起来,编制区域性的社会经济发展规划。在四省范围尺度上考虑资源利用,产品开发,减少重复建设、产业趋同,提升区域整体竞争力。

推进长江经济带上游区域合作,重点在于发挥企业主导性作用。滇、川、黔、渝四省市的政府职能要由干预经济转变为引导经济,打破行政壁垒。同时简政放权,不断完善审批制,促进生产要素以及商品的自由流动。企业须采取垂直分工的产业链和水平分工的产业集群,实现规模经济,克服市场因分散和紊乱造成的无序竞争。另一方面,四省市企业根据自身发展规模实施区域内不同角度的转型及区域间的横向联合。大型企业可通过集团化和连锁化的经营模式突破区域间的行政区划界限,通过统一采购、合作、促销等方式降低成本,提升整体竞争力,成为企业的“领头羊”。中型企业通过市场细分,走专业化的发展之路,避免与大型企业在资源和产品开发方面的直接竞争。小型微型企业须充分利用其灵活性优势,进一步加强企业合作,发挥产业集聚效应,走“专精特新”发展之路。

5.2.4　保障机制

合作保障机制,即保障区域合作高效运行的监督约束机制、利益分配机制、关系协调机制、政府绩效考核机制、生态补偿机制等制度体系。

(1)监督约束机制

监督约束机制是指能对各合作主体行为构成监督与约束的法律、法规、政策等制度安排,对违反“游戏规则”者给予惩罚,构建公平、公正的区域合作环境(高建华 等,2011)。建设长江经济带三大次区域的区域合作监督约束机制,重点关注以下两点。一是,成立监督委员会、仲裁委员会以及处罚委员会,联合制定“奖优惩劣”的相关法律法规,明确监督约束机制的执行机构和执行方式。对积极合作的合作成员、主体给予肯定和资金政策支持,对政府领导失职渎职、企业恶性竞争、非政府组织以权谋私等违法行为做出相应的处罚,减少各合作主体不作为、乱作为、过度干预等现象。二是,学习日本东京都市圈区域合作机制,制定或完善区域合作法律法规,以法律制度的形式固定合作的重点项目,以法律法规维护市场秩序,提高对合作成员与主体的约束效力。

(2)利益分配与补偿机制

利益分配与补偿机制是指以平等、互利、共赢为前提,各合作主体通过规范的制度分配合作利益。同时,通过政策扶持、调节税收、成立专项等手段对一些地方发展短期利益与区域发展长期利益相冲突的城市提供补偿;或对欠发达区域进行跨区基础设施建设、产业转移等(庄士成,2010)。构建长江经济带三大次区域的利益分配与补偿机制,首先需要根据各合作主体的经济基础、资源要素、成本投入等因素,做到利益非均衡分散;其次,成立利益保障委员会,基于市场机制,协调各合作成员、主体的利益,保障各成员、主体在区域合作进程中实现帕累托最优;然后,设立区域发展基金会,通过各城市按比例缴纳、中央政府财政支出以及社会捐赠等途径进行多渠道融资,以协调区域利益关系;最后,探讨、制定、完善区域内各种要素资源的共享制度,从而提高三大次区域利益共享水平,促进区域合作可持续性。

(3)关系协调机制

关系协调机制是指为解决合作进程中的问题与矛盾,促使各合作成员、主体相互交流、协商、仲裁的制度体系或机构。由于各合作成员、主体的发展基础、阶段目标存在较大差别,难以避免会出现问题与矛盾。因此构建关系协调机制是保障区域合作的重要环节,长江经济带三大次区域合作协调机制的构建可从以下两点出发:第一,借鉴欧盟区域合作关系协调机制,设置协调区域合作关系的专门职能机构(杨逢珉 等,2007),三大次区域也须建立高级别决策咨询机构,成立区域合作发展专家委员会;第二,借鉴泛珠三角区域合作机制构建成果,三大次区域需要构建多层次合作体系,确保合作政策决策落实效率。

(4)政府绩效考核机制

政府绩效考核机制是指对政府工作能力、办事效率、服务质量进行有效评估,以降低行政成本,增加公众信任度,建立高效、诚信政府的考核机制(贾让成 等,2007)。长江经济带三大次区域政府绩效考核机制的建立可从以下四点出发:第一,区域联合制定绩效考核的程序规范和法律依据,并将"合作绩效"纳入考核范畴;第二,改变地方官员考核以 GDP 为核心指标,结合民生工程、公共服务、生态文明相关内容,建立更具综合性的指标体系;第三,鼓励群众、社会媒体积极参与和监督,以群众与社会媒体作为绩效评估主体,政府相关部门为辅,破除考核流于形式的现象;第四,机关效能建设、目标责任制、社会服务承诺制、万人评议政府、行风评议、干部实绩考核制等多种政府绩效考核活动并行。

(5)生态补偿机制

生态补偿机制是指为实现污染治理,人与自然和谐共生,而运用行政和市场手段,协调生态环境保护相关各方之间利益关系的一种制度安排(李国平 等,2016)。只有构建公平、公正、积极、有效的生态补偿机制,才能实现生态环境与社会经济的双赢。长江经济带三大次区域生态补偿机制的建立需要注意以下几点:一是,加大宣传力度,强化环保理念,实现全面参与;二是,建立健全环保相关法律法规,建立环保检测网络体系,加强环保监测,提升预警和应急能力;三是,通过多元化融资方式,设立生态发展补偿基金,并采取多渠道的生态补偿方式;四是,增收生态补偿税和资源税,提高资源利用率,降低资源消耗;五是,借鉴国内外的经验和做法,实现长江经济带区域合作生态补偿机制的市场化运行。

6. 结论与政策启示

本文一方面对长江经济带大气污染治理效率进行综合评价分析,在构建长江经济带大气污染治理评价指标体系的基础上,采用主客观权重相结合的办法生成 DEA 投入、产出综合指标,利用 Super-SBM-Undesirable 测算了长江经济带 11 省市大气污染治理的相对评价效率。通过对长江经济带 11 省市大气污染治理现状的评价分析可以发现,在过去 10 年发展中长江经济带大气污染形势严峻,传统的粗放型发展方式仍在持续,不仅各省市大气污染治理效率表现为不断下跌趋势,而且各省市间的差距不断拉大。另一方面,本文认为行政区域的划分与大气污染的流动性、整体性的矛盾决定了长江经济带跨区域的大气污染防治必需走合作的道路,且要想从根源治理长江经济带的大气污染必须要建立促进 11 省市的社会经济高质量发展的区域合作机制。本文结合区域合作理论,在深入分析长江经济带三大次区域的合作现状和地区差异的基础上,以大气污染联防联控为主线,以促进社会经济高质量发展为根本,构建了包含主体机制、制度化机制、运行机制和保障机制的长江经济带区域合作机制体系,构建沿海与中西部相互支撑、良性互动的新格局,以推进长江经济带大气污染治理。基于本文研究成果,推进长江经济带大气污染治理应着重从以下几个方面入手。

(1)建立区域合作机制,深化合作与分工

为了提高长江经济带整体大气污染治理效率,以及减小各省市间的差距,长江经济带应充分利用黄金水道的便利条件,建立区域合作机制体系,促进11省市社会经济高质量发展,从根源治理长江经济带的大气污染。首先,发挥市场经济的决定性作用,打破区域行政壁垒与地方保护主义,营造区域分工与合作的良好氛围,加强三大地区间的交流与协作,合理配置资源,使得资金、技术等要素在不同区域间便捷流动。其次,下游地区大气污染排放效率的内部差距也逐渐扩大,是总体差距形成不可忽略的因素。为此,下游省市之间应加强与周边城市的良性互动,找到各省市利益的平衡点,避免出现恶意竞争现象,保证要素的自由流动。再次,适度发挥国家干预是避免各项机制的制定流于形式的重要手段,中央政府应加大对上游地区人力与财力的政策性支持,让先进的管理经验、污染治理技术充分涌入上中游地区,从而激发各个地区的经济活力,最终实现长江经济带大气环境质量的全面改观。最后,长江经济带不仅要健全内部协作机制,也应注重与黄河经济带、珠江经济带等其他经济带的联动,相互之间取长补短,建立有效的外部联动机制,从而为长江经济带大气污染排放效率的改善提供不竭的动力源泉。

(2)调整产业结构,规划产业布局

产业结构对长江经济带大气污染治理效率有重大的影响,产业结构优化在很大程度上对大气污染排放效率起着正向的促进作用。为此,长江经济带11省市应立足于各自的产业优势,以产业布局带动产业转型,避免出现产业同构现象。首先,以上海为"龙头"的长三角下游地区应继续发挥各方面的优势,努力形成以高新技术业、高端服务业为核心的产业布局。其次,长江中游地区应有序承接下游地区的制造业,特别注意减少承接高耗能、高污染的重化工企业,防止下游地区的污染企业过度内迁,将先进制造业作为今后的发展重点,用良好的第二产业带动农业的发展,打造现代化的农业强区,从根本上遏制本地区恶劣雾霾天气的出现。再次,在上游地区的"成渝经济区",重庆市与成都市应发挥龙头示范作用,推动信息化与工业化融合发展,走新型工业化道路,并打造长江上游地区内陆开放高地。最后,上游地区的云南、贵州省应充分利用各自的资源与生态优势,注重保护生态环境,发挥生态屏障作用,减少工业对环境的破坏,重点发展旅游产业,用旅游产业带动其他服务业的发展,为长江经济带大气污染排放效率的提升做出应有贡献。

(3)优化能源消费结构,实现节能减排

为了有效提升长江经济带大气污染排放效率水平,一方面,要注重提高能源利用效率,另一方面,必须优化能源结构,发展清洁能源,减少对煤炭资源的依赖性。首先,生产技术是第一生产力,11省市未来发展工作的重心应向提升生产技术进步倾斜,加大科技投入,通过条件共享等方式加快技术创新,以科技创新为驱动,打破发展静态平衡,推动生产函数的升级,实现"螺旋式"发展。企业、研究机构推进节能减排工艺技术,通过改进产品制造工艺,实现能源的高效利用与大气污染物排放量的减少。政府要积极宣扬节能减排重要性,培养公众节能减排意识,制定适宜的鼓励政策,为企业提供相应的资金、技术与政策支持。其次,大力支持企业重点开发清洁能源技术,完善清洁能源基础设施建设,提高水电、风能、天然气等清洁能源使用的便利性。另一方面,政府应努力打造良好的可再生能源开发市场,为其创造良好的政策环境,逐步提高可再生能源的比重,降低对不可再生资源的依赖。

(4)完善环境规制政策,多种手段综合利用

因地制宜地完善环境规制政策,运用不同的环境规制工具,通过多种经济、法律和行政

手段因地制宜地对不同地区的排污企业进行差异化治理,以产生更好的治理效果。首先,中上游地区应加快淘汰高能耗、高排放、高污染的落后企业,侧重命令控制型环境规制,并提高对高能耗、高污染企业的监督与检查,在对这些企业效益进行评估时,加入环境效率指标,避免出现"缴排污费,买排污权"等现象,从而降低污染排放强度。下游地区应将市场激励型政策与命令控制型规制政策灵活运用,避免过严的规制力度,放宽现有的激励原则,强化公众监督力度,防止企业钻"空子",为企业的技术创新创造良好的政策氛围。其次,健全排污收费制度,适度提高收费力度。各级政府应对当前排污收费制度的内在缺陷进行科学、合理的再设计,规范排污标准与收费核算方法,对排污超标的企业实行限期整改、治理或关停的政策,杜绝"以罚代管",适度提高排污收费力度,注意收费强度与外在条件的匹配,以充分发挥排污收费制度对环境的保护作用,实现长江经济带经济增长与大气污染排放效率改善的双赢。

（本报告撰写人:唐德才,李智江）

作者简介:唐德才(1966—),男,江苏盐城人,南京信息工程大学中国制造业发展研究院教授,博士生导师,从事环境经济、区域可持续发展研究,Email:tangdecai2003@163.com。

本报告受江苏省普通高等学校哲学社会科学重点研究基地(南京信息工程大学中国制造业发展研究院)2019年开放课题重点项目"长江经济带智能制造能力综合评价研究"(SK20190090-15)、南京信息工程大学气候变化与公共政策研究院2018年开放课题重点项目"长江经济带大气污染治理效率评价研究"(18QHA015)资助。

参考文献

曹阳,王亮,2007.区域合作模式与类型的分析框架研究[J].经济问题探索(5):48-52.

陈佳平,2010.基于中部崛起的区域旅游合作动力机制研究[J].地域研究与开发,29(5):64-67.

邓可祝,2013.我国区域环境合作的组织机构研究——以美国州际环境合作组织为借鉴[J].法治研究,82(10):52-62.

范纯增,顾海英,姜虹,2015.城市工业大气污染治理效率研究:2000—2011[J].生态经济(中文版),31(11):128-132.

范纯增,姜虹,2016.中国工业大气污染治理效率及产业差异[J].生态经济(中文版),32(4):170-174.

高建华,秦竟芝,2011.论区域公共管理政府合作整体性治理之合作监督机制构建[J].广西社会科学(2):132-135.

龚胜生,张涛,丁明磊,等,2014.长江中游城市群合作机制研究[J].中国软科学(1):96-104.

郭关玉,2006.欧盟对外政策的决策机制与中欧合作[J].武汉大学学报:哲学社会科学版,59(2):221-225.

郝寿义,程栋,2015.长江经济带战略背景的区域合作机制重构[J].改革(3):65-71.

何为,刘昌义,郭树龙,2016.天津大气环境效率及影响因素实证分析[J].干旱区资源与环境,30(1):31-35.

何小东,2009.区域旅游合作主体的职能定位研究[J].旅游论坛,2(3):325-329.

胡艳,丁玉敏,孟天琦,2016.长江经济带城市群联动发展机制研究[J].区域经济评论(3):91-96.

贾让成,楼伟波,李龙,2007.政府绩效考核机制:长三角经济一体化中政府竞争的源泉[J].上海经济研究

(5):75-79.

蒋瑛,郭玉华,2011. 区域合作的机制与政策选择[J]. 江汉论坛(2):25-28.

金玲,杨金田,2014. 基于 DEA 方法的中国大气环境效率评价研究[J]. 环境与可持续发展,39(2):19-23.

蓝庆新,陈超凡,2015. 制度软化、公众认同对大气污染治理效率的影响[J]. 中国人口资源与环境,25(9):
   145-152.

李国平,王奕淇,张文彬,2016. 区域分工视角下的生态补偿研究[J]. 华东经济管理,30(1):12-18.

李建忠,2017. 建立制度化的激励机制[J]. 中国人力资源社会保障(1):16-18.

饶光明,2006. 长江上游地区地方政府之间跨区域合作研究[J]. 经济体制改革(3):87-91.

苏斯彬,周世锋,张旭亮,2015. 长江经济带产业合作机制研究[J]. 宏观经济管理(11):48-49.

苏怡文,2016. 基于合作机制理论的主体关系研究[D]. 长春:长春工业大学.

孙博文,李雪松,2015. 国外江河流域协调机制及对我国发展的启示[J]. 区域经济评论(2):156-160.

田颖,沈红军,2017. 基于 DEA 模型的江苏省大气环境经济综合效率评估[J]. 环境保护与循环经济,37(4):
   71-76.

汪克亮,孟祥瑞,杨力,等,2017. 我国主要工业省区大气污染排放效率的地区差异、变化趋势与成因分解[J].
   中国环境科学,37(3):888-898.

王利伟,孙长学,安淑新,2017. 长江经济带省际协调合作机制研究[J]. 宏观经济管理(7):58-61.

王奇,李明全,2012. 基于 DEA 方法的我国大气污染治理效率评价[J]. 中国环境科学,32(5):942-946.

王宇灏,2010. 长三角区域政府合作构想——美国大都市区的启示[J]. 行政论坛,17(5):94-96.

王云骏,2005. 长三角区域合作中亟待开发的制度资源——非政府组织在"区域一体化"中的作用[J]. 探索与
   争鸣,1(1):33-35.

杨逢珉,孙定东,2007. 欧盟区域治理的制度安排——兼论对长三角区域合作的启示[J]. 世界经济研究(5):
   82-85.

曾理,2013. 在 DEA 方法辅助下的大气污染治理效率思路分析[J]. 科技创新导报(35):124-124.

张畅,2017. 长江经济带经济运行机制和增长动力分析[D]. 深圳:深圳大学.

张稷锋,齐峰,2004. 泛珠三角区域合作机制初探[J]. 产经评论(5):11-15.

郑石明,罗凯方,2017. 大气污染治理效率与环境政策工具选择——基于 29 个省市的经验证据[J]. 中国软科
   学(9):184-192.

庄士成,2010. 长三角区域合作中的利益格局失衡与利益平衡机制研究[J]. 当代财经(9):65-69.

Andersen P,Petersen N C,1993. A Procedure for Ranking Efficient Units in Data Envelopment Analysis[J].
   Management Science,39(10):1261-1264.

Cooka W D,2009. Data envelopment analysis(DEA)-Thirty years on[J]. European Journal of Operational Re-
   search,192(1):1-17.

Fare R,Grosskopf S,Jr C A P,2007. Environmental production functions and environmental directional distance
   functions[J]. Energy,32(7):1055-1066.

Hailu A,2001. Nonparametric productivity analysis with undesirable outputs:Reply[J]. American Journal of
   Agricultural Economics,85(4):1075-1077.

Houshyar E,Azadi H,Almassi M,et al,2012. Sustainable and efficient energy consumption of corn production
   in Southwest Iran:Combination of multi-fuzzy and DEA modeling[J]. Energy,44(1):672-681.

Masternaka-Janus A,Rybaczewska-Blazejowska M,2017. Comprehensive regional eco-efficiency analysis based
   on data envelopment analysis:The case of Polish regions[J]. Journal of Industrial Ecology,21(1):180-190.

Seiford L M,Zhu J,2005. A response to comments on modeling undesirable factors in efficiency evaluation[J].
   European Journal of Operational Research,161(2):579-581.

Tone K, Tsutsui M, 2011. Applying an efficiency measure of desirable and undesirable outputs in DEA to U. S. electric utilities[J]. Social Science Electronic Publishing,4(2):236-249.

Tone K, 2001. A slacks-based measure of efficiency in data envelopment analysis[J]. European Journal of Operational Research,130(3):498-509.

Wu X, Chen Y, Guo J, et al, 2018. Inputs optimization to reduce the undesirable outputs by environmental hazards: A DEA model with data of $PM_{2.5}$, in China[J]. Natural Hazards,90(1):1-25.

Zhao T, Yang Z, 2017. Towards green growth and management: Relative efficiency and gaps of Chinese cities [J]. Renewable & Sustainable Energy Reviews,80:481-494.

Zhou C, Shi C, Wang S, et al, 2018. Estimation of eco-efficiency and its influencing factors in Guangdong Province based on Super-SBM and panel regression models[J]. Ecological Indicators,86(09):67-80.

长三角空气污染评价研究

摘　要:长三角区域是中国最重要的跨行政经济区域之一,经过改革开放 40 多年的发展,长三角已经成为中国最具发展潜力的经济板块之一。然而,在社会经济高速发展的同时,区域性大气复合污染环境问题愈来愈突出。近年来,城市群的环境污染问题严重,长三角区域内空气污染现象大范围同时出现的频次日益增多,严重制约区域社会经济的可持续发展,威胁人民群众的身体健康。本文选取上海、南京、常州、无锡、苏州、镇江、杭州、宁波、温州、绍兴 10 个位于长三角区域的城市为研究对象,收集 10 个地区近 5 年来 PM_{10}、$PM_{2.5}$、SO_2、NO_2、CO 的污染物含量数据集,应用 PROMETHEE 偏好顺序结构评估方法处理数据集,得到 10 个城市每一年的综合排序,对区域性复合型大气污染问题进行深入研究。

关键词:长三角;区域性复合型空气污染;PROMETHEE

The Evaluation Research on Atmosphere Pollution in Yangtze River Delta Region

Abstract: Yangtze River Delta region is one of the most important across administrative region of economy in China. After forty years of reform and opening, the Yangtze River Delta has become one of the most potential economic sectors in China. However, at the same time as the rapid development of the economy, the problem of regional and composite atmospheric pollution is becoming more and more prominent. Recently, the environmental pollution of urban agglomerations is serious and the frequency of air pollution in the Yangtze River Delta region is increasing at the same time, which restricts the sustainable development of regional social economy and threatens the health of the people. This paper selects ten cities in the Yangtze River Delta region including Shanghai, Nanjing, Changzhou, Wuxi, Suzhou, Zhenjiang, Hangzhou, Ningbo, Wenzhou and Shaoxing as research objects, and collects the data of pollutant content of PM_{10}、$PM_{2.5}$、SO_2、NO_2、CO in recent five years. Using the PROMETHEE method to process the data and each year of the comprehensive ranking order of ten cities can be obtained to carry out the further study of the regional and composite atmospheric pollution.

Key words: Yangtze River Delta region; Regional and composite atmospheric pollution; PRMETHEE method

1. 引言

1.1 研究背景

改革开放 40 多年来,我国的经济建设取得了举世瞩目的成就,但隐藏在其背后的是对自然资源与环境的破坏。近年来,水污染、土壤污染、空气污染等问题接连发生。其中,长期累积形成的区域性复合型大气污染问题尤为突出。自 2013 年开始,长三角地区、京津冀等地区空气状况急剧恶化。据《江苏省环境公报 2017》显示,江苏省内 13 个设区市的环境空气质量均未达标。其中,主要空气污染物 $PM_{2.5}$、PM_{10}、O_3 和 NO_2 严重超标,对居民的健康生活造成极大威胁。

如何有效治理空气污染,切实改善环境质量,是当前政府面对的重要难题。党的十九大报告指出,"建设生态文明是中华民族永续发展的千年大计,要保障人民群众享有优质生态产品的权利"。2018 年最新修订的《中华人民共和国大气污染防治法》则对空气治理问题进一步做出了详细的说明。以上均表明了政府对大气治理的高度重视。长三角地区作为我国经济最发达地区,同时也是空气污染最为严重的地区,对其空气污染问题率先进行全面深入的研究,探寻空气治理的方法与措施,有利于为其他地区的环境治理工作提供借鉴与参考。

1.2 研究目的与意义

1.2.1 研究目的

空气污染是我国面临的重大现实问题,为降低空气污染的严重程度,保障人民群众的健康生活,政府出台了一系列法律法规,投入了大笔治理资金用于解决空气污染。本研究以长三角地区为调查对象,对长三角空气污染现状开展分析,然后选取南京、苏州、上海、杭州等十个主要城市对其空气质量进行量化评估,有利于各地方政府充分了解本地区的大气环境污染现状,采取针对性的解决措施,从而促进经济社会环境可持续发展。

1.2.2 研究意义

随着工业化和城市化的逐渐深入,环境污染问题日趋严重。城市作为经济发展的重要载体,正面临着严峻的环境危机。其中,大气污染问题直接影响到居民的生活环境和经济社会的持续健康发展。2018 年政府工作报告明确提出,要树立绿水青山就是金山银山的理念,着力治理环境污染,大力加强生态环境保护。国务院于 2018 年 7 月 3 日正式发布《打赢蓝天保卫战三年行动计划》,明确了我国大气治理的下一个阶段性量化目标,继续减少大气污染物排放,改善环境空气质量,增强人民群众的幸福感,保障其健康生活的权利。过去长三角地区凭借高耗能、高排放的发展模式获得了经济的腾飞,成为我国第一大经济区,是我国综合实力最强的经济中心。与此同时,该地区生态环境遭到严重破坏,经济发展与环境污染矛盾加剧。自2011 年《国家环境保护"十二五"规划》实施以来,在长三角地区政府就采取一系列措施治理空气污染,虽然取得了一定的成绩,但大气环境恶化趋势仍未从根本上得到遏制。因此,对长三角地区空气污染问题进行研究,评估其大气质量有利于改善该地区的空气污染状况,从而提高该区域的生态环境质量,促进人与自然和谐发展。

1.3　国内研究现状

在大气污染方面,徐丽娜等(2019)、Li 等(2014)利用 $PM_{2.5}$、PM_{10}、SO_2、CO_2、NO 和 O_3 共六种大气污染物的浓度数据,分别探讨了呼和浩特市、广州市的空气污染指数(API)与气象因子间的关系。Jiang 等(2014)则对 110 个城市进行了基于地面监测的空气污染指数(API)研究。刘华军等(2016)则运用六种大气污染物日报数据,结合基尼系数测度方法,研究了 161 个城市大气污染分布的动态演进过程。部分学者以城市群为研究对象展开调查,刘海猛等(2018)运用三种空间计量模型分析了京津冀城市群 202 个区县 $PM_{2.5}$ 的时空分异特征。宓科娜等(2018)则探讨了长三角 41 个地级以上城市 2013—2016 年间的 $PM_{2.5}$ 的污染特征,发现长三角 $PM_{2.5}$ 污染情况在这四年间得到显著改善,但超过三分之二的地区仍存在不同程度超标现象,呈现"西北高、东南低"的污染格局。汪克亮等(2017)研究表明,经济发展、产业结构升级与科技创新对大气污染排放效率与排放技术的提升均有显著促进作用,煤炭消费比重上升与人口密度过大则对其有显著抑制作用。

高明等(2016)、薛俭等(2014)分别从演化博弈的视角,探讨了地方政府间合作治理大气污染的行为演化路径与稳定策略。蓝庆新等(2015)对政府、公众行为和大气污染治理之间的关系进行研究,构建了一个制度软化、公众认同与大气污染治理之间的理论模型。Xuan 等(2017)采用主题框架和 DPSIR 框架构建了复合指数模型用来评估环境治理绩效。Song 等(2012)则对环境效益评估的相关文献进行了梳理与回顾,详细阐述了小样本环境效率评价理论及不良产出的 DEA 方法。Wu 等(2015)发现由于城市单位减排对污染物浓度降低的贡献不同,各地区边际污染物浓度降低成本存在异质性,其不同行业构成带来的单位减排成本不同。Zhu 等(2017)提出了两种简单、有效的混合模型,可对大气污染进行预测和预警。Gao 等(2016)对我国 2013—2017 年 31 个省实施的节能减排政策进行了成本效益分析,发现东部地区的成本效益远高于中西部地区。Zheng 等(2015)对 26 个省和 4 个直辖市的面板数据进行回归分析,发现省节能法规和新环境标准的颁布对空气质量的改善具有积极影响。

1.4　研究体系构建

随着空气污染状况日益严峻,居民对环境质量改进的呼声日益高涨。2012 年,新国家环境空气质量标准实行,对主要污染物浓度做出了更加严格的规定,城市环境监测数据全面向公众开放。此后,大量专家学者对空气污染状况进行了研究。Zhang 等(2014)、Filonchyk 等(2017)分别利用甘肃省兰州市空气质量监测站的监测数据,针对 $PM_{2.5}$、PM_{10}、SO_2、NO_2 等大气污染物与当地居民健康间的联系开展了调查,发现随着污染物浓度的不断上升,兰州市居民的健康风险也持续增加。Mbululo 等(2019)结合武汉市 9 个监测站的日空气污染数据($PM_{2.5}$、PM_{10}、SO_2、NO_2、CO、O_3)测得该市 2013—2017 年的空气质量指数,并利用地面气象资料对污染过程中大气边界层变化情况进行了描述。结果表明,尽管武汉市空气污染状况依然严重,但其污染天数却在逐年减少。

Rabee 等(2014)对巴格达市空气污染程度进行了评估,发现夏季大多数污染物的浓度较高。二氧化硫与一氧化碳的浓度比小于 1,表明移动排放是区域内大气污染的主要来源。Cheng

等(2017)对处于红色警报期间的北京 $PM_{2.5}$ 浓度值的变化开展了研究,发现在该时间段内,北京南部的 $PM_{2.5}$ 浓度明显高于北部地区,燃煤量对 $PM_{2.5}$ 浓度值具有显著影响,并利用 CAMX 模型评估了减排措施对 $PM_{2.5}$ 浓度的影响,结果表明紧急减排措施使污染物总排放量减少了 $10\%\sim 30\%$,$PM_{2.5}$ 浓度峰值降低了 $10\%\sim 20\%$。限于盆地地形和高相对湿度的气象条件,成都在 2013 年冬季遭受了五次严重的雾霾污染(Liao et al,2017),Qiao 等(2015)研究发现成都市 PM_{10} 和 $PM_{2.5}$ 的年浓度超过中国国家空气质量标准 2 倍,世界卫生组织指导方针的 7 倍以上。

部分学者调查了大范围内的跨区域空气污染情况。Monforte 等(2018)构建了适用于地中海地区的空气质量指数以评估 2013—2015 年的大气污染状况。Li 等(2017)研究了中国空气污染的区域差异,指出地方政府间的跨界合作对解决空气污染问题具有重要作用。Li 等(2018)、Xuan 等(2016)、Zhang 等(2016)以 $PM_{2.5}$ 为切入点,探讨了中国多个城市空气污染物浓度的时空演变特征。Huang 等(2017)、Zhao 等(2016)以国家环境监测中心的数据为基础,对空气污染的严重程度进行评估,发现我国大气污染表现出明显的季节差异。Li 等(2013)分析了 2001—2011 年间中国 86 个城市的空气污染指数,发现在该段时期内 PM_{10} 是首要的大气污染物。Jassim 等(2017)结合 PM_{10}、$PM_{2.5}$、O_3、SO_2、NO_2、CO 的空气质量数据集,运用 EPA 方法测算了 2012 年中东巴林岛的空气质量指数,结果表明北部地区的 PM_{10} 浓度值最高,而中部地区的 $PM_{2.5}$ 浓度最高。

1.5 数据来源与说明

1.5.1 上海市空气质量现状

2017 年上海市环境质量明显改善,主要污染物浓度进一步下降,环境空气质量指数(AQI)优良率为 75.3%,与 2016 年基本持平。$PM_{2.5}$、PM_{10} 和 SO_2 年均浓度均为历年最低;SO_2 已连续四年达到国家环境空气质量年均一级标准,PM_{10} 已连续三年达到国家环境空气质量年均二级标准。但是,$PM_{2.5}$ 和 NO_2 均未达到国家环境空气质量年均二级标准,具体数据见表 1。

表 1   上海市 2013—2017 年主要大气污染物指标及其年平均浓度

污染物	单位	2013 年	2014 年	2015 年	2016 年	2017 年
SO_2	微克/立方米	24	18	17	15	12
NO_2	微克/立方米	48	45	46	43	44
PM_{10}	微克/立方米	82	71	69	59	55
$PM_{2.5}$	微克/立方米	62	52	53	45	39
CO	毫克/立方米	0.85	0.77	0.86	0.79	0.76

1.5.2 南京市空气质量现状

2017 年南京市建成区环境空气质量达到二级标准的天数为 264 天,同比增加 22 天,达标率为 72.3%,同比上升 6.2 个百分点。其中,达到一级标准天数为 62 天,同比增加 6 天;未达到二级标准的天数为 101 天。其中,轻度污染 83 天、中度污染 15 天、重度污染 2 天。$PM_{2.5}$、PM_{10}、NO_2 年均值均超标,CO 日均浓度第 95 百分位数为 1.5 毫克/立方米,达到国家环境空气质量年均二级标准,具体数据见表 2。

表 2　南京市 2013—2017 年主要大气污染物指标及其年平均浓度

污染物	单位	2013 年	2014 年	2015 年	2016 年	2017 年
SO_2	微克/立方米	37	25	19	18.2	16
NO_2	微克/立方米	55	54	50	44.3	47
PM_{10}	微克/立方米	137	123	96	85.2	76
$PM_{2.5}$	微克/立方米	78	73.8	57	47.9	40
CO	毫克/立方米	1.04	0.95	1	1	1.5

1.5.3　常州市空气质量现状

2017 年,常州市空气质量总体平稳,全市环境空气质量达到二级标准的天数为 275 天,占全年总天数的 75.3%,比 2016 年增加 5 天。全市 $PM_{2.5}$ 平均浓度 47 微克/立方米,同比 2016 年下降 4.1%;中心城区 $PM_{2.5}$ 平均浓度 49 微克/立方米,同比 2013 年下降 31.9%。主要污染物化学需氧量、氨氮、二氧化硫、氮氧化物排放量分别比上年削减 4.88%、5.98%、6.12%、4.01%,具体数据见表 3。

表 3　常州市 2013—2017 年主要大气污染物指标及其年平均浓度

污染物	单位	2013 年	2014 年	2015 年	2016 年	2017 年
SO_2	微克/立方米	41	36	30	19	17
NO_2	微克/立方米	48	40	45	37	41
PM_{10}	微克/立方米	102	104	102	81	73
$PM_{2.5}$	微克/立方米	72	67	59	49	47
CO	毫克/立方米	1.1	1.7	1.8	1.5	1.5

1.5.4　无锡市空气质量现状

2017 年,市区环境空气质量达标天数比例为 67.7%,同比上升 0.8%,主要污染物为细颗粒物和臭氧。其中,$PM_{2.5}$ 浓度为 45 微克/立方米,同比下降 15.1%。市区酸雨频率为 24.1%,同比上升 6%,具体数据见表 4。

表 4　无锡市 2013—2017 年主要大气污染物指标及其年平均浓度

污染物	单位	2013 年	2014 年	2015 年	2016 年	2017 年
SO_2	微克/立方米	45	34	26	18	13
NO_2	微克/立方米	47	45	41	47	46
PM_{10}	微克/立方米	104	101	93	82	79
$PM_{2.5}$	微克/立方米	75	68	61	53	45
CO	毫克/立方米	1.149	1.098	1.047	1.095	1.5

1.5.5　苏州市空气质量现状

2017 年苏州市环境空气质量达标率为 71.5%,影响环境空气质量的主要污染物为臭氧和细颗粒物。全市各地环境空气质量达标率介于 68.8%~74.0%。市区环境空气中 $PM_{2.5}$ 年均浓度为 43 微克/立方米,同比下降 6.5%,比基准年 2013 年下降 38.6%。2017 年苏州市化学需氧量、氨氮、总氮、总磷、二氧化硫、氮氧化物排放量比 2016 年分别削减 4.10%、4.75%、3.78%、3.91%、8.64%、4.02%,具体数据见表 5。

表 5　苏州市 2013—2017 年主要大气污染物指标及其年平均浓度

污染物	单位	2013 年	2014 年	2015 年	2016 年	2017 年
SO_2	微克/立方米	31	24	21	17	14
NO_2	微克/立方米	53	53	54	51	48
PM_{10}	微克/立方米	95	86	80	72	66
$PM_{2.5}$	微克/立方米	69	66	58	46	43
CO	毫克/立方米	0.92	0.92	0.92	1.5	1.4

1.5.6　镇江市空气质量现状

2017 年,镇江市区环境空气质量总体有所下降,空气质量达标率较 2016 年下降 9.6 个百分点,空气中主要污染物浓度均有不同程度的上升或保持稳定,其中 $PM_{2.5}$ 年均浓度较 2016 年上升 12.0%、较 2015 年下降 5.1%、较 2013 年下降 22.2%。受颗粒物、臭氧和二氧化氮影响,7 个辖市区环境空气质量均未达二级标准要求,具体数据见表 6。

表 6　镇江市 2013—2017 年主要大气污染物指标及其年平均浓度

污染物	单位	2013 年	2014 年	2015 年	2016 年	2017 年
SO_2	微克/立方米	30	24	25	38	15
NO_2	微克/立方米	42	46	42	24	43
PM_{10}	微克/立方米	124	107	82	80	90
$PM_{2.5}$	微克/立方米	72	68	59	50	56
CO	毫克/立方米	4.004	2.441	0.878	0.878	0.9

1.5.7　杭州市空气质量现状

2017 年,杭州市区环境空气优良天数为 271 天,优良率为 74.2%。与 2016 年相比,优良天数增加 11 天,优良率上升 3.2 个百分点。市区环境空气中 SO_2 年均浓度为 11 微克/立方米,符合环境空气质量二级标准,同比下降 8.3%。NO_2 年均浓度为 45 微克/立方米,超标 0.12 倍。PM_{10}、$PM_{2.5}$ 的年均浓度分别为 72 微克/立方米、45 微克/立方米,分别超标 0.03 和 0.29 倍,具体数据见表 7。

表 7　杭州市 2013—2017 年主要大气污染物指标及其年平均浓度

污染物	单位	2013 年	2014	2015 年	2016 年	2017 年
SO_2	微克/立方米	28	21	16	12	11
NO_2	微克/立方米	53	50	49	45	45
PM_{10}	微克/立方米	105	98	85	79	72
$PM_{2.5}$	微克/立方米	70	64.6	57	48.8	45
CO	毫克/立方米	1.1	1.3	1.5	1.7	1.9

1.5.8　宁波市空气质量现状

2017 年,市区空气质量继续好转,$PM_{2.5}$ 年均浓度 37 微克/立方米,空气质量综合指数 4.31,达标天数比例 85.2%。全年空气质量达标 311 天,超标 54 天,其中轻度污染 50 天、中度污染 3 天、重度污染 1 天。市区环境空气复合污染特征明显,主要污染物为臭氧和 $PM_{2.5}$;臭氧超标 35 天,超标率 9.6%,浓度同比上升 6.0%;$PM_{2.5}$ 年均浓度超标 0.06 倍,超标 20 天,超标率 5.5%,具体数据见表 8。

表 8　宁波市 2013—2017 年主要大气污染物指标及其年平均浓度

污染物	单位	2013 年	2014	2015 年	2016 年	2017 年
SO_2	微克/立方米	22	17	15	13	11
NO_2	微克/立方米	44	41	43	39	35
PM_{10}	微克/立方米	86	73	69	62	55
$PM_{2.5}$	微克/立方米	54	46	45	39	37
CO	毫克/立方米	1	0.9	1.4	1.2	1

1.5.9　温州市空气质量现状

温州市区空气环境质量优良率为 90.1%,$PM_{2.5}$ 和 NO_2 年均浓度超国家标准,PM_{10}、SO_2 的年均浓度以及一氧化碳的第 95 百分位数达到国家二级标准,具体数据见表 9。

表 9　温州市 2013—2017 年主要大气污染物指标及其年平均浓度

污染物	单位	2013 年	2014 年	2015 年	2016 年	2017 年
SO_2	微克/立方米	24	17	15	13	12
NO_2	微克/立方米	52	50	45	41	41
PM_{10}	微克/立方米	95	75	72	69	65
$PM_{2.5}$	微克/立方米	58	46	44	38	38
CO	毫克/立方米	2	1.7	1.4	1.3	1

1.5.10　绍兴市空气质量现状

2017 年绍兴市城市环境空气质量状况总体较好。全市平均环境空气质量指数达到优良天数比例为 83.0%,环境空气质量综合指数平均为 4.28。除新昌县外,绍兴市及各区、县(市)环境空气质量均达到国家二级标准,具体数据见表 10。

表 10　绍兴市 2013—2017 年主要大气污染物指标及其年平均浓度

污染物	单位	2013 年	2014 年	2015 年	2016 年	2017 年
SO_2	微克/立方米	37	29	21	12	9
NO_2	微克/立方米	42	40	37	31	31
PM_{10}	微克/立方米	98	93	79	68	63
$PM_{2.5}$	微克/立方米	73	63	53	45	41
CO	毫克/立方米	0.9	0.9	0.9	0.8	0.8

2. 长三角空气污染评价

2.1 理论基础

2.1.1 指标类型

在一个多属性决策问题中,评估标准的类型主要分为成本型和效益型两个类别,在效益型评价标准的基础上,备选方案的评估值越大越好,如资本产值率、利润率等;而在分析成本型评价标准时,备选方案的评估值越小越好,如空气污染指数、治理成本等指标。不同类型的评价标准具备不同的维度和单位,因此在实际的决策过程中,为了消除评价标准体系不一致的问题,需要提出新的转化准则(Wang,1997):

定义 1:设一个多属性决策问题中,备选方案集为 $A = \{A_1, A_2, \cdots, A_m\}$,属性集合为 $C = \{C_1, C_2, \cdots, C_n\}$,备选方案 A 关于属性 C 的评估值为 $x_{ij}(i=1,2,\cdots,m;j=1,2,\cdots,n)$,消除维度和单位影响后的评估值为 $y_{ij}(i=1,2,\cdots,m;j=1,2,\cdots,n)$。

效益型指标转化准则:

$$y_{ij} = \frac{x_{ij} - x_j^{\min}}{x_j^{\max} - x_j^{\min}} \qquad (i=1,2,\cdots,m;j=1,2,\cdots,n) \tag{1}$$

式中,$x_j^{\max}$ 和 $x_j^{\min}$ 分别表示属性 C_j 下的最大评估值和最小评估值。在效益型指标下,x_{ij} 的值越大越好,而转化后的 y_{ij} 的值也是越大越好,说明备选方案 A_i 在属性 C_j 下的排名越靠前。改变后的评估值并未改变方案的优先度。

成本型指标转化准则:

$$y_{ij} = \frac{x_j^{\max} - x_{ij}}{x_j^{\max} - x_j^{\min}} \qquad (i=1,2,\cdots,m;j=1,2,\cdots,n) \tag{2}$$

式中,$x_j^{\max}$ 和 $x_j^{\min}$ 分别表示属性 C_j 下的最大评估值和最小评估值。在成本型指标下,x_{ij} 的值越小越好,而转化后的 y_{ij} 的值越大说明 A_i 的成本越低,被采纳的可能性越高。基于上述两种转化准则,转化后的评估值,无论是效益型还是成本型指标都可以在同一维度下进行比较,便于后续计算。

例 1:选取上海、南京、常州等十个城市 2013 年空气中 SO_2 和 CO 含量的数据进行分析,从前文表中不难看出这两项污染物指数的维度和单位都不一致,无法直接进行比较。由于污染物指数都属于成本型指标,因此选取式(2)进行计算,例如,在上海市的 SO_2 指标下,南京市最高,宁波市最低,因此宁波市的转化值为 1.0000,其余城市的转化值都小于宁波市,意味着宁波 SO_2 的指标最低,质量最好,排名最靠前。而无锡市的 SO_2 指标最高,转化值等于 0。因此,$x_j^{\max} - x_j^{\min} = 21$,以此类推,得到结果如表 11 所示。

表 11 污染物指数转化值

	$SO_2(\mu g/m^3)$	转换值	$CO(mg/m^3)$	转换值
上海	24	0.9130	0.85	1.0000
南京	37	0.3478	1.04	0.9398

	$SO_2(\mu g/m^3)$	转换值	$CO(mg/m^3)$	转换值
常州	41	0.1739	1.1	0.9207
无锡	45	0.0000	1.149	0.9052
苏州	31	0.6087	0.92	0.9778
镇江	30	0.6522	4.004	0.0000
杭州	28	0.7391	1.1	0.9207
宁波	22	1.0000	1.0	0.9524
温州	24	0.9130	2.0	0.6354
绍兴	37	0.3478	0.9	0.9841

2.1.2　PROMETHEE 决策方法

PROMETHEE 采用排除原则对备选方案进行排序,具备易用性并且大大降低了计算的复杂性。PROMETHEE 方法的计算步骤一般概括如下:

(1)识别决策者;

(2)确定比较属性;

(3)制定替代方案;

(4)计算加权标准;

(5)根据属性评估替代方案;

(6)根据需要为每个属性选择一般偏好函数和相关的无差异偏好值;

(7)应用 PROMETHEE 算法进行计算;

(8)得到排序结果并做出最终决定。

PROMETHEE 方法中有 6 种形式的偏好函数(Brans et al,1985):

(1)一般准则

$$P_j(a_i,a_k)=\begin{cases}0, & d_j(a_i,a_k)\leqslant 0 \\ 1, & d_j(a_i,a_k)>0\end{cases} \tag{3}$$

(2)U 型准则

$$P_j(a_i,a_k)=\begin{cases}0, & d_j(a_i,a_k)\leqslant \upsilon \\ 1, & d_j(a_i,a_k)>\upsilon\end{cases} \tag{4}$$

(3)线性准则

$$P_j(a_i,a_k)=\begin{cases}0, & d_j(a_i,a_k)\leqslant 0 \\ \dfrac{d_j(a_i,a_k)}{\upsilon}, & 0<d_j(a_i,a_k)\leqslant \upsilon \\ 1, & d_j(a_i,a_k)>0\end{cases} \tag{5}$$

(4)多级准则

$$P_j(a_i,a_k)=\begin{cases}0, & d_j(a_i,a_k)\leqslant \upsilon \\ \dfrac{1}{2}, & \upsilon<d_j(a_i,a_k)\leqslant \omega \\ 1, & d_j(a_i,a_k)>\omega\end{cases} \tag{6}$$

(5)线性无差别区间准则

$$P_j(a_i,a_k)=\begin{cases}0, & d_j(a_i,a_k)\leqslant\upsilon\\ \dfrac{d_j(a_i,a_k)-\omega}{\omega-\upsilon}, & \upsilon<d_j(a_i,a_k)\leqslant\omega\\ 1, & d_j(a_i,a_k)>\omega\end{cases} \tag{7}$$

(6)高斯准则

$$P_j(a_i,a_k)=\begin{cases}0, & d_j(a_i,a_k)\leqslant0\\ 1-e^{-\frac{d_j^2(a_i,a_k)}{2\sigma^2}}, & d_j(a_i,a_k)>0\end{cases} \tag{8}$$

无论选择哪种类型的偏好函数,都应先计算 $d(a_i,a_k)=f(a_i)-f(a_k)$,其表示任意两个地区之间的偏好值。

得到地区间的偏好值之后,可以根据属性的权重了解属性的相对重要性,进而确定多属性偏好指数 H 的值,其值越接近 1,表明方案 $L_i(p)$ 的优度越好。H 的值可以通过如下公式获得:

$$H(A_i,A_k)=\sum_{j=1}^n \omega_j\times P_j(A_{ij},A_{kj}) \tag{9}$$

由此可见偏好指数是偏好函数 $P_j(L_i(p),L_k(p))$ 的加权平均值,目的是为了便于计算流出量:

$$\varphi^+(A_i)=\sum_{i=1}^m H(A_i,A_k)=\sum_{j=1}^n \omega_j\times P_j(A_{ij},A_{kj}) \tag{10}$$

流入量:

$$\varphi^-(A_i)=\sum_{k=1}^m H(A_k,A_i)=\sum_{j=1}^n \omega_j\times P_j(A_{kj},A_{ij}) \tag{11}$$

以及净流量:

$$\varphi(A_i)=\varphi^+(A_i)-\varphi^-(A_i) \tag{12}$$

流出量表示替代方案相对于其他方案的主导地位,是确定排名特征的衡量标准,其值越大,A_i 相对于其他方案的优度就越高;流入量表示其他方案优于方案 A_i 的程度,其值越小,A_i 相对于其他方案的优度越高。流出量减去流入量可以得到净流量值,最后根据净流量值的大小对地区排序,净流量值越高的地区排名越高(Li et al,2010)。

2.1.3　最大偏差法确定属性权重

属性权重在决策中至关重要,其变化会给备选方案的排序结果带来一定影响(Das et al,2016)。而基于偏好度确定属性权重(Mao et al,2019)可以降低这类影响,并使得决策结果更加合理。基于最大偏差法求属性权重的过程如下。

首先基于多属性决策语言矩阵 $\boldsymbol{G}$ 构建多目标线性规划,用 W_{ij} 表示在同一属性下地区 A_i 优于其他地区程度的加权平方和。

$$W_{ij}=\sum_{k=1,k\neq i}^m \omega_j P(A_{ij}\geqslant A_{kj}) \quad (i=1,2,\cdots,m;j=1,2,\cdots,n) \tag{13}$$

式中,$P(A_{ij}\geqslant A_{kj})$ 的值由偏好函数计算得到。则有:

$$W_j=\sum_{i=1}^m W_{ij}=\sum_{i=1}^m\sum_{k=1,k\neq i}^m \omega_j P(A_{ij}\geqslant A_{kj}) \quad (j=1,2,\cdots,n) \tag{14}$$

最大偏差法要求在备选方案中评估值差别不大的属性应分配较小权重,而备选方案中评估值差别较大的属性应分配较大权重(Wang,1997)。可以构建如下多目标非线性规划:

$$\max W_j = \sum_{i=1}^{m} \sum_{k=1,k\neq i}^{m} \omega_j P(A_{ij} \geqslant A_{kj}) \quad (j=1,2,\cdots,n)$$

$$\text{s. t.} \begin{cases} \sum_{j=1}^{n} \omega_j = 1, \\ \omega_j \geqslant 0, j=1,2,\cdots,n \end{cases} \quad (15)$$

$\theta = \min\{W_1, W_2, \cdots, W_n\}$,则上式可以转化为单目标规划:

令 $\max\theta$

$$\text{s. t.} \begin{cases} \sum_{i=1}^{m} \sum_{k=1,k\neq i}^{m} \omega_j P(A_{ij} \geqslant A_{kj}) \geqslant \theta \quad (j=1,2,\cdots,n) \\ \sum_{j=1}^{n} \omega_j = 1 \\ \omega_j \geqslant 0 \quad (j=1,2,\cdots,n) \end{cases} \quad (16)$$

为方便计算,以下令 $C_j = \sum_{i=1}^{m} \sum_{k=1,k\neq i}^{m} P(A_{ij} \geqslant A_{kj})$。即求解目标规划式(17)。

令 $\max\theta$

$$\text{s. t} \begin{cases} \omega_j C_j \geqslant \theta \quad (j=1,2,\cdots,n) \\ \sum_{j=1}^{n} \omega_j = 1 \\ \omega_j \geqslant 0 \quad (j=1,2,\cdots,n) \end{cases} \quad (17)$$

首先,构造如下拉格朗日函数:

$$L(\theta,\lambda_j,\mu,\omega_j) = \theta + \sum_{j=1}^{n} \lambda_j(\omega_j C_j - \theta) + \mu(\sum_{j=1}^{n} \omega_j - 1) \quad (18)$$

其次,分别对 $\theta,\lambda_j,\mu,\omega_j$ 求偏导,并令其等于0,得到:

$$\frac{\partial}{\partial\theta}L(\theta,\lambda_j,\mu,\omega_j) = 1 - \sum_{j=1}^{n} \lambda_j = 0 \qquad \frac{\partial}{\partial\mu}L(\theta,\lambda_j,\mu,\omega_j) = \sum_{j=1}^{n} \omega_j - 1 = 0$$

$$\frac{\partial}{\partial\lambda_j}L(\theta,\lambda_j,\mu,\omega_j) = \omega_j C_j - \theta = 0 \qquad \frac{\partial}{\partial\omega_j}L(\theta,\lambda_j,\mu,\omega_j) = \lambda_j C_j + \mu = 0 \quad (19)$$

因此,$\omega_j C_j = \theta, \lambda_j C_j = -\mu, \sum_{j=1}^{n} \lambda_j = 1, \sum_{j=1}^{n} \omega_j = 1$。即 $\sum_{j=1}^{n} \omega_j = \sum_{j=1}^{n} \theta/C_j = 1$。由此可得 $\theta = 1/\sum_{j=1}^{n} \frac{1}{C_j}$,代入约束条件可得: $\sum_{j=1}^{n} \theta/C_j \leqslant \sum_{j=1}^{n} \omega_j = 1$。因此 $\theta \leqslant 1/\sum_{j=1}^{n} \frac{1}{C_j}$,即 θ 的最大值为 $1/\sum_{j=1}^{n} \frac{1}{C_j}$。所以目标规划式(17)的最优解为:

$$\omega_j^* = \frac{\theta}{C_j} = \frac{1}{C_j \sum_{j=1}^{n} \frac{1}{C_j}} \quad (j=1,2,\cdots,n) \quad (20)$$

最大偏差法可以求解属性权重信息完全未知的情况(Wang,1997),其核心思想在于:若某一属性下所有方案的评估值差异不显著,也就是说该属性在整个决策过程中的作用并不显著时,则该属性应被赋予较小的权重;反之,若该属性下所有方案的评估值差异显著时,则应该被赋予较大的权重。最大偏差法可以扩大各属性间的差别,使得最终呈现的排列顺序更加清晰、明确,从而增强决策结果的合理性和真实性。

2.2 评估模型

步骤 1:定义一个多属性决策问题,确定属性集合 $C = \{C_1, C_2, \cdots, C_n\}$、备选方案集 $A = \{A_1, A_2, \cdots, A_m\}$,设备选方案 A 关于属性 C 的值为 $x_{ij}(i=1,2,\cdots,n; j=1,2,\cdots,m)$。生成多属性决策语言矩阵 G。

步骤 2:为了消除评价指标间不同的维度和单位对评估结果造成的影响,首先要根据定义 1 的要求分别对评估值进行转化。

步骤 3:计算同一属性下不同备选方案的离差值 $d = f(A_i) - f(A_k)$,其表征任意两个地区之间的偏好差异。d 值越大,地区之间的差异越大。:

$$d(A_{ij}, A_{kj}) = \begin{cases} y_i - y_k & y_{ij} > y_{kj} \\ 0 & y_{ij} \leqslant y_{kj} \end{cases} \tag{21}$$

步骤 4:选取高斯准则偏好函数,根据决策过程中的实际需要及决策者的主观偏好选择参数值(取 $\sigma = 1$)计算得出 $P_{ij}(A_{ij}, A_{kj})$。当 $f(A_i)$ 与 $f(A_k)$ 之间的差小于等于 0 时,表明地区 A_i 和 A_k 是无差别的;当 $f(A_i)$ 与 $f(A_k)$ 之间的差大于 0 时,表明地区 A_i 是严格优于 A_k 的。计算偏好值 $P_{ij}(A_{ij}, A_{kj})$ 的公式如下:

$$P_{ij}(A_{ij}, A_{kj}) = 1 - e^{-\frac{d^2(A_{ij}, A_{kj})}{2\sigma^2}} \tag{22}$$

步骤 5:属性权重在多属性决策问题中可以表征各属性的重要程度,在最大偏差法中,如果属性的备选方案之间的偏差度较小,则为其分配较小的权重;如果属性的备选方案之间的偏差度较大,则为其分配较大的权重。基于偏好值 $P_{ij}(A_{ij}, A_{kj})$ 构造多目标线性规划后转化为单目标线性规划(17),求得权重 ω_j^* 的值。

步骤 6:根据式(9)计算偏好指数 $H(A_i, A_k)$。

步骤 7:根据式(10)和式(11)计算流出量、流入量及净流量的值。流出量表示方案 A_i 优于其他方案的程度,其值越大,A_i 相对于其他方案的优度就越高;流入量表示其他方案优于方案 A_i 的程度,其值越小,A_i 相对于其他方案的优度越高。计算方案 A_i 的净流量=流出量-流入量,其值越大表明方案的优度越好,根据净流量值对备选方案排序,得出比较结果。

2.3 决策过程

2.3.1 决策步骤

步骤 1:定义一个多属性决策问题。确定属性集:SO_2 含量(C1)、NO_2 含量(C2)、PM_{10} 含量(C3)、$PM_{2.5}$ 含量(C4)、CO 含量(C5),以及备选方案集:上海(A1)、南京(A2)、常州(A3)、无锡(A4)、苏州(A5)、镇江(A6)、杭州(A7)、宁波(A8)、温州(A9)、绍兴(A10)。$x_{ij}(i=1,2,\cdots,n; j=1,2,\cdots,m)$ 用来表示各个城市 2013—2017 年五年的各污染物指标的数值,生成如表 12 所示的多属性决策矩阵 G。

表 12　多属性决策矩阵

	2013 年					2014 年				
	SO_2	NO_2	PM_{10}	$PM_{2.5}$	CO	SO_2	NO_2	PM_{10}	$PM_{2.5}$	CO
上海	24	48	82	62	0.85	18	45	71	52	0.77
南京	37	55	137	78	1.04	25	54	123	73.8	0.95
常州	41	48	102	72	1.1	36	40	104	67	1.7
无锡	45	47	104	75	1.149	34	45	101	68	1.098
苏州	31	53	95	69	0.92	24	53	86	66	0.92
镇江	30	42	124	72	4.004	24	46	107	68	2.441
杭州	28	53	105	70	1.1	21	50	98	64.6	1.3
宁波	22	44	86	54	1.0	17	41	73	46	0.9
温州	24	52	95	58	2.0	17	50	75	46	1.7
绍兴	37	42	98	73	0.9	29	40	93	63	0.9

	2015 年					2016 年				
	SO_2	NO_2	PM_{10}	$PM_{2.5}$	CO	SO_2	NO_2	PM_{10}	$PM_{2.5}$	CO
上海	17	46	69	53	0.86	15	43	59	45	0.79
南京	19	50	96	57	1.0	18.2	44.3	85.2	47.9	1.0
常州	30	45	102	59	1.8	19	37	81	49	1.5
无锡	26	41	93	61	1.047	18	47	82	53	1.095
苏州	21	54	80	58	0.92	17	51	72	46	1.5
镇江	25	42	82	59	0.878	38	24	80	50	0.878
杭州	16	49	85	57	1.5	12	45	79	48.8	1.7
宁波	15	43	69	45	1.4	13	39	62	39	1.2
温州	15	45	72	44	1.4	13	41	69	38	1.3
绍兴	21	37	79	53	0.9	12	31	68	45	0.8

	2017 年				
	SO_2	NO_2	PM_{10}	$PM_{2.5}$	CO
上海	12	44	55	39	0.76
南京	16	47	76	40	1.5
常州	17	41	73	47	1.5
无锡	13	46	79	45	1.5
苏州	14	48	66	43	1.4
镇江	15	43	90	56	0.9
杭州	11	45	72	45	1.9
宁波	11	35	55	37	1.0
温州	12	41	65	38	1.0
绍兴	9	31	63	41	0.8

步骤 2:消除各项指标间由于维度和单位差异对决策过程带来的影响,由于所有的污染物指数都是越低越好,属于成本型指标,因此根据公式(2)对各评估值进行转化,结果如表 13 所示。

表 13　2013 年各地区污染物指数转化值

2013 年	SO_2		NO_2		PM_{10}		$PM_{2.5}$		CO	
上海	24	0.9130	48	0.5385	82	1.0000	62	0.6667	0.85	1.0000
南京	37	0.3478	55	0.0000	137	0.0000	78	0.0000	1.04	0.9398
常州	41	0.1739	48	0.5385	102	0.6364	72	0.2500	1.1	0.9207
无锡	45	0.0000	47	0.6154	104	0.6000	75	0.0000	1.149	0.9052
苏州	31	0.6087	53	0.1538	95	0.7636	69	0.3750	0.92	0.9778
镇江	30	0.6522	42	1.0000	124	0.2364	72	0.2500	4.004	0.0000
杭州	28	0.7391	53	0.1538	105	0.5818	70	0.3333	1.1	0.9207
宁波	22	1.0000	44	0.8462	86	0.9273	54	1.0000	1.0	0.9524
温州	24	0.9130	52	0.2308	95	0.7636	58	0.8333	2.0	0.6354
绍兴	37	0.3478	42	1.0000	98	0.7091	73	0.2083	0.9	0.9841
2014 年	SO_2		NO_2		PM_{10}		$PM_{2.5}$		CO	
上海	18	0.9474	45	0.6429	71	1.0000	52	0.7842	0.77	1.0000
南京	25	0.5789	54	0.0000	123	0.0000	73.8	0.0000	0.95	0.8923
常州	36	0.0000	40	1.0000	104	0.3654	67	0.2446	1.7	0.4434
无锡	34	0.1053	45	0.6429	101	0.4231	68	0.2086	1.098	0.8037
苏州	24	0.6316	53	0.0714	86	0.7115	66	0.2806	0.92	0.9102
镇江	24	0.6316	46	0.5714	107	0.3077	68	0.2086	2.441	0.0000
杭州	21	0.7895	50	0.2857	98	0.4808	64.6	0.3309	1.3	0.6828
宁波	17	1.0000	41	0.9286	73	0.9615	46	1.0000	0.9	0.9222
温州	17	1.0000	50	0.2857	75	0.9231	46	1.0000	1.7	0.4434
绍兴	29	0.3684	40	1.0000	93	0.5769	63	0.3885	0.9	0.9222
2015 年	SO_2		NO_2		PM_{10}		$PM_{2.5}$		CO	
上海	17	0.8667	46	0.4706	69	1.0000	53	0.4706	0.86	1.0000
南京	19	0.7333	50	0.2353	96	0.1818	57	0.2353	1	0.8511
常州	30	0.0000	45	0.5294	102	0.0000	59	0.1176	1.8	0.0000
无锡	26	0.2667	41	0.7647	93	0.2727	61	0.0000	1.047	0.8011
苏州	21	0.6000	54	0.0000	80	0.6667	58	0.1765	0.92	0.9362
镇江	25	0.3333	42	0.7059	82	0.6061	59	0.1176	0.878	0.9809
杭州	16	0.9333	49	0.2941	85	0.5152	57	0.2353	1.5	0.3191
宁波	16	0.9333	43	0.6471	69	1.0000	45	0.9412	1.4	0.4255
温州	15	1.0000	45	0.5294	72	0.9091	44	1.0000	1.4	0.4255
绍兴	21	0.6000	37	1.0000	79	0.6970	53	0.4706	0.9	0.9574

续表

2016 年	SO₂		NO₂		PM₁₀		PM₂.₅		CO	
上海	15	0.8846	43	0.2963	59	1.0000	45	0.5333	0.79	1.0000
南京	18.2	0.7615	44.3	0.2481	85.2	0.0000	47.9	0.3400	1	0.7692
常州	19	0.7308	37	0.5185	81	0.1603	49	0.2667	1.5	0.2198
无锡	18	0.7692	47	0.1481	82	0.1221	53	0.0000	1.095	0.6648
苏州	17	0.8077	51	0.0000	72	0.5038	46	0.4667	1.5	0.2198
镇江	38	0.0000	24	1.0000	80	0.1985	50	0.2000	0.878	0.9033
杭州	12	1.0000	45	0.2222	79	0.2366	48.8	0.2800	1.7	0.0000
宁波	13	0.9615	39	0.4444	62	0.8855	39	0.9333	1.2	0.5495
温州	13	0.9615	41	0.3704	69	0.6183	38	1.0000	1.3	0.4396
绍兴	12	1.0000	31	0.7407	68	0.6565	45	0.5333	0.8	0.9890
2017 年	SO₂		NO₂		PM₁₀		PM₂.₅		CO	
上海	12	0.6250	44	0.2353	55	1.0000	39	0.8947	0.76	1.0000
南京	16	0.1250	47	0.0588	76	0.4000	40	0.8421	1.5	0.3509
常州	17	0.0000	41	0.4118	73	0.4857	47	0.4737	1.5	0.3509
无锡	13	0.5000	46	0.1176	79	0.3143	45	0.5789	1.5	0.3509
苏州	14	0.3750	48	0.0000	66	0.6857	43	0.6842	1.4	0.4386
镇江	15	0.2500	43	0.2941	90	0.0000	56	0.0000	0.9	0.8772
杭州	11	0.7500	45	0.1765	72	0.5143	45	0.5789	1.9	0.0000
宁波	11	0.7500	35	0.7647	55	1.0000	37	1.0000	1.0	0.7895
温州	12	0.6250	41	0.4118	65	0.7143	38	0.9474	1.0	0.7895
绍兴	9	1.0000	31	1.0000	63	0.7714	41	0.7895	0.8	0.9649

步骤 3：将评估值转化为同一维度之后，根据式（21）计算备选方案间的离差值 $d(A_{ij}, A_{kj})$。

步骤 4：选用高斯准则偏好函数，基于备选方案间的离差值 $d(A_{ij}, A_{kj})$ 和式（22）计算偏好度 $P_{ij}(A_{ij}, A_{kj})$。

步骤 5：利用最大偏差法计算各属性的权重，偏好度之和越大的属性偏差越大，所占权重也越大；偏好度之和越小的属性偏差越小，所占权重也越小，结果如表 14 所示。

表 14 属性权重

	2013 年	2014 年	2015 年	2016 年	2017 年
C1	0.1829	0.1864	0.1952	0.2412	0.1997
C2	0.1605	0.1716	0.2566	0.2270	0.1963
C3	0.2304	0.2188	0.1830	0.1683	0.2021
C4	0.1864	0.1883	0.1848	0.2005	0.2276
C5	0.2397	0.2348	0.1804	0.1629	0.1744

步骤 6：使用加权平均法计算每年各个备选方案的综合偏好指数 $H(A_i, A_k)$。例如，基于

2013 年各地区的偏好度 $P_{ij}(A_{ij},A_{kj})$ 计算该年的偏好指数,得到的如表 15 所示计算结果。

表 15　各城市 2013 年偏好指数 H

A1		A2		A3		A4	
H(A1,A2)	0.1769	H(A2,A1)	0.0000	H(A3,A1)	0.0000	H(A4,A1)	0.0005
H(A1,A3)	0.0747	H(A2,A3)	0.0028	H(A3,A2)	0.0696	H(A4,A2)	0.0656
H(A1,A4)	0.1183	H(A2,A4)	0.0109	H(A3,A4)	0.0087	H(A4,A3)	0.0005
H(A1,A5)	0.0339	H(A2,A5)	0.0000	H(A3,A5)	0.0114	H(A4,A5)	0.0162
H(A1,A6)	0.1742	H(A2,A6)	0.0856	H(A3,A6)	0.1005	H(A4,A6)	0.0953
H(A1,A7)	0.0443	H(A2,A7)	0.0001	H(A3,A7)	0.0118	H(A4,A7)	0.0162
H(A1,A8)	0.0009	H(A2,A8)	0.0000	H(A3,A8)	0.0000	H(A4,A8)	0.0000
H(A1,A9)	0.0292	H(A2,A9)	0.0108	H(A3,A9)	0.0170	H(A4,A9)	0.0200
H(A1,A10)	0.0552	H(A2,A10)	0.0000	H(A3,A10)	0.0002	H(A4,A10)	0.0000
A5		A6		A7		A8	
H(A5,A1)	0.0000	H(A6,A1)	0.0162	H(A7,A1)	0.0000	H(A8,A1)	0.0182
H(A5,A2)	0.0791	H(A6,A2)	0.0835	H(A7,A2)	0.0613	H(A8,A2)	0.2372
H(A5,A3)	0.0202	H(A6,A3)	0.0360	H(A7,A3)	0.0276	H(A8,A3)	0.1157
H(A5,A4)	0.0473	H(A6,A4)	0.0522	H(A7,A4)	0.0538	H(A8,A4)	0.1618
H(A5,A6)	0.1225	H(A6,A5)	0.0485	H(A7,A5)	0.0015	H(A8,A5)	0.0838
H(A5,A7)	0.0043	H(A6,A6)	0.0483	H(A7,A6)	0.0975	H(A8,A6)	0.1928
H(A5,A8)	0.0001	H(A6,A8)	0.0019	H(A7,A8)	0.0000	H(A8,A7)	0.0909
H(A5,A9)	0.0136	H(A6,A9)	0.0411	H(A7,A9)	0.0096	H(A8,A9)	0.0458
H(A5,A10)	0.0090	H(A6,A10)	0.0084	H(A7,A10)	0.0149	H(A8,A10)	0.0906
A9		A10					
H(A9,A1)	0.0026	H(A10,A1)	0.0162				
H(A9,A2)	0.1442	H(A10,A2)	0.1186				
H(A9,A3)	0.0747	H(A10,A3)	0.0200				
H(A9,A4)	0.1201	H(A10,A4)	0.0283				
H(A9,A5)	0.0273	H(A10,A5)	0.0483				
H(A9,A6)	0.1090	H(A10,A6)	0.1164				
H(A9,A7)	0.0289	H(A10,A7)	0.0506				
H(A9,A8)	0.0000	H(A10,A8)	0.0020				
H(A9,A10)	0.0604	H(A10,A9)	0.0552				

　　步骤 7:根据式(10)和式(11)计算各备选方案的流出量、流入量以及净流量值,根据净流量值的大小排序。计算结果见表 16。

表 16　净流量值

	2013 年	2014 年	2015 年	2016 年	2017 年
上海	0.6539	0.8564	0.5182	0.5365	0.5414
南京	−0.9260	−0.8046	−0.2981	−0.2420	−0.4424
常州	−0.1531	−0.4904	−1.2875	−0.3341	−0.5206
无锡	−0.3870	−0.3636	−0.3107	−0.4576	−0.3767
苏州	0.0251	−0.1154	−0.3022	−0.3362	−0.2216
镇江	−0.7577	−0.7999	0.0059	−0.3567	−0.9217
杭州	−0.0291	−0.1294	−0.2475	−0.4709	−0.3517
宁波	1.0320	1.1272	0.6878	0.6091	0.8520
温州	0.3249	0.5032	0.6582	0.4298	0.3759
绍兴	0.2169	0.2167	0.5758	0.6221	1.0652

2.3.2　决策结果

对表 16 中净流量值的计算结果进行排序,上海、南京等 10 个城市在 2013—2017 年城市污染物指数的排序结果如表 17 所示。城市污染物指数越低排名越靠前,由此可见宁波市在过去的五年间空气质量较好,持续稳定在第一、第二名,绍兴市空气质量排名逐年递增,最后两年稳居第一,当地对污染物治理的效果可见一斑,而南京、镇江、无锡、常州、杭州五个地区的排名一直比较靠后,这与当地重工业发达、污染企业较多的因素有关。总体上来看,这 10 个城市近 5 年的排序波动较小,因此可以针对排名持续靠后的地区着重治理污染,排名靠前的地区则需要继续保持和维护。

表 17　城市污染物指数排序表

年份	城　市
2013 年	宁波、上海、温州、绍兴、苏州、杭州、常州、无锡、镇江、南京
2014 年	宁波、上海、温州、绍兴、苏州、杭州、无锡、常州、镇江、南京
2015 年	宁波、温州、绍兴、上海、镇江、杭州、常州、南京、苏州、无锡
2016 年	绍兴、宁波、上海、温州、南京、常州、苏州、镇江、无锡、杭州
2017 年	绍兴、宁波、上海、温州、苏州、杭州、无锡、南京、常州、镇江

3. 评价结果分析

3.1　上海

上海东濒东海,南邻杭州湾,西接江苏、浙江两省,长江与东海在此连接。它属于北亚热带季风性气候,四季分明,日照充分,雨量充沛,气候温和湿润,春秋较短,冬夏较长。2017 年,全市平均气温 17.7 ℃,日照 1809.2 小时,无霜期 259 天,降水量 1388.8 毫米。全年 81% 以上的雨量集中在 4—10 月。境内除西南部有少数丘陵山脉外,整体地势为坦荡低平的平原,是长江三角洲冲积平原的一部分,平均海拔 4 米左右。上海陆地地势总体由东向西略微倾斜。2017年末,上海全市土地面积为 6340.5 平方千米,占全国总面积的 0.06%,境内辖有崇明、长兴、横沙三个岛屿,其中崇明岛是中国的第三大岛。

上海在推动长三角地区一体化和长江经济带发展中具有十分重要的作用。2017 年,上海人均生产总值达到 18450 美元,比上年增长 5.1%,相当于世界中等发达国家水平。上海市生产总值在 2017 年达到 30133.86 亿元,比上年增长 6.9%。其中,第一产业增加值 98.99 亿元,下降 9.5%;第二产业增加值 9251.40 亿元,增长 5.8%;第三产业增加值 20783.47 亿元,增长7.5%。第三产业增加值占上海市生产总值的比重为 69.0%。按常住人口计算的上海市人均生产总值为 12.46 万元。

2017 年上海市空气污染治理状况包括如下几方面。

(1)燃煤锅炉升级改造工作基本完成。2017 年内完成公用燃煤电厂 9 台 2840 兆瓦发电机组的超低排放改造,全面完成 24 台机组改造任务,并同步完成石膏雨治理;基本完成集中供热和热电联产燃煤锅炉清洁能源替代或关停调整工作。除公用燃煤电厂和钢铁窑炉外,全市基本实现无燃煤。

(2)积极推广新能源汽车,查处淘汰老旧问题车辆。淘汰老旧车 1.77 万辆,推广新能源汽车约 3 万辆;开展汽车生产企业新生产机动车环保一致性检查;查处问题车辆 2.68 万辆次、违法年检站 4 座。

(3)秸秆利用率显著提高。按照政府引导、市场运作原则,引导企业参与秸秆资源化综合利用,鼓励企业、农民专业合作组织等开展秸秆收集和贮运,使得 2017 年的粮油作物秸秆综合利用率达到 94%。

(4)集中整治扬尘污染。对各类建设施工工地防治扬尘污染措施进行了规范;定期组织市级各成员单位对市区扬尘污染进行联合检查。实行扬尘污染状况例行监测制度,及时通报情况并提出要求。

3.2 南京

南京位于江苏省西南部、长江下游,南起北纬 31°14′,北抵北纬 32°37′,西起东经 118°22′,东迄东经 119°14′,东西最大横距约 70 千米,南北最大纵距约 150 千米,全市面积约 6587.02平方千米。其具有典型的北亚热带湿润气候特征,四季分明,雨水充沛,春秋短、冬夏长,年温差较大。常年平均降雨 117 天,平均降雨量 1106.5 毫米,相对湿度 76%,无霜期有 237 天。南京地貌特征属宁镇扬山地,低山、丘陵、岗地约占全市总面积的 60.8%,平原、洼地及河流湖泊约占 39.2%。全市森林覆盖率为 27.1%,人均公共绿地面积 13.7 平方米,位居中国前三甲。

2017 年,南京市全年地区生产总值达到 11715.10 亿元,比上年增长 8.1%,增速比上年提升 0.1 个百分点。其中,第一产业增加值 263.01 亿元,增长 1.2%;第二产业增加值 4454.87亿元,增长 5.1%,其中工业增加值 3853.39 亿元,增长 6%;第三产业增加值 6997.22 亿元,增长 10.3%。按常住人口计算的人均地区生产总值为 141103 元。三次产业结构调整为 2.3∶38.0∶59.7,第三产业增加值占地区生产总值比重比上年提高 1.3 个百分点。高新技术产业产值占规模以上工业比重为 45.89%,比上年提升 0.58 个百分点。

2017 年南京市空气污染治理状况如下。

(1)全面落实各项政策措施。遵照《南京市大气污染防治行动计划 2017 年度实施方案》，完成了 216 项大气污染治理重点项目。实施《冬春季节大气环境质量保障管控方案》，实行更加严格的"企业限产停产、工地停工"等应急防控措施，对 879 家养殖场实施关闭、搬迁或治理，规模化养殖场治理率达 80%。完成 1652 家企业 VOCs 治理。

(2)扎实推进扬尘污染防治。检查各类工地、道路扬尘 1.15 万家(次)，通报扬尘污染问题 1833 例。关停并转不符合安全生产条件的化工企业 16 家。进一步规范和优化清洗、水扫作业模式，城区道路机扫率达 90%，郊区、园区道路机扫率达到 85%，实现主城六区渣土车 100%密闭化运输。

(3)开展重点行业废弃整治。完成 4 台燃煤机组改造工程。率先推进钢铁行业烧结、焦化深度减排，完成梅山钢铁烧结机烟气脱硝工程、焦炉脱硫脱硝工程。实施石化行业提标改造工程，完成全部 6 条硫黄回收装置提标改造工程、19 台加热炉低氮燃烧改造。开展砖瓦行业专项整治工作，完成全市 261 家砖瓦企业环保整治工作。

(4)加强机动车环保管理。新注册重型柴油客车、重型柴油货车分别自 1 月 1 日、7 月 1 日起，执行国五排放标准。全年提前淘汰"国一"汽油车 2734 辆，检查加油站 251 座，查处污染治理设施不正常使用的加油站 2 家。

3.3　常州

常州地处江苏省南部、长三角腹地，东与无锡相邻，西与南京、镇江接壤，南与无锡、安徽宣城交界，区位条件优越。其属于北亚热带海洋性气候，常年气候温和，雨量充沛，四季分明。春末夏初时多有梅雨发生，夏季炎热多雨，冬季空气湿润，气候阴冷。地貌类型属高沙平原，山丘平圩兼有。南为天目山余脉，西为茅山山脉，北为宁镇山脉尾部，中部和东部为宽广的平原、圩区。境内地势西南略高，东北略低，高低相差 2 米左右。

2017 年，常州市地区生产总值达到 6622.3 亿元，按可比价计算增长 8.1%。全市地区生产总值由全省第 6 位升至第 5 位，增速全省并列第二。其中，第一产业增加值 157.1 亿元，增长 1%；第二产业增加值 3081.2 亿元，增长 6.7%；第三产业增加值 3384 亿元，增长 9.8%。全市按常住人口计算的人均生产总值达 140517 元。三次产业增加值比例调整为 2.4∶46.5∶51.1，全年服务业增加值占 GDP 比重提高 0.5 个百分点。民营经济完成增加值 4464.1 亿元，按可比价计算增长 8.3%，占地区生产总值的比重达到 67.4%。

2017 年常州市空气污染治理状况如下。

(1)燃煤锅炉整治顺利实行。全市完成 10～35 蒸吨/小时燃煤锅炉整治 27 台，完成常州江成投资发展有限公司锅炉煤改气工作和常州华伦热电有限公司、常州市长江热能有限公司、常州市新港热电有限公司锅炉超低排放改造及常州市东南热电有限公司 4 台燃煤锅炉淘汰。

(2)挥发性有机物污染集中治理。完成集装箱、印刷包装等 7 个行业 27 家企业清洁原料替代、54 家园区化工企业泄漏检测与修复，完成 308 家化工、印染等重点工业行业挥发性有机物治理。其中，滨江经济开发区初步建成园区监测监控体系，化工、印染等重点工业行业 VOCs 治理推进。

(3)煤炭消费总量削减成效显著。2017 年，常州市规模以上工业煤炭消费量 1234.04 万吨,比上年减少 51.73 万吨,下降 4.02%,达到并超过时序进度所要求的下降 3.1%目标。推动设立东部热网平台公司,完成东南热电有限公司整合工作。压减非电行业用煤,削减粗钢产能 200 万吨。

3.4 无锡

无锡东邻上海,西接常州,南濒太湖,北邻长江,与泰州市所辖的靖江市隔江相望。全市总面积 4627.47 平方千米,市区总面积为 1643.88 平方千米。无锡属亚热带季风海洋性气候,常年主导风为东南风,四季变化分明,气候温和湿润,雨量充沛,无霜期长,热量丰富。其地形以平原为主,星散分布着低山、残丘。南部为水网平原;北部为高沙平原;中部为低地辟成的水网圩田;西南部地势较高,为宜兴的低山和丘陵地区。

2017 年,全市地区生产总值达到 10511.80 亿元。按常住人口计算人均生产总值达到 16.07 万元。产业结构进一步优化升级。无锡市该年第一产业增加值为 135.18 亿元,比上年增长 0.8%;第二产业增加值达到 4964.44 亿元,比上年增长 7.3%;第三产业增加值为 5412.18 亿元,比上年增长 7.7%;三次产业比例调整为 1.3:47.2:51.5。全年民营经济实现增加值 6895.74 亿元,比上年增长 7.3%,占经济总量的比重为 65.6%。

2017 年无锡市空气污染治理状况如下。

(1)工业污染治理基本完成。完成 23 台燃煤锅炉的节能减排升级改造,3 家非电行业企业的脱硫脱硝除尘改造,6 个化工园区、230 个重点行业企业的 VOCs 整治以及 8 个石化、化工企业的泄漏检测与修复项目。

(2)主要大气污染物排放总量进一步削减。2017 年,全市二氧化硫、氮氧化物同比削减 7.9%、4.41%,分别超过 4.4%、4.4%的年度减排目标。其中,电力行业削减二氧化硫、氮氧化物排放量 1409 吨、6560 吨,非电行业削减二氧化硫、氮氧化物排放量 2238 吨、1239 吨,通过化解过剩产能、拆除燃煤小锅炉,削减二氧化硫、氮氧化物排放量 1890 吨、740 吨。但机动车氮氧化物排放量增加 1994 吨。

(3)车船污染防治工作有序进行。划定市区禁止使用高排放非道路移动机械区域,淘汰老旧汽车 5576 辆,推广应用新能源汽车 3605 辆。严格落实船舶排放控制区要求,2017 年 9 月 1 日起,所有港口船舶靠泊期间均使用低硫油或岸电,建成码头岸电系统 6 套。

3.5 苏州

苏州位于长江三角洲中部、江苏省东南部,东傍上海,南接浙江,西抱太湖,北依长江,总面积 8657.32 平方千米。全市地势低平,境内河流纵横,湖泊众多,太湖水面绝大部分在苏州境内,河流、湖泊、滩涂面积占全市土地面积的 36.6%,是著名的江南水乡。苏州属于亚热带季风海洋性气候,2017 年平均气温 16.9℃,降水量 1745.5 毫米。四季分明,气候温和,雨量充沛,土地肥沃,物产丰富,自然条件优越。

2017 年,苏州市地区生产总值达到 1.73 万亿元,按可比价计算比上年增长 7.1%。全年实现一般公共预算收入 1908.1 亿元,比上年增长 10.3%。其中税收收入 1672.9 亿元,增长 11.1%,税收收入占一般公共预算收入的比重达 87.7%,比上年提高 0.7 个百分点,一般公共预算收入总量、增量和税收占比保持全省首位。全市 2017 年服务业增加值比上年增长

8.2%。实现高新技术产业产值 1.53 万亿元,比上年增长 10.5%,占规模以上工业总产值的比重达 47.8%,比上年提高 0.9 个百分点。

2017 年苏州市空气污染治理状况如下。

(1)开展燃煤锅炉专项整治行动。淘汰 57 台 10～35 蒸吨/小时燃煤锅炉,完成 32 台机组超低排放改造,实现 100 兆瓦以上机组超低排放全覆盖。遵照《大气污染防治 2017 年度工作任务计划安排》,系统推进减煤、提标工作。

(2)全面实施废气污染治理。编制重点行业挥发性有机物污染源清单,开展化工园区泄露检测与修复,进一步加强石化、化工、汽车制造、印刷包装等行业的废气治理工作。劝退、拒批不符合环保要求建设项目 75 个、涉及投资额 8.3 亿元。完成大气污染防治工程治理项目 956 项。

(3)加强企业环境安全隐患排查。梳理重点环境风险企业 973 家,完成入库 928 家,入库率 95%,排查整改重大环境隐患 24 个、一般环境隐患 1432 个;推进 586 家较大以上等级环境风险企业落实“八查八改”。

3.6　镇江

镇江市地处江苏省西南部,长江下游南岸,东南接常州市,西邻南京市,北与扬州市、泰州市隔江相望。其气候属于亚热带季风气候,四季分明,温暖湿润,热量丰富,雨量充沛,无霜期长,全年平均气温 17.0 摄氏度,全年降水量 1393.3 毫米。镇江地貌地势为南高北低、西高东低,以宁镇山脉和茅山山脉组成的山字形构造为骨架,山脉两侧有丘陵、岗地、平原分布。全市土地总面积 3847 平方千米,占全省 3.7%。

2017 年,镇江市地区生产总值达到 4105.36 亿元,按可比价计算增长 7.2%,其中第一产业增加值 142.42 亿元,增长 1.4%;第二产业增加值 2031.10 亿元,增长 6.0%;第三产业增加值 1931.84 亿元,增长 8.8%。人均地区生产总值 12.88 万元,增长 7.1%。产业结构继续优化,三次产业增加值比例调整为 3.5∶49.4∶47.1,服务业增加值占 GDP 比重提高 0.1 个百分点。

2017 年镇江市空气污染治理状况如下。

(1)主要大气污染物排放总量削减效果显著。2017 年,镇江市二氧化硫、氮氧化物排放总量分别为 4.33 万吨、4.98 万吨,同比削减 5.29%、4.01%,超过年度减排目标。其中,重点工程削减二氧化硫、氮氧化物排放量约 2420 吨、2427 吨。

(2)工业污染治理工作有序推进。完成燃煤大机组超低排放改造 7 台共 290 万千瓦,整治燃煤小锅炉 69 台,工业窑炉整治 9 台。实施重点行业挥发性有机物治理工程 49 项,完成石化、化工行业 LDAR 技术应用 147 家,开展化工园(集中)区 VOCs 整治 12 家,完成有机溶剂使用行业低 VOCs 含量涂料/胶粘剂替代 23 家。

(3)机动车船淘汰整治工作顺利完成。对新购和转入的轻型汽油车、轻型柴油客车全面执行国五标准,淘汰黄标车和老旧车 6156 辆,推广应用新能源汽车超过 4000 辆。逐步实现港作船舶、公务船舶靠泊使用岸电,提高集装箱、客滚和邮轮专业化码头向船舶供应岸电的能力,2017 年全市实施岸电系统项目 14 套。

3.7　杭州

杭州地处长江三角洲南沿和钱塘江流域,地形复杂多样。杭州市西部属浙西丘陵区,主干山脉有天目山等。东部属于浙北平原,地势低平,河网密布,湖泊密布,物产丰富,具有典型的"江南水乡"特征。杭州处于亚热带季风区,四季分明,雨量充沛。全年平均气温 17.8 ℃,平均相对湿度 70.3%,年降水量 1454 毫米,年日照时数 1765 小时。全市丘陵山地占总面积的 65.6%,集中分布在西部、南部和中部;平原占 26.4%,主要分布在东北部;森林覆盖率达 65%,居全国省会城市第一。

2017 年,杭州市地区生产总值达到 12556 亿元,比上年增长 8.0%。其中第一产业增加值 312 亿元,第二产业增加值 4387 亿元,第三产业增加值 7857 亿元,分别增长 1.9%、5.3%和 10.0%。全市常住人口人均 GDP 为 134607 元,比上年提高 10321 元,增长 5.4%。三次产业结构调整为 2.5:34.9:62.6,服务业占 GDP 比重比上年提高 1.7 个百分点。

2017 年杭州市空气污染治理状况如下。

(1)深入治理车船尾气。杭州市率先出台《国三柴油车淘汰补助实施细则》,累计淘汰老旧机动车 23119 辆。推进公交、环卫、渣土等重型柴油车"车载尾气排放检测系统"安装;全面完成供应国 V 标准车用柴油相同的普通柴油;回收汽油 1375.3 吨。

(2)优化机动车排放管理。根据《国三柴油车淘汰补助实施细则》,已申领补助柴油车 6617 辆,补助资金 1.4 亿;主城区公交系统新能源及清洁能源车占比达 96%,全市新能源车保有量 7.4 万辆,约占全省总量的 70%。

(3)进一步削减挥发性有机物。关停严重过剩产能的企业 170 家,实施"低小散"块状行业整治提升 2902 家。深入开展 VOCs 污染防治专项行动,对 233 家企业开展整治提升,削减挥发性有机物 9974 吨。

(4)全面淘汰、改造燃料锅炉。2017 年,淘汰 10 蒸吨/小时(含)以下高污染燃料锅炉,全市 133 台热电锅炉超低排放改造或关停;140 台 10 蒸吨/小时以上高污染燃料工业锅炉除部分关停外全部完成清洁化改造并投运。

3.8 宁波

宁波市地处我国海岸线中段,长江三角洲南翼。东有舟山群岛为天然屏障,北濒杭州湾,西接绍兴市的嵊州、新昌、上虞,南邻三门湾,并与台州的三门、天台相连。宁波属于北亚热带季风气候,温和湿润,四季分明。全市无霜期一般为 230～240 天。多年平均降水量为 1480 毫米左右,5—9 月占全年降水量的 60%。常年平均日照时数 1850 小时。其地势西南高、东北低。地貌分为山地、丘陵、台地、盆地和平原。全市山地面积占陆域的 24.9%,丘陵占 25.2%,台地占 1.5%,谷地占 8.1%,平原占 40.3%。

2017 年全市实现地区生产总值 9846.9 亿元,按可比价计算,比上年增长 7.8%。其中,第一产业实现增加值 314.1 亿元,增长 2.4%;第二产业实现增加值 5105.5 亿元,增长 7.9%;第三产业实现增加值 4427.3 亿元,增长 8.1%。三次产业之比为 3.2:51.8:45.0。按常住人口计算,2017 年全市人均地区生产总值为 124017 元。

2017 年宁波市空气污染治理状况如下。

(1)稳步推进大气减排工程建设。2017 年,宁波市 17 台 60 万千瓦及以上燃煤火电机组全部完成超低排放改造,二氧化硫、氮氧化物、烟尘排放达到"天然气燃气轮机组"排放限值,6 家热电企业共 26 台锅炉完成超低排放改造。

(2)统筹推进"五气共治"工作。累计淘汰改造 2578 台禁燃区外高污染燃料锅炉。完成全市 356 家 VOCs 排放企业治理任务,VOCs 排放重点区域、重点行业、重点企业开工建成 154 套全自动 VOCs 在线监测监控装置。推进扬尘治理和农业面源污染治理工作,全市 75% 以上矿山达到《浙江省矿山粉尘防治技术规划(暂行)》要求,县以上城市主、次干道机扫率达 76%,全市秸秆综合利用率达到 92% 以上。

(3)推进清洁能源替代政策。全市管道天然气供应量超过 19 亿方,可再生能源装机总容量超过 89 万千瓦;推广大型电厂富余蒸汽集中供热,实现能源循环利用,新建项目禁止配套建设自备燃煤锅炉,热负荷在 100 蒸吨/小时以上的 17 个工业园区实现集中供热全覆盖。

3.9 温州

温州市位于浙江省东南部,东濒东海,南毗福建,西及西北部与丽水市相连,北和东北部与台州市接壤。其地貌受地质构造的影响,地势自西向东呈梯状倾斜。全市陆域面积 12083 平方千米,海域面积约 8649 平方千米。温州为中亚热带季风气候区,冬、夏季风交替显著,温度适中,四季分明,雨量充沛。年平均气温 17.3～19.4 ℃,冬无严寒,夏无酷暑。全年日照数在 1442～2264 小时。

2017 年全市生产总值为 5453.2 亿元,比上年增长 8.4%。其中,第一产业增加值 144.1 亿元,增长 3.5%;第二产业增加值 2149.2 亿元,增长 7.1%;第三产业增加值 3159.9 亿元,增长 9.7%。按常住人口计算,人均地区生产总值 59306 元,比 2016 年增长 7.9%。国民经济三次产业结构为 2.6∶39.4∶58.0,第三产业比重比上年提高 1.8 个百分点。

2017 年温州市空气污染治理状况如下。

(1)持续调整能源结构。2017 年共淘汰改造燃煤锅炉 1522 台,超额完成浙江省下达的 1000 台任务;煤炭消费总量比 2012 年累计下降 10% 以上。

(2)全面推进 VOCs 污染治理。全市 4 家电厂 12 台机组实现废气超低排放。启动制鞋、包装印刷等行业 VOCs"散乱污"企业调查工作,完成炼化与化工、涂装、制鞋、合成革等行业 175 家企业的 VOCs 治理工程。

(3)加强机动车船舶污染治理。温州市已建成在用机动车环保检验机构 26 家,共 148 条检测线。淘汰老旧车辆共计 18083 辆。在港口船舶污染防治方面,实施到港船舶燃油质量和污染排放检查,全面供应与国Ⅳ标准车用柴油相同的普通柴油。

3.10 绍兴

绍兴市位于浙江省中北部、杭州湾南岸,东连宁波市,南邻台州市和金华市,西接杭州市,北隔钱塘江与嘉兴市相望,属于亚热带季风气候,温暖湿润,四季分明。至 2017 年末,全市建成区面积为 333.9 平方千米,其中市区建成区面积 211.1 平方千米。绍兴市全境处于浙西山地丘陵、浙东丘陵山地及浙北平原三大地貌单元的交接地带,地势南高北低,形成群山环绕、盆地内含、平原集中的地貌特征。

2017 年绍兴市生产总值达到 5108 亿元,位列浙江省第四,比 2016 年增长 7.1%。其中第一产业增加值 207 亿元,增长 2.0%;第二产业增加值 2491 亿元,增长 6.7%;第三产业增加值 2410 亿元,增长 8.0%。三次产业占生产总值的比重分别为 4.0%、48.8%、47.2%。按常住人口计算,人均 GDP 达到 10.22 万元。

2017 年绍兴市空气污染治理状况如下。

(1)全面淘汰老旧车辆。2017 年,全市共计完成老旧车淘汰 3391 辆。新车上牌 144808 辆,转出 19276 辆,转入 29540 辆。

(2)积极开展工业废气治理。2017 年,完成规划保留的 15 家电厂 51 台热电锅炉烟气超低排放改造,关停热电企业 4 家。完成 48 台锅炉、17 条水泥生产线烟气清洁排放改造,累计淘汰燃煤锅炉 347 台,全市基本完成 10 蒸吨/小时以下燃煤小锅炉"销号"。

(3)严格实行机动车尾气检测。截至 2017 年 12 月底全市共有机动车检测站 16 家,检测站点 21 个,各类检测线 219 条。全市检测机构共计完成在用机动车检测车辆 541624 辆,其中首检达标车辆 490755 辆,首检达标率为 90.61%。复检达标车辆 48594 辆,复检后总达标率为 99.58%。

(本报告撰写人:于小兵)

作者简介:于小兵(1983—),男,博士,南京信息工程大学气候变化与公共政策研究院/管理工程学院副教授,主要研究方向为应急管理、决策理论与方法。

本报告受南京信息工程大学气候变化与公共政策研究院开放课题(课题名称:基于函数型数据分析的长三角空气污染问题研究;课题编号:18QHA019)资助。

参考文献

高明,郭施宏,夏玲玲,2016. 大气污染府际间合作治理联盟的达成与稳定——基于演化博弈分析 [J]. 中国管理科学,24(08):62-70.

蓝庆新,陈超凡,2015. 制度软化、公众认同对大气污染治理效率的影响 [J]. 中国人口・资源与环境,25(09):145-152.

刘海猛,方创琳,黄解军,等,2018. 京津冀城市群大气污染的时空特征与影响因素解析 [J]. 地理学报,73(01):177-191.

刘华军,杜广杰,2016. 中国城市大气污染的空间格局与分布动态演进——基于 161 个城市 AQI 及 6 种分项污染物的实证 [J]. 经济地理,36(10):33-38.

宓科娜,庄汝龙,梁龙武,等,2018. 长三角 $PM_{2.5}$ 时空格局演变与特征——基于 2013—2016 年实时监测数据 [J]. 地理研究,37(08):1641-1654.

汪克亮,孟祥瑞,杨宝臣,等,2017. 技术异质下中国大气污染排放效率的区域差异与影响因素 [J]. 中国人口・资源与环境,27(01):101-110.

徐丽娜,李兴华,冯震,等,2019. 呼和浩特市大气污染特征及气象影响因子研究 [J]. 干旱区资源与环境,33(06):150-157.

薛俭,谢婉林,李常敏,2014. 京津冀大气污染治理省际合作博弈模型 [J]. 系统工程理论与实践,34(03):810-816.

Brans J P,Vincke P,1985. A preference ranking organization method:The PROMETHEE method for MCDM [J]. Management Science,31(6):647-656.

Cheng N,Zhang D,Li Y,et al,2017. Spatio-temporal variations of PM2.5 concentrations and the evaluation of emission reduction measures during two red air pollution alerts in Beijing [J]. Scientific Reports, 7(1):8220.

Das S, Dutta B, Guha D, 2016. Weight computation of criteria in a decision-making problem by knowledge measure with intuitionistic fuzzy set and interval-valued intuitionistic fuzzy set [J]. Soft Comput, 20 (9): 3421-3442.

Filonchyk M, Yan H, Hurynovich V, 2017. Temporal-spatial variations of air pollutants in Lanzhou, Gansu Province, China, during the spring-summer periods, 2014-2016 [J]. Environmental Quality Management, (26):65-74.

Gao J, Yuan Z, Liu X, et al, 2016. Improving air pollution control policy in China—A perspective based on cost-benefit analysis [J]. Science of the Total Environment, 543(Pt A):307-314.

Huang X, Han X, Li S, et al, 2017. Spatial and temporal variations and relationships of major air pollutants in Chinese cities [J]. Research of Environmental Sciences, 30(7):1001-1011.

Jassim M S, Coskuner G, 2017. Assessment of spatial variations of particulate matter(PM10 and PM2.5) in Bahrain identified by air quality index(AQI)[J]. Arabian Journal of Geosciences, 10(1):19.

Jiang H Y, Li H R, Yang L S, et al, 2014. Spatial and seasonal variations of the air pollution index and a driving factors analysis in China [J]. Journal of Environmental Quality, 43(6):1853-1863.

Li J, Han X, Li X, et al, 2018. Spatiotemporal patterns of ground monitored PM2.5 concentrations in China in recent years [J]. International Journal of Environmental Research & Public Health, 15(1):114.

Li L, Qian J, Ou C Q, et al, 2014. Spatial and temporal analysis of Air Pollution Index and its timescale-dependent relationship with meteorological factors in Guangzhou, China, 2001-2011 [J]. Environmental Pollution, 190(7):75-81.

Li Q, Wang E, Zhang T, et al, 2017. Spatial and temporal patterns of air pollution in Chinese cities [J]. Water, Air, & Soil Pollution, 228(3):92.

Li W, Li B, 2010. An extension of the PROMETHEE II method based on generalized fuzzy numbers[J]. Expert Syst Appl, 37:5314-5319.

Li T W, Pu Z, Shao B T, et al, 2013. Assessment of urban air quality in China using air pollution indices(APIs) [J]. Journal of the Air & Waste Management Association, 63(2):170-178.

Liao T, Wang S, Ai J, et al, 2017. Heavy pollution episodes, transport pathways and potential sources of PM2.5 during the winter of 2013 in Chengdu(China)[J]. Science of the Total Environment, 584-585:1056-1065.

Mao X B, Wu M, Dong J Y, et al, 2019. A new method for probabilistic linguistic multi-attribute group decision making: Application to the selection of financial technologies [J]. Applied Soft Computing Journal, 77: 155-175.

Mbululo Y, Qin J, Yuan Z, et al, 2019. Boundary layer perspective assessment of air pollution status in Wuhan city from 2013 to 2017 [J]. Environmental Monitoring and Assessment, 191(2):69.

Monforte P, Ragusa M A, 2018. Evaluation of the air pollution in a Mediterranean region by the air quality index [J]. Environmental Monitoring and Assessment, 190(11):625.

Qiao X, Jaffe D, Tang Y, et al, 2015. Evaluation of air quality in Chengdu, Sichuan Basin, China: Are China's air quality standards sufficient yet? [J]. Environmental Monitoring and Assessment, 187(5):250.

Rabee A M, 2014. Estimating the health risks associated with air pollution in Baghdad City, Iraq [J]. Environmental Monitoring and Assessment, 187(1):4203.

Song M, An Q, Wei Z, et al, 2012. Environmental efficiency evaluation based on data envelopment analysis: A review [J]. Renewable & Sustainable Energy Reviews, 16(7):4465-4469.

Wang Y M, 1997. Using the method of maximizing deviations to make decision for multi-indices[J]. Journal of

Systems Engineering and Electronics(8):21-26.

Wu D,Xu Y,Zhang S,2015. Will joint regional air pollution control be more cost-effective? An empirical study of China's Beijing-Tianjin-Hebei region [J]. Journal of Environmental Management,149:27-36.

Xuan L,Li S,Zhang S,et al,2016. $PM_{2.5}$ data reliability,consistency and air quality assessment in five Chinese cities [J]. Journal of Geophysical Research Atmospheres,10. 1002/2016JD024877.

Xuan Z,Hui H,Dong Z,et al,2017. Environmental performance index at the provincial level for China 2006—2011 [J]. Ecological Indicators,75:48-56.

Zhang H,Wang Z,Zhang W,2016. Exploring spatiotemporal patterns of PM2. 5 in China based on ground-level observations for 190 cities [J]. Environmental Pollution(216):559-567.

Zhang Y,Li M,Bravo M A,et al,2014. Air quality in Lanzhou,a major industrial city in China:Characteristics of air pollution and review of existing evidence from air pollution and health studies [J]. Water,Air,& Soil Pollution,225(11):2187.

Zhao S,Yu Y,Yin D,et al,2016. Annual and diurnal variations of gaseous and particulate pollutants in 31 provincial capital cities based on in situ air quality monitoring data from China National Environmental Monitoring Center [J]. Environment International(86):92-106.

Zheng S,Yi H,Li H,2015. The impacts of provincial energy and environmental policies on air pollution control in China [J]. Renewable & Sustainable Energy Reviews,49:386-394.

Zhu S,Lian X,Liu H,et al,2017. Daily air quality index forecasting with hybrid models:A case in China [J]. Environmental Pollution,231(Pt 2):S0269749117316330.

空气污染对城乡在职人员健康的影响研究

摘　要：近年来，我国的空气污染状况日益严重，对城乡在职人员的健康产生了深刻的影响。本报告通过将 2014 年中国流动人口动态监测调查（China Migrant Dynamic Survey，CMDS）户籍数据与地市特征数据及污染数据有机嵌套，研究空气污染与城乡在职人员健康的关系。实证结果表明：一、空气污染浓度的提高会显著降低城乡在职人员的健康水平；二、在分别采用空气污染指标滞后项、两阶段最小二乘法（2SLS）及工具变量有序 Probit 模型（IV-Oprobit）解决内生性问题后，空气污染对城乡在职人员健康的负向影响仍然显著；三、除了空气污染外，研究发现个人层面的影响因素中，男性的健康优于女性；年龄越大，个体的健康状况越差；提高对健康资本的投资，会对城乡在职人员的健康产生正向影响，增加个体的健康资本存量。这些控制变量的健康效应均符合 Grossman 模型的理论推测。市县层面的影响因素中，地区经济的发展有利于提高城乡在职人员的健康水平；政府的财政支出和医疗投入与城乡在职人员健康水平呈负相关。最后，我们依据受访者的就业身份将总样本分为雇主与雇员两个子样本进行对比研究，实证结果表明，消除内生性后，空气污染对雇员的负向影响仍然显著，而对雇主的负向影响不再显著。

关键词：健康；$PM_{2.5}$ 污染；环境

The Effect of Air Pollution on the Health of Urban and Rural Working Staff

Abstract：In recent years，the air pollution in China has posed serious threats to human health. This paper studies the relationship between air pollution and working staff's health by nesting the household registration data of the China Migrant Dynamic Survey（CMDS）in 2014，with city characteristic data and pollution data. Results found that an increase the concentration of air pollution significantly reduced working staff's health levels. After using the instrumental variable IV-Oprobit model to solve endogenous problems，the negative impact of air pollution on working staff's health was still significant. Moreover，the lag term of environmental indexes was introduced，and it was proved that air pollution significantly increased health risk. In addition to air pollution，the study has found that，among the influencing factors at individual level，males health was better than females，and education was positively impacted on working staff's health. The health effects of these control variables were all consistent with the theoretical predictions of the Grossman model. However，financial expenditure and medical input were negatively correlated with residents' health levels. Based on the results, the study suggests to Chinese government to implement of rigorous air pollution laws and regulations. Finally, we compared the negative health effects of air pollution between employers and employees. Empirical results show that after eliminating endogenous problems, the negative impact of air pollution on employees is still significant, while the negative impact on employers is no longer significant.

Key words: Residents' health; PM$_{2.5}$ pollution; Environment

1. 绪论

1.1 研究背景和意义

1.1.1 研究背景

近年来,我国的空气污染状况虽然得到了一定程度的改善,但其污染程度依旧处于较高的水平。在第十三届全国人民代表大会一次会议上公布的政府工作报告指出,过去5年"大气十条"取得扎实成效,重点城市重污染天数已经减少一半。然而,我国空气污染形势依然非常严峻。《2016中国环境状况公报》显示,2016年全国338个地级及以上城市中,环境空气质量达到合格的标准的只有84个城市,而污染指数超标的城市则有254个。此外,有338个城市发生重度污染的天次超过2464天、严重污染天次超过784天,其中,有32个城市重度及以上污染天次超过30天;我国城市地区空气中二氧化硫及粉尘含量远高于世界平均水平,世界污染最严重的20个城市中有16个在中国(World Bank,2013)。

由空气污染引发的健康风险和疾病负担不容小视。空气中的污染物会通过呼吸、饮食、皮肤接触等各种方式进入人体,对人体造成不可逆的损伤,从而提高居民死亡率(Chay et al,2003;Chen et al,2013;Anderson,2015);或者提高呼吸道系统、心脑血管等疾病的发病率(Schlenker et al,2011;Coneus et al,2012;Lavy et al,2014)。由此带来了沉重的疾病负担:《2010年全球疾病负担评估报告》显示,中国因室外PM$_{2.5}$污染导致123.4万人过早死亡以及2500万伤残调整寿命年[①]损失,几乎占全世界同类死亡案例总数的40%。中国的空气污染每年造成的经济损失,基于疾病成本估算相当于国内生产总值的1.2%,基于支付意愿估算则高达3.8%(杨继生 等,2013)。

就城乡在职人员这一群体而言,暴露于空气污染中的风险比其他群体更大,由此造成的健康损害关乎民生福祉。空气污染对健康的影响在很大程度上取决于个体暴露于污染风险中的概率及社会提供的医疗保障制度。在其他条件既定的情况下,空气污染的暴露水平越高,健康风险和健康危害越大;医疗保障制度越完善,健康水平越高。由上海外服健康体检中心发布的《2017年上海白领健康指数白皮书》显示:上海白领的体检异常比率呈现出不断攀升的趋势,其中2011年体检异常的比例为87.6%,而到了2016年,已经高达95.68%,高出了8.08个百分点,有38.7%的受访者认为在工作场所放置绿色的植物能够使得自身工作效率提高21%~

---

① 伤残调整寿命年:是指从发病到死亡所损失的全部健康寿命年。

50％。这表明除了遗传因素、医疗保障因素、工作压力外,在职人员健康的影响因素中,空气质量也是一个重要的因素。因此,空气污染对城乡在职人员健康的影响是一个值得关注的问题。基于上述分析,本报告试图回答如下问题:空气污染会否降低城乡在职人员的健康水平? 降低程度如何?

1.1.2　研究意义

（1）理论意义

现有的关于健康人力资本的经济学研究主要集中在对经济增长的讨论上,而对于健康本身的关注则少之又少。本报告依托于经济学的基本研究理论,首先将环境污染纳入健康需求理论模型,揭示环境污染与健康人力资本之间的相互关系,从更加深入的层面对健康本身进行研究。其次,采用了严谨的实证方法对污染载体及污染物的健康负效应进行科学系统的评价,在对 Grossman（1972）健康需求理论模型的扩展和方法选择上具有较强的理论意义。

（2）现实意义

长期以来,我国经济建设的出发点和侧重点往往集中在对经济效益的考虑上,而忽略了对城乡在职人员健康影响,甚至宁愿牺牲自然环境来换取经济的增长。党的十九大报告将坚持人与自然和谐共生作为新时代坚持和发展中国特色社会主义的基本方略之一,将建设美丽中国作为全面建设社会主义现代化国家的重大目标,提出着力解决突出环境问题。因此研究我国经济发展过程中空气污染对城乡在职人员健康的影响具有重大现实意义和社会意义。此外,为了提升城乡在职人员的健康水平,需要对空气污染与城乡在职人员健康的关系进行全面考察。只有在此基础上,才能提出行之有效的政策举措以消除环境污染对健康人力资本损害,为政府环境治理政策的实施方向和重点提供理论基础和决策参考,为探索有效平衡环境和健康之间关系的改善政策提供思路和建议。

2. 理论基础

2.1　文献回顾

2.1.1　国内外文献回顾

经济学领域对健康的研究始于 Grossman 在 1972 年建立的健康生产函数。他提出了"健康资本"的概念,将健康视为消费品和投资品引入消费者效用函数,研究效用最大化时的最优健康需求量,为健康经济学提供了理论基础。在此基础上,经济学家将研究范围扩展到环境领域:Cropper（1981）认为污染是影响健康折旧率的重要因素,将污染物变量引入 Grossman 理论模型,建立了污染影响健康的分析框架,为之后环境健康经济学的研究提供了理论指导。

此后,大量学者在上述理论的指导下,针对空气污染和健康人力资本之间的关系进行了实证研究,主要集中在以下几个方面:第一、空气污染对居民死亡率和预期寿命的影响,大量研究表明,空气污染显著提高居民死亡率;第二、空气污染提高了呼吸道系统、心脑血管等疾病的发病率（Chen et al,2013;Anderson,2015;Schlenker et al,2011;Coneusa et al,2012;Lavy et al,2014）。

空气污染会显著提高居民死亡率。Francesca 等（2002）分析了美国 88 个大城市人口死亡率与空气污染的关系，发现前一天的 PM_{10} 每增加 10 $\mu g/m^3$，死亡率增加 0.5%；Chay 和 Greenstone（2003）以美国 1981—1982 年经济衰退为"自然实验"，研究发现经济衰退使得空气污染水平显著下降，TSP 每下降 1%，婴儿死亡率降低 0.35%；Chen 等（2013）采用断点回归法发现中国冬季燃煤取暖造成的总悬浮颗粒增加显著降低了人均寿命，平均来说每立方米大气中 TSP 浓度上升 100 微克会导致死亡率上升 14%。Tanka（2015）以 1998 年中国政府实施严格的空气污染法规为研究背景，发现经过严格的两控区管理（"酸雨控制区"和"二氧化硫污染控制区"）的城市，婴儿死亡率下降了 20%。He 等（2016）利用 2008 年北京奥运会期间，相关城市如天津等实施严格的空气治理措施带来的空气污染浓度的变化，研究发现 PM_{10} 的下降减少了成人死亡率。Anderson（2015）研究在高速公路污染下风区域污染暴露时间长短和不同年龄段人群的死亡率之间的关系，发现 75 岁及以上的人群暴露时间增加一倍时，死亡率增加 3.6%～6.8%。

空气污染会提高呼吸道系统、心脑血管疾病的发病率。Coneus 和 Spiess（2012）关注了德国空气污染和父母吸烟行为对新生儿和幼儿健康的影响，研究发现幼儿暴露于臭氧的环境中会提高其得气管炎和呼吸道疾病的概率。Lavy 等（2014）通过研究以色列空气污染与高中生的学习成绩，发现 $PM_{2.5}$ 导致学生的哮喘发病率更高，进而导致学习成绩下降；PopeⅢ 等（2002）发现与细颗粒物和硫氧化物相关的污染与肺癌和心肺疾病发病率有关，空气污染中的细颗粒物每增加 10 $\mu g/m^3$，心肺疾病和肺癌死亡率风险分别提高约 6% 和 8%；Beatty 和 Shimshack（2011）研究空气污染的局部效应，他们以校车改造为自然实验建立因果关系，发现校车改造减少了敏感人群支气管炎、哮喘、胸膜炎及肺炎的发病率。此外，Potera（2014）通过研究发现暴露于细颗粒物还会增加患心脏病的风险。

随着研究的不断深入，近年来有学者开始关注胎儿污染暴露和健康之间的关系，主要集中在以下两个方面：第一、胎儿污染暴露会提高死亡率、降低出生体重（Chay et al，2003；Currie et al，2005；Tanka，2015）；第二、胎儿污染暴露会提高出生缺陷或呼吸系统疾病的发病率（Dugandzic et al，2006；Stingone et al，2014）；第三、胎儿污染暴露不仅会影响当期的健康水平，还会影响日后的健康人力资本（Bateson et al，2007；Almond et al，2006），主要是由于胎儿期暴露于污染中甚至可能永久改变基因，基因改变的影响一开始可能看不出来，但会在儿童期和成年期慢慢体现出来（Petronis，2010），因而这种影响是长期的、持久的。胎儿污染暴露会对后期的成长发展（如教育、劳动力市场表现、婚姻等）产生长期影响（Almond，2006）。因此，一些早期的干预措施，如营养补助项目、母亲禁烟计划、环境污染治理等受到越来越多的重视。

国内相关研究更多关注空气污染对公共健康的影响。陈硕等（2014）利用 3SLS 方法实证检验了火电厂二氧化硫排放对公共健康的影响，研究发现二氧化硫排放每增加 100 万吨，万人中死于呼吸系统疾病和肺癌的人数分别增加 0.5 人和 0.3 人，该气体每年造成的死亡人数在 18 万人左右。孙涵等（2017）以广东省珠江三角洲 9 个城市为样本，分析了空气污染对居民公共健康的影响，结果显示，空气污染对居民的公共健康带来了负面影响，PM_{10} 和 $PM_{2.5}$ 每增加 1%，哮喘疾病和内科门诊的人数分别上升 0.2236%、0.2272%。苗艳青（2008）利用山西临汾的数据，估计了临汾市空气污染对呼吸系统疾病门诊量的边际贡献率，结果表明，空气污染指数对临汾市呼吸系统疾病发病率具有显著影响。

2.1.2　文献评述

现有文献关于环境污染与健康的研究主要存在以下几个方面的缺陷。首先,现有研究主要集中在对空气污染健康负效应病理机制的讨论,没有从更广泛的角度思考空气污染带来的影响,缺乏对空气污染在经济学领域的研究。其次,现有研究对发达国家空气污染健康效应的影响关注较多,对发展中国家尤其是中国的关注较少,这可能是在之前的发展历程中,中国急需解决的是经济增长问题,近几年中国逐渐意识到如果继续走"先污染后治理"的道路,最终会损害居民的健康人力资本,进而制约经济的可持续发展,因而虽然对该问题的关注日益增多,但是研究主要集中在空气污染对公共健康的影响,对个人健康的关注较少。第三,现有文献在识别中国空气污染与健康之间因果关系时,只有极少数文献考虑了内生性问题,这样的研究结果往往缺乏系统性和严谨性,其结论和决策参考均需要谨慎对待。当前中国空气污染日趋严重,因此有必要建立严格的实证模型检验空气污染对个体健康的影响,为制定更有针对性的环境治理政策提供决策参考。

2.2　空气污染与个体健康间的理论机制

本报告的分析框架建立在 Grossman(1972)提出的个人效用函数基础上:一个理性的消费者的个人效用函数包含了一般商品及健康这一特殊商品,其效用函数如下:

$$U_t = U(\varphi_t H_t Z_t) \quad t=1,2,3,\cdots,n \tag{1}$$

式中,H_t 是第 t 期消费者的健康资本存量,φ_t 是健康资本的单位收益,Z_t 是第 t 期消费的一般商品,该效用函数对所有商品都是边际效用递减的,即 $\frac{\partial U}{\partial H} \geq 0, \frac{\partial U}{\partial Z} \geq 0, \frac{\partial^2 U}{\partial H^2} \leq 0, \frac{\partial^2 U}{\partial Z^2} \leq 0$。另外,$H_t \in [H_{min}, H_{max}]$。

健康作为与物质资本品类似的一种投资品。消费者拥有一个初始的健康资本存量 H_0,该资本存量是外生的且随时间加速递减(即存在健康折旧率 δ_{ht}),其余各期的 H_t 是内生的,对健康的投资能增加健康资本存量。健康资本增量的变动公式为:

$$H_{t+1} - H_t = I_{ht} - \delta_{ht} H_t \tag{2}$$

$$H_j = f(H_E, M_j) \tag{3}$$

如果将健康和疾病进行区分,健康函数可以写成如下形式:

$$H_j = H_j[M(\phi), \phi(P,A)] \tag{4}$$

污染暴露和规避行为共同决定了疾病发作,疾病发作又决定了医疗支出,医疗支出旨在减轻疾病的严重程度。个人效用是消费 X、休闲 L 和健康 H 的函数,用 I 表示非工资收入,ω 表示工资性收入,c_j 表示商品 j 的价格,T 表示总时间,个人的效应最大化表达式如下:

$$Max\psi = U(X,L,H) + \lambda[I + \omega(H)(T-L) - c_X X - c_A A - c_M M] \tag{5}$$

一阶条件如下[①]:

$$\frac{\partial \psi}{\partial A} = \frac{\partial U}{\partial H}\left(\frac{\partial H}{\partial M}\frac{\partial M}{\partial \phi}\frac{\partial \phi}{\partial A} + \frac{\partial H}{\partial \phi}\frac{\partial \phi}{\partial A}\right) - \lambda\left[c_A + \frac{\partial \omega}{\partial H}\left(\frac{\partial H}{\partial M}\frac{\partial M}{\partial \phi}\frac{\partial \phi}{\partial A} + \frac{\partial H}{\partial \phi}\frac{\partial \phi}{\partial A}\right) \times (T-L)\right] = 0 \tag{6}$$

---

① 由于本研究重点关注环境污染与健康的关系,因而一阶条件仅列出了与健康有关的两个变量的一阶条件,没有列出消费、休闲的一阶条件。

$$\frac{\partial \psi}{\partial M} = \frac{\partial U}{\partial H}\frac{\partial U}{\partial M} - \lambda \left[cM + \frac{\partial U}{\partial H}\frac{\partial H}{\partial M}(T-L) \right] = 0$$

方程(5)和(6)相结合产生如下直观表达式：

$$\frac{\mathrm{d}H/\mathrm{d}A}{\mathrm{d}H/\mathrm{d}M} = \frac{c_A}{c_M} \qquad (7)$$

由于污染的回避行为和医疗服务消费取决于污染水平，那么健康和污染水平之间的关系可以用以下函数形式表达：

$$\frac{\mathrm{d}H}{\mathrm{d}P} = \left(\frac{\partial H}{\partial M}\frac{\partial M}{\partial \phi} + \frac{\partial H}{\partial \phi} \right) \cdot \left(\frac{\partial \phi}{\partial P} + \frac{\partial \phi}{\partial A}\frac{\partial A}{\partial P} \right) \qquad (8)$$

污染对健康的影响简化为以下两个部分：污染和疾病之间的关系（式(8)中的第二个括号部分）和疾病对健康的危害程度（式(8)中的第一个括号部分）。我们首先分析污染和疾病之间的关系：$\frac{\partial \phi}{\partial P}$ 表示污染的纯生物效应，$\frac{\partial \phi}{\partial A}\frac{\partial A}{\partial P}$ 表示回避行为对发病率的影响，由此可见，即使通过回避行为规避风险，污染仍会导致疾病。与此同时，疾病会对健康造成危害，即使通过医疗服务对污染造成的疾病损害进行干预 $\frac{\partial H}{\partial M}\frac{\partial M}{\partial \phi}$，然而在当前的医疗条件下仍有些污染引起的疾病是无法治愈的。

3. 空气污染与城乡在职人员健康的现状分析

随着空气污染问题的日趋严峻，我国城乡在职人员的健康水平也受到了深刻的影响，高浓度的空气污染加剧了人们的健康风险。本章节将主要利用美国国家航空航天局（National Aeronautics and Space Administration，NASA）公布的 $PM_{2.5}$ 调查数据及中国流动人口动态监测中的户籍数据，对我国空气污染浓度的长期动态变化趋势及城乡在职人员健康的现状进行描述。

3.1 我国空气污染现状

3.1.1 空气污染的衡量指标

空气污染的种类繁多，且具有不尽相同的形态，包括气体、液体或混合体。我国法令规定的空气污染物主要有气状污染物（硫氧化物、一氧化碳、氮氧化物、碳氢化合物等）、粒状污染物（悬浮颗粒、黑烟、酸雾、落尘等）和恶臭物质（氯气、硫化氢、硫化钾基、硫醇类、甲基胺类等）。其中细颗粒物（$PM_{2.5}$）是粒状污染物的一种，它是指大气中空气动力学当量直径小于或等于2.5微米的颗粒物，也称为可吸入颗粒物。虽然 $PM_{2.5}$ 在地球大气成分中含量占比很少，但它对空气质量以及能见度等都具有显著的影响。$PM_{2.5}$ 具有粒径小、输送距离远及在大气中停留的时间长等特征，所含有的大量有毒、有害物质会直接损伤呼吸道黏膜上皮细胞，或者进入肺泡并沉积在肺泡内，促进气道内炎性介质的释放，导致呼吸系统炎症损伤；或进入肺组织后激发体内脂质过氧化，增加细胞膜的通透性，引起肺部损伤，引发慢性阻塞性肺疾病甚至肺癌等呼吸系统疾病，对人体健康具有显著的影响。2012年2月，国务院同意发布新修订的《环境空气质量标准》增加了 $PM_{2.5}$ 监测指标，足见 $PM_{2.5}$ 对度量地区空气污染有着举足轻重的影响。放眼相关领域的研究，国内诸多相关学者都曾使用该种环境指标作为表征空气污染的替代指标(孙涵,2017;穆泉 等,2015;谢元博 等,2014)。因此,本文主要运用 PM$_{2.5}$ 作为空气污染的代理指标,以 PM$_{2.5}$ 作为衡量空气污染的变量进行实证研究。

3.1.2　空气污染的现状描述

(1)全国大气污染现状

《2017 中国生态环境状况公报》显示,2017 年全国 338 个地级及以上城市中,环境空气质量达到合格的标准的只有 99 个城市,占比 29.3%;而污染指数超标的城市则有 239 个,占比 70.7%。全国 338 个地级及以上城市发生重度污染的天数为 2311 天,相较于 2016 年,减少了 153 天次;发生严重污染的天数为 802 天,比 2016 年增加了 18 天次,其中,有 48 个城市发生重度及以上污染天数超过 20 天次,占比约 14.2%。2017 年,PM$_{2.5}$ 的年均浓度范围在 10~86 微克/立方米,平均浓度为 43 微克/立方米,相较 2016 年的指数,下降了 6.5 个百分点;超标天数相较于 2016 年,下降了 1.7%。PM$_{10}$ 的年均浓度范围为 23~154 微克/立方米,平均浓度为 75 微克/立方米,较之 2016 年下降了 5.1 个百分点;超标天数比 2016 年减少了 2.3%。二氧化硫(SO$_2$)的年均浓度范围为 24~84 微克/立方米,平均浓度为 18 微克/立方米,比 2016 年减少 18.2 个百分点;超标天数占比 0.3%,较 2016 年下降 0.2%。二氧化氮(NO$_2$)的年均浓度范围为 9~59 微克/立方米,平均浓度为 31 微克/立方米,在 2016 年的基础上增加了 3.3 个百分点;超标天数占比 1.5%,比之 2016 年下降了 0.1%。臭氧(O$_3$)的日最大 8 小时平均第 90 百分位数浓度范围为 78~218 微克/立方米,平均浓度为 149 微克/立方米,相比 2016 年上升了 8 个百分点;超标天数占比 7.6%,相比于 2016 年上升了 2.4%。一氧化碳(CO)的日均值第 95 百分位数浓度范围为 0.5~5.1 毫克/立方米,平均浓度为 1.7 毫克/立方米,相比 2016 年下降了 10.5 个百分点;超标天数比例占比 0.3%,相较于 2016 年下降了 0.1%。

根据监测到的空气污染物,我国制定了空气质量指数(AQI)来衡量空气质量状况。据中国环境保护部统计(图 1),2017 年全国 338 个监测城市中,城市环境空气质量为良的城市占比 52%;而空气质量为优的城市仅占 26%,不抵总数的三分之一。除此之外,有 15% 的城市污染程度为轻度污染,4% 的城市污染程度为中度污染,2% 的城市污染程度为重度污染,剩余 1% 为严重污染。该数据与中国环境保护部公布的 2016 年数据大体相同,表明我国空气污染问题依然非常严重。

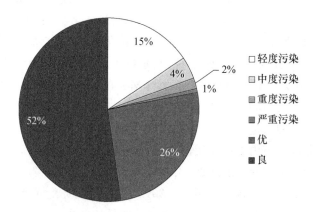

图 1　2017 年中国 338 个城市环境空气质量级别比例

(资料来源:《2017 中国生态环境状况公报》)

（2）PM$_{2.5}$污染现状

2011年以前，我国对PM$_{2.5}$的危害还不甚了解，直到2012年环保部公布了《空气质量新标准第一阶段监控实施方案》，开始要求全国74个地级及以上城市在2012年10月底前完成PM$_{2.5}$"国控点"监测的试运行。因此，截至2012年我国都还没有详细的PM$_{2.5}$的污染数据。为了更全面地了解PM$_{2.5}$浓度的变化趋势，本报告主要利用美国国家航空航天局（NASA）公布的PM$_{2.5}$数据对我国PM$_{2.5}$历年来的动态变化趋势进行描述分析，关于这套数据的具体介绍在本报告的第4.2节。数据的处理步骤如下：首先利用ArcGIS软件将NASA公布的基于全球PM$_{2.5}$平均浓度的栅格数据进行解析，得到2003—2016年中国349个地级及以上城市的PM$_{2.5}$月均浓度值；其次，利用Excel对349个城市的PM$_{2.5}$浓度值求和并取平均值，最终得到来自全国2003—2016年的PM$_{2.5}$浓度值。

图2绘制了2003—2016年全国PM$_{2.5}$污染浓度动态变化的趋势图。从图中我们可以发现，2004—2007年全国PM$_{2.5}$浓度呈现不断上升的趋势，在2007年达到历史的最高点，PM$_{2.5}$值为36.28微克/立方米，远高于全球环境空气质量标准（NAAQS）。2007年之后，PM$_{2.5}$浓度开始逐步下降，2012年浓度值已下降到30.16微克/立方米，下降的幅度高达6.12微克/立方米，年均下降幅度为1.2微克/立方米左右。2012—2016年，PM$_{2.5}$的浓度值一直处于波动状态，具体来看，2013年PM$_{2.5}$的年均浓度值高于2012年的浓度值，增长的幅度比较大，涨幅约为4.34微克/立方米，2014年的浓度值相比于2013年有所下降，下降至33.07微克/立方米，降幅为1.43微克/立方米左右，2015年PM$_{2.5}$的年均浓度值又出现了轻微的上升，上升到33.56微克/立方米左右，而2016年PM$_{2.5}$的污染浓度又下降到了3.25微克/立方米。总体而言，我国的PM$_{2.5}$污染浓度一直处在较高的水平，空气污染状况十分严峻。

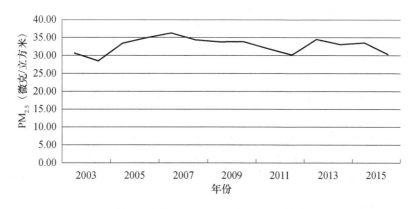

图2　我国2003—2016年PM$_{2.5}$浓度

（数据来源：根据美国航空航天统计局公布的数据计算所得）

此外，我们根据中国气象数据网公布的2014年最大风速数据以及中国空气监测网站公布的2014年PM$_{2.5}$的污染浓度数据，通过相应的计算处理，绘制了2014年PM$_{2.5}$浓度与地区最大风速的折线图（图3），以检验PM$_{2.5}$污染物浓度与最大风速之间的变动关系。从图中我们可以发现，PM$_{2.5}$的浓度值在2014年1月份时达到全年的最大值95.75微克/立方米，1月份以后呈现逐步下降的趋势，8月份时，PM$_{2.5}$的浓度值达到2014年全年的最低值38.88微克/立方米，9月份开始呈现逐渐上升的趋势，10月份与12月份PM$_{2.5}$的浓度值均维持在一个相对稳定的水平。而最大风速的动态变化呈现出与 $PM_{2.5}$ 浓度变化相反的趋势,2014 年全年最大风速的最低值出现在 2 月份,为 7.09 米/秒,2 月份之后,风速开始呈现逐步攀升的趋势,在 6 月份时达到了全年最大值 9.58 米/秒,7 月份之后,最大风速开始出现波动。总体而言,在 2014 年全年中,$PM_{2.5}$ 的浓度的动态变化呈现出先下降后上升的趋势,而最大风速的动态变化表现出先上升后下降的趋势,这一趋势变化支持了本报告所使用的工具变量的外生性假设。

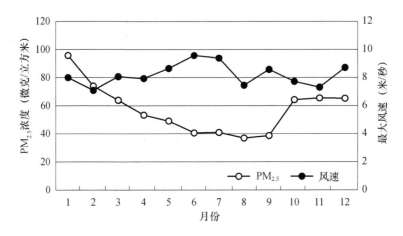

图 3　$PM_{2.5}$ 浓度与最大风速

(数据来源:中国空气质量监测网站与中国气象局)

3.2　我国城乡在职人员的健康现状

3.2.1　个体健康的衡量指标

目前关于健康定义比较含混,没有一个约定俗成的指标,在实际研究中也很难从中选取一个合适的指标能全面、直观地概括个体的健康状况。当下主要采用人口死亡率、自评健康、发病率、出生时的预期寿命以及 5 岁以下儿童死亡率等指标来衡量。但在中国地级市个体健康状况的研究中,这些评价指标一般存在数据不完整、取存困难等重大问题,阻碍综合取样与指标评价。相比之下,自评健康在综合性、易得性、稳健性这三个方面具有显著的优势,最能全面地衡量和反映一个地区个体健康水平。本研究将利用自评健康这个指标研究我们个体健康的现状,并以此为变量开展实证分析。

3.2.2　城乡在职人员健康的现状描述

(1)调查对象基本情况

本报告将着重分析中国流动人口动态监测调查(CMDS)2014 年的户籍数据,关于该数据的具体介绍在本文 4.2 节。根据 2014 年中国流动人口动态监测调查户籍数据,在规范填写的 11930 份调查问卷中,城市户口 5375 人,占 45.1%,农村户口 6555 人,占 54.9%,城乡在职人员比为 0.82:1;男性 7267 人,占 60.9%,女性 4663 人,占 39.1%。

调查对象平均年龄为 42 岁,15～24 岁占 8.1%(968 人),25～34 岁占 29.7%(3539 人),35～44 岁占 31%(3696 人),45～54 岁占 25.2%(3009 人),55～60 岁占 6%(718 人)。

文化程度方面,小学以下占 0.6%(73 人),小学占 8.7%(1034 人),初中占 33.9%(4043 人),高中及中专占 25.2%(3002 人),大专及以上占 31.7%(3778 人)。

(2)在职人员总体健康水平

表 1 为 2014 年全国流动人口动态调查中户籍人口的自评健康结果。从表中我们可以发现,有超过二分之一的城乡在职人口健康水平在一般及以上,其中自评健康为一般的比例高达 31.9%,占总调查人数的三分之一左右。有 17.8%的在职人员健康状况不太理想,有 1%的在职人员处于非常不健康的状态。

表 1   2014 年城乡在职人员总体健康水平

健康状况	人数	百分比(%)
非常不健康	122	1.0
比较不健康	2118	17.8
一般	3811	31.9
比较健康	3704	31.0
非常健康	2175	18.2

数据来源:中国流动人口动态监测调查数据。

(3)城乡在职人员健康水平差异

虽然城乡在职人员的总体健康水平较为乐观,但是通过表 2 的分组对比研究可以发现,不同地区、不同性别、不同年龄结构及不同文化素养的城乡在职人员,其健康水平在也有所不同。

从地区看,在城市工作的人员"非常不健康"和"比较不健康"的比例为 18.36%,在农村工作的人员比例为 19.12%,比城市地区略高 0.76%,反映出在城市就业的人员健康水平要高于在农村就业的人员。

从性别看,男性工作者自评健康"一般"以下的比例为 17.01%,而女性工作者的比例高达 21.53%,比男性工作者高出 4.52 个百分点,表明女性工作者中不健康的比例要高于男性。

从年龄结构来看,随着年龄的增长,"非常不健康"和"比较健康"的在职人员比例逐渐递增,"非常健康"和"比较健康"的比例逐渐减小,反映出在职人员的健康状况在不同的年龄段表现出不同的特征。

从文化程度看,文化水平越高的在职人员,"非常健康"的比例越大,"非常不健康"的比例越小,表明不同文化水平在职人员,其健康水平也存在巨大的差异。

表 2   2014 年城乡在职人员健康水平

组别		非常不健康(%)	比较不健康(%)	一般(%)	比较健康(%)	非常健康(%)
城乡	城市	0.80	17.56	33.64	32.26	15.74
	农村	1.21	17.91	30.56	30.05	20.27
性别	男性	0.98	16.03	30.88	32.01	20.10
	女性	1.09	20.44	33.60	29.55	15.31

续表

组别		非常不健康(%)	比较不健康(%)	一般(%)	比较健康(%)	非常健康(%)
年龄组	15～24	0.21	6.10	22.52	35.02	36.16
	25～34	0.34	10.96	30.35	36.14	22.21
	35～44	0.89	18.91	33.47	30.52	16.21
	45～54	2.06	24.59	35.19	26.12	12.03
	55～65	1.81	32.31	31.06	23.96	10.86
文化程度	小学以下	6.85	34.25	34.25	19.18	5.48
	小学	2.22	29.30	30.56	25.05	12.86
	初中	1.41	20.11	32.23	27.90	18.35
	高中/职高/中专	0.57	15.12	32.21	32.41	19.69
	大专/本科及以上	0.53	13.84	31.76	35.20	18.66

数据来源:中国流动人口动态监测调查数据。

通过以上对在职人员健康水平的分组统计可以发现,由于地区、性别、年龄结构以及文化程度不同,在职人员之间的健康水平也表现出一定的差异性。具体而言,在城市地区工作的劳动者健康水平高于农村地区的劳动者,男性工作者健康水平高于女性工作者,年龄较大的在职人员健康状况较差,文化程度较高的在职人员健康状况较好。我们在分析在职人员健康现状时,除了需要考察在职人员的总体健康水平,也需要把握不同特征人群健康状况的差异,以全面了解我国在职人员健康水平的现状。

4. 空气污染影响城乡在职人员健康的模型分析

4.1 模型设定

综合相关经济理论及上文的分析,本报告将采用"自评健康"($health_i$)作为城乡在职人员健康的代理变量,取值 0～4,其中 0 表示"非常不健康",1 表示"比较不健康",2 表示"一般",3 表示"比较健康",4 表示"非常健康"。虽然该评价指标容易受到被访者的主观影响,但是它反映了对疾病严重程度、健康稳定性等信息的综合判断,与其他狭窄的客观指标相比更能反映出样本的总体健康水平。

本报告中的被解释变量 $health_i$ 为排序数据适用 Oprobit 模型,我们参考了连玉君等(2014)的模型设定,构建如下基本模型:

$$Health_i = F(\alpha_1 Poll_j + \alpha_2 X_i + \alpha_3 Y_i + \varepsilon_i) \tag{9}$$

式中,$F(\cdot)$为某非线性函数,表示如下:

$$F(y_i^*) = \begin{cases} 1 & y_i^* < u_1 \\ 2 & u_1 < y_i^* < u_2 \\ \vdots & \vdots \\ J & y_i^* > u_{J-1} \end{cases} \tag{10}$$

y_i^* 是 y 的潜变量(latent variable),满足:

$$y_i^* = \alpha_1 Poll_j + \alpha_2 X_i + \alpha_3 Y_j + \varepsilon_i \tag{11}$$

$u_1 < u_2 < u_3 < \cdots < u_{J-1}$ 称为切点,即待估参数。

上述 $health_i$ 为被解释变量自评健康。$Poll_j$ 为核心解释变量空气污染物浓度,我们用 $PM_{2.5}$ 的浓度值作为其代理变量。X_i、Y_j 分别是个人(家庭)和市县层面影响城乡在职人员健康的因素。根据已有文献研究,本报告具体选定性别、年龄、教育水平、心理健康状况、婚姻状态来表示影响城乡在职人员健康的个人特征;用人口密度、人均 GDP、人均财政支出、万人中病床数来表示影响城乡在职人员健康的市县特征。

4.2 数据说明

4.2.1 数据来源

根据项目研究需要,我们要搜集个体特征数据、城市特征数据及空气污染数据,而空气污染指标 $PM_{2.5}$ 是 2013 年之后才出现的热词,在此之前国内对此的关注较少,也没有出现比较完整的监测数据,因此,空气污染数据的搜集是本研究的一个难点。本研究使用的空气污染数据来源于美国国家航空航天局公布的调查数据。美国国家航空航天局被广泛认为是世界范围内太空机构中的"执牛耳"者,其透过地球观测系统提升对地球的了解并与许多国内及国际组织分享其研究数据,具有一定的权威性。我们利用 ArcGIS 软件将其公布的基于全球平均浓度的栅格数据进行解析得到 2014 年中国 348 个城市 $PM_{2.5}$ 月平均浓度的具体数值。

本报告所采用的个体及市县数据主要来源于"全国流动人口动态监测调查数据"(China Migrant Dynamic Survey,CMDS)和《中国城市统计年鉴》。"全国流动人口动态监测调查数据"从 2009 年开始在全国范围内针对流动人口展开,该调查在北京、嘉兴、厦门、青岛、郑州、深圳、中山、成都等八城市(区)"大调查"抽中的样本点,开展流动人口社会融合与心理健康专题调查;同时在八城市(区)按照多阶层分层 PPS 原则抽取相同样本量的户籍人口进行调查。调查对象包括流动人口和户籍人口,调查内容包括个人和家庭基本信息、就业情况及一般健康和心理健康状况。每个城市(区)流动人口、户籍人口样本量均为 2000 人,流动人口和户籍人口总样本量均为 16000 人。《中国城市统计年鉴》收录了全国 653 个建制城市 2014 年社会经济发展等各方面的统计数据。该年鉴共分四个部分,其中第二、三部分分别是地级以上城市统计资料和县级城市统计资料,具体内容包含有人口、劳动力、教育、文化、社会保障和环境保护等方面的数据。

4.2.2 指标选取

本报告利用城市代码将 2014 年 CMDS 的户籍人口数据与中国城市统计数据及空气污染数据进行有机嵌套,并以受访者的就业身份为关键词,在剔除了缺失值及不适用人群(在校学生、未就业者等)后,最终得到来自全国 11930 名城乡在职人员的数据资料。对模型变量的描述及统计分析分别见表 3 和表 4。

表3　模型变量的描述

变量类型	变量名	描述
被解释变量	自评健康(health)	4=非常健康;3=比较健康;2=一般;1=比较不健康;0=非常不健康
内生解释变量	$PM_{2.5}$的浓度($PM_{2.5}$)	单位:微克/立方米
外生解释变量	性别(gender)	1=男;0=女
	年龄(age)	单位:岁
	受教育程度(edu)	单位:年
	婚姻状况(married)	1=已婚;0=未婚
	心理健康(mental health)	单位:分
	人均GDP(pgdp)	单位:元
	人均财政支出(pexp)	单位:元
	万人中病床数(sickbed)	单位:张
	人口密度(density)	单位:人/平方千米
工具变量	年最大风速(windmax)	单位:0.1米/秒

表4　主要变量的统计性描述结果

变量	样本量	均值	方差	最小值	最大值
自评健康	11930	2.477	1.015	0	4
性别	11930	0.609	0.488	0	1
年龄	11930	38.64	10.04	15	60
受教育程度	11930	11.79	3.600	1	20
婚姻状况	11930	0.832	0.374	0	1
心理健康	11930	3.343	2.996	0	24
人均GDP(对数)	11930	11.39	0.221	11.16	11.92
人均财政支出(对数)	11930	9.793	0.622	9.172	11.09
医疗投入(万人中病床数)	11930	72.61	13.21	55.04	93.44
人口密度	11930	17094	46204	691.9	149495
空气污染($PM_{2.5}$浓度)	11930	42.59	9.617	27.15	55.98
最大风速	11930	82.75	18.82	52	115.4

数据来源:美国航空航天局、全国流动人口动态监测调查数据、《中国城市统计年鉴》、中国气象局。

被解释变量——城乡在职人员健康水平。本报告用自评健康作为城乡在职人员健康的衡量指标,在调查问卷中的问题是"健康自评之总评",问卷要求受访者用"非常不健康""比较不健康""一般""比较健康""非常健康"这五个选项中的一项来描述自己的健康水平,为了便于计量,我们采用了赋值法,非常不健康=0,比较不健康=4,中间的依次类推。对比单一的衡量指标,自评健康具有综合性、易得性、稳健性等三个方面的显著优势,目前关于个体健康的研究多采用类似的度量方法。根据表4内容可知,城乡在职人员健康的全样本均值为2.477,介于

"一般"和"比较健康"之间,这符合个体健康调查的一般结果。

核心解释变量——空气污染。我们用 $PM_{2.5}$ 的污染浓度作为衡量空气污染的指标,$PM_{2.5}$ 是空气中长期漂浮的直径小于或等于 2.5 微米的颗粒物,主要来源于污染源的直接排放以及空气中硫氧化物、氮氧化物等,与单一的污染物有所不同,$PM_{2.5}$ 是一个综合表征空气质量的指标,也是目前很多相关学者首选的测度指标之一(孙涵,2017;穆泉 等,2015;谢元博 等,2014)。因此,本报告将采用 $PM_{2.5}$ 作为空气污染的代理指标。

其他控制变量——本报告借鉴现有研究,引入包括性别、年龄、受教育程度、婚姻状况等在内的个人层面的控制变量。以及包含人均 GDP、人均财政支出、医疗投入、人口密度在内的市县层面的控制变量。具体原因如下。

教育因素:教育与个人的健康有着密不可分的关系。一方面受教育程度高的个体通常拥有更强烈的健康意识,他们会通过各种方式自觉保持自身的健康水平,降低健康资本折旧率,提高健康资本投资;另一方面,文化程度较高的个体往往具有较高的环保意识,在日常生活中,他们会比文化程度低的群体更加注重生活品质,并且更有能力搬离高污染区域(Chen,2013)。在本报告的研究中,我们采用赋值法来度量教育程度,处理方式如下:没有接受任何教育=0,小学=6,初中=9,高中=12,中专=13,大专=15,大学本科=17,研究生及以上=20。根据表 4 的内容可知,城乡在职人员的全样本均值为 11.79,表明本报告的调查者受教育程度平均为高中水平。

心理健康因素:随着改革的进一步深入以及市场经济的发展,社会竞争日趋激烈,在职人员除了生活压力,还面临着更多来自工作的压力。当他们所承担的工作量或工作难度超过自身预期或能力范围,就会引发一系列的心理反应和行为,进而对身体健康产生影响(温九玲 等,2017)。这一观念被大多数人所接受,也得到了许多研究结论的验证(Tartavoulle et al,2013)。因此,区别于一般人群,心理健康是在职人员身体健康的重要影响因素。本文受访者的心理健康状况通过凯斯勒量表(K6)测量。凯斯勒量表是由 Kessler 创建的测量心理疾患水平的自评量表。问卷要求受访者根据自己真实的心理感受对 K6 量表做出分值选择。量表中包含"紧张""没有希望""不安或烦躁""情绪低落""做每一件事都很费劲""感到自己没用"6 种心理健康问题。量表总分 0～24 分,分值越高则表明心理健康状况越差。根据表 4 可知,本文调查样本心理健康水平的均值为 3.343。

医疗卫生因素:医疗卫生等公共服务因素与城乡在职人员的健康水平也息息相关,主要存在以下几点原因:首先,高水平的医疗技术可以减少个体的死亡率,提高个体的健康水平,从而降低健康资本存量的折旧率(卢洪友和祁毓,2013;曲卫华和颜志军,2015)。其次,良好的卫生条件和定期的体检等可以防范各种健康风险,保障个体的健康。在本研究中,我们采用万人中病床数作为医疗服务的代理变量,这项指标是用该城市的病床总数除以年末总人口得到每一万人中拥有的病床数量,用以衡量当地的医疗卫生水平。实际上,人均病床数代表了个体对医疗服务的可获得性。

社会因素:根据现有的文献研究,空气污染浓度会受到人口集聚程度的影响。地区人口密度越大,该地区的污染源越集中,空气质量越差,个体的健康水平越低;其次,人口集聚程度较高的地区,往往地区的交通更为发达,汽车尾气排放量更高。在本报告的研究中,我们采用人口密度作为社会因素的衡量指标,数据来源于中国统计年鉴。

经济因素:经济是环境与健康间的一种传导机制。社会经济的发展不平衡通常会导致地区间公共卫生的不平等,原因在于发达地区相比其他地区拥有更完备的公共卫生设施、更健全的公共服务体系以及更完善的环境保护措施,但是经济发达的城市通常具有更高的人口密度、更拥挤的居住环境,且经济发展迅速的城市产业聚集更集中,面临的环境污染更严重(祁毓和卢洪友,2015)。因此,地区的经济发展水平对个体健康的影响取决于这两种效应的强弱。在本报告的研究中,我们选取了人均 GDP 来衡量地区的经济发展水平,由于这个变量的数值过大,我们对其进行了取对数的处理,数据来源于《中国城市统计年鉴》。

基于对现有文献进行梳理和总结,个体的健康水平还与性别(男性＝1)、年龄和婚姻状况(在婚＝1)等因素有关(祁毓和卢洪友,2015),而这些同样也都是影响在职人员健康的因素,我们将其都作为控制变量纳入本文的模型。综上所述,本文的样本范围广泛、全面,提高了研究结论的可信度。

5. 空气污染影响城乡在职人员健康的实证研究

本节将实证检验空气污染对城乡在职人员健康的影响。其中,第 5.1 节介绍了空气污染对城乡在职人员健康的基准回归结果;第 5.2 节为内生性检验。

5.1　基础结果

本报告中的被解释变量自评健康为排序数据。对于此类数据,我们一般采用有序 Probit 模型进行估计,但 Ferrer-i-Carbonell 和 Frijters(2004)发现,将因变量作为序数或基数值的估计是一致的。而实践中,采用 OLS 估计在分析结果上会更加便利。基于估计结果可能对估计方法存在敏感性的考虑,本报告分别采用最小二乘法与有序 Probit 模型对样本数据进行估计。

表 5 中模型 1 报告了采用 OLS 的估计结果,模型 2 报告了采用 Oprobit 的估计结果。根据表 5 的回归结果可知,虽然被解释变量为排序数据,但 OLS 和 Oprobit 的估计结果非常接近,均表明 $PM_{2.5}$ 的浓度与在职人员的健康具有显著的负向关系。

表 5　基准回归

变量	模型 1	模型 2
	OLS	Oprobit
$PM_{2.5}$	−0.0029 *	−0.0096 *
	(0.0040)	(0.0053)
性别	0.162 ***	0.181 ***
	(0.0178)	(0.0201)
年龄	−0.0250 ***	−0.0278 ***
	(0.0011)	(0.0012)
受教育程度	0.0125 ***	0.0143 ***
	(0.0029)	(0.0033)
婚姻状况	−0.0272	−0.0473
	(0.0252)	(0.0297)

变量	模型 1	模型 2
	OLS	Oprobit
心理健康	−0.0682 ***	−0.0790 ***
	(0.0033)	(0.0034)
人均 GDP（对数）	1.159 ***	1.147 ***
	(0.135)	(0.173)
人均财政支出（对数）	−0.384 ***	−0.590 ***
	(0.104)	(0.135)
医疗投入（万人中病床数）	−0.0063 ***	−0.0059 ***
	(0.0009)	(0.0016)
人口密度	−0.0004	0.0009
	(0.0050)	(0.0070)
观测值	11930	11930
Pseudo R^2	0.138	0.0541

注：括号中是标准差，***，**，*分别代表 1%、5%、10%的水平上显著。

就个人层面的因素来说，我们发现年龄与城乡在职人员健康有着负向的关系，随着年龄的增长，健康资本的折旧速度增加，城乡在职人员的健康水平会出现不断下降的趋势。教育与个体的健康存在正向关系，文化水平高的个体往往具有更强的健康意识和环保意识，并且他们能够采取积极的措施减缓健康资本存量的折旧速度，提高健康人力资本的生产效率。年龄和教育这两个控制变量对于城乡在职人员健康水平的影响符合 Grossman 模型的理论推测。性别与健康表现出正向关系，男性在职人员的健康水平要高于女性在职人员，可能的解释是，女员工通常要比男员工承担着更多来自生育及家庭照料方面的压力。再观察心理健康对在职人员身体健康的影响，我们发现心理健康状况越差，即精神疾病患病率越高的工作者，其身体健康水平越差。处在高压力工作环境下的个体通常具有更高的焦虑障碍，身体健康状况也越差，这是现代社会工作者尤其是都市白领面临的普遍问题。

此外，市县层面的因素也会对城乡在职人员的健康有一定影响。如表 5 所示，人均 GDP 与个体的健康水平正相关。虽然经济发达地区的环境污染通常更为严重。但是发达地区也相应配备有更完善的基础设施和良好的医疗卫生条件，因此，地区经济发展对个体健康的影响取决于正效应与负效应的强弱对比。医疗投入与城乡在职人员的健康水平存在负向关系，原因在于医疗卫生条件更好的地区往往能有效治疗居民的各种疾病，提高个体的健康水平，降低人口死亡率，从而健康折旧率降低。最后，财政支出与城乡在职人员的健康水平呈负相关，可能的原因是财政支出是健康风险的重要规避手段，地区污染越严重，个体所面临的健康风险越大，财政支出产生的健康功效越明显。

基于上述分析，空气污染会显著降低城乡在职人员的健康水平，个人层面的控制变量对城乡在职人员健康的影响基本符合 Grossman 的理论推测，市县层面的控制变量对城乡在职人员健康的影响呈现出不同的特征。

5.2　内生性处理

为了准确评估空气污染对城乡在职人员健康的影响,本报告采用了三种方法对内生性问题进行处理,分别是利用空气污染指标滞后项、两阶段最小二乘法(2SLS)及工具变量有序 Probit 模型(IV-Oprobit)。表6中模型1和模型2汇报了利用 $PM_{2.5}$ 的滞后一期和滞后两期对城乡在职人员健康进行 OLS 回归的估计结果,即分别采用了2013年和2012年 $PM_{2.5}$ 浓度作为核心解释变量与2014年的个体数据及市县数据匹配进行回归分析,该种方法主要参考了李梦洁(2018)处理空气污染与健康之间内生性问题的方法。模型3汇报了工具变量两阶段最小二乘法的回归结果,模型4汇报了工具变量有序 Probit 模型的估计结果,其中两阶段最小二乘法一般用来处理因变量为自然数的模型,IV-Oprobit 用来处理因变量为序数的模型,但为了提高研究的严谨性,这两种方法均被用来对本报告的样本数据进行估计。

表 6　内生性检验

变量	模型 1	模型 2	模型 3	模型 4
	滞后一期	滞后两期	2SLS	IV-Oprobit
$PM_{2.5}$	−0.0017 *	−0.0036 **	−0.0094 *	−0.0115 **
	(0.0010)	(0.0015)	(0.0049)	(0.0056)
性别	0.182 ***	0.182 ***	0.163 ***	0.182 ***
	(0.0201)	(0.0201)	(0.0178)	(0.0201)
年龄	−0.0281 ***	−0.0279 ***	−0.0249 ***	−0.0281 ***
	(0.0012)	(0.0012)	(0.0011)	(0.0012)
教育程度	0.0144 ***	0.0147 ***	0.0133 ***	0.0149 ***
	(0.0033)	(0.0033)	(0.0029)	(0.0033)
婚姻状况	−0.0409	−0.0430	−0.0289	−0.0407
	(0.0291)	(0.0291)	(0.0260)	(0.0296)
心理健康	−0.0779 ***	−0.0781 ***	−0.0681 ***	−0.0776 ***
	(0.0038)	(0.0038)	(0.0029)	(0.0033)
人均 GDP	1.289 ***	1.315 ***	1.277 ***	1.481 ***
	(0.133)	(0.134)	(0.145)	(0.165)
人均财政支出	−0.392 ***	−0.418 ***	−0.545 ***	−0.646 ***
	(0.0428)	(0.0459)	(0.127)	(0.143)
医疗投入	−0.00727 ***	−0.00716 ***	−0.00552 ***	−0.00601 ***
	(0.0009)	(0.0009)	(0.0010)	(0.0012)
人口密度	−0.0008	−0.0008	0.0001	0.0002
	(0.0042)	(0.00042)	(0.0056)	(0.0063)
观测值	11930	11930	11930	11930
Pseudo R^2	0.0539	0.0536	0.138	

注:在括号中是标准差,***,**,* 分别代表 1%、5%、10% 的水平上显著。

由表6的估计结果可知,在分别采用三种方法消除内生性之后,空气污染对城乡在职人员健康的负向影响仍然显著。模型 1 和 2 的估计结果不仅表明解决内生性问题后空气污染对城乡在职人员健康仍存在显著的负向影响,还表明空气污染对个体的健康存在长期的影响,这也进一步检验了结果的稳健性。模型 3 和模型 4 的估计结果表明无论采取何种方法,空气污染的健康负效应仍旧显著。此外,为了排除内生工具变量的问题,本报告对工具变量进行了诊断性检验,检验结果 F 值大于 10,属于强工具变量。

综上,国内目前的研究大多忽略了对内生性的处理,得出的结论只能证明空气污染与个体健康的相关关系。虽然李梦洁和杜威剑(2018)利用了空气污染指标的滞后项解决内生性问题,但他们研究的数据为截面数据,因而运用空气指标滞后项处理内生性的结论仍须谨慎对待。本报告在他们研究方法的基础上进行了拓展,不仅运用了滞后项还利用工具变量解决内生性问题,我们的结果表明在消除内生性后,空气污染对个体的健康仍存在显著的负面影响。三种实证方法的运用提高了研究的严谨性,是对国内的健康经济学研究的进一步补充。

5.3 对比分析

进一步地,在职人员中雇主和雇员分别扮演着不同的角色,他们之间的关系既对立又统一,包含收入、教育水平、社会保障等因素在内的社会经济也有所区别,因此暴露在污染风险中的概率也不一样。本节将通过对雇主和雇员的对比研究,检验空气污染对不同就业身份群体健康的影响(表 7)。

表 7 对比分析

解释变量	雇主		雇员	
	模型 1	模型 2	模型 3	模型 4
	Oprobit	2SLS	Oprobit	2SLS
$PM_{2.5}$	−0.0299 *	−0.0168	−0.0073	−0.0098 *
	(0.0168)	(0.0158)	(0.0060)	(0.0055)
性别	0.244 ***	0.231 ***	0.146 ***	0.130 ***
	(0.0382)	(0.0354)	(0.0238)	(0.0206)
年龄	−0.0259 ***	−0.0248 ***	−0.0283 ***	−0.0247 ***
	(0.0022)	(0.0020)	(0.0015)	(0.0013)
教育程度	0.0237 ***	0.0215 ***	0.0142 ***	0.0133 ***
	(0.0073)	(0.0068)	(0.0039)	(0.0034)
婚姻状况	0.0109	0.0261	−0.0622 *	−0.0423
	(0.0735)	(0.0675)	(0.0331)	(0.0284)
心理健康	−0.0671 ***	−0.0594 ***	−0.0854 ***	−0.0720 ***
	(0.0061)	(0.0056)	(0.0041)	(0.0034)
人均 GDP	0.696 **	0.902 ***	1.440 ***	1.540 ***
	(0.311)	(0.319)	(0.220)	(0.176)
人均财政支出	−1.016 **	−0.646	−0.613 ***	−0.612 ***
	(0.458)	(0.431)	(0.151)	(0.139)

续表

解释变量	雇主		雇员	
	(1)	(2)	(3)	(4)
	Oprobit	2SLS	Oprobit	2SLS
万人中床位数	−0.00643 *	−0.00801 ***	−0.00585 ***	−0.00460 ***
	(0.00343)	(0.00212)	(0.00182)	(0.00118)
人口密度	0.0006	0.0003	−4.91e^{-09}	−0.0005
	(0.0027)	(0.0022)	(0.0075)	(0.0059)
观察值	3507	3507	8423	8423
R^2	0.0494	0.129	0.0571	0.144

注：括号中是标准差，***、**、* 分别代表 1%、5%、10% 的水平上显著。

表 7 中模型 1 和模型 3 分别报告了雇主与雇员采用 Oprobit 模型的估计结果，模型 2 和模型 4 分别报告了雇主与雇员采用两阶段最小二乘法的估计结果。值得注意的是，在未考虑内生性问题直接使用 Oprobit 模型估计时，$PM_{2.5}$ 的排放浓度对雇主的健康产生显著的负向影响，但对雇员的负向影响并不显著。在使用工具变量消除内生性之后，回归结果显示 $PM_{2.5}$ 浓度对雇员健康的负向影响在 10% 的水平上显著。而 $PM_{2.5}$ 浓度对雇主健康的负向影响已经不再显著。

从环境污染暴露水平的视角来看，可能的原因是：雇员的污染暴露水平高于雇主。大部分研究倾向于认为社会经济地位低的群体更容易暴露于环境污染中（Tonne et al，2008；Currie et al，2009；Currie，2011）。本文的研究样本中，雇主的主观社会经济地位均值为 10.51，雇主的主观经济地位均值为 10.93，高出雇员 0.42 分，表明雇主在总体上主观经济地位要高于雇员。从客观社会经济地位来看，需要说明的是，本文采用的客观社会经济地位指标主要参照程菲等（2018）的选取标准，将月收入和有无房产这两项指标作为样本客观社会经济地位的衡量指标。在本文的研究样本中，雇主拥有房产的比例为 96.8%，雇员拥有房产的比例为 93.1%，比雇主低 3.7 个百分点。且在家庭月收入水平上，雇主的家庭月收入均值为 7869.6 元，雇员的家庭月收入均值为 7145.8 元，低于雇主 723.8 元。综上，雇员不管在主观社会经济地位还是在客观社会经济地位上都明显低于雇主，因此从环境污染暴露水平的视角来看，雇员暴露在污染风险中的概率可能要高于雇主，受到的健康损害更大。

6. 结论与政策建议

6.1　主要结论

本报告通过将 2014 年中国流动人口动态监测调查户籍数据与地市特征数据及污染数据有机嵌套，以 Grossman 健康生产函数为基础，纳入空气污染变量，从理论和实证两个方面研究空气污染与城乡在职人员健康的关系。主要得出以下结论。

6.1.1　空气污染浓度的提高会显著降低城乡在职人员的健康水平

本报告以 $PM_{2.5}$ 浓度作为空气污染的代理指标进行检验，考虑到被解释变量自评健康为排序数据,不宜直接采用普通最小二乘法进行回归,本报告又采用了 Oprobit 进行估计。结果表明,无论采用何种估计方法,$PM_{2.5}$ 的浓度与城乡在职人员的健康水平均存在显著的负向关系。

6.1.2 在消除内生性后,空气污染对城乡在职人员健康的负向影响仍然显著

大量的研究表明空气污染与个体的健康存在内生性问题。为了提高评估空气污染对城乡在职人员健康影响的严谨性,本报告分别采用空气污染指标滞后项、两阶段最小二乘法(2SLS)及工具变量有序 Probit 模型(IV-Oprobit)来解决他们之间存在的内生性问题。结果表明,在消除内生性后,空气污染对城乡在职人员健康的负向影响仍然显著。

6.1.3 空气污染对雇员健康的负面影响更为显著

我们将雇主与雇员的空气污染健康负效应进行了对比研究。实证结果发现,当消除内生性问题后,空气污染对雇员的负面影响仍然显著,而对雇主的负向影响不再显著。从环境污染暴露水平的视角来看,可能是因为雇员在主观和客观社会经济地位方面均低于雇主,因此暴露在空气污染中的概率要高于雇主,受到的健康损害更大。

6.2 政策建议

基于以上研究结果,本报告从以下几个方面提出相关政策建议。

6.2.1 控制强污染产业的发展,加快高耗能产业转型升级

从宏观层面来说,改革开放以来,我国第二、三产业扩张明显,粗放型的经济发展方式带来经济增长的同时,也推动了高耗能产业的发展。化学原料制造业、有色金属冶炼、石油加工冶炼以及电力热力生产业等消耗大量的能源并排放二氧化硫、$PM_{2.5}$ 等污染物,破坏自然环境,危害个体健康。面对生态文明建设的时代要求,我国政府应该在绿色发展视域下控制强污染产业的发展,淘汰落后产能,积极推进高耗能产业的转型升级,坚持可持续发展道路。

6.2.2 加快发展健康服务业,满足城乡在职人员多样化的健康服务需求

在本文的研究中,公共支出是影响城乡在职人员健康水平的重要因素,公共支出的投入有利于改善个体的健康状况。我国在健全全民医保体系的同时也要多措并举地发展健康服务业,加大对医疗卫生服务等公共支出的投入,深化医疗卫生的内涵,不仅要照顾到身患疾病的患者,同时也要维护和促进普通群众身心健康。通过加大公共财政支出,大力发展健康保险、多样化健康服务、健康服务业支撑产业等提升全民健康素质。

6.2.3 丰富工作内容、合理调配工作时间和强度,帮助员工调节心理状态

在本文的研究中,消极的心理状态与在职人员的身体健康存在着显著的负向关系,而职场人员的焦虑抑郁多来源于超过自身预期或能力范围的工作量和工作难度。因此,企业针对心理健康状况较差的员工,应采取积极的管理对策,例如,对工作内容进行重新设计、分解任务过重员工的工作量;进行工作岗位轮换、弹性工作制等以克服员工的职业倦怠;合理调配工作时间,安排必要的休息时间,帮助员工调节心理状态,提高劳动生产效率。

6.3 不足与展望

当然本报告也存在一些需要改进的地方。首先,本报告使用的数据为截面数据,而横截面

数据的缺点是无法反映各个变量在时间上的变化,未来研究应考虑使用相关的面板数据对空气污染的健康负效应进行全面分析,提高研究结论的准确性;其次,本报告选取控制变量都是在国内现有研究基础上选取的最具代表性的变量,但其他变量是否也具备较强的作用?这些仍需要做进一步的探究。

(本报告撰写人:顾和军,曹玉霞)

作者简介:顾和军(1981—),女,博士,南京信息工程大学气候变化与公共政策研究院/商学院学院教授,主要研究方向为人口、资源与环境。

　　　本报告受南京信息工程大学气候变化与公共政策研究院开放课题(课题名称:空气污染、流动人口健康与疾病负担;课题编号:18QHA005)资助。

参考文献

陈仁杰,陈秉衡,阚海东,2010. 上海市近地面臭氧污染的健康影响评价[J]. 中国环境科学,30(5):603-608.

陈硕,陈婷,2014. 空气质量与公共健康:以火电厂二氧化硫排放为例[J]. 经济研究(8):158-169.

程菲,李树苗,悦中山,2018. 中国城市劳动者的社会经济地位与心理健康——户籍人口与流动人口的比较研究[J]. 人口与经济(06):42-52.

郝建中,2016. 能源与空气污染:世界能源展望特别报告[J]. 辐射防护通讯,36(4):42-42.

李梦洁,杜威剑,2018. 空气污染对居民健康的影响及群体差异研究——基于 CFPS(2012)微观调查数据的经验分析[J]. 经济评论(3).

连玉君,黎文素,黄必红,2015. 子女外出务工对父母健康和生活满意度影响研究[J]. 经济学(季刊)(1):185-202.

卢洪友,祁毓,2013. 环境质量、公共服务与国民健康——基于跨国(地区)数据的分析[J]. 财经研究(6):106-118.

苗艳青,2008. 空气污染对人体健康的影响:基于健康生产函数方法的研究[J]. 中国人口·资源与环境,18(5):205-209.

穆泉,张世秋,2015. 中国 2001—2013 年 $PM_{2.5}$ 重污染的历史变化与健康影响的经济损失评估[J]. 北京大学学报(自然科学版),51(04):694-706.

祁毓,卢洪友,2015. 污染、健康与不平等——跨越"环境健康贫困"陷阱[J]. 管理世界(9):32-51.

曲卫华,颜志军,2015. 环境污染、经济增长与医疗卫生服务对公共健康的影响分析——基于中国省际面板数据的研究[J]. 中国管理科学,23(7):166-176.

孙涵,聂飞飞,申俊,等,2017. 空气污染、空间外溢与公共健康——以中国珠江三角洲 9 个城市为例[J]. 中国人口·资源与环境,27(9):35-45.

温九玲,钟沙沙,任智,等,2017. 工作压力的心理学探讨[J]. 科学,69(01):41-44.

谢元博,陈娟,李巍,2014. 雾霾重污染期间北京居民对高浓度 $PM_{2.5}$ 持续暴露的健康风险及其损害价值评估[J]. 环境科学,35(01):1-8.

杨继东,章逸然,2014. 空气污染的定价:基于幸福感数据的分析[J]. 世界经济(12):162-188.

杨继生,徐娟,吴相俊,2013. 经济增长与环境和社会健康成本[J]. 经济研究,48(12):17-29.

姚宏文,石琦,李英华,2016. 我国城乡居民健康素养现状及对策[J]. 人口研究,40(2):88-97.

Almond D,2006. Is the 1918 influenza pandemic over? Long-term effects of in utero influenza exposure in the post-1940 US population[J]. Journal of political Economy,114(4):672-712.

Almond D,Mazumder B,2011. Health capital and the prenatal environment:The effect of Ramadan observance during pregnancy[J]. American Economic Journal:Applied Economics,3(4):56-85.

Anderson M,2015. As The wind blows:The effects of long-term exposure to air pollution on mortality[R]. NBER Working Paper,No. 21578.

Aunan K,Pan X C,2004. Exposure-response functions for health effects of ambient air pollution applicable for China—a meta-analysis[J]. Science of the Total Environment,329(1-3):3-16.

Banzhaf H S,Walsh R P,2008. Do people vote with their feet? An empirical test of tiebout's mechanism[J]. American Economic Review,98(3):843-863.

Bateson T F,Schwartz J,2007. Children's response to air pollutants[J]. Journal of Toxicology and Environmental Health,Part A,71(3):238-243.

Beatty T,Shimshack J,2011. School buses,diesel emissions,and respiratory health[J]. Journal of Health Economics,30(5):987.

Beelen R,Raaschou-Nielsen O,Stafoggia M,et al,2014. Effects of long-term exposure to air pollution on natural-cause mortality:An analysis of 22 European cohorts within the multicentre ESCAPE project[J]. Lancet,383(9919):785-795.

Brook R D,Rajagopalan S,Pope C A,et al,2010. Particulate matter air pollution and cardiovascular disease:An update to the scientific statement from the american heart association[J]. Circulation,121(21):2331-2378.

Chay K Y,Greenstone M,2003. The impact of air pollution on infant mortality:evidence from geographic variation in pollution shocks induced by a recession[J]. The Quarterly Journal of Economics,118(3),1121-1167.

Chay K,Wu T,2003. The Impact of air pollution on infant mortality:Evidence from geographic variation in pollution shocks induced by a recession[J]. Quarterly Journal of Economics,118(3):1121-1167.

Chen Y,Ebenstein A,Greenstone M,et al,2013. Evidence on the impact of sustained exposure to air pollution on life expectancy from China's Huai River policy[J]. PNAS,110(32):12936-12941.

Chen,Jin G Z,Kumar N,et al,2012. Gaming in air pollution data? Lessons from China[J]. B. E. Journal of Economic Analysis & Policy,12(3):1-43.

Chuang K J,Yan Y H,Chiu S Y,et al,2011. Long-term air pollution exposure and risk factors for cardiovascular diseases among the elderly in Taiwan[J]. Occup Environ Med,68:64-68.

Coneus K,Spiess C,2012. Pollution exposure and child health:Evidence for infants and toddlers in Germany [J]. Journal of Health Economics,21(4):180-196.

Cropper M,1981. Measuring the benefits from reduced morbidity[J]. The American Economic Review,71(2):235-240.

Crouse D L,Peters P A,Donkelaar A,et al,2012. Risk of nonaccidental and cardiovascular mortality in relation to long-term exposure to low concentrations of fine particulate matter:A Canadian national-level cohort study [J]. Environ Health Perspect,120:708-714.

Currie C,Zanotti C,Morgan A,et al,2012. Social determinants of health and well-being among young people:Health Behavior in School-aged Children (HBSC) study[J]. International Report from the 2009/2010 Survey,108(4):455-471.

Currie E J,2011. Inequality at birth:some causes and consequences[J]. American Economic Review,101(3):1-22.

Currie J,Neidell M,2005. Air pollution and infant health:What can we learn from California's recent experience[J]? The Quarterly Journal of Economics,120(3):1003-1030.

Ferrer-i-Carbonell A,Frijters P,2004. How Important is Methodology for the estimates of the determinants of Happiness[J]? The Economic Journal,114(497):641-659.

GraffZivin J,Neidell M,2013. Environment,health,and human capital[J]. Journal of Economic Literature,51(3):689-730.

Grossman M,1972. On the concept of health capital and the demand for health[J]. Journal of Political Economy,80(2):223-255.

Gu Hejun,Cao Yuxia,Elahi Ehsan,et al,2019. Human health damages related to air pollution in China[J]. Environmental Science and Pollution Research,http://doi. org/10. 1007/s11356-019-04708-y.

Guo Y,Zeng H,Zheng R,et al,2016. The association between lung cancer incidence and ambient air pollution in China:A spatiotemporal analysis[J]. Environmental Research,144:60-65.

He G,Fanm,Zhou M,2016. The effect of air pollution on mortality in China:Evidence from the 2008 Beijing Olympic Games[J]. Journal of Environmental Economics and Management,79:18-39.

Jakubiak-Lasocka J,Lasocki J,Badyda A J,2014. The influence of particulate matter on respiratory morbidity and mortality in children and infants[J]. Oxygen Transport to Tissue XXXIII,849:39-48.

Jerrett M,Ito K,Thurston G,et al,2009. Long-term ozone exposure and mortality[J]. New England Journal of Medicine,360(11):1085-1095.

Lavy V,Ebenstein A,Roth S,2014. The impact of short term exposure to ambient air pollution on cognitive performance and human capital formation[J]. NBER Working Paper,No. 20648.

Ling S H,Eeden S F V,2009. Particulate matter air pollution exposure:Role in the development and exacerbation of chronic obstructive pulmonary disease[J]. International Journal of Chronic Obstructive Pulmonary Disease,4(1):233-243.

Longjian L,Xuan Y,Hui L,et al,2016. Spatial-temporal analysis of air pollution,climate change,and total mortality in 120 cities of China,2012-2013[J]. Frontiers in Public Health,4:143.

Maji S,Ahmed S,Siddiqui W A,et al,2017. Short term effects of criteria air pollutants on daily mortality in Delhi,India[J]. Atmospheric Environment,150:210-219.

Petronis A,2010. Epigenetics as a unifying principle in the aetiology of complex traits and diseases[J]. Nature,465(7299):721-727.

Pope Ⅲ C,Burnett R,Thun M,et al,2002. Lung cancer,cardiopulmonary mortality,and long-term exposure to fine particulate air pollution[J]. Jama,287(9):1132.

Potera C,2014. Toxicity beyond the lung:Connecting $PM_{2.5}$,inflammation and diabetes[J]. Environmental Health Perspectives,122(1):A29.

Schlenker W,Walker R,2011. Airports,air pollution,and contemporaneous health[J]. Review of Economic Studies,83(2):768-809.

Sram R J,Binkova B,Dostal M,et al,2013. Health impact of air pollution to children[J]. International Journal of Hygiene and Environmental Health,216(5):533-540.

Stingone J A,Luben T J,Daniels J L,et al,2014. Maternal exposure to criteria air pollutants and congenital heart defects in offspring:Results from the national birth defects prevention study[J]. Environmental Health Perspectives,122(8):863-872.

Tanaka S,2015. Environmental regulations on air pollution in China and their impact on infant mortality[J]. Journal of Health Economics,42(3):90-103.

Tartavoulle T,Manning J,Fowler L H,2013. Effectiveness of bed position versus chair position on reliability and validity of cardiac index in postoperative cardiothoracic surgery adult patients: A systematic review protocol[J]. JBI Database of Systematic Reviews and Implementation Reports,11(8): 73-83.

Tonne C,Beevers S,Armstrong B,et al,2008. Air pollution and mortality benefits of the London Congestion Charge: Spatial and socioeconomic inequalities[J]. Occupational and Environmental Medicine, 65 (9): 620-627.

Wang G,Zhao J,Jiang R,et al,2015. Rat lung response to ozone and fine particulate matter($PM_{2.5}$)exposures [J]. Environmental Toxicology,30(3):343.

Williams L,Ulrich C M,Larson T,et al,2011. Fine particulate matter($PM_{2.5}$)air pollution and immune status among women in the Seattle area[J]. Arch Environ Occup Health,66(3):155-165.

Wong C M,Lai H K,Tsang H,et al,2015. Satellite-based estimates of long-term exposure to fine particles and association with mortality in elderly Hong Kong residents[J]. Environmental Health Perspectives,123(11): 1167-72.

World Bank,2013. World Bank Data[M]. World Bank.

Zheng S,Pozzer A,Cao C X,et al,2015. Long-term (2001-2012) concentrations of fine particulate matter ($PM_{2.5}$)and the impact on human health in Beijing,China[J]. Atmospheric Chemistry and Physics,15(10): 5715-5725.

可持续发展与效益外溢：江苏省现代生态农业发展路径构建研究

摘　要：发展现代生态农业，转变农业发展方式，是实现农业可持续发展的必然要求。农业发展的主要目的不仅要提高农业产量，还要提高农产品质量、确保粮食安全、食品安全，减少环境污染。江苏省是保障我国粮食安全的重要省份之一，江苏省对生态农业理论的研究起步较早，在理论的基础上进行了大量创新和实践，至今已有 30 多年的发展研究经验，初步形成了特有的生态农业体系，并获得了一定的生态和经济效益。但江苏省发展生态农业的环境并不是很好，农业污染加剧，生态问题日益严重，发展模式不稳定，发展障碍多样化等问题已经成为了生态农业发展的重要限制因素。本论文根据江苏省生态农业发展实际情况，以无锡市为研究案例，运用循环经济学、生态学、政治经济学等相关理论工具，探究我国现代生态农业发展路径框架和运行机制，同时借鉴国外发展经验，就如何构建江苏现代生态农业发展路径、减少农业资源消耗提出科学的政策建议。

关键词：现代生态农业；可持续发展；路径创新；环境污染

An Innovative Research on the Development Path of Modern Ecological Agriculture in Jiangsu Province

Abstract：It is the inevitable requirements to realize the sustainable agricultural development through promoting the modern ecological agriculture and transforming the agricultural mode，The ultimate goal of agricultural development is not only to increase production，but also to improve the quality of agricultural products，ensure food security，food safety，and reduce environmental pollution. Jiangsu Province is an important province that guarantees China's food security. Since the 1980s，Jiangsu Province has carried out a great deal of innovation and research on ecological agricultural theory development and production practices，and it has initially formed an unique ecological agricultural system to gain amount of social and economic benefits. However，the environment to develop the ecological agriculture in Jiangsu Province is not very well，agricultural pollution has intensified，ecological problems have become increasingly serious，the development model has been unstable，and the development obstacles have become an important limiting factor in the development of ecological agriculture. This article is based on the actual situation of ecological agriculture in Jiangsu Province，using Wuxi as a research case, and using cyclical economics, game theory, ecology, political economics and other theoretical tools to explore the path and operating mechanism of modern ecological agriculture in China. Learn from foreign development experience, and put forward some scientific policy recommendations on how to construct the development path of modern ecological agriculture in Jiangsu and reduce the consumption of agricultural resources.

Key words: modern ecological agriculture; sustainable development; path innovation; environment pollution

1. 导论

1.1　研究背景及意义

近年来,我国农业生产导致的生态污染、环境恶化、土壤退化及生物多样性锐减等问题日益严重,极大地威胁了我国农业可持续发展。中国作为农业生产大国,正面临人口增长和环境制约双重压力和严峻挑战,目前农产品产量的不断增加主要依赖有害的外部生产要素和环境消耗,以及高消耗的农业生产技术的应用(Zhen et al,2006),农业面源污染极为严重。如我国2015年化肥消耗量已高达5995.9万吨,成为化肥消耗量最多的国家(Cheng et al,1992;Zhen et al,2006),然而我国化肥利用率仅为发达国家60%～70%;过量的化肥流失会造成土壤盐碱化、水体富营养化及地下水硝酸盐含量超标等环境问题,同时氮磷肥过量施用还可能会造成农田重金属污染(国土资源部土地整治重点实验室,2016)。农药过量施用和滥用问题也十分严重。农作物秸秆燃烧及人畜粪便处理不当等已成为当前农业面源污染的主要来源之一。农业秸秆燃烧会产生大量的碳氮硫氧化物,氧化物产生大量废气,这是诱发霾污染的重要因素之一。目前我国禽畜粪尿年排放量超过20亿吨,约是工业固体废物的2倍之多,动物粪尿中含有大量未降解或降解的碳水化合物,腐败后会产生多种有害气体,如甲烷、硫醚、硫化氢等。此外,农业生产直接或间接排放的碳氧化物和氮氧化物(胡世霞,2013),也会对局部气候造成影响,极端异常气候事件频繁的发生,使得对于气候变化较为敏感的农业生产变得更加脆弱。

同时,随着工业化与城镇化的快速发展,工业污染和居民生活污染大量产生并快速向农村转移,其中工业排放的废水、废气及含有大量重金属元素的固体废弃物被大量排放进入水循环和大气循环,使得废弃污染物在农田土壤中不断积累下来。据统计,我国受工业污染的耕地达1000万公顷,约有700万公顷的农田使用污水灌溉。我国西南、西北及华中等地区较大面积的农田受到汞和砷等重金属元素的污染。土地资源过度开发,农业用地、生态用地不断减少,工业用地、城市用地相应大量增加,农业人力资源数量减少、水土资源数量快速递减。环境污染还导致生物数量锐减,生物多样性降低,气候资源质量下降,破坏了原有生态系统的生物链关系,减弱了生态系统自我净化的能力,导致要获得更多的农产品产出就要投入更多农业生产要素,形成农业污染不断加重的恶性循环,已逐步成为中国现代农业发展的硬约束。

江苏省是保障我国粮食安全供给的重要省份,然而农业面源污染排放强度和密度均居于全国首位,农业面源污染尤为严重;加之该省经济发展快速、区域发展不协调,资源开发过快,给生态环境保护与治理工作带来了严峻挑战;因此发展现代生态农业成为江苏省节约农业资源、维持农业绿色发展、保护农业生态环境、实现农业可持续发展的必要途径之一。当前江苏省农业生态化发展尚没有形成完善的发展机制,面临的发展障碍较多,生态农业的发展处于混乱状态,生态农业发展模式多样且不稳定,同时缺乏先进的发展技术和科学的发展路径。本文根据粮食生产大省江苏生态农业发展实际情况,以无锡市为研究案例,运用循环经济学、生态学、政治经济学等相关理论工具,探究我国现代生态农业发展路径框架和运行机制,就如何构建江苏现代生态农业发展路径,减少农业资源消耗提出科学的政策建议。本文研究结果可为我国发展现代生态农业提供理论指导和实践借鉴,具体如下。

第一,从理论研究意义看,本文通过分析现代生态农业发展路径的演化、动力与突破机制,研究现代生态农业发展中利益主体的博弈行为,构建了现代生态农业发展的循环经济模型,规划出现代生态农业发展的科学路径,对江苏省现代生态农业发展理论起到一定补充作用。第二,从实践发展意义看,本文就江苏省现代生态农业发展进行案例分析,是对现代生态农业理论分析框架适用性的检验,并通过对江苏省现代生态农业发展的路径演化、动力机制、存在问题、发展路径和对策措施进行分析,从理论创新与实践创新的角度对现代生态农业发展提供有效的实践借鉴,有较强的研究价值与现实意义。

1.2　国内外研究综述

发展现代生态农业是解决资源与农业生产矛盾关系的关键,也是实现农业可持续发展的必然要求。国外发达国家生态农业发展起步早,欧洲从 20 世纪 20 年代开始就发展生态农业,至今已有近百年的历史,因此其在技术、管理、经验等方面都比较成熟。目前国内外关于发展生态农业的相关研究主要集中在以下三个方面。

1.2.1　关于生态农业发展理论的研究

生态农业发展理论主要包括产业生态化理论、循环经济学理论和生态经济学理论。Revell(2007)在产业生态系统的基础上提出了产业生态系统的三级演化理论。通过对生态系统的认识决定如何进行产业系统调整是产业生态化的主要特征,产业生态化也有利于实现产业系统和生态系统的较好协调发展。在我国,产业生态化最早由刘泽渊等(1994)在其《产业生态化与我国经济的可持续发展》中提出,后续多名学者对产业生态化进行了深入研究。其中吴宗杰(2007)提出了产业活动过程与产业组织过程新的组织方式,使得废弃物和副产品都可能重复利用和回收。产业生态化是循环经济发展的具体体现,促进产业发展趋向生态化。关于产业生态化发展的研究多是基于"产业系统可以模仿自然系统运行规律"这一前提(Tittonel et al,2013),并集中对内涵、概念及案例的描述性研究,部分研究还涉及发展驱动力、影响因素及优势与劣势的探讨。循环经济和生态经济均是生态化的产业范式,循环经济要求既循环又经济,美国经济学家鲍尔丁在《一门学科——生态经济学》中提出的关于"宇宙飞船论"的理论中,把飞船比作地球,提出将飞船自身物质资源循环利用,以缓解环境污染和资源枯竭问题。目前世界各国普遍承认循环经济资源节约的积极作用。赵立祥(2007)提出循环经济的本质是资源循环利用,而不是获取及使用后抛弃。在国内,高雪松(2011)则提出循环经济的本质就是生态经济,生态经济学核心是促进社会经济与自然生态环境的协调发展,为循环经济的发展提供了理论基础。

1.2.2　关于生态农业发展模式的研究

国外关于生态农业发展模式主要包括物质循环模式、资源减量模式及污染物资源转化模式。日本爱东町地区的农业发展主要就是循环农业，发展的核心为油菜，通过将废弃食用油回收加工及对油渣进行堆肥或饲料化处理进行循环农业生产。美国的精准农业引进 GPS 系统技术，使农业增产 30％左右。以色列实施节水农业，普及滴灌、喷灌、微灌等节水型农业生产技术，基本上代替了传统的大水漫灌技术（朱琳敏 等，2016；孙琪琳 等，2017）。英国的"永久农业"是在节约资源和保护生态环境的基础上生产农产品。中国生态农业发展的主要模式包括北方"四位一体"生态农业发展模式、南方沼气为纽带的"猪—沼—果"生态农业发展模式，后续逐渐在生态农业模式雏形的基础上进行了深层次的发展并进行不同分类（张立华，2011）。例如，周颖等（2008）从产业发展目标和产业空间布局角度思考，把生态农业划分为生态农业改进型、农产品质量提升型、废弃物资源利用型及生态环境改善型等。唐华俊（2008）提出通过"企业＋基地＋农户"或农民专业协会等组织形式将散户农民集中管理，扩大农业生产规模，实行"种养加"一条龙的生产模式。

1.2.3　关于现代生态农业发展路径的研究

各地区农业发展由于文化背景、资源背景、经济背景和自然背景的差异性，在同一理念指导下的农业发展的模式呈现多样化状态。为解决生态化问题的不同部分，出现不同的农业发展形态，如循环农业、低碳农业、绿色农业。由于不同阶段不同技术的应用，也会出现不同的农业发展形态，如白色农业、精确农业等（李鹏梅，2012；崔艺凡，2016）。中国在发展生态农业方面较为积极，中国农业部于 1992 年成立"中国绿色食品发展中心"，国家环保总局于 1994 年成立"有机食品发展中心"，农业研究相关领域的学者对不同的农业生产形态均进行了较细致的分析研究，如精准农业注重信息科学和资源科学的运用，低碳农业强调减少温室气体的排放，而休闲农业则强调审美、休闲和教育。江晶和蒋和平（2012）以吉林省榆树市为例，从政府、市场、产业化和金融四方面提出了我国发展现代农业的路径选择。

针对发展现代农业的研究很多，也取得了大量的研究成果。但现有研究仍然有一些不足之处，主要集中在两个方面：一是产业系统是否具有完全模仿自然生态系统的条件还不确定，导致研究成果不具有说服力和可行性。二是现有研究尚不够深入，较少涉及它们之间的核心关系及作用机理的研究与考察。农业发展状态的多样化、复合化特点，使得研究出现困惑：究竟哪种发展模式是最佳路径？虽然农业生态化发展模式和形态差异较大，但农业发展目标相同或相似，分析各种农业发展模式的优势，找出普遍适用的自然规律，提出完善可行的生态农业发展路径是我国发展现代农业的关键。

2. 相关概念和理论基础

2.1　概念界定

2.1.1　生态农业内涵

实现农业现代化的重要途径就是发展生态农业生产经营的集约化。美国土壤学学者 Willian Albrecht 于 1970 年提出"生态农业"的概念，1981 年英国农业学家 M. Worthingter 明确了生态农业的定义，指出生态农业在经济上的表现为生命力和活力的结合，生态上的表现为低能耗、低污染。目前我国生态农业的含义是：以保护和改善生态环境为原则，以生态学及经济学原理为理论基础，以现代发展理论为依据，充分利用现代科技、现代工程管理、现代农业发展的相关知识，借鉴传统农业的优点，发展现代农业。中国 2011 年发布的产业研究报告《2011—2015 中国生态农业市场供需预测及投资前景评估报告》对生态农业的定义做了进一步的解释，报告中提出，生态农业是现代农业发展最重要的模式之一，生态农业的发展要与现代农业相结合，在改善生态环境和节约资源的基础上，按照生态经济学、生态学的理论，借助现代科技和系统方法，发展现代、高效、集约、循环、生态的农业产业模式。从国内外生态农业定义对比可以看出，生态农业作为现代农业的主要发展模式，具有以下两个特征：(1)生态农业是现代化农业，在实现较高的社会效益和生态效益的基础上，合理利用资源，增加了效益和财富，并且有效改善了农业生态环境；(2)生态农业可以增加农业产值、提高生产经济效益，生态农业对农业生态系统结构进行改造和调整，同时提高废弃物的有效利用率，减少农业发展对农药和化肥的依赖，提高农作物自身对资源的循环利用，有效降低农业生产资金成本和时间成本。

2.1.2 生态农业特征

(1)注重可持续性。可持续性是生态农业具有的特征之一，可持续性在农业中是指农业的发展要与自然生态环境相互协调，社会经济的发展不损害生态环境，主要体现在生态环境、经济发展、技术创新、社会协调等四方面的可持续性。①生态环境的可持续，是指在现有农业资源的基础上，生态农业发展要与自然环境相协调，与生态环境相一致，农业自然资源得到可持续利用；②生态农业经济发展的可持续，可以使农业各产业之间得到良好协调，各产业之间资源相互利用、循环利用，从而提高农业生产效率，降低资源浪费率；③生态农业技术创新的可持续，可以使农业依靠技术创新，获得技术优势，借助科技发展更多生态农业产品；④生态农业的社会协调可持续，生态农业通过转变农业发展方式，改变农业发展模式，侧重发展绿色农业，走农业绿色发展道路，提高农产品安全性，以人为中心，使得人的利益最大化。

(2)注重集约化。资本集约化、技术集约化、劳动集约化是生态农业集约化的特征。而生态农业是这三种集约的具体表现。生态农业的资本集约化，主要是资本通过进入农业市场，实现农业的集约化经营。生态农业的技术集约化，主要指的是完善农业生产方法，依靠技术改变农业生产要素，在提高生产效率的同时完善产业化经营体系。生态农业的劳动集约化，中国是劳动力资源丰富的国家，提高劳动力技术水平和劳动效率可以通过劳动集约化来实现。

(3)注重高效化。生态农业的高效指的是在实现经济效益的基础上发展生态效益：即经济效益和生态效益的高度统一。一是经济效益，生态农业的发展是以市场为基础，生态农业发展生产的产品最终要面向市场，其最重要的几个特点是优质、生态、安全，现如今越来越多的人开始关注自身健康，注重食品安全，因此生态农业有着庞大的市场需求。二是社会效益，生态农业提倡的是一种绿色消费理念，改善农产品供给结构，侧重发展绿色农产品，保护生态环境。

2.2 研究理论基础

2.2.1 循环经济学理论

循环农业是循环经济在农业领域中的具体实践，早在 20 世纪 60 年代美国生物学家卡逊在其著作《寂静的春天》中就提到了循环经济的思想,指出环境污染和自然生态系统破坏对人类生活产生的巨大影响,说明了加强生态环境保护的重要性。到了 20 世纪 60 年代,美国经济学家鲍尔丁在《一门学科——生态经济学》一书中提出了"宇宙飞船论"。指出飞船只有通过自身物质的循环利用才能获得长久飞行,即经济发展不能以浪费资源和环境污染为代价,要注意保护生态环境,强调人与自然的和谐发展。1992 年在巴西里约热内卢举行的"全球峰会"上,大多数国家倡导和支持可持续发展理念,现如今世界各国普遍认为节约资源、发展循环经济、保护环境以及提高人们的生活质量是各国必需发展的道路。循环经济是遵照自然生态规律,根据自然资源和生态环境的最大容量来发展社会经济,以节约资源和保护环境为根本原则,实现资源、环境与经济增长协调发展。国家发改委对循环经济的描述是:循环经济是一种以资源的高效利用和循环利用为核心,以减量化(Reduce)、再利用(Reuse)、再循环(Recycle)为原则(即"3R"原则),以降低消耗、降低排放、提高效益为循环经济发展的主要特征,符合循环经济发展理念的经济增长模式,是对传统生产模式、传统消费模式、传统增长模式的根本变革,其本质是对资源循环的再利用,而不是获取、使用后的最终抛弃(赵炳强,2014)。所以循环经济是一种全新的社会经济发展模式,是以资源节约、环境友好、经济生态化为特征的生态经济模式。循环经济是在循环的基础上发展经济。市场经济条件下的循环经济是指保护生态环境的同时借助市场的力量促进社会经济发展。因此,循环经济的逻辑是物流主体之间的相互协调,包括物质流、价值流、信息流等。它倡导资源的再节约、资源的循环再利用,在运行规律方面,要遵循在"竞争中合作、在共生中自生"的原则,强调经济发展的可持续,还要考虑经济的可行性、技术的可操作性,循环农业以生态农业再利用技术为基础,以"资源—产品—再利用(再资源化)"方式构成闭环、多元多向、可反馈的非线性经济,按照生态规律组织生产、消费和废物处理的整个过程,因此,循环经济本质是生态经济,是以保护生态环境和物质循环再利用为理念,重建农业经济发展流程和发展模式,以与环境相协调的方式,循环利用自然资源,实现资源的永续和高效利用。

2.2.2　生态经济学理论

自 20 世纪 80 年代生态经济学理论产生后,生态经济学理论对人类社会走可持续发展道路产生了很大影响,生态经济学也为循环经济的发展提供了理论基础。美国生态学家 Costtanza 等(1997)提出,自然生态系统与人类社会经济子系统的关系是支持与被支持的关系,即自然生态系统支持人类社会子系统的发展,同时生态系统与社会经济系统是相互依存的关系,它们是个有机统一的整体。国际生态学家 Odum 在其著作《生态学:连接自然与社会科学的桥梁》中指出,人类社会未来的发展方向是将 3 个"E",即生态学(Ecology)、经济学(Economy)和环境伦理(Environmental ethics)紧密结合起来,才能使人类社会从年轻向成熟发展。生态经济学理论的核心作用就是要促进社会经济与自然环境协同发展,一方面,社会经济发展要与生态环境的发展相协调(崔艳智 等,2017;戴耀峰 等,2008),也即社会经济发展要与生态环境发展相协调,与环境容量统一,另一方面,资源利用要高效集约节约,实现资源利用的可持续。循环经济学的"3R"原则,以及产业生态学、生态经济学是循环农业发展理论的基础原理。白金明(2008)指出要处理好四个主要环节:一是农业发展的源头上要投入减量化,注重节能,如节电、节水、节肥等,强调对农业资源的合理化使用;二是农业生产过程清洁化,农业内部资源利用要合理化,农业内部的生产方式要安排合理,通过间作、轮作和套种等方式,优化农业生产结构,尽可能减少水、肥资源的流失,提高资源的利用效率;三是强化农业产业链生态化管理,通过农业技术创新,推进农业产业化向循环发展,促进社会经济系统与自然环境的相协调,在提高经济效益的同时,减少污染物排放;四是农产品消费合理化,转变消费观念,提倡绿色消费,避免浪费资源。

2.2.3　现代生态农业理论

生态农业主要包括以下三个方面的内容。(1)注重绿色生产。农业生态的本质是发展生态农业,生态农业在保护生态环境的基础上,提高生态农产品质量产量,实现经济效益和社会效益的统一。(2)讲求结构优化。生态农业的本质是生态化和科学化的有机统一。它要求按照生态经济学原理、循环经济学原理以及系统的科学方法,把充分发挥传统农业技术优点和现代科学技术有机结合起来,在保持农业生态经济持续发展的前提下,侧重发展绿色能源、循环能源,提高能源利用率和转换率,实现生态的高效循环,将经济效益、生态效益和社会效益有机统一结合。(3)实现整体协调。现代农业发展的最佳模式是发展现代生态农业。生态农业的本质特点是农业的生态化和科学化,其决定了生态农业的发展是以"生态,高效,循环,科技"为目标的新型生产模式。实现生态农业的全面发展是现代农业发展道路上新的里程碑,需要全社会去实现。

很明显,我国土地面积广大,各省各地区自然环境不相同,因此中国生态农业的发展必须建立在因地制宜的基础上,将现代科学技术与传统农业技术精华相结合,充分发挥各区域资源优势,运用生态经济学原理和系统科学原理,将区域生态农业进行合理规划,合理分配农副业产业,合理配置资源和充分利用农业资源,实现生态农产品的持久和稳定提高;生态农业是协调农业和农村全面发展,协调人口、资源、环境关系及解决发展与保护矛盾的系统工程;是一个社会、经济、生态三大效益高效循环统一的生态经济系统。

2.2.4　公共产品理论

社会产品分为公共和私人产品,萨缪尔森在自己的著作《公共支出的纯理论》中有所提及,他解释道,公共产品或和私人产品相比有三点主要不同:消费的非竞争性、受益的非排他性与效用的不可分割性。个体消费者所占有具有敌对性、排他性的产品就是私人产品。同时具有前面两者特点的又被称作准公共产品。私人产品允许被分割成多块进行买卖,谁付款,谁受益,这就是效用的不可分割性。受益的非排他性则是指私人产品拥有者才可消费,任何人消费公共产品不排除他人消费。

虽然传统意义上的农产品属于私人产品,是可以被分成小的单位的,只能占有人消费,但是生态友好型农业生产出的农产品是绿色安全的农副产品,在支付了一般购买价格后,购买人免费享有了食品的安全效益,生态绿色食品也就具备了公共产品和私人产品的共同属性,属于准公共产品,而准公共物品需要政府和市场配合提供,农户需要政府提供补贴。

2.2.5　农户行为理论

行为心理学家约翰·华生(2016)提出个体行为模式理论,他指出生物体接受刺激后发生条件反应。人的行为可分为两个主要部分,即个体的行为和整体的行为,精神分析学派的代表Frend 将人格结构分为本我、自我和超我,行为经济学将心理学与传统经济学相结合,认为人的行为关注公平、效率、社会地位等方面而不仅仅只追求利益。

　　舒尔茨（2006）注重农户行为研究，他提出"理性小农"就像微观经济学，农户追求利益最大化的理性，农户能够分析市场各要素的变动。黄宗智（2000）则提出小农分化为经营式农场、富农、中农和贫农，小农为在人口和雇佣剥削关系下有效地维持生计。本文认为小农是理性小农，在成本和风险因素下追求效益最大化。

2.2.6　外部性理论

　　外部性主要可分为正、负外部性。很多人对此做出了不同的解释，主要分为从外部性的产生和接受主体定义。外部性会导致市场失灵。安徽的生态友好型农业生产保障了安徽本土的生态环境，也为农作物销售区提供了安全可靠的粮食，由此展现了较为显著的外部性。

3. 江苏省农业生产现状分析

3.1　江苏省农业发展现状

　　"十二五"以来江苏农业发展建设取得了长足进步，形成了鲜明特色，农业占全省经济的比重显著提高。全省粮食生产实现了五年的正数增长，2015 年粮食总产量为 3562.3 万吨，比2010 年增长 326.2 万吨。在粮食连续增产的同时，畜牧的养殖规模比重大幅提高，肉蛋奶产量稳定增长。农民收入 2012 年在全国率先突破万元大关，2015 年提高到 16357 元，是 2010年的 1.88 倍，增幅连续六年高于城镇居民，城乡居民收入比由 2010 年 2.53：1 缩小为2.28：1，是全国城乡居民收入差距最小的省份之一。高效循环农业生态农业占比、农业科技进步贡献率、农业机械化水平、"三品"有效数、农户参加合作社比重、农业适度规模经营、新型职业农民培育程度等指标再上新水平，具有在全国率先实现农业现代化的坚实基础。尽管江苏农业发展取得了很好的成绩，但与高水平现代化农业相比还有较大的差距，如农村生态环境保护亟须加强、农村土地污染加剧、农业发展资源约束条件不断加剧等。

3.2　江苏省生产要素消耗

3.2.1　化肥消耗情况

　　化学肥料是农业面源污染的重要来源之一，化肥作为农作物的"能量"，在帮助提高农作物产量的同时也给环境带来严重污染。如图 1 所示，江苏省化肥施用量的小幅下降主要出现在2013 年，2006—2015 年江苏省化肥的施用总量波动较小，但总体呈上升趋势，2006 年化肥施用量为 320 万吨，2012 年施用量达到最高为 344 万吨，2013—2015 年江苏省化肥施用量出现下降并趋于平稳；全国的化肥施用总量在 2006—2015 年一直呈下降趋势，由 2006 年的6022.6 万吨下降到 2015 年的 4827.69 万吨；总体看来，江苏省和全国的化肥施用量正朝向合理化方向发展，然而施用总量仍然较高，据已有的调研数据也可知，目前江苏省农民仍大量存在过量施肥的现象。

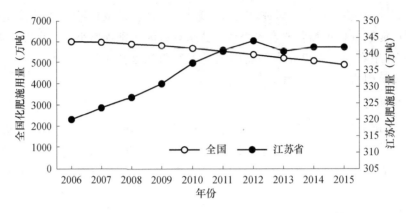

图 1　2006—2015 年江苏省和全国农用化肥施用量对比情况

（数据来自于《江苏省统计年鉴》和《中国统计年鉴》）

3.2.2　农药消耗情况

化学农药过量施用也是导致我国农业面源污染的主要因素。农药对农业的污染主要表现在：农药伴随雨水不断向地下水迁移；挥发在大气中的农药随降水进入水体；残留在各种施药工具和器械上的农药随着清洗液体进入水体。这些都对农业生态环境造成严重污染。江苏省作为农业生产大省，农药施用量一直较大，这也导致江苏省农业面源污染较为严重。如图 2 所示，2006—2015 年江苏省的农药施用总量呈不断上升趋势，由 2006 年的 78100 吨上升到 2015 年的 98600 吨，平均年增长率达 2.6％左右；与江苏省不同，全国的农药施用总量 2006—2015 年整体呈下降趋势，由 2006 年 1782969 吨下降到 2015 年的 1537100 吨，虽然施用总量仍较大，但总体趋势偏好；相反，江苏省受农药污染相对较为严重，这也说明江苏省食品安全问题也较为严峻。以太湖流域施用农药情况为例，20 世纪 70 年代平均施药 3～4 次，80 年代平均施药 4～5 次，90 年代平均施药 6～7 次，近年来平均已达 8～10 次。江苏省农药施用的主要方式是喷药，这是一种比较落后的施药方式，其农药的利用率只有 20％～30％，其余所有都流失到了农业环境中，对环境造成了很大的压力。

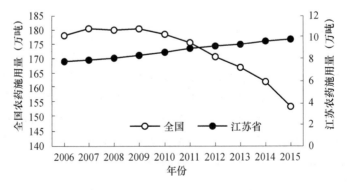

图 2　2006—2015 年江苏省与全国农药施用量对比情况

（数据来自于《江苏省统计年鉴》和《中国统计年鉴》）

4. 江苏省生态农业发展问题分析

4.1　江苏省生态农业发展现状

由表 1 可知,2010—2015 年江苏省无公害农产品和绿色农产品产量呈逐年上升趋势,分别由 1391897.7 吨、531195.8 吨上升到 20799976.9 吨、5334706.2 吨;有机农产品产量波动稍大,但 2013 年以来也逐年上升,由 2414.9 吨上升到 76847.8 吨。据黄小洋等(2012)研究表明,江苏省通过认证的无公害农产品数量和绿色农产品数量均居于全国前列,但江苏省每年无公害农产品种植面积都有很大的变数,具有不确定性,总体来看有下降趋势。所以江苏省应当采取措施,实施积极的政策,增加无公害农产品种植面积,确保江苏省无公害农产品数量稳定,并保持稳定增加趋势。江苏省有机农业有稳中向好的发展趋势,2010 年底,全省共有 225 家生产企业、668 个产品,基地面积达 2.268 万公顷,有机农业已形成多种模式发展。江苏省生态农业在发展速度和总量规模就全国来说,已占据了重要位置。

表 1　江苏省 2010—2015 年无公害农产品、绿色农产品及有机农产品产量(吨)

类别	2010 年	2011 年	2012 年	2013 年	2014 年	2015 年
无公害农产品	1391897.7	2053378.3	2210625.9	3149944.4	11279912.5	20799976.9
绿色农产品	531195.8	533548.4	624167.3	1079024.4	2485121.9	5334706.2
有机农产品	6815.8	25340.1	734.8	2414.9	3014.6	76847.8

4.2　江苏省生态农业发展模式分析

4.2.1　沼气生产式农业生产模式

该项农业发展模式注重利用沼气,如江苏吴江市东之田木农业生态园,建立起种养殖业协调发展的环保、节能、高效相统一的农业循环经济模式。该农业生产模式基地在果树林、畜禽养殖和蚯蚓繁殖、自动化滴灌配套设施发展的基础上,实现三者之间资源相互循环利用。示范基地用来制造沼气的粪便主要来自养猪和养鸡,沼气发电在解决基地的生活之用外还可以输送给周边农户使用。沼气所产生的沼渣和沼汁含有大量优质高效的有机肥料,有机肥作为一种无污染、纯天然的肥料,一方面可以供果园作基肥施用,另一方面可以成为动植物饲料,用于繁殖蚯蚓;而蚯蚓产生的复合酶,即蚓激酶,可以作为药品进行销售,具有极高的经济价值,同时蚯蚓在被提取分离蚓激酶后,其动物蛋白的含量基本不损失,为养猪养鸡提供优良的蛋白饲料。示范基地形成的种、养殖业和加工业相互依赖、相互促进的农业循环经济模式是生态农业的典型代表。

4.2.2　种养复合式生态农业模式

此类模式的基本结构是"养殖业粪便＋蚯蚓(蝇蛆)养殖＋种植业"。畜禽养殖业产生的废弃物可以用来养殖蚯蚓,蚯蚓作为高质蛋白饲料,是天然养殖和养鱼的绝佳饵料。同时,养殖蚯蚓和蝇蛆后的剩余残渣可以进行农作物施肥,是天然的有机肥料,如江苏扬州华兴乳业有限公司是一家以种养复合式为主的企业,它将奶牛养殖、乳品加工合为一体。公司与扬州大学环境研究所合作,研究出一套循环、生态的复合农业模式,即利用牛所产生的废料来养殖蚯蚓,年处理牛粪 2000 吨,生产蚯蚓 50 吨,获得有机复合肥 1500 吨,而且有 30万元的经济收入。

4.2.3　以腐生食物链为主的生态农业模式

此模式的基本结构是"养殖业+种植业"。利用畜禽养殖所产生的粪便与种植业产生的农业秸秆混合发酵,发酵残渣一可以作为蘑菇培养基,二可以作为有机肥,种植农作物。该生态农业模式是一个完整的生态农业模式,该模式在有效解决养殖场所产生的废弃物的同时,又降低了焚烧秸秆对环境的污染及其他安全隐患。如无锡市天蓬生态科技有限公司,占地 14.33平方千米,是一家生态发展企业,发展循环农业经济是该奶牛养殖场的特色。公司首创的"粪草配方"种植双孢菇,在传统奶牛养殖业的基础上,利用集中隧道式发酵技术,每年将 8000 吨牛粪及周边 25000 吨秸秆进行了资源化再利用。

4.2.4　多功能生态农业生产模式

将生态农业与旅游业相结合发展生态旅游业是现代生态农业发展的一大趋势。江苏省恰好可以借助发展生态农业这一契机,充分发挥自身的资源优势,将生态产品产业、生态产品基地和各种休闲游乐合为一体,借助生态旅游业发展因地制宜地加快特色农业生产基地建设,使得生态农业、旅游业与社会经济相协调,建立旅游业和现代生态农业发展相结合的现代生态农业模式。例如,苏州市旺山生态农庄位于苏州古城区西南 8 千米处的旺山村,占地 7.1 平方千米,东、西、北三面靠七子山脉,处于天然山林环抱之中,山清水秀,绿树成荫,村庄环境优美,基础设施完善。农庄设立三个主题区:一是钱家坞"农家乐"主题区,以农家特色的餐饮和农家住宿服务为服务主题;二是"耕岛"主题区,以参加农事活动、农事体验为主题;三是茶园及登高揽胜主题区。农庄每年可增加集体收入 300 多万元。

4.3　江苏省生态农业发展路径存在问题及原因

4.3.1　问题分析

目前,江苏省生态农业发展路径存在的主要问题包括四方面。第一,生产主体积极性不够高。发展现代生态农业存在风险,一般投入大、周期较长,经济利益短时期内也不容易显现,因此农户在进行现代生态农业生产决策时,通常首先考虑经济收益。虽然发展现代生态农业已在多地进行试验,确定了发展现代生态农业可以提高农民收入、保护生态环境、促进社会和谐发展的多种优点,但单个农户进行现代生态农业生产会面临来自经济、市场、技术等多方面的障碍。总结已有经验,发展现代生态农业要加大政府资金补贴力度,引进社会资本投入,才能提高主体的积极性。第二,资源利用不合理。合理利用生态资源、保护生态环境、促进经济社会可持续发展是我国发展现代生态农业的主要目标,在实施过程中,使用环境友好型的农业生产技术,尽量减少农药化肥的使用量,由于新的农业生产技术的使用要结合当地环境、社会及经济特征,常常会出现由于技术选择不当对环境造成二次污染等问题。第三,产品的非生态化。农业生产主体受利益驱动,在农业生产过程中忽视社会与生态效益,打着生产绿色农产品、有机农产品等的幌子,进行非生态农产品的生产,造成严重资源浪费与环境污染。第四,发展路径不清晰。由于现代生态农业的发展模式与发展路径缺乏统一性，农户缺乏决策生产的积极性，受利益的驱使，大多进行非生态化农业生产。

4.3.2　原因分析

出现上述问题的主要原因包括五方面。第一，意识不到位。作为农业生产大国，中国农民数量较为庞大，但据有关调研显示，目前我国农民受教育水平偏低，年龄偏大，整体素质偏低，然而农民作为我国农业生产的主体，在生态农业生产的过程中环境意识偏低，不能意识到环境保护的重要性，为了眼前短期的收益，不惜消耗生态环境获得较多的农业产出，严重影响了农业的可持续发展。由于农民整体素质较低，获取知识和接受新技术的能力也极为有限。因此树立环境保护意识，学习现代生态农业生产技术知识，才能促进农业生态化发展。第二，资金不到位。发展现代生态农业一般需要较为大量的资金支持，包括环保型新技术对传统型技术的替代，新型农业生产资料对传统型农业生产资料的替代都要消耗经济成本，农业生产主体在资金不充足的情况下，一般不愿冒险进行现代生态农业生产，因此资金问题成为限制农业生态化发展的重要因素。第三，技术不到位。发展现代生态农业需要配套技术做支撑，比如目前推广的有机肥料、配方施肥、生物农药、缓控施肥等都需要根据具体情况进行进一步的推广，再如在农业生产废弃物循环利用、农业面源污染治理技术等方面需要进一步研发，也需要更长的时间。第四，管理不到位。目前环保法律法规仍然不健全，对于农民不合理地施用农业生产要素也应出台相应的惩罚措施，已有的较少的惩罚制度、惩罚力度已远远不够。第五，制度不到位。发展现代生态农业需要政府社会等各方主体的大力支持，虽然政府也已出台一系列促进现代生态农业发展的政策措施，但是实施缺乏灵活性，配套力度远远不够，如《清洁生产促进法》并未对主体的责任与义务进行明确规定，清洁生产的进程也受到约束。

5. 现代生态农业发展的系统机理

5.1　现代生态农业发展机制分析

现代生态农业主要以循环经济理论为指导依据，是由经济（E）、社会（S）和自然界（N）协调组成的有机系统，主要分为微观经济内循环、中观循环、宏观循环三层面，其中微观经济内循环以单个生产单位为基础，中观循环是指由区域性具有相似性质生产主体集合体组成，是集群化、园区化发展，宏观循环是指由经济、社会及自然界组成的大循环。微观经济循环是生产者或企业家组织生产，是整个循环的根本，微观经济内循环又构成经济中观循环，经济中观循环耦合又构成经济宏观循环，进而促进整个自然界螺旋式循环发展。由此演化出现代生态农业发展运行的三种机制（伍国勇，2014），具体如下。

5.1.1　共生依存机制

系统的基本特性是共生，共生作为系统发展的客观规律，是系统自身调控的基本依据，现代生态农业是由社会、经济及自然组合而成的有机整体，由多个子系统组成，总系统与子系统是从属关系，即包含与被包含关系，各子系统及其组成在总系统中是并的关系，现代生态农业系统有边界重叠性，既有重叠部分也有交叉部分，因此令现代生态农业系统由 BA 表示，经济

由 E 表示，社会由 S 表示，自然由 N 表示，具体关系如下：

$$BA = f(E, S, N) \tag{1}$$

式中，$E=(x,y,z)$，$S=S(x,y,z)$，$N=(x,y,z)$，其中 x 为物质流，y 为信息流，z 为经济投入价值，他们作为各子系统的组成元素间接影响子系统，各系统相对独立。

$$BA1 = f(E(x,y,z), S, N) \quad S, N \text{ 不变} \tag{2}$$

$$BA2 = f(E, S(x,y,z), N) \quad E, N \text{ 不变} \tag{3}$$

$$BA3 = f(E, S, N(x,y,z)) \quad E, S \text{ 不变} \tag{4}$$

将式（2）、（3）、（4）分别对 x、y、z 求偏导，具体得到如下：

$$\frac{\partial BA1}{\partial x} = \frac{\partial f}{\partial E} \cdot \frac{\partial E}{\partial x}, \quad \frac{\partial BA1}{\partial y} = \frac{\partial f}{\partial E} \cdot \frac{\partial E}{\partial y}, \quad \frac{\partial BA1}{\partial z} = \frac{\partial f}{\partial E} \cdot \frac{\partial E}{\partial z} \tag{5}$$

$$\frac{\partial BA2}{\partial x} = \frac{\partial f}{\partial S} \cdot \frac{\partial S}{\partial x}, \quad \frac{\partial BA2}{\partial y} = \frac{\partial f}{\partial S} \cdot \frac{\partial S}{\partial y}, \quad \frac{\partial BA2}{\partial z} = \frac{\partial f}{\partial S} \cdot \frac{\partial S}{\partial z} \tag{6}$$

$$\frac{\partial BA3}{\partial x} = \frac{\partial f}{\partial N} \cdot \frac{\partial N}{\partial x}, \quad \frac{\partial BA3}{\partial y} = \frac{\partial f}{\partial N} \cdot \frac{\partial N}{\partial y}, \quad \frac{\partial BA3}{\partial z} = \frac{\partial f}{\partial N} \cdot \frac{\partial N}{\partial z} \tag{7}$$

偏导数为 0（即优化状态）时的变化具体为：

$$\frac{\partial E}{\partial x} \Big/ \frac{\partial S}{\partial x} = \frac{\partial f}{\partial S} \Big/ \frac{\partial f}{\partial E}, \quad \frac{\partial E}{\partial x} \Big/ \frac{\partial N}{\partial x} = \frac{\partial f}{\partial N} \Big/ \frac{\partial f}{\partial E} \tag{8}$$

$$\frac{\partial E}{\partial y} \Big/ \frac{\partial S}{\partial y} = \frac{\partial f}{\partial S} \Big/ \frac{\partial f}{\partial E}, \quad \frac{\partial E}{\partial y} \Big/ \frac{\partial N}{\partial y} = \frac{\partial f}{\partial N} \Big/ \frac{\partial f}{\partial E} \tag{9}$$

$$\frac{\partial E}{\partial z} \Big/ \frac{\partial S}{\partial z} = \frac{\partial f}{\partial S} \Big/ \frac{\partial f}{\partial E}, \quad \frac{\partial E}{\partial z} \Big/ \frac{\partial N}{\partial z} = \frac{\partial f}{\partial N} \Big/ \frac{\partial f}{\partial E} \tag{10}$$

由式（8）～（10）可知：变量 x、y、z 对经济子系统的边际影响与上变量 x、y、z 对社会子系统的边际影响之比等于社会子系统对总系统（现代生态农业系统）的边际影响与上经济子系统对总系统（现代生态农业系统）的边际影响之比，变量 x、y、z 经济子系统的边际影响与上变量 x、y、z 对自然子系统的边际影响之比等于自然子系统对总系统（现代生态农业系统）的边际影响与上经济子系统对总系统（现代生态农业系统）之比。说明各因素、子系统与总系统之间协同共生。

5.1.2 制衡约束机制

制总系统中的各子系统在远离其边界的条件下进行优化微调，如前文的命名，各变量对各子系统的贡献率一般不等，具体如下：

$$\frac{\partial E}{\partial x} \neq \frac{\partial S}{\partial x} \neq \frac{\partial N}{\partial x}, \quad \frac{\partial E}{\partial y} \neq \frac{\partial S}{\partial y} \neq \frac{\partial N}{\partial y}, \quad \frac{\partial E}{\partial z} \neq \frac{\partial S}{\partial z} \neq \frac{\partial N}{\partial z} \tag{11}$$

$$\frac{\partial BA}{\partial E} \neq \frac{\partial BA}{\partial S} \neq \frac{\partial BA}{\partial N} \tag{12}$$

由上述不等式可得，各子系统对总系统的贡献率不同，各变量对各子系统的边际影响也具有差异，如在经济较为发达的地区，经济、技术的投入对总系统的影响远不及经济相对欠发达地区。

$$\frac{\partial BA}{\partial E} > \frac{\partial BA}{\partial S}, \quad \frac{\partial BA}{\partial E} > \frac{\partial BA}{\partial N} \tag{13}$$

又因为有：

$$\frac{\partial f}{\partial E} \cdot \frac{\partial E}{\partial x} = \frac{\partial f}{\partial s} \cdot \frac{\partial S}{\partial x} = \frac{\partial f}{\partial N} \cdot \frac{\partial N}{\partial x}$$

则必有:

$$\frac{\partial E}{\partial x} < \frac{\partial S}{\partial x}, \quad \frac{\partial E}{\partial x} < \frac{\partial E}{\partial x} \tag{14}$$

由上述公式可知:经济的改变对总系统(现代生态农业系统)边际影响大于社会与自然对总系统的边际影响时,各变量对经济子系统的边际贡献率反而小于对社会子系统及自然子系统的边际贡献率,由此可得各因素与子系统、总系统的制衡约束。因此,当农业生产系统在当前已有的条件下生产能力达到最大时,再追加投入资源,边际产出会呈现降低趋势;当生态农业系统具有较为完善的功能时,再加大投资力度,系统功能改善程度将变得较弱;当农村社会系统物质生产水平处于很高水平时,再刺激消费也不会带来较大社会福利的提升。因此在发展现代生态农业时也要充分遵循制衡约束机制。

5.1.3　转化循环机制

该机制是指某变量的改变对总的生态农业系统的影响是包含在各子系统循环作用,该作用最终使得该变量对各系统都产生边际性反应为止。求全导数,具体如下:

$$\frac{\partial BA1}{\partial x} = \frac{\partial f}{\partial E} \cdot \frac{\partial E}{\partial x} + \frac{\partial f}{\partial S} \cdot \frac{\partial S}{\partial x} + \frac{\partial f}{\partial N} \cdot \frac{\partial N}{\partial x} \tag{15}$$

$$\frac{\partial BA2}{\partial y} = \frac{\partial f}{\partial E} \cdot \frac{\partial E}{\partial y} + \frac{\partial f}{\partial S} \cdot \frac{\partial S}{\partial y} + \frac{\partial f}{\partial N} \cdot \frac{\partial N}{\partial y} \tag{16}$$

$$\frac{\partial BA3}{\partial z} = \frac{\partial f}{\partial E} \cdot \frac{\partial E}{\partial z} + \frac{\partial f}{\partial S} \cdot \frac{\partial S}{\partial z} + \frac{\partial f}{\partial N} \cdot \frac{\partial N}{\partial z} \tag{17}$$

由上述公式可知,总系统(现代生态农业系统)是各变量(x、y、z)的隐函数,各变量对总系统的边际影响等于各子系统对总系统的边际贡献乘以各变量对各子系统的边际影响,由此说明,各变量对总系统的影响主要通过对各子系统的影响实现。

若变量x、y保持恒定,经济投入的增加主要循环作用于总系统,主要表现为边际改变,即资源存量的增加,这有利于各子系统,对于x、y也同理,具体如下:

$$\frac{\partial E}{\partial z} > 0, \frac{\partial S}{\partial z} > 0, \frac{\partial N}{\partial z} > 0 \qquad 则有 \frac{\partial AB3}{\partial z} > 0 \tag{18}$$

同理:

$$\frac{\partial E}{\partial z} < 0, \frac{\partial S}{\partial z} < 0, \frac{\partial N}{\partial z} < 0 \qquad 则有 \frac{\partial AB3}{\partial z} < 0 \tag{19}$$

因此,在进行现代生态农业系统建设时,要充分考虑各因子、各子系统及总系统的制衡约束、循环转化机制。

根据热力学第一定律,能量不能凭空产生与消灭,只能在不同形态之间转换,熵值是被消耗而不能做功的能量之和,直接反映被消耗能量大小及社会组织的变化剧烈程度。在生态农业系统中,循环利用能源物质是现代生态农业系统最基本的功能,尽量使能量得到有效利用,延缓熵值的增加。在总的生态农业系统中,能量、物质、信息循环流动(图3)。

如图3所示,元素 R 进入总循环系统,发生如下连锁反应:在 Y 中,投入原料与生产废物循环利用,系统熵值下降,经济呈现增长趋势;在 Z 中,生物利用废弃物进行生长,并产生能量和矿物质,对环境进行净化,增加资源存量;在 W 中,进行社会消费和废物回收循环,增加社会福利。各子系统的内部循环同时作用于总系统,总体功能得到提升,系统有序运行并可持续发展。

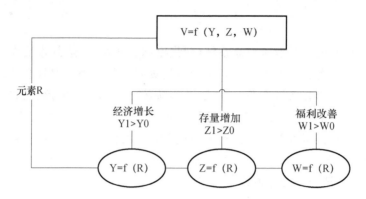

图 3　经济、社会和自然复合循环系统流程图

（R：资源要素，V：总系统，Y：经济系统，W：社会系统，Z：生态系统）

5.2　生态农业系统演化路径分析

随着经济发展、制度及技术的变革与创新，污染增加成为农业生态系统发展路径不断演化的基本动力，演化过程如图 4 所示。

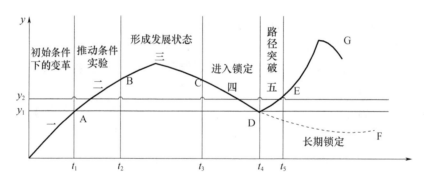

图 4　路径依赖特性与突破演化过程

路径演化共分为五个阶段，具体分析如下。

第一，初始条件变革。在既定的发展路径基础上，给出技术、制度等推动路径发展的变革初始条件。

第二，推动实施。在初始阶段，在权利、市场、文化等因素的推动下，相应组织会努力执行该条件，产生积极效果，积累经验，产生辐射效应，促进全面推广，形成集体学习效应，不同组织的协调合作产生"初始条件"的协调效应，随着大量组织协调效应的扩散，促进"初始条件"变革的因素开始显现。

第三，形成发展状态。在反馈机制的正向影响作用下，系统形成某种状态进行有效运行，系统路径的演进取决于初始条件的推动力量，此时系统会出现稳定性，产生"前后连贯、相互依赖"的相对稳定状态，在这种稳定的状态下，产出效率达到峰值后会缓慢下降，直到进入相对低效率的锁定状态。

第四，进入锁定。C—D 阶段为锁定状态阶段，运行效率缓慢下降，在没有剧烈的外力作用下,系统会在此阶段不断进行下去,当付出较大的转换成本(如时间、经济、社会及自然成本)时,该状态才能发生改变;当达到 D 点最低效率时,改变此状态的需求达到最大,各种因素交织在一起使得路径对发展的不适应性提高,导致现状亟须改变,如果现状没有得到及时改变,路径在锁定阶段缓慢进入 D—F 路径。

第五,"突破路径"。系统发展一段时间,就会进入"D—E",此阶段为不适应阶段,效率较低,系统急需变革,以应对与当前环境不适应的因素,在社会、文化、政治及自然等因素的影响下,受新的冲击力的影响,系统开始变革并形成新的路径,即进入"D—E—G"发展阶段。

综上所述,政府组织在发展现代生态农业时,及早采取治理措施,会降低治理强度及成本投入,此时会减少对社会经济的影响,反之治理成本会越高,对经济社会的影响越大。

6. 发展现代生态农业农户行为分析

现代生态农业包括多个参与主体,主要为生产者、管理者与消费者。其中生产者(农户)作为农业生产决策者,是现代生态农业发展的直接主体,因此分析农业生产者的生产行为是促进现代生态农业发展的关键。

6.1　江苏省省农户生产要素施用行为分析

6.1.1　研究区域与数据获得

课题组于 2016 年 8—10 月对江苏省进行农户调研访问,共发放调研问卷 1000 份,回收有效问卷 856 份,问卷有效率为 85.6%。由于我国农户文化程度存在差异,农户生产的基本模式为小规模生产模式,因此问卷调研方式采取一对一访问的方式进行。

6.1.2　江苏省受访农户自身特征

由于农户家庭中男性为主要的农业生产决策者,因此本次调研主要将男性农民作为主要的受访者,其中男性占比 90% 以上,受访者年龄主要分布在 40～50 岁年龄段,约占 50%;在所有受访问者中,40 岁以上的农户约占 70% 以上,农户受教育水平仍然普遍较低,主要为初中及以下水平,高中及以上学历仅占 30% 左右。

6.1.3　2016 年江苏省受访农户环境降级认知

据表 2,江苏省约 52.9%(453 人)对自己种植的粮食食品安全问题非常担忧,但约 738 位受访者认为农业污染很严重,约占总受访人数的 86.2%,对于环保法律法规仍有一半左右的受访者表示不了解,因此可以得出结论农户对粮食食品安全问题认知度较低,并且对于环保相关法律法规知识认知有待提高。

表 2　江苏省农户环境污染与食品安全相关问题认知

变量	自种粮食食品安全		农业污染		环保法规	
	担忧	不担忧	严重	不严重	了解	不了解
样本数	453	403	738	118	434	422
百分比(%)	52.9	47.1	86.2	13.8	50.7	49.3

6.1.4　2016年江苏省受访农户施药行为分析

根据表3,江苏省受访农户中,约88人仅10.3%对《农药安全使用标准》表示"了解",约394人占一半左右表示"不了解"。虽然有约占92.4%的农户认为合理施用农药很正确,但真正合理施用农药的受访农户仅30.1%左右,且大部分农户均不考虑休药期,仅有189位受访农户约占22.1%考虑休药期,约580人占比67.7%仍然在施用高毒和高残留农药,如滴滴涕、六六六、杀虫脒等,主要原因可能主要由于受访农户对于农药正确施用知识和标准认识的缺乏。且农户一般使用手动喷雾器进行施药,受访农户中使用手动喷雾器的人数约561人,占65.5%左右,手动农药喷雾器一般喷施效率较低,较浪费农药液体,而且还可能污染环境,威胁人类健康,加之农户在农药施用过程中自我保护意识较差,仍有300位受访者不采取保护措施,且农药施用过后约704位农户(82.3%)直接将农药垃圾直接丢弃。

表3　江苏农户农药施用认知及行为特征(n=856)

指标		样本数	百分比(%)
《农药安全施用标准》	了解	88	10.3
	了解一些	374	43.7
	不了解	394	46
按说明书施药	是	258	30.1
	否	598	69.9
合理施药	重要	791	92.4
	不重要	65	7.6
农药休药期	考虑	189	22.1
	偶尔考虑	338	39.5
	不考虑	329	38.4
喷雾器类型	手动	561	65.5
	电动或机动	295	34.5
防护措施	采取	556	64.9
	不采取	300	35.1
高度或高残留农药	施用	580	67.7
	不施用	276	32.3
垃圾处理	直接丢弃	704	82.3
	丢到指定地点	152	17.7

6.1.5　2016年江苏农户化肥施用及废弃农膜处理行为

根据表4,江苏省受访农户中,771人约占90%以上认为合理施用化肥很重要,仅有431位受访农户(50%)按规定施用化肥,因此可知农户的合理施肥认知并不能决定农户正确的施肥行为,因为农户为了获得更大的农业生产收益,会投入更多的农业生产要素。化肥的过量施用不但降低农田土壤质量、污染地下水,还可能带入重金属物质,直接造成食品污染。施用有机肥和测土配方施肥均是提高土壤肥力的生态友好型农业生产技术,在受访农户中,仅41.5%的农户经常施用有机肥料,经常执行测土配方施肥的农户仅72户,约占8.4%,甚至有较大一部分农户未听说过该项生态友好型农业生产技术。废弃农膜污染也较为严重,有62.5％的农户选择焚烧或直接丢弃废弃农膜,造成严重的环境污染。我国每年塑料薄膜消费量已达到 110 万吨,农膜覆盖的农业用地超过 21970 万亩[①],土壤中农膜残留多达267.9千克/公顷。

表 4　江苏农户化肥施用及废弃农膜处理行为分析

指标		样本数	百分比(%)
合理施用化肥	重要	771	90.1
	不重要	85	9.9
按规定用量施肥	是	431	50.3
	否	425	49.7
执行测土配方施肥	没有	479	55.9
	偶尔	306	35.7
	经常	72	8.4
施用有机肥	没有	140	16.3
	偶尔	361	42.2
	经常	355	41.5
废弃农膜	回收	321	37.5
	焚烧	269	31.4
	直接丢弃	266	31.1

6.2　农户农业生产要素利用效率的 DEA 分析

6.2.1　数据获得

本节选择水稻作为主要分析粮食品种,选择江苏省(苏南、苏中和苏北)的无锡、常州、南通、徐州和宿迁作为研究区域,这些区域近年来一直大力推进各项现代环保型农业生产技术,通过对这些省份农户水稻生产要素转化效率分析,评价江苏省环保型农业生产技术的实施效果具有较大意义。

6.2.2　模型解释和指标定义

选择基于投入角度(Input-oriented)数据包络分析法(DEA)进行模型分析,从技术效率(TE)、纯技术效率(PTE)规模效率(SE)进行分析评价。该方法分为 CCR 和 BBC 两类模型,CCR 估算技术效率(TE)(含规模效率),BBC 估计纯技术效率(Pure Technical Efficiency,PTE),通过 Deap4.1 软件进行效率计算,先计算出纯技术效率,再通过 TE 除以 PTE 得出规

---

① 1 亩＝1/15 公顷。

模效率。模型具体表示为：$\min[\theta_v - \varepsilon(e_1^T S^- + e_2^T S^+)]$

$$\text{s. t.} \begin{cases} \sum\limits_{j=1}^{k} \lambda_j x_j + s^- = \theta_v X_0 \\ \sum\limits_{j=1}^{k} \lambda_j y_j - s^+ = Y_0 \\ \sum\limits_{j=1}^{k} \lambda_j = 1 \\ \lambda_j \geqslant 0, j = 1,2,\cdots,k \\ s^+ \geqslant 0, s^- \geqslant 0 \end{cases} \tag{20}$$

式中，θ 表示决策单元（Decision Making Unit，DMU）的效率，ε 表示非阿基米德无穷小量，x_j、y_j 表示 DMU_j 投入量和产出量，λ_j 表示各 DMU 的权重，s^-、s^+ 为松弛量。如果 $\theta<1$，s^-、s^+ 不全为 0，则表示 DMU 处于 DEA 无效率状态；如果 $\theta=1$，s^-、s^+ 不全为 0，表示该 DMU 处于效率弱有效状态；如果 $\theta=1$，s^-、s^+ 均为 0，表示 DMU 处于 DEA 有效率状态。具体如下：

$$\mathrm{TE}_j = \frac{u_1 y_{1j} + u_2 y_{2j} + \cdots + u_n y_{nj}}{v_1 x_{1j} + v_2 x_{2j} + \cdots + v_n x_{nj}} = \frac{\sum\limits_{r=1}^{n} u_r y_{rj}}{\sum\limits_{s=1}^{m} v_s x_{sj}} \tag{21}$$

式中，x 和 y 分别代表投入和产出，v 和 u 代表赋予投入和产出的权重，s 和 r 分别代表投入数量（$s=1,2,\cdots,m$）和产出数量（$r=1,2,\cdots,n$），j 代表第 j 个决策单元（$j=1,2,\cdots,k$），TE_j 表示第 j 个决策单元的技术效率得分，介于 0~1。利用 CCR 模型对方程（21）进行求解，表示如下：

$$\text{Maximize} \left[\theta = \frac{\sum\limits_{r=1}^{n} u_r y_{ri}}{\sum\limits_{s=1}^{m} v_s x_{si}} \right]$$

$$\text{s. t.} \ \sum_{r=1}^{n} u_r y_{rj} - \sum_{s=1}^{m} v_s x_{sj} \leqslant 0$$

$$u_r \geqslant 0, r = 1,2,\cdots,n$$

$$v_s \geqslant 0, s = 1,2,\cdots,m \quad (i,j = 1,2,\cdots,k) \tag{22}$$

对模型（22）转换成模型（23）进行有效性判定，如下：

$$\text{Minimum}[\theta - \varepsilon(e_1^T S^- + e_2^T S^+)]$$

$$\text{s. t.} \ \sum_{j=1}^{n} \lambda_j X_j + S^- = \theta X_0$$

$$\sum_{j=1}^{n} \lambda_j Y_j + S^+ = \theta Y_0$$

$$\lambda_j \geqslant 0, j = 1,2,\cdots,k$$

$$S^- \geqslant 0, S^+ \geqslant 0 \tag{23}$$

而 BBC 模型由 CCR 模型改进而来，区分了技术效率（PE）和规模效率（SE），BBC 模型可以计算出 PET，具体可以描述如下：

$$\text{Maximize}[z = uy_i - u_i]$$
$$\text{s. t. } vx_i - 1$$
$$-vX + uY - u_0 e \leqslant 0$$
$$v \geqslant 0, u \geqslant 0 \tag{24}$$

技术效率(TE)可由纯技术效率(PTE)和规模效率(SE)组成,具体关系表示如下:

$$综合技术效率 = 纯技术效率 \times 规模效率 \tag{25}$$

6.2.3 农户小麦生产要素技术效率 DEA 分析

根据 DEA 模型估算结果(表 5),分别有 14 和 23 户农户技术效率和纯技术效率值为 1,表示技术效率和纯技术效率有效,其中 7 户农户仅技术效率部分有效,主要因为这些农户生产规模配置不恰当。无锡市平均技术效率得分 0.795,显著高于其他四个调研区域,无锡市技术效率最优的农户共 7 户,该地区技术效率偏向 1 一侧,而宿州技术效率为 0.629,在五个调研区域内最低,技术效率偏向 0.5 一侧。因此大部分农户仍然技术效率低于 1,处于非最优状态,农业生产投入要素过量,转化效率仍须优化。

表 5 江苏省不同地区小麦生产农民技术效率分布与平均技术效率得分

分布		调研区域				
		宿迁	徐州	常州	无锡	南通
有效	1	3	0	2	7	2
无效	>0.9	3	4	3	3	5
	0.8~0.9	1	1	3	2	3
	0.7~0.8	2	2	1	1	2
	0.6~0.7	4	4	5	4	2
	0.5~0.6	3	8	5	3	2
	<0.5	6	1	2	0	6
平均		0.629[a]	0.659[a]	0.683[a]	0.795[b]	0.681[a]

据表 6 可得,技术效率小于 1 的无效农户水稻生产投入要素量均高于技术效率为 1 的有效农户,差异量分别为:化肥为 60.48 元/亩、农药为 8.62 元/亩、机械柴油为 31.3 元/亩、种子为 37.8 元/亩和灌溉为 55.2 元/亩,其中差异量较大的指标为机械柴油和化肥,差异率较大的为化肥、农药和灌溉,分别为 55.3%、54.1%和 55.2%。技术效率小于 1 的无效农户水稻产量比技术效率为 1 的有效农户低 18.33 元/亩,差异率为 3.7%。因此,过量投入生产要素可能并不能得到较高的作物产量。

表 6 江苏省小麦生产农户投入费用比较和产出差异分析

指标分析	有效农民	无效农民	差异量(元/亩)*	差异率(%)**
1. 投入(元/亩)				
化肥	109.41	169.89	60.48	55.3
农药	15.92	24.54	8.62	54.1
种子	67.24	92.69	25.45	37.8

续表

指标分析	有效农民	无效农民	差异量(元/亩)*	差异率(%)**
机械柴油	110.8	145.49	34.69	31.3
灌溉	43.9	68.12	24.22	55.2
2. 产出(千克/亩)				
小麦产量	490.69	472.36	−18.33	−3.7

注:* 差异量(元/亩)=无效农民−有效农民;** 差异率(%)=(无效农民−有效农民)/无效农民×100%。

如表 7 所示,各水稻生产投入要素中,化肥目标使用量最大,为 154.1 元/亩,其他为机械柴油为 137.78 元/亩,种子为 63.11 元/亩,灌溉为 3.13 元/亩,农药 16.49 元/亩;节约量较高的化肥为 14.85 元/亩,种子为 27.01 元/亩,灌溉为 27.83%;节约率较高的农药为 31.6%、种子为 30%、灌溉为 42.2%。如果农户能够按照目标量进行生产,总农业生产要素投入量可节约 73.2 元/亩,节约率为 14.9%。

表 7　江苏省水稻生产要素投入最优节约量

	投入(元/亩)		节约量(元/亩)*	节约率(%)**
	初始量	目标量		
化肥	168.95	154.1	14.85	8.8
农药	24.11	16.49	7.62	31.6
种子	90.12	63.11	27.01	30.0
机械柴油	142	137.78	4.22	3.0
灌溉	65.96	38.13	27.83	42.2
合计	490.24	417.04	73.2	14.9

注:* 节约量(元/亩)=初始量−目标量;** 节约率(%)=(初始量−目标量)/初始量×100%。

6.2.4　江苏水稻生产交叉效率分析

通过交叉效率对技术效率为 1 即技术效率有效的农户进行进一步排序,据表 8,序号为 89、71、79、66 和 73 的农户交叉效率值较高,分别为 0.781、0.665、0.620、0.588 和 0.564,这些农户主要分布于江苏无锡市,因此这些交叉效率值较高的农户可以作为其他效率值较低农户进行水稻生产的标准,无锡市农户水稻生产也可以作为江苏省水稻生产的借鉴标准。

表 8　基于 CCR 模型 14 户技术效率有效的农户交叉效率得分

农户序号	交叉效率	排序	地点
89	0.781	1	宿州
71	0.665	2	合肥
79	0.620	3	合肥
66	0.588	4	合肥
73	0.564	5	合肥
59	0.478	6	合肥
4	0.396	7	宿州

农户序号	交叉效率	排序	地点
82	0.376	8	宣城
67	0.354	9	合肥
17	0.299	10	六安
33	0.255	11	合肥
69	0.249	12	宿州
43	0.227	13	宣城
8	0.221	14	六安

江苏省农户年龄相对较大，受教育水平普遍偏低；对粮食食品安全问题认知度较低，并且对于环保相关法律法规认知有待提高；对于农药的施用方面，大部分农户认为合理施用农药很重要，但对农药使用标准了解度较低，且施药过程自我保护意识较弱。对于化肥施用和农膜处理也很不恰当，对有机肥和测土配方施肥类的生态友好型农业生产技术采纳比例较少。对农户关于农业生产要素转化效率进行分析，大部分水稻生产农户技术效率未达到最优，农业生产要素过量投入和不恰当的组合反而可能使农作物产量降低。

7. 江苏省现代生态农业发展路径目标模式构建及国际经验

7.1　现代生态农业发展路径目标模式（多元参与）

发展现代生态农业，促进现代生态农业发展，是落实中央发展农业的政策，以及解决我国生态环境破坏严重、环境污染严重问题的措施之一。发展现代生态农业的路径应该以生态学和经济学原理为依据，以循环经济"3R"为原则，按照生态农业的原理，减少废弃物使用量和污染生产要素投入，达到农业资源的循环再利用，使得农业资金和农业产品得到充分利用，使得农业发展过程中对环境的影响最小化。促进生态农业的发展有利于社会公平、和谐，生态环境健康发展，满足人类持续发展的目标。

要选择科学的现代生态农业目标模式，针对不同的利益和生产主体制定不同的激励制度，大力发展现代生态农业机制，充分考虑循环经济的目标和发展要求，最大限度地调动生产主体的积极性。科学的生态农业目标模式，一要充分清楚上下游利益主体在其中扮演的角色，合理进行相关利益分配和技术合作，促进生态农业的整体发展。二要考虑循环经济发展过程中不同阶段、不同层次的发展需求，不同阶段、不同层次应有不同的目标模式，要处理好不同目标模式的关系和联系。目标模式的选择要因地制宜，根据自身的实情发展不同模式，但是要满足循环经济各层面的持续循环发展。经济内循环模式的发展主要考虑生态化发展问题，3R 原则适合什么样的产业模式，从而使得生态农业迅速发展，提高生态化农业水平。以下结合无锡市现代生态农业发展案例进行现代生态农业模式构建分析。

生态农业的发展需要政府、生产主体以及消费者的相互协调，政府应该在无锡生态农业发展的过程中起到引领作用，切实提高领导者发展生态农业的意识，强化领导责任，在充分调研的基础上制定相关的法律法规,提升生态农业在农业经济发展中的比重。在政府的主导下,提升生产主体的积极性,同时应引入社会资本参与生态农业建设,完善市场和金融机制,加强社会监督,促进生态农业发展。

7.1.1 微观路径目标模式

发展循环农业。有机农业是一种理想的农业发展模式,但是在发展中国家,农产品的充足供给、粮食安全的保障仍然是第一位的,有机农业由于其发展特点是尽量不使用化学投入,产量的增长目前受到技术条件的限制,不能有效满足农产品供给要求。"绿色农业"可以说是一种折中的发展模式,相对包容性要强得多,倡导建立有一定生态包容性的发展模式,不排除化学投入,以保证产量的正常化。但是,绿色农业发展存在一个重要问题,发展模式不确定、发展程度难以衡量,多少的化学投入能够保证产品供给安全? 因此,尽管"有机农业"是长远来看可选择的发展模式,"绿色农业"是近期过渡性模式,但是存在较多不确定性。循环经济在农业领域的发展可称为农业循环经济。循环农业准确地说是一种科学的农业发展模式,综合了多种农业发展模式的优点而避其不足,可以实现几大目标:一是经济效益目标,循环农业不仅注重生态效益,通过循环利用资源和方式,还实现经济效益的发展目标;二是生态效益目标,循环农业通过废弃物的资源化利用,通过科技创新、制度创新,把废弃物减少到最低限度,实现经济产量最大化的同时生态影响最小化,实现经济生产与生态健康的双重目标;三是社会效益,通过"减量化、再利用、再循环、再创新"的原则,使得以经济发展保证社会发展,提供更多更好的生态化农产品,保证人类社会的持续健康发展,实现更好的社会效益。因此,循环农业在经济内循环、中观循环和宏观循环三个范畴上往复循环,促进了经济、生态与社会三大系统的良性、互动、和谐、健康发展,实现了三大效益的高度统一。

7.1.2 中观路径目标模式

建设循环农业园区。循环农业园区作为新型的农业经济园区,是在现行农业园区的基础上发展而来,属于企业化社区,是由农户、企业组织及某些服务机构共同组成的。在此企业化社区中,各主体相互协调,对环境有关事项进行管理决策,以获得更多的经济及生态收益,整体利益得到大幅提升,超过单个个体规模利益。在循环农业园区的规划方面,要遵循高效性、循环性,并结合当地客观环境进行规划设计。总的来看,循环农业园区主要包括三个方面,分别为生产主体的选择、系统集成设计及相关配套服务。第一,明确循环农业园区的主体类型,按照农业生态学的有关理论,合理定位园区中各主体(生产者、消费者及分解者)作用位置;第二,选择核心企业,以资金流、物质流、信息流、能量流为指导原则,锁定处于关键地位的核心企业,由于处于产业链的核心位置,此种企业对构建园区的成败十分重要,具有稳定园区发展的作用;第三,构建农业产业生态食物链。根据农业经济学、生态学、循环经济学相关理论,梳理资金流、物质流、信息流、能量流的复杂流动关系,构建现代生态农业生态食物链,促进物质在总系统中循环使用,使生产废弃物资源化无害化利用,如无锡斗山农业生态园[①]。

7.1.3 宏观路径目标模式

构建循环农业园区网。作为农业循环经济的重要组成部分,总体来分析,在农业、生态及

---

① 无锡斗山农业生态园,https://baike.so.com/doc/6923343-7145453.html,2017-10-25.

社会经济的大背景下,循环农业经济网按照农业经济学、生态学有关理论方法,合理厘清生产者、消费者及分解者的相互关系,以包括原材料、资金、人才、信息及副产品在内的所有资源的消费枢纽形成具有循环利用的发展共同体,实现三者之间的相互利用、互动发展。如无锡市惠山区的"一区十园"计划,该规划总面积达 80 平方千米,包括江苏省无锡高科技农业示范园(含无锡现代农业博览园)、中国农科院太湖水稻示范园、江苏省无锡斗山农业生态园、江苏省无锡绿羊花卉苗木园、中国红豆杉高科技产业园、全国水生态(无锡)科技示范园、翠屏山森林公园、嵩山植物园、东升食用生物产业园和鹅湖渔业休闲示范园 10 个园区。

7.2　现代生态农业的空间布局和定位

对于无锡发展现代生态农业的空间布局,主要规划为五大农业产业,包括宜北生态农业产业、锡澄高效设施农业产业、惠澄精细果蔬农业产业、宜南特色农业产业、山水风光带休闲农业产业。在锡澄路以东地区,包括江阴市东部、锡山区、新区,重点发展高档花卉、设施苗木、药用植物和生物农业,强化江苏省锡山台湾农民创业园作为无锡国家现代农业示范区的核心区示范引领作用,重点建设新吴区鸿山生态园区、新吴区吴文化博览园、中国(锡山)红豆杉高科技产业园区、安镇凤凰山现代农业园区和太湖生物农业谷等。在江阴市西部和南部、惠山区,重点发展以水蜜桃、葡萄、蔬菜为代表的产业,重点规划建设惠山阳山水蜜桃科技园、江阴市璜土现代农业园区、江阴市月城现代农业园区、惠山精细蔬菜产业园区等。在宜兴市南部渡边公路以西地区,结合丘陵地区农业综合开发,重点发展茶叶、干果、竹制品等特色产业,重点规划建设宜兴市阳羡茶产业园区、竹产业基地、竹产业加工集中区。在滨湖区、宜兴市、惠山区等地沿湖、沿山地区,利用山水资源优势,重点发展休闲观光农业,重点规划建设马山休闲农业示范区、雪浪山现代农业园区、龙寺生态园区、长广溪国家湿地公园、宜兴阳羡茶博览园、宜兴华东百畅生态园等。

在发展定位上,无锡现代生态农业建设发展重点以技术先进、规模经营、迎合市场需求、可持续发展为主要方向,积极探索无锡特色的都市型现代生态农业发展模式,突出"五化"方针,精心打造"五个示范"。按照"大农业""大食物"的要求,调整农业结构,优化农产品结构,在完善农业区域布局的基础上逐步扩大种植规模,适度开发农业资源保护生态环境。推进"一村一品"乡镇建设,大力推动传统优势农业产业向精品化、优质化方向发展,为消费者提供种类繁多、质量上等的农产品,着力打造一批附加值高、知名度高的农产品品牌,以大局、前瞻性的眼光科学规划产业布局,完善创新机制和制度,进一步提升农业园区发展水平,提高农业建设水平,实现农业园区的规模化和集约化,大力实践科技创新结果,推动农业园区建设。坚持以发展农业为前提,保护环境为基础,提高农民收入为目的,着力提升基础设施水平,广泛挖掘传统文化、积极彰显地方特色,加快推动农村三大产业的协调发展,大力发展农业文化休闲产业,培育一批在全国有知名度、影响力的乡镇文化产业区,借助无锡发展国家传感网创新示范区的机会,在江苏省优秀特色生态农业产业的基础上,积极创新发展农产品电子商务模式,形成一批农业物联网装备研发企业和农业物联网应用技术示范基地,打造一批在长三角地区具有一定影响力和知名度的农业电商平台。以资源环境承载力为依据,以优化农业产业布局为基础,以农产品质量安全为目标,加强农业废弃物资源化利用,深入实施生态补偿机制,加强生态保护和修复,研发推广一批生态农业技术,打造一批循环农业示范区,培育一条符合自身特点的"高效,安全,循环,生态"的现代化生态农业发展道路。

7.3　国外发达国家的经验借鉴

农业是一个国家经济发展的基础,发展好农业有利于二、三产业的发展,而生态农业又是农业发展最主要的一部分,国外发展生态农业的时间长、起步早、经验足,生态农业发展的相关政策比较完善,而中国发展生态农业的时间短、起步迟,我国可以借鉴发达国家发展生态农业的相关经验,完善相关政策等,提高生态农业的创新技术,加快我国生态农业发展的步伐。就美国而言,美国生态农业相关的法律法规比较完善,特别在农产品质量、农业环境、农产品经营和生产方面,制定了严格的法律来确保农产品质量合格,保护农业、生态环境及规范经营等。美国环保总署还制定和颁布了大量的法规来保证法律的有效、公平实施,同时,加大财政资金对生态农业的投入和支持,加大对农业技术研究的投资,确保农业技术的研究有效持续进行,政府还对发展生态农业的农户或个体给予资金奖励。大力推广生态农业技术,扩大农业技术的使用普及率,美国政府大力扩展与农业科技相关的代理人员,帮助农户获得最新的农业技术,并以最短的时间掌握它。美国通过这些方法,大大地提高了生产效率,促进了生态农业的发展。再者,他们注重发展农业与现代科技相结合,利用最先进的农用科技,提高农业生产效率,如遥感技术。欧盟于 1991 年 6 月 21 日颁布了《关于生态农业及相关农产品生产的规定》,规定明确指出,欧盟生产的生态农产品必须符合国际生态农业协会的标准,以保证产品的质量。1962 年欧盟又实施了"共同农业政策",来促进欧盟整体的农业发展,主要有调节关税、消除农业贸易壁垒,并建立共同农业组织,极大地发展了欧盟整体的农业发展。农产品价格也是影响农业发展的重要因素,价格过高可能导致农产品滞销,价格过低损害农户利益,为促进欧盟生态农业发展,欧盟加大了对生态农产品的补贴,降低发展农业企业的税负,完善相关法律法规,有力地促进了欧盟生态农业的发展。其中最典型的代表就是德国。

8.　主要结论和政策建议

8.1　主要结论

江苏省作为我国的农业大省,农业发展不论是在产量还是生产规模上,都位居我国首列,但由于工业化、城市化的迅速发展,农业用地大幅度减少,工业、城市污水造成大面积农业用地污染,且农业生产要素的过量使用严重,使得生态环境不断恶化,保护生态环境、转变农业发展方式、发展现代生态农业已经变得刻不容缓。虽然江苏省发展生态农业起步早,且积累了一定的经验,但还不能足以解决当前所面临的经济、社会及环境问题,这些问题的解决需要政府、生产主体以及全社会的共同努力。目前江苏省农业生产已取得长足发展,虽然农业生产要素的消耗有所缓解,但农业面源污染问题仍须大力解决,发展现代生态农业成为必然趋势。江苏省已有的四种生态农业模式发展良好,已取得很好的经济、社会、生态效益,但也存在生产主体的积极性不高、资源利用不合理、产品非生态化及发展路径不清晰等问题。通过探究现代生态农业的发展机理,获得现代生态农业系统路径依赖特性与突破演化过程,分析现代生态农业系统各主体的博弈结果,构建微观路径、中观路径及宏观路径目标模式,并以无锡为例确定现代生态农业的空间布局与定位,借鉴国外发达国家经验,实现江苏省现代生态农业发展路径创新。

8.2　政策建议

8.2.1　加快江苏特色现代生态农业产业体系的路径创新

发展现代生态农业,必须要因地制宜地制定生态农业发展规划,主要重点要集中在农业资源的节约与高效利用、农业废弃物转化利用、农业产业链延伸以及产业化经营等方面,清楚现代生态农业的发展方向、农业经济发展的思路和途径以及要达到的目标,采取必要的措施支持重点领域的发展。要制定专项规划支持节源、节能、节本与各种农业资源综合利用,提出有建设性、前瞻性的发展目标,完善政策措施。各级政府必须将发展现代生态农业的规划与当地社会经济发展规划相融合,首先积极推进农业结构调整,以农业一二三产业融合为发展目标,以推进农业可持续发展为战略目标,大力实施生态补偿机制,加强现代生态农业用地保护,推进耕地资源有序集中整合,稳定粮食、蔬菜等主要农产品供给,确保粮食和蔬菜供给安全,引导全省农业结构向中生态化、高端化、可持续化方向发展,促进农业适度规模经营。加强农业国际合作,建设一批高标准的生态农产品出口基地,鼓励引导本地农业龙头企业"走出去"。延伸农业产业链条,提升产品附加值,促进农业一二三产业融合。加强高端人才和重点项目引进,大力培育发展生物育种、生物反应器、生物饲料等生物农业产业企业和集群。大力推进美丽乡村休闲旅游示范村和休闲农业示范园区建设,加快完善环保型农产品产后商品化处理设施,集成示范一批精深加工新产品,培育一批农产品加工示范企业,构建农工贸、产加销一体化产业体系。积极探索"农业＋互联网"新业态,引导新型农业经营主体通过自建电商平台、对接第三方平台等形式,进一步拓展销售渠道、打造知名生态型农产品品牌。加强与国内外优秀电商企业的合作,鼓励经营主体开展线上线下相结合的经营活动,打造一批有鲜明特色的农产品电子商务平台和园区平台。探索大数据驱动的订单农业,提升商品质量和服务水平,带动农民增收。

8.2.2　加快江苏省新型农业经营体系的路径创新

加大相关政策支持保障和引导,对生产经营主体给予必要政策支持,培育一批管理经营化水平高、竞争力强的农户主体,加强引导专业大户、返乡大学生、职业农民加入生态农业建设体系,以带动农业产业发展和农民增收为目标,加快培育一批有较强竞争力的农业龙头企业。支持引导家庭农场参与组建合作社,有必要时可以给予一定的政策支持,大力发展"企业＋农户""企业＋合作社＋农户"等农业产业化合作模式,完善各主体紧密合作、互利共赢的利益联结机制。发展行业协会、工商协会、技术协会等载体组织,规范生产标准,强化品牌营销,统一准入、准出制度,提升农业生产标准化水平,不断增强农业经营主体的经营能力和经营素质。大力创新职业农民培育机制。以"提升一批对农业有感情有经验的老农民,吸引一批有能力想创业的青年农民,引进一批有创造愿务农的知识农民"为思路,发展新型职业农民体系。为加快培育新一代职业农民,应积极完善新型职业农民培育制度,改变或调整培育方法,加速制定和实施新型职业农民的管理条例和办法。转换职业农民的培训方法,加强培训力度,要以"生产经营型、专业技能型以及社会服务型"三类新型职业农民为主,根据产业、市场的实际需求,进行多层次、多形式的教育培训,有利于新型职业农民综合能力的快速提升。

8.2.3 加快江苏省现代生态农业可持续发展体系的路径创新

注重发展现代生态农业,侧重发展资源节约型、环境友好型的生态农业,积极稳妥抓好生态补偿工作的推进落实。继续推进实施对基本农田、重要湿地、生态公益林等生态资源的生态补偿工作。转变土壤改良方式,加强实施秸秆还田,提倡增施有机肥、种植绿肥等,提升耕地质量。推进花卉苗木种质基因库建设,严格防范外来物种入侵。坚持"绿色、珍贵、彩色、效益"相结合,将沿江、沿河、沿湖水岸林网建设和开展湿地恢复作为森林资源新增长点,着力提升江苏省整体绿化水平。进一步加强森林防火、林业有害生物防治,推进封山育护林及生态公益林保护工作,进一步完善由绿色通道、水岸绿化、农田防护林构成的森林生态网络建设。严肃查处和打击非法侵占林地和滥伐林木的行为。全面加强农业面源污染治理。减少化肥农药使用量使用率,甚至做到零增长。加强对化肥农药施用的监管,大力推广农药减量增效技术,在减少农药使用量的情况下起到增效作用。重点抓好畜禽养殖污染的整治工作,划定畜禽养殖禁养、限养和适养区域,明确新建养殖场准入条件和建设标准,完成禁养区域内养殖场的关闭清理任务和限养、适养区域内养殖场的整改提升任务。推进养殖场综合整治工程、生态循环农业工程和池塘循环水养殖工程等建设。建立完善秸秆收贮体系,加强秸秆生物质发电项目建设。加强农产品质量安全监管。推广应用绿色防控技术和环保型农业投入产品,实施病虫专业化统防统治。建立完善农产品溯源管理系统,建立健全农业行政执法和检测检验体系,组织开展农产品质量安全专项整治行动。

8.2.4 加快江苏省现代生态农业支持保障体系的路径创新

扎扎实实推进土地承包经营权确权登记以及加强土地经营权流转管理服务,健全土地流转服务平台。实现农业的规模经营,打破一家一垄的小格局,需要土地集中统一流转,但土地的流转要在依法依规且自愿有偿的原则下,鼓励引导农民以多种方式、多种形式出让土地经营权,促进土地向专业大户、家庭农场、合作社、农业龙头企业等新型农业经营主体集中流转,提高农业的生产规模经营水平。全面落实农业财政投入机制,大力宣传制度和落实各项强农惠农政策,推进资金整合,加强资金的流通监管,确保财政资金向设施生态农业、智慧农业等重点领域倾斜。优化政府财政支持方式,全面落实农业金融保障机制。完善农村金融服务网络平台,大力发展新型农村金融组织,依靠现代科技发展线上金融。在完善政策性农业保险体系的基础上优化保险品种,扩大保险覆盖面,积极引进社会资本加入生态农业建设。

8.2.5 加大农业技术创新,加快江苏省现代生态农业相关技术培训的路径创新

发展现代生态农业,实现农业的可持续发展,必须要有相关的技术作支撑。生态农业发展要依靠科技创新带动,重点加快生态农业技术创新,同时加强技术体系创新,弥补短板,发挥长处,特别是节约、高效、环保等方面的创新和突破。要不断完善创新机制,为农业技术创新注入源源不断的动力。在沼气利用、秸秆气化发电以及稻草还田机具、测土配方施肥等重点生态农业技术研究开发工作加大投入,政府可通过加强农业相关的科技资源对这些方面研究的政策倾斜,提高对农村农业发展的科技投入,组织相关力量进行重点研究公关。同时鼓励生态农业企业与当地高校合作,发展研究相关技术,有利于政府节省和合理化使用资源。促进现代生态农业技术发展,还需要加快科技体制创新改革,释放农业科技组织的创新活力。在发展现代生态农业的过程中,提高农民素质,提升农民技术水平,培养造就一批"有文化、懂技术、会经营"

的农民群体,是发展现代生态农业、促进农业可持续发展的关键所在。江苏省农村劳动力大多受教育水平较低,普遍素质偏低,是发展现代生态农业的主要障碍之一。当前要充分发挥农业相关推广培训机构和职业学校的作用,多途径、多层次开展农村劳动力技能培训,加强推广普及农业先进技术的了解和使用,这就要求政府加大对该领域的政策支持,完善相关法律法规,促进现代生态农业的发展。

8.2.6 大力发展现代生态农业服务机构,促进江苏省现代生态农业社会化服务体系的路径创新

发展现代生态农业,除了资金技术以外,农户还需要一套完备的生态农业的社会化服务体系。发展现代生态农业社会服务体系、完善相关服务体系是生态农业发展的重中之重,为产业发展主体提供全方位的服务,其中最为关键的是要建立全方位的现代生态农业服务网络机构,包括产前、产中、产后等阶段。目前,江苏省在现代生态农业生产、发展所需的一系列配套服务机构都不健全、不完善,如技术指导、产品销售、信息咨询与传播机构等方面。尤其在乡镇、村更是缺乏相关服务体系,而乡镇、村是江苏省发展现代生态农业的主要地区,因此要加快把现代生态农业的社会化服务体系发展到乡镇、村等基层组织,逐步形成县—乡镇—村—农户的一体化服务体系。同时要支持发展公益性农业服务组织,健全基层公益性服务体系,培育大量农业经营性服务组织,为江苏省生态农业发展提供帮助和支持,促进江苏省生态农业的快速发展。加快建立公益性服务组织和经营性服务组织相结合的新型农业社会化服务体系,使其充分发挥各自的优势。要增强农业技术推广普及、农机公共服务指导、动植物疫病防控检查、农产品质量安全检测、农业信息化服务等基层公益性服务能力。

(本报告撰写人:王娜)

作者简介:王娜(1984—),女,博士,南京信息工程大学气候变化与公共政策研究院/法政学院讲师,主要研究方向为农业经济管理、资源生态利用,Email:wnatwn@163.com。

本报告受南京信息工程大学气候变化与公共政策研究院开放课题(课题名称:可持续发展与效益外溢:江苏省现代生态农业发展路径构建研究;课题编号:18QHA016)资助。

参考文献

白金明,2008. 我国循环农业理论与发展模式研究[D]. 北京:中国农业科学院.

崔艳智,高阳,2017. 农田面源污染差别化生态补偿研究进展[J]. 农业环境和科学(18):35-47.

崔艺凡,尹昌斌,王飞,等,2016. 浙江省生态循环农业发展实践与启示[J]. 中国农业资源与区划(07):101-107.

戴耀峰,2008. 发展生态循环农业推进现代农业建设——江苏省淮安市的实践与思考[J]. 现代农业(12):32-33.

高雪松,2011. 秸秆循环利用模式、物流能流分析及功能评价[D]. 成都:四川农业大学.

国土资源部土地整治重点实验室,2016. 农田土壤重金属污染防治亟待加强[OL]. 2016-12-14. http://lcrc. org.cn/tdzzgz/tdzzzdsys/kfjl/201612/t20161214_37960.html.

胡世霞,2013. 关于发展低碳农业的思考[J]. 农村经济(10):87-89.

黄小洋,邱丹,王海芹,2012. 江苏省生态农业的模式选择与发展对策探讨[J]. 农业环境与发展,29(01):29-32,39.

黄宗智,2000. 华北的小农经济与社会变迁[M]. 北京:中华书局:11-17.

江晶,蒋和平,2012. 粮食主产区发展现代农业的路径选择——以吉林省榆树为例[J]. 农业经济(08):52-54.

李鹏梅,2012. 我国工业生态化路径研究[D]. 天津:南开大学.

刘则渊,代锦,1994. 产业生态化与我国经济的可持续发展道路[J]. 自然辩证法研究(12):38-42,57.

孙琪琳,王瑞波,2017. 供给侧结构改革视角下的农业可持续发展评价研究[D]. 兰州:兰州大学.

唐华俊,2008. 我国循环农业发展模式与战略对策[J]. 中国农业科技导报(01):6-11.

翁伯琦,仇秀丽,张艳芳,2016. 实施生态循环农业与山区精准扶贫联动发展的技术对策思考[J]. 农业科技管理(03):1-4.

吴宗杰,2007. 技术进步对耕地生产力影响的实证研究——以山东省为例[J]. 生产力研究(17):45-47.

伍国勇,2014. 农业生态化发展路径研究[D]. 重庆:西南大学.

西奥多·W. 舒尔茨,2006. 改造传统农业[M]. 北京:商务印书馆:5-11.

约翰·华生,2016. 行为心理学:一个伟大心理学家的思想精华[M]. 北京:现代出版社.

张立华,2011. 西部地区生态循环农业发展路径选择与支持体系创新[J]. 经济问题探索(03):157-160.

赵炳强,2014. 转变发展方式助力绿色崛起全力打造沿海现代生态农业强市[J]. 河北农业(06):54-55.

赵立祥,2007. 日本的循环经济与社会[M]. 北京:科学出版社.

周晶,2012. 江苏加快绿色食品示范县建设[J]. 江苏农村经济(02):44-45.

周颖,尹昌斌,程磊磊,2011. 农业清洁生产技术应用的补偿机制实证研究——以云南省大理州洱源县农户调查为例[J]. 农业环境与发展,28(04):88-93,118.

朱琳敏,王德平,邓楠楠,2016. 生态循环农业研究综述[J]. 现代农业科技(16):224-227.

Cheng X,Han C H,1992. Sustainable agricultural development in China[J]. World Development,20(8):1127-1144.

Costanza R,Arge R,Groot R,et al,1997. The value of the world ecosystem services and natural capital[J]. Nature,387(15):253-260.

Revell A,2007. The ecological modernization of smes in the UK's construction industry[J]. Geoforum,38:114-126.

Tittonell P,Giller K E,2013. When yield gaps are poverty traps:The paradigm of ecological intensification in African smallholder agriculture[J]. Field Crops Research,143(1):76-90.

Zhen L,Zoebisch M A,Chen G,et al,2006. Sustainability of farmers'soil fertility management practices:A case study in the North China Plain[J]. Journal of Environmental Management,79(4):409-419.

国内外低碳行为培育模式比较研究

摘　要:20世纪以来,气候变暖问题成为当今世界最引人瞩目的全球性环境问题,构建低碳社会已经成为世界各国的共识,全球190多个国家达成了《哥本哈根协议》,自愿节能减排,构建低碳社会,并为此积极付诸行动,取得良好成效。中国是全球CO_2排放大国,既面临着来自国际社会的减排压力,也承受着由于粗放式经济发展模式带来的我国未来经济社会持续发展所面临的问题。低碳发展成为我国加强生态文明建设和促进经济社会可持续发展的必由之路与不二选择。进行低碳生产和生活是我国每个公民应尽的义务和责任,而公民能够养成低碳意识,并把意识转化为一种行为习惯是进行低碳社会建设的基本前提。本文通过对国内外低碳行为培育模式的比较,认为我国公民低碳行为培育模式相对单一,主要重在理论的宣传和教育,实践性和可操作性不强,在总结并借鉴国外低碳行为培育模式成功经验的基础上,提出了我国公民低碳行为培育的建议与对策。

关键词:低碳;低碳行为;培育模式　比较研究

Comparative Research on the Cultivation Model of Domestic and Overseas Low-Carbon Behavior

Abstract:Climate warming has become one of the most high-profile global environmental problems since the 20th century. In order to build a low carbon society, more than 190 countries around the world have ratified the *Copenhagen Accord*, volunteering to act positively to conserve energy, reduce emissions and build a low carbon society. China, the world's largest emitter of CO_2, is facing both the pressure from the international community to reduce emissions and the dilemma of China's future sustainable economic and social development caused by the extensive economic development model. Low-carbon development has become the only way and only choice for China to strengthen ecological civilization construction and promote sustainable economic development. Low-carbon production and life is the obligation and responsibility of every Chinese citizen. It is also the basic premise for low-carbon society to be constructed that citizens can develop low-carbon consciousness and turn it into behavioral habit. By comparing domestic and overseas low carbon behavior cultivation mode, this paper illustrates that domestic low carbon cultivation model is relatively single, mainly focusing on theoretical publicity and education instead of practicality and operability. Strategies and suggestions are given based on the summary of experience of overseas successful low carbon behavior cultivation.

Key words：low-carbon；low-carbon behavior；comparative study of cultivation model

1. 问题的提出

随着世界经济的发展、人口规模的增长,能源过度消耗,气候变暖日益加剧,环境问题愈加严重,全球灾害性气候变化频现,在此背景下,"低碳发展""低碳经济""低碳足迹""低碳技术""低碳生活方式""低碳社会"等一系列低碳概念应运而生,减少碳排放、构建低碳社会已经成为世界各国的共识。全球 190 多个国家达成了《哥本哈根协议》,自愿节能减排,构建低碳社会,并为此积极付诸行动,取得良好成效。多年来,中国坚持正确义利观,积极参与气候变化国际合作,与世界各国人民携手同行,坚持走绿色、低碳、循环、可持续发展之路,共同应对气候变化。为切实兑现减排承诺,实现减排目标,促进我国经济社会的可持续发展,借鉴国外发达国家的先进经验,培育公民和企业良好的低碳行为方式是根本所在。

2. 核心概念界定

2.1　关于低碳和低碳行为

低碳概念是在应对全球气候变化、提倡减少人类生产生活中温室气体排放的背景下提出的。2003 年 5 月,英国在其能源白皮书中首次正式提出"低碳经济"的概念(邱吉 等,2014)。而我国是在 2009 年 12 月丹麦哥本哈根联合国气候变化会议后"低碳经济""低碳生活"开始成为人们关注的焦点。

所谓低碳,科学百科解释为较低(更低)的温室气体(二氧化碳为主)排放,旨在倡导一种低能耗、低污染、低排放为基础的经济模式,减少有害气体排放。低碳内涵丰富,包括低碳社会、低碳经济、低碳生产、低碳消费、低碳生活、低碳城市、低碳社区、低碳家庭、低碳旅游、低碳文化、低碳哲学、低碳艺术、低碳音乐、低碳人生、低碳生存主义、低碳生活方式等很多内容。所谓低碳行为就是指在社会生产生活中人们所采取的减少碳排放的一系列具体行动。创造低碳社会,对于每个公民来说其努力的方向就是应该用实际行动来践行低碳生活,即在日常生活中尽可能减少二氧化碳的排放量,这就有赖于人们能够把低碳意识深扎于心,并转化为实际的低碳行动,这是一种经济、绿色、健康、安全的生活行为方式,更是惠及全世界、全人类,实现人与自然和谐发展的生活行为方式。

2.2　关于模式的概念

关于模式的定义有很多种解释,百度百科把模式解释为事物的标准样式,模式可以在以往的经验中形成,也可以在面对现象时立即形成。《教育大辞典》把模式定义为"一种处于运动状态的易于考察的形式或系统结构形态"(顾明远,1998)。国内学术界对模式的内涵也做了不同的解释,有的学者把"模式"内涵概括成两个方面:一是模式的独有特征是其存在的基础,这种独一无二的特征也是区分不同模式的重要标志;二是逐渐从特征走向规范化,在规范化后又产生新的特征,它始终保持着独特性。也有学者则将"模式"理解为某种具有特殊意义的科学思维和科学操作方法,它通常适用于某些特定问题,在一定条件下将原型客体的某一本质特征还原出来;它能够帮助人们对原型客体进行更好的改造与认知,并逐渐形成一套新的客体。还有学者将模式理解为是用于反映事物特征与本质的一种参照或学习标准,同时还可以被视为通过对事物本质规律的探究而用于对实践活动进行指导的一种科学方法(杨颖,2018)。概括而言,本文认为,模式就是在已有经验中形成的可以为解决同类问题提供参照学习标准和有效指导的科学方法。

3. 培育低碳行为的重要性与必要性

3.1　培育低碳行为的重要性

20 世纪以来,地球表面平均温度呈现不断上升趋势,气候变暖问题成为当今世界最引人瞩目的全球性环境问题,CO_2 的排放是导致全球气温上升的主要原因已是全球共识,而中国早在 2007 年便已成为全球 CO_2 第一大排放国,中国高碳经济发展模式开始备受世界其他一些国家的指责,中国既面临着来自国际社会的压力,也承受着由于粗放式经济发展模式带来的我国未来经济社会持续发展所面临的问题。2009 年,中国政府向世界承诺,到 2020 年中国单位 GDP 的 CO_2 排放将比 2005 年有明显下降,目标是单位 GDP 的 CO_2 排放比 2005 年下降40%~45%,并把它作为约束性指标纳入"十二五"及其以后的国民经济和社会发展中长期规划。党的十八大提出了建设"美丽中国"、加强生态文明建设的重要战略目标,低碳发展成为我国加强生态文明建设和促进经济社会可持续发展的必由之路与不二选择。《中华人民共和国环境保护法》总则明确指出,"一切单位和个人都有保护环境的义务"。因此,积极创建低碳社会是我们每一个人的使命,也是我们应尽的义务,重点在于如何能够使公民形成低碳意识,并逐步使其成为一种行为习惯。

3.2　培育低碳行为的必要性

改革开放以来,我国的经济发展取得了举世瞩目的成就,但在经济发展的同时,由于过于注重经济增长,而忽略了资源利用效率和环境保护,导致我国出现了严重的环境问题,其中大气污染已经成为中国人口健康的最大威胁之一。在 21 世纪初,按照世界卫生组织的标准,只有1%的中国人生活在空气质量达标的地区。党的十七大报告明确提出:"建设生态文明,基本形成节约能源资源和饱和生态环境的产业结构、增长方式、消费模式。主要污染物排放得到有效控制,生态环境质量明显改善。"由此可见,提倡低碳生活是保护环境和应对气候变化的内在要求与必然之举。事实上,严峻的环境问题已经引起了自上而下全国人民的高度关注,环境保护不但成为国家的重大决策,环保意识也已在很大程度上深入人心。但人们环保意识的增强并不等同于低碳意识的增强。当前,应对气候变化和低碳转型并没有引起人们足够的关注,低碳行为的养成更是令人担忧。

这一方面是因为气候变化对人们生活的影响和危害没有像环境问题所带来的不良后果那

样具有直接性和感知性,另一方面是气候变化问题和低碳消费等相关知识的普及不够,人们不了解低碳的真正含义以及低碳所蕴含的可持续发展之道,不懂得气候变化与个人低碳消费之间存在的关系,亦不明白气候变化可能给人类带来的潜在威胁。再者,即使人们理解气候变化与低碳行为的关系以及低碳消费的重要性,由于多种因素的存在导致低碳消费的现状仍然不容乐观。主要因素有以下几方面。

(1)低碳消费意识薄弱。随着我国社会经济的飞速发展,人民收入大幅提高,生活消费品尤其是高档生活用品前所未有的丰富,追求便捷富足的生活成为绝大多数人的基本生活目标,很多消费者认为低碳环保是政府的行为,追求个人享受与满足是自己的权利,从而造成过度的能源消耗局面。从城市到乡村,高耗能生活用品如空调、冰箱、洗衣机、电脑、电视、微波炉等几乎成为每个家庭的必备生活用品,淮河—秦岭以南地区的不少城市家庭安装暖气也逐渐成为普遍现象。在家用汽车方面,据国家统计数据显示,中国私人汽车数量连年持续增长,2016 年中国私人汽车拥有量 16330.22 万辆,同比增长 15.8%。1985 年私人汽车拥有量仅 28.49 万辆,32 年累计增长 16301.73 万辆,复合增长率 22.7%。2017 年中国私人汽车拥有量达18128.94 万辆,全国居民平均每百户家用汽车拥有量达到 29.7 辆,普通家庭拥有两辆家用汽车的不在少数。2017 年我国能源消费总量达 449000 万吨标准煤(《2018 年中国统计年鉴》),较 1997 年增长了 230%,达到 1997 年的 3.3 倍。

(2)低碳消费成本较高。低碳消费成本包括经济成本和时间成本。从经济成本上来说,尽管市场上出现了很多低碳生活产品,但其售价较之普通产品一般要昂贵许多,如一级能耗的空调、冰箱等低耗能家用电器,价格往往比同品牌高耗能产品要高出许多,即使是小小的节能灯也比普通灯泡要贵不少,而对于广大消费者来说,用较多的花费购买低耗能产品事实上并不一定能够带来经济上的节约,即节能并不节钱,因此,广大消费者如果从个人经济角度来衡量取舍,并不会选择昂贵的低碳消费品。从时间成本来看,公共交通等绿色出行无疑是低碳的,但由于我国交通管理、路线规划等方面还不够完善,如尤其是在农村地区为了实现路路通车、村村通车的目标,公交线路设计得非常耗时,原本只需半小时的车程路线,公交出行由于需要“绕道而行”,导致人们需要花费双倍甚至更多的时间,这样,耗不起宝贵时间的人们就更愿意选择使用便捷的私家车出行。

(3)低碳产品不够丰富。由于低碳技术落后、研发资金缺乏等多种原因,总体而言,目前我国的低碳产品尤其是低成本产品无论是种类还是数量都不能满足低碳消费的需要。联合国开发计划署发布的《2010 年中国人类发展报告——迈向低碳经济和社会的可持续未来》指出,中国实现未来低碳经济的目标,至少需要 60 多种骨干技术支持,而在这 60 多种技术里有 42 种是中国目前不掌握的核心技术。可见,低碳技术是我国发展低碳经济的最大障碍,也给低碳消费造成了极大的影响。此外,大多数企业由于担心低碳产品开发难度大、成本高、风险大,并不愿意为了一个前景不甚明朗的低碳消费市场而大举投入,客观上阻碍了低碳消费的建设和推广(孙彩霞,2012)。

(4)政府管理和主导不够。由于目前在我国城市管理中存在缺乏经费保障、完善的法律法规制度的约束以及高素质管理队伍的配备等问题,导致城市管理在垃圾、废水废气处理、太阳能热水器的安装等诸多方面呈现出无序状态,在制定建筑标准方面,政府缺少关于对太阳能、地热能、风能综合利用的设计要求,容易给城市居民形成类似破窗理论的影响,使他们难以对自身的高碳消费行为进行自律。此外,由于城市规划设计得不合理、基本设施配套不健全和环境的脏乱差等原因,客观上也必然会导致能源、水和洗涤用品等的消耗总量增加。

(5)长期行为习惯不易改变。行为习惯是人们在长时期里逐渐养成的、一时不易改变的行为方式,习惯一经形成就具有稳定性,并不容易在短时期内得到明显的改变。因此,在低碳发展的国际趋势下,培养人们的低碳意识,养成低碳行为方式,不是一蹴而就的,构建低碳社会,促进我国绿色低碳发展还有很长的路要走。

4. 国外低碳行为培育模式

综观国外低碳行为的培育模式,概括起来主要有以下几种:强制推行模式、宣传教育模式、实践指导模式、经济激励模式、榜样示范模式。

4.1 强制推行模式

公民行为的培养离不开规范的强制和约束,明确且强硬的政策态度是推动碳减排的关键(常杪 等,2010)。强制推行模式主要是指通过建立相应的法律法规和制度强制要求公民或企业进行低碳生产和生活。如日本为培养公民的低碳行为,构建低碳社会,不断完善法律体系,从生产和生活的各方面建立相应的法律法规,从宏观到微观颁布推行了《地球温暖化对策促进法》《环境基本法》《新能源法》《能源合理利用法》《节能法》《绿色采购法》《固体废弃物和公共清洁法》《废弃物处理法》《食品循环法》等多项法律法规,使公民的低碳行为有法可依。此外,日本政府还推行了"碳足迹"标示制度、特别折旧制度、补助金制度等,力图以富有特色的经济政策加以引导。

德国、英国、美国、加拿大等西方国家制定的有关规范人们低碳行为的法律法规步伐超前,均形成了较为完善的法律体系,以规范、指导、保障和促进公民低碳行为的养成。以德国为例,德国围绕低碳减排形成了完善的四大法律体系:(1)温室气体排放管制法律体系(包括《温室气体排放交易法》《温室气体排放许可分配法》《含氟温室气体规制法》《项目机制法》《垃圾装运法》《客车限排法令》《船运排放权贸易法令》《碳捕获与封存法律框架》);(2)节能和能效法律体系(包括《建筑节能法(2001)》《建筑节能条例》《能源标识法(2002)》《乘用车强制能效标识规定(2004)》《耗能产品生态设计要求法(2008)》《热电联产法(2002)》《工业能源管理体系法令》);(3)促进气候保护的财税法律体系(包括《生态税法(1999)》《机动车税制法令》《新机动车税制规定(2008)》《所得税法》《载重车辆收费规定》等);(4)可再生能源法律体系(包括《强制电力入网法(1990)》《可再生能源法(2000)》《生物燃料配额法(2006)》《生物燃料可持续发展法》《可再生能源供暖法(2008)》《生物燃气强制入网法》等)。德国的整套法律体系在德国公民和企业的低碳行为的养成方面既发挥了强制推行的作用,也确保了其公正性和实效性。美国也发布了《公共事业管制政策法》《能源税法》《大气清洁法修正案》《能源政策法》等一系列强制性法案,促进再生能源开发。

4.2 宣传教育模式

要养成公民的低碳生活行为习惯,必须要建立起公民的低碳价值观,培养公民的低碳意识,这就离不开宣传和教育。在对公民的低碳宣传教育过程中,政府、非政府组织(NGO)、社会媒体和学校形成多方合力,充分发挥了积极的不可替代的作用。在日本,不同学习阶段都设有环境教育的必修课程,以确保不同年龄的学生能够循序渐进地接受不同层次的环境课程教育,也使环境教育课程贯穿于学生从小学甚至从幼儿园到大学的整个学习生涯,充分发挥了学校进行低碳化教育的主阵地作用。除学校教育外,日本政府、社会团体、新闻媒体在对公民低碳教育方面也发挥了积极的引导作用,如通过电视、网络、电台、刊物或以讲座、展览和演出等方式向公民普及低碳知识,推广低碳技术,日本媒体还经常通过举办如"抠门比赛"之类的以节约为主题的娱乐节目进行低碳宣传教育。日本政府发起的倡导人们每天早睡早起一小时以减少低碳足迹的"清晨的挑战"活动和鼓励办公室空调温度不低于 28 ℃的"清凉商务"运动也促使日本国民的低碳消费观念深入人心。通过有效的宣传教育,日本每个公民都具备了很强的节能环保意识,据 2008 年日本内阁进行的一次舆论调查显示,90.1% 的日本受访民众表示国家应该努力建设"低碳社会"。德国也在通过各种宣传、教育手段提高国民的低碳意识,德国的环境保护教育从幼儿园开始,延伸到各个层次的教育中,形成了较为完整的节能环保教育体系。德国通过向社会各界提供有关环保节能的资料,举办各种讲座,设立大量咨询点提供各类咨询服务,仅节能知识的咨询点在德国就超过 300 个,并设有专门的节能知识网站等进行环保节能的知识宣传。

国外很多国家在低碳教育方面既有政府部门官方的组织机构,也有非政府部门的民间组织。例如,美国能源教育发展协会(NEED)配合美国能源部官方机构在全国推广能源教育活动,它虽然是一个非营利性的民间组织,却成为美国节能减排教育发展的主线;能源大国加拿大非常重视节能减排的教育工作,从国家到地方,从政府到民间组织都积极致力于组建各种不同功能的低碳教育组织和机构;"澳大利亚能源教育协会"(EEA,Energy Education Austrial Inc.)是澳大利亚于 2006 年成立的全国最大的非营利性能源教育组织,其主旨是为所有的澳大利亚国民展示各种形式的能源以及帮助人们通过更好地使用能源来造福全人类;根据日本环境事业团编辑出版的《环境总揽》提供的数据,20 世纪 70 年代末,日本的环境非政府组织不足 1000 个,90 年代末达到了 4000 多个;英国的环保非政府组织为宣传节能减排知识做了专门的网页,并附有二氧化碳计算器,免费为个人、家庭计算出家庭、电器和个人旅行三方面的二氧化碳排放量,并根据不同情况提供不同的减排建议。有的环保非政府组织为每家每户都安装一个二氧化碳计算器,以提醒人们注意一些平时容易被忽略的小细节,养成节能减排的好习惯。二氧化碳排放计算器的使用,可以对减排情况进行统计和计算,对节能减排工作做出适时的调整(胡婷,2010)。

4.3　实践指导模式

日本、美国等国家在培养公民的低碳行为上并不仅仅重视理论的宣传教育,而是非常注重实践性,通过对人们低碳行为方式的具体指导,帮助公民真正实现从低碳观念到低碳行为的转化。如日本在实践指导方面可谓覆盖了国民衣食住行的方方面面,在指导人们的衣着方面,提倡民众夏天穿便装、男士不打领带,提倡冬天比往年多穿毛衣,以减少空调的使用,以达到节能减排的目的。在饮食方面总结提倡一整套从购买、保存到烹饪等各个环节详尽的节能窍门,甚至细化到提倡在冰箱上贴清单以减少冰箱的开关门次数,提倡尽量选择产地较近的产品,以减少运输能源的消耗。在居住方面日本政府制定了"低碳化住宅建设标准",提倡低碳建筑,并要求房地产开发商必须按标准实施房屋建造。在出行方面政府通过加大力度开发节能环保型汽车来推行低碳交通。

美国的低碳教育与实践紧密相连,美国学校开办的各种课外兴趣小组大多是和低碳环保相关的课题,鼓励学生进行新能源的研究,并且还设立了相关的奖励。如马萨诸塞州的 Berkshire 学校,为鼓励学生进行发明创造,每年都设有各种奖励,如哈佛书籍奖、史密斯奖、碧山中学奖等,其中对于节能减排方面的课题研究,更是要单独拿出名额来对学生进行奖励。

自 1993 年以来,英国政府共完成了 450 万个家庭的能耗审计,通过审计,为这些家庭提供了实用的节能建议和针对其具体情况的支持计划。

4.4　经济激励模式

要促进清洁能源的使用,政府必须提供激励措施(Phang et al,2016)。日本政府在采用经济激励模式培养公民低碳消费行为方面经验丰富,通过补贴节能产品、奖励低碳行为等措施,激励民众进行低碳生活,尤其是在新能源、节能产品、节能汽车和节能住宅的推广方面激励政策多、激励力度大。如在交通方面建立"领跑者计划"制度,对成功开发者给予补助金,通过直接补贴、税收减免等激励政策,鼓励消费者购买低碳汽车。在鼓励消费者购买节能环保家电方面实行"环保积分制度",对购买符合一定节能标准的空调、冰箱等节能电器的消费者返还"环保积分",累积到一定数量的环保积分可以免费换购节能家电。英国在对个体的激励方面制定了气候变化税和垃圾税、垃圾按量收费和实施政策性补贴等措施,鼓励公民采取低碳的生活方式。

美国为提高可再生能源的竞争力,促进可再生能源的使用,采取减税、生产和投资补贴、电价优惠和绿色电价等激励措施,降低商品成本和价格。如鼓励政府和私营行业合作共同投资混合动力汽车、电动车等新能源技术的研发,政府动用 40 亿美元联邦政府资金支持汽车制造商,并以 7000 美元的抵税额度鼓励消费者购买节能型汽车,推动美国的混合动力汽车的销售和使用。

4.5　榜样示范模式

榜样示范模式主要是通过政府以身作则、率先示范,充分发挥"模范带头"作用,以引导全国公民进行低碳生活。日本政府在这方面做得尤为突出,在各方面尽可能率先使用新能源,如政府部门的建筑物率先安装太阳能设备,公共设施率先使用新能源设备,政府公务车也使用绿色能源车,此外,在城市开发、道路修建和水利兴修等各种工程项目中也率先使用新能源。2005 年 6 月日本政府出台了详细具体的政府机关节能对策,其中提倡的"夏季商务"和"温暖商务"活动引起了社会的强烈反响。日本政府还具体规定每月的第一个周一为无车日,禁止使用公务车,定期对政府办公楼进行全面检查,并针对发现问题提出节能改进措施。各级政府部门均建立节能宣传网,对公民进行节能知识和技术的宣传与普及。另外,在办公用品方面,无论是日本政府部门的各级官员还是普通职员,都使用低碳产品,如他们使用的信纸、信封、名片和手纸等都由"再生纸"制成,为了更好地宣传节能和环保,在他们使用的信封、名片的一角,甚至使用的手纸包装上都印有"用再生纸制成"的字样。日本政府真正做到了低碳行动从我做起,从细微处做起,给日本国民树立了低碳节能的好榜样。

5. 我国公民低碳行为培育模式

在培养公民的低碳行为过程中,我国虽然也有制定法律法规、政策激励等措施,但由于可操作性不强,落实不到位,效果不是很好,存在低碳意识与实践相脱节的问题,所以并没有形成成熟的培育模式。相对而言,我国的低碳行为培育模式是宣传教育培育模式,包括在学校开展低碳教育以及政府、非政府组织、社会等利用电视、广播、网络、报刊杂志等大众媒体和街道社区的海报、标语等进行低碳知识的宣传,其特点是重在理论教育。

在学校低碳教育方面,主要是通过开展低碳教育活动,帮助学生掌握低碳生产和低碳生活的知识与技能,培养学生低碳发展理念、提高低碳意识、促成低碳行为,积极参加低碳社会建设,促进人类可持续发展。目前,我国学校低碳教育主要从两个方面展开。一是通过设置低碳专业、开设有关低碳知识与技能的必修或公共选修课、编写出版低碳类的教材等进行专门的低碳教育,例如,2008 年清华大学设立低碳经济研究院,2009 年四川大学成立低碳技术与经济研究中心,2010 年北京大学开设了能源与资源工程专业,并成立了中国低碳发展研究中心,北京交通大学成立低碳研究与教育中心,同年海南大学与清华大学、中国可再生能源协会等单位合作创建海南省低碳经济政策与产业技术研究院,2011 年南开大学新增了"资源循环科学与工程"专业(丁晓楠,2013),其他很多院校也在环境、资源、经济类专业开设了生命周期评价、清洁生产、产业生态学、循环经济等涉及低碳经济的专业类课程。二是把低碳教育融入其他课程教学中,结合本学科的教学内容,进行有关低碳知识和技能的介绍与普及。例如,在大学生思想政治教育中把低碳教育融入"三观"(世界观、人生观、价值观)教育;化学教学中增加绿色化学的内容,综合利用实验产物、选用绿色试剂、循环使用试剂、推广半微量实验,融入低碳的实验设计;在土壤学教学中讲授有机质部分适时介绍土壤碳汇功能、增施有机肥和秸秆还田的碳汇意义;在植物学教学中,结合本地植物种类及分布特点,向学生介绍不同生物或生态系统的固碳功能;在外语教学中,引入联合国关于气候变化会议和减排温室气体的报告、文件等关于低碳方面的教学资源;在法律基础课程中增加《节约能源法》《可再生能源法》《清洁生产促进法》《循环经济促进法》等(王耀晶 等,2013)。通过多年的学校低碳教育的开展,我国低碳教育获得了较大发展。

6. 国内外低碳行为培育模式比较

随着低碳、低碳生活、低碳经济概念的提出,世界很多国家都越来越重视对公民的低碳教育和低碳行为的培养,日本、美国、英国、德国、加拿大等发达国家起步较早,成效相对显著。我国在低碳教育和低碳行为培养方面结合我国国情也积极采取举措,取得了一定成效。如提出"低碳战略"的发展目标、创建低碳环保专业、设立低碳教育研究中心、开展低碳环保课题研究、举办低碳教育论坛等。比较而言,日本等国已经形成了如上文所述的较为成熟的行为培养模式,培养模式多样,且更具有实践性、可操作性强等特点,培育效果较好,低碳意识已经深入人心,并付诸实践。我国虽然也采取了多种手段以培养公民的低碳意识和低碳行为,但总体而言是以对有关低碳理论的宣传教育为主,其他培育手段为辅,因此,我国的低碳行为培育模式应该是属于理论宣传教育模式,因此,我国的培养模式相对比较单一,实践和可操作性不强,并未真正落地生根,有待进一步加强对公民低碳行为的培养。

7. 我国公民低碳行为培育的建议及对策

从国外已经形成的比较成熟的低碳行为培养模式来看,公民低碳行为的养成是政府、非政府组织(NGO)、社会、学校协同合力的结果。对我国公民低碳行为的培养具有很好的借鉴作用。

7.1 政府:充分发挥主导引领作用

无论是哪种培养模式,都离不开政府在低碳建设中的主导作用。政府主导作用主要包括制定相关的法律法规和激励性政策、加强低碳运行基础设施建设、增加资金投入、促进低碳技术创新以及充分发挥示范带头作用。在我国,政府的主导作用还未充分发挥,有待加强。

7.1.1 制定完善的法律法规,建立低碳消费约束机制

自2003年以来,我国政府为应对气候变化、建设低碳社会先后发布了一系列政策文件,如《节能中长期专项规划》《关于做好建设节能型社会近期重点工作的通知》《关于加快发展循环经济的若干意见》《关于节能工作的决定》《气候变化国家评估报告》《推进低碳经济发展的指导意见》《中国应对气候变化国家方案》《应对气候变化科技专项行动》《中国应对气候变化政策与行动白皮书》等。这些政策在一定程度上为我国低碳经济社会的发展提供了保障,但目前我国尚未制定任何正式的有关低碳发展的相关法规,更没有相关的法律政策来对公民的低碳行为进行明确规范和约束,使我国低碳发展的推行缺乏足够的权威性和强制性,公民在实现低碳生活方面亦无法可依,这在很大程度上制约了低碳社会发展的推进,因此,我国必须尽快加强低碳发展的立法工作,通过立法,使低碳生活正在成为每个公民的责任和义务。

7.1.2 制定激励性政策,形成低碳行为的原动力

法律法规能够对公民起到强制性约束作用,激励性政策可以调动公民的积极性,促使公民从主观上采取低碳行为。近年来我国政府在税收优惠、财政补贴、价格政策、政府采购等方面采取了一些激励政策,如在节能领域开展低息贷款、贴息政策,再如我国从2010年开始实施的"节能产品惠民工程"等。但与日本等其他国家相比,我国的激励政策互相独立,没有能够形成统一协调的制度体系,激励措施规定得不够具体和细化,可操作性不强,而且更多激励政策是针对企业,针对公民个体的较少,导致激励政策缺乏应有的生命力。因此,我国今后一方面应该加强和完善激励政策尤其是空缺严重的公民低碳消费的激励性政策的制定,另一方面还要注重发挥各激励政策之间的协同作用,形成合力,充分激发低碳行为的原动力。

7.1.3 加强基础设施建设,增强低碳消费的可行性

要促进公民能够进行低碳消费和生活,除了需要有法律法规的约束和激励政策的鼓励外,加强低碳运行的基础设施建设是低碳行为养成的基本前提条件。如鼓励公民低碳出行,则必须做好城市和社区的基本规划,做好公共交通和慢性交通系统的整合开发和运营。鼓励并创

造条件使公民能够做到能步行则不骑车,能骑车则不坐公交车,能坐公交车则不开私家车。德国政府非常注重低碳交通发展,鼓励集约化的土地开发模式,强调职居平衡,在城市中心设置无车区域,限制小汽车的过度使用,创新推广自行车租赁、汽车共享等交通模式,并配以公共交通信息平台随时发布交通信息。德国构建了集通勤铁路、轨道交通、快速公交、普通公交的无缝衔接系统,以及一体化信息管理预订平台,为弱势群体和公交通勤者提供较好的补贴和折扣政策,并落实和推广了快速公交及公交专用路权和信号的实施项目。德国通过公交优先和慢行交通设施投入,在公交与慢行交通发展上取了卓有成效的发展,其低碳交通出行比例高达40%(汪鸣泉,2013)。再如美国加州伯克利低碳生态城市,主张社区以步行为尺度,增强邻里感,降低对私人汽车的依赖,鼓励公共交通。通过合理规划与布局,建设平衡的多功能区域,包括低层高密度住宅、办公楼、商店、幼儿园、体育设施及公园,使紧凑的社区内部基本以步行方式为主,人们可步行上班、购物或娱乐。

7.1.4　增加资金投入,推动低碳技术创新

要鼓励公民进行低碳消费,则首先要能为公民提供丰富的价廉物美的低碳产品,则低碳技术创新是关键,政府必定应该是低碳技术创新的推动者。低碳技术创新的研发、试点推广、产业化应用等任何一个阶段都需要大量的资金投入,日本、美国、英国、德国等许多国家为发展低碳经济,投入大量研发资金,促进低碳技术创新,降低商品生产成本。有资料显示,2007年,欧、美、日对低碳技术研发的投资总额为89.1亿美元,日本为39.1亿美元,美国为30.2亿美元,欧洲主要国家为15.8亿美元。2010—2020年,欧盟投入530亿欧元进行低碳技术的研发与应用研究。美国2009年6月颁布的《美国清洁能源与安全法案》,明确到2025年对清洁能源技术和能源效率技术投资1900亿美元。我国自2010年温家宝总理在政府工作报告中提出要大力开发低碳技术以来,虽然取得了一些成绩,但与发达国家相比,还存在较大差距,表现在创新人才不足、创新能力不强、研发投入不高、激励政策不完善、成果推广速度不快。因此,现阶段我国应该以政府为主、社会企业为辅,不断增加资金投入,加大低碳技术创新和低碳产品研发的力度,为消费者提供低碳消费的物质保障(赖流滨 等,2011)。

7.1.5　充分发挥低碳消费示范带头作用

政府是低碳社会建设的发起者、主导者,因此,政府也必然应该是低碳社会建设的示范者,政府机关只有以身作则,从自身做起,从日常管理的每一个细微处去践行低碳理念,才能充分发挥政府的榜样示范和宣传教育作用,增强公众对低碳理念的信服力,引导公民树立低碳意识,自觉养成低碳行为,进行"低碳生活"。

总体而言,目前我国政府在贯彻可持续发展观念、践行低碳管理理念方面积极采取了一系列有效措施,如在办公用房面积使用、公务用车、公务接待、日常会议布置等方面均有一些具体的细则出台,制定了明确的标准和要求,在很大程度上遏制了政府机关的高碳化之风,在树立政府的良好形象和推进低碳型政府建设上取得了诸多成效。但我国政府的日常办公低碳化管理仍然存在不少问题,低碳管理缺少实际性的支持政策、低碳管理制度和激励机制欠缺,低碳产品应用不足,政府机关人员低碳意识薄弱,办公过程中浪费现象普遍存在,行政办公成本居高不下,没有真正实现低碳办公。我国政府机关应该借鉴日本等国外政府低碳管理的丰富经验,出台具体的可操作性强的低碳办公管理细则或法规制度,使低碳管理办公有法可依、有据

可循,努力在办公设备的配备、办公用品的使用、水电的节能管理、办公环境的优化、办公会议的布置、公文的发放传递、公务用车管理、工作宣传等各个方面降低消费、减少碳排放、实现低碳办公,做真正的低碳经济和低碳生活的践行者、示范者,带动公民自觉加入低碳社会建设大军,人人践行低碳生活和消费(黄磊,2017)。

7.2 非政府组织(环保 NGO):发挥补充推动作用

韦斯布鲁的政府失灵理论认为,非政府组织是在政府和市场都不能满足公众的日益增长的需求的情况下应运而生的,政府失灵理论可以用来部分解释环保非政府组织在环境保护尤其是发展低碳经济中的作用,它可以有效弥补"政府失灵"现象。环保非政府组织是以保护环境为目的而结成的团体,既不同于政府的环保部门也不同于以营利为目的的商业组织,他们可以弥补政府和市场的不足,发挥政府和企业所不能发挥的作用,是低碳社会建设不可或缺的重要力量。环保非政府组织在推进低碳社会建设中的作用主要体现在几个方面:推动公民低碳意识的宣传和教育,倡导公民低碳生产和消费模式,协助利益受损者参与环境维权;促进低碳经济发展的国际交流与合作,因为他们的非政府性,使这些组织能更好地穿梭于各国政府之间,加强各国政府之间的联系,为各国低碳经济协作牵线搭桥;参与低碳政策的制定与监督,以提高政府绩效、增加政府透明度、防止政府腐败、限制政府权力、完善政府与公民沟通渠道;加强与政府、企业的低碳合作。

我国目前主流环保 NGO 有不少,如自然之友、中华环保联合会、(中华环保宣传网)香港地球之友、中日友好环境中心、中国环境保护基金会(环境生态网)、阿拉善 SEE 生态协会、地球村、环保中国网(环境在线)、北京天下溪、绿色家园、保护国际、大自然保护协会、中国国际民间组织合作促进会等,这些环保 NGO 有的运转良好,为环境保护做出了积极的贡献,但很多环保 NGO 还没有充分发挥其应有的作用。就环保 NGO 网站建设和宣传方面而言,便可窥一斑而见全豹。有不少环保 NGO 网站存在这样或那样的问题,如内容更新不及时是普遍现象。有的网站上的文章只有少部分和环保密切相关,有的甚至与普通的新闻网毫无差别,发布的均是时事热点,网站形式和内容严重脱节。有的网站表面是做环保宣传,本质上是却是在为一些企业产品做广告,使人难免对它的环保宣传文章产生不认同感。有的网站虽然注重更新内容,但却植入了大量淘宝、少儿不宜、游戏等非常缺乏严肃性的广告。还有很多网站无法打开界面,更是形同虚设。

总体而言,我国环保非政府组织在低碳社会建设中发挥了不可替代的作用,但社会号召力和影响力不容乐观。原因主要有以下几点:一是由于国家对环保非政府组织实行各种税收优惠政策、免税政策或进行公共资金的募集,部分环保非政府组织建立的出发点不是环保,而是打着非营利的幌子,骗取公众信任,从事牟利活动;二是中国环保非政府组织的发展存在明显的地区性差异,主要集中在"北上广"等一线城市,中西部地区极少有环保非政府组织;三是与政府部门、企业相比较,环保非政府组织的社会责任显得较为模糊、不明确。对于环保非政府组织,它在低碳活动中的社会责任并不局限于法律、规则的限制与遵守,它超越了监督控制的技术性社会责任,转而强调环保非政府组织对其关系人承诺的社会责任(郑丽杰 等,2011)。因此,环保非政府组织在低碳社会建设过程中还有很大的提升空间,环保非政府组织应该善于适应现代市场经济社会的发展,不断改进自身存在的问题,为促进我国的低碳发展做出更大的贡献。

7.3 学校教育:充分发挥教育主阵地作用

学校低碳教育不仅仅局限于现阶段学校开展的理论说教,更要注重低碳教育的实践性,通过积极开展低碳校园建设,把未来的社会人培养成具有低碳理念的人。其中注重高校低碳校园建设尤为重要。

7.3.1 高校低碳校园建设的必要性

在节能减排方面,高校是我国公建节能和绿色建筑的重要领域,一方面,无论国内外,高校都是能源消耗大户,日本曾经对东京的能源消费及碳排放量进行统计,在包含众多大型企业在内的能耗及碳排放量排序中,东京大学名列第一。而在美国,研究型高校的校园单位面积能耗比大多数建筑的能耗都要高,尤其是实验室和数据中心的全天候运行消耗了大量的能源。在美国,从总量上看,学校建筑的总能耗仅次于各类办公类建筑的能耗总和。从我国来看,大学生的人均能耗指标明显高于全国居民的人均能耗指标。据初步统计,全国大学生生均能耗、水耗分别是全国居民人均能耗的 4 倍和 2 倍。另一方面,高校在校人数众多,社会影响力强。大学生既是当代经济社会中的重要消费群体,也是未来低碳社会建设的生力军,他们既是未来社会不同层次的决策者和管理者,也是低碳社会建设的执行者,构建低碳校园有利于学生乃至带动社会公民养成低碳环保和可持续发展意识,从而实现减排目标。根据中国教育部公布的2015 年教育统计数据,我国普通高等学校有约 2560 所,校园数量多、人口稠密、校园建筑设施量大面广,能源消耗大,管理水平低,严重制约着低碳校园工作深入持久地开展。积极开展低碳校园建设必将具有重要的战略意义。

7.3.2 高校低碳校园建设现状

低碳校园理论是低碳经济、可持续发展、生态学、教育管理等理论的衍生,具有深厚的理论基础和鲜明的时代特征,既是低碳经济等理论在学校的具体实践,也是学校践行低碳发展理念的具体行动。高校低碳校园建设的基本理念为:以遵循教育教学发展规律和人的成长规律为原则,以降低温室气体排放为目的,推行低碳理念,倡导低碳学习、生活、工作方式,建设园林化、生态化、数字化、人文化的和谐校园,着力提升高校人才培养、科学研究和社会服务质量,促进高等教育科学发展。

近年来,我国各地院校都积极响应国家可持续发展号召,纷纷采取实际行动开展低碳校园建设,如北京大学开展"爱我北大·校园可持续发展系列活动",并依托中国大学生环境教育基地联合首都高校大学生共同发起致力于可持续校园建设,许多学校都发出了建设低碳校园的倡议书,全国有近 300 所高校列入国家节约型校园示范行列。尽管如此,低碳校园建设仍然不尽如人意,很多高校虽然都设定了积极的可持续发展目标,但仅有小部分院校取得了实际进展,能够制定确保长期成效的根本性建设方案的更是少之又少。多数高校停留在实施一些比较容易做到的项目(如照明系统改造)层面,没有将低碳行动从关注实施立即见效的短期项目向长远目标推进。高校在内部资源的配置和使用管理上存在很多欠缺,低碳意识薄弱,浪费现象严重,高能耗建筑遍布。对于多数大学生来说,低碳意识薄弱,低碳仅仅停留在口号上,并没有真正付诸行动,追求便捷奢华的生活完全与低碳消费背道而驰,这既意味着低碳校园建设任重道远,但也显示出校园蕴藏着的巨大的节能潜力。因此,在备受全世界瞩目的实现低碳经济、低碳生活的课题下,建设高校"低碳校园"是必然的选择。

7.3.3 低碳校园建设的路径

(1)成立专门的高校可持续发展管理部门

在美国,许多院校都设有可持续发展部门,但目前在我国绝大多数高校还并没有成立一个专门的可持续发展管理部门来统领学校的绿色低碳的可持续发展事业,低碳建设通常是由高校的后勤、总务等部门来兼管。这种管理必然会导致校园低碳建设规划设计缺乏全局性、监督管理不充分、低碳成效不显著等弊端。如果高校能够成立专门的低碳建设管理部门,由校领导牵头,并且配备专业性强、责任心强的专职人员,形成一支高效的管理团队主管学校可持续发展工作,则既能做好顶层设计,又能推进规划实施,并进行有力的行为监管,就能够把校园低碳建设工作提得更高、做得更实。全国人大常委会委员、原教育部副部长吴启迪就曾提出要建立绿色校园建设一把手负责制的长效管理运行机制,提倡"零排放"。

(2)建立和完善节能管理制度和激励机制

没有规矩不成方圆,没有制度就没有规范。制度带有根本性、全局性、稳定性和长期性,只有建立健全完善的制度保障体系,才能以制度为纲保证校园低碳建设的有效推进,才能促进人们养成低碳意识、规范低碳行为,激励和限制浪费意识和浪费行为,防止高能耗、高浪费的发生。近年来,《高等学校节约型校园建设与管理技术导则》《高等学校校园节能监管平台建设、管理技术导则》《绿色校园评价标准》《近零能耗建筑技术标准》等相继出台,形成了自上而下的推进机制。高校不仅要对标各种指导性建设文件,严格遵照执行国家已有的制度规则,同时也应结合本校实际制定相关管理制度,如建立节能目标责任管理机制、利益挂钩机制等,可以有效制止浪费,防止"公地悲剧"的发生等。也可以针对具体节能项目制定更加细化的相关管理规定,如制定《校园用电制度》《校园用水制度》《校园空调使用规定》《校园照明管理规定》等,为广大师生提供指导明确、操作性强的行为准则,防止让节能低碳成为一句空话。

(3)从宏观到微观做好科学规划与设计

低碳校园建设的规划设计,从宏观上来说,必须做好校园的整体规划,如用地布局、交通规划等都要注重自然资源和基础设施建设的有机结合,既能充分利用原有自然资源,又能满足学校建设的总体需求,使环境建设与功能建设同步,力求实现校园运行的零排放。如中国人民大学东校区总体规划的低碳环保策略之一是校园内水系按照"零净水"理念规划设计,水系所需的水资源完全依赖于雨(雪)水收集和中水处理,利用溪流、池塘和湖水作为功能水体,构建起高效的景观水循环系统。此外,每个建设项目均必须经过充分的专业论证和民主决策之后才能执行,以确保建设项目的科学性与资金运用的合理性,实现低碳建设的目标与要求。

从微观上来看,应以绿色建筑作为切入点。由于建筑是各个国家碳排放的重要来源,建筑行业排放量占社会总排放量的 40% 左右,已被国内外众多研究机构和学者证实(白静,2019)。根据上海高校能耗统计数据,高校建筑能耗占高校总能耗的 83.2%。因此,低碳校园建设必须把降低建筑能耗作为节能工作重点,力求保证任何一个单体建筑或校园基本设施都是低碳设计。在英国,从 2016 年起,所有新建的学校和国内建筑都要求必须是"零碳"(Kershaw et al,2014)。2016 年,昆山杜克大学校园全部建筑经严格评选,获得了美国绿色建筑委员会(USGBC)的绿色建筑认证,成为我国首个通过美国"绿色能源与环境设计先锋奖"(LEED)整体园区项目认证的大学校园。该校园的建筑采用了多项国际领先的节能减排技术,从交通、照明、墙面、热水、机电系统等多方面实现能源高效利用,打造"低碳"校园。如校园建筑采用大面积玻璃幕墙以最大程度利用自然光资源,从而减少照明耗能;安装高效节水装置;楼顶设太阳能集热板提供校内生活热水等。高性能建筑外壳与机电系统相结合,能够将校内建筑的能源消耗降低至低于美国采暖、制冷与空调工程师学会(ASHRAE)节能标准 24% 的水平。当然,建造绿色建筑固然重要,而科学合理的使用同样不容忽视,因为"如果居住者使用不当,世界上最好的绿色建筑可能是最耗能的"。

(4)加大绿色科技设备和设施的开发利用

相对而言,高校投入使用先进的节能设备,这是现阶段高校进行低碳校园建设最具有可行性,也是最有效、最快捷的方式。如可以在公共浴室使用射频卡计费系统,据统计,采用这种方式的学校每年学生洗澡一项节水率达 50% 左右;水龙头一律采用自动节能控制的电子感应开关;在教室、学生寝室、公共区等使用节能灯、感应灯;在洗手间、实验室、宿舍等安装节水系统;对学生寝室等进行智能电表改造,采用插卡式用电,计量收费;尽可能采用太阳能技术,校园热水使用充分利用太阳能加热,可节约更多的用气和用电,争取节约的最大化效应。

(5)营造校园绿色文化

通常人们认为,文化是人类在社会历史发展过程中所创造的物质财富和精神财富的总和,文化的导向功能可以为人们的行动提供方向和指南。绿色文化则有利于引导人们在生活中自觉履行绿色责任,践行绿色低碳的生活与工作方式。积极营造校园绿色文化对于培养大学生绿色意识和绿色行为意义重大。有学者对高校大学生进行过调研,结果不容乐观。很多大学生对绿色文化概念认识模糊,主动性不强,说明这些校园的绿色文化建设薄弱,还未帮助学生培养和树立绿色发展理念,学生亦不能积极主动地参与到绿色校园建设中。营造校园绿色文化氛围,既可通过校园网、广播站、横幅、橱窗、专栏、微信、微博等各种校园媒体进行宣传,也可以借助于文艺、体育、军训、理论探讨、学术报告等各种活动来展开,可以时时处处多途径、广范围地进行。学校在绿色文化育人中,要注重顶层设计,坚持教育为先,把文化融入课程设置、科学研究、管理服务等各个方面,贯穿学生学习、生活的各个环节,让学生在耳濡目染中接受绿色文化的熏陶,增强"绿色未来,人人有责"的认同感、使命感、责任感。让低碳理念真正内化于心,外化于行。

(6)树立节约意识,践行低碳生活

低碳校园建设不能仅仅依靠学校管理者,更有赖于全校师生的共同努力,在学校层面做好规划设计、技术改造、监督管理的前提下,每个师生都应自觉树立节约意识,践行低碳生活。所谓节约无小事,点滴见成效,应倡导师生将低碳理念和意识贯穿在日常学习、工作与生活中,尽量减少碳排放量,每个人从节约一滴水、一度电、一张纸、一粒粮做起。例如,养成节约用电、随手关灯和切断电源的良好习惯;自备水杯餐具,减少一次性纸杯、一次性筷子、快餐盒的使用;走进食堂,拒绝外卖;不浪费食物,不购买过度包装产品;购买物品自带购物袋,少用塑料袋;闲置物品回收利用;节约用水,一水多用;尽量实行无纸化办公或双面打印;分类投放垃圾,循环利用再生资源;绿色出行,尽量少开私家车。如果学校每个人都用实际行动肩负起低碳环保的重任,从自身做起,从小事做起,坚持节俭,则必然会聚沙成塔,集腋成裘,为校园低碳建设做出贡献。

(本报告撰写人:李萍)

作者简介：李萍（1972—），女，汉族，南京信息工程大学气候变化与公共政策研究院副研究员。

本报告受南京信息工程大学气候变化与公共政策研究院开放课题（课题名称：国内外低碳行为培育模式比较研究；课题编号：18QHA007）资助。

参考文献

白静,2019. 中国基础设施隐含碳时空变化特征及驱动因素研究[D]. 兰州:兰州大学.

常杪,田欣,杨亮,2010. 中日碳排放模式比较与日本低碳发展政策借鉴[C]. 经济发展方式转变与自主创新——第十二届中国科学技术协会年会.

丁晓楠,2013. 国内外低碳教育现状比较[J]. 合作经济与科技(9):98-99.

顾明远,1998. 教育大辞典[M]. 上海:上海教育出版社:764.

胡婷,2010. 环保非政府组织在发展低碳经济中的作用研究[D]. 长沙:湖南大学:29-30.

黄磊,2017. 政府机关日常办公低碳管理优化路径研究[D]. 武汉:华中师范大学:18-20.

赖流滨,龙云凤,郭小华,2011. 低碳技术创新的国际经验及启示[J]. 科技管理研究(10):3-4.

邱吉,赵畅,苏泽,2014. 日本低碳价值观推广模式及启示[J]. 城市管理与科技(3):28.

孙彩霞,2012. 低碳消费:日本的经验与启示[J]. 北方经贸(3):20-21.

汪鸣泉,2013. 德国城市低碳交通发展的经验与启示[J]. 综合运输(2):86.

王耀晶,付田霞,刘鸣达,2013. 谈加强大学生的低碳教育[J]. 高等农业教育(9):97.

杨颖,2018. 中美高校创业教育模式比较研究[D]. 武汉:武汉工程大学:27.

郑丽杰,吴晓敬,2011. 加强环保非政府组织在发展低碳经济中的作用[J]. 黑龙江科技信息(10):156.

2018 年中国统计年鉴[R]. http://www.askci.com/news/chanye/20171121/101254112352.shtml.

Kershaw T,Simm S,2014. Thoughts of a design team:Barriers to low carbon school design[J]. Sustainable Cities and Society,11:40-47.

Phang Fatin Aliah,Wong Wai Yoke,Ho Chin Siong,2016. Iskandar Malaysia ecolife challenge:Low-carbon education for teachers and students[J]. Clean Techn Environ Policy,18:2527.

江苏省城乡居民生活用电对气候变化的响应研究:短期反应

摘　要:能源消耗与气候变暖之间存在反馈效应。在全球气候变暖背景下,发展中国家居民对天气冲击的短期反应是否会对电力需求领域产生重大影响仍是一个悬而未决的问题。本文以中国沿海发达省份江苏省 9 市为研究对象,构建城乡居民生活用电对气候变化的响应函数,运用中国气象局(CMA)和国家气象信息中心(NMIC)发布的中国地面气候资料日值数据集(2001—2015 年),利用城市层面面板数据,实证采暖度日数与制冷度日指对城乡居民生活用电的影响。研究结果表明,当前江苏省城乡居民生活用电对制冷度日数的响应十分敏感,但对采暖度日数的响应并不敏感,制冷度日数的增加使居民生活用电和气象用电显著增加。在全球气候变暖的背景下,江苏省持续高速增长的城镇居民可支配收入、稳步增长的农村居民可支配收入和不断提升的城镇化率,将会导致城乡居民因温度调节而产生更多的生活用电需求,这将给电力供应部门带来持久的挑战。此外,供电部门在预测电力需求时,还要充分考虑到年降水无规则、波幅较大的变动,以及不同发展水平城市的常住人口流动情况(流入/流出)。

关键词:气候变化;用电消耗;制冷度日数;采暖度日数;内延式效应

Research on the Climatic Impacts on Household Electricity Consumption in Jiangsu: Intensive Margin

Abstract: There is a feedback effect between energy consumption and climate warming. In the context of global warming, whether the response of residents in developing countries to short run weather shocks (the intensive margin) will have a significant impact on the electricity demand is still an open question. This paper takes 9 cities in Jiangsu, a coastal developed province of China, as the research object and constructs the response function of urban and rural residents' electricity consumption to climate change by using the daily data set of China's surface climate data (2001—2015) issued by China Meteorological Administration (CMA) and National Meteorological Information Center (NMIC). Based on the panel data of urban level, this paper demonstrates the influence of heating degree day and cooling degree day on the living electricity consumption of urban and rural residents. The results show that the response of domestic electricity consumption of urban and rural residents in Jiangsu to the number of cooling degree days is very sensitive, but not to the number of heating degree days. The increase of cooling degree days makes the residential and meteorological electricity consumption significantly increase. Under the background of global warming, the sustainable and high-speed growth of urban residents' disposable income, steady growth of rural residents' disposable income and rising urbanization rate in Jiangsu will lead to more domestic electricity demand for urban and rural residents due to temperature regulation, which will bring persistent challenges to the electricity supply sector. In addition, when estimating electricity demand, it should be considered that the random fluctuations in the annual precipitation, as well as the population movements (inflow/outflow) among cities with different development levels.

Key words: Climate change; Electricity consumption; Cooling degree days; Heating degree days; Intensive margin

1. 引言

能源消耗与气候变化之间存在正反馈效应(Auffhammer et al,2014)(图 1)。社会经济发展过程中化石能源消耗产生了大量的碳排放(Dai et al,2012;Khan et al,2014;Miao,2017;Yao et al,2012;Zhang et al,2017)[①],这种碳排放与气候变化之间的因果关系已得到充分证实(Auffhammer et al,2014),不断积累的温室效应导致全球气候变暖、极端天气事件频发(厄尔尼诺、干旱、洪涝、雷暴、冰雹、风暴、高温天气等)(Nejat et al,2015),因而社会经济发展对气候环境产生负的外部性。大部分气候模型预测,至 21 世纪末,全球平均气温将显著上升(Nakicenovic et al,2000;Auffhammer et al,2014)。然而,作为一种反馈效应,气候变化也会通过影响居民对短期天气冲击的反应(用电消耗)以及对长期天气冲击的适应(空调、风扇、冰箱、电视等电器选择)最终影响能源消耗(Auffhammer et al,2013,2014)。气候变化影响住宅能耗有以下几种方式:在炎热的夏季,降温需求导致居民生活用电增加;而暖冬则会导致居民供暖需求减少。当下悬而未决的问题是,发展中国家居民对天气冲击的短期反应是否会对电力需求领域产生重大影响。

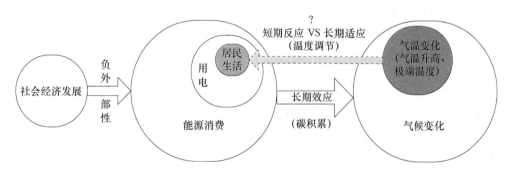

图 1　能源消耗与气候变化的关系

第一,不同气候区域住宅用电对温度的响应有很大差异(Auffhammer et al,2014;Sanquist et al,2012)。已有研究主要基于个体层面、省或州层面、国家层面的面板数据探讨气候

---

① 据国家能源局披露,每完全燃烧 1 吨标煤的商品煤,大约生成 2.64 吨二氧化碳,产生约 200~300 千克灰渣、12~15 千克二氧化硫、50~70 千克粉尘以及 16~20 千克氮氧化物等(http://www.nea.gov.cn/2018-04/08/c_137095671.htm)。

变化对工业化国家(欧洲和美国)居民用电的影响,除了 Asadoorian 等(2008)、罗光华和牛叔文(2012)外,对发展中国家的研究极其少见。然而,作为经济规模列居世界第二、碳排放大国之一(Nejat et al,2015)的中国(发展中国家),长期以来主要针对工业领域的碳排放问题采取各类解决措施(Xu et al,2014)。近年来中国生活能源消耗日益增长,占消费总能的 10% 以上,成为第二大能源消耗部门(国家统计局能源统计司,2017)。2018 年上半年,全社会用电量①同比增长 9.4%,增速比去年同期提高 3.1 个百分点,创 6 年来新高,其中三产、居民生活用电保持两位数增长,合计拉动用电增长 4 个百分点;同期,全国煤炭消耗同比增长3.1% 左右,其中发电用煤大幅增长,已成为煤炭消费增长的主要拉动力量。如果居民面对天气冲击的短期反应是显著增加生活用电需求,其直接后果是加剧了能源稀缺性、影响经济的可持续发展,最终形成"能源消费—气候环境"两个系统之间的恶性循环。因此,通过了解温度调节影响居民能源需求的一般规律,了解能源部门的气候敏感性,有助于预测适应气候变化的成本,有助于为政府部门解决短期内能源有效供给和长期内能源可持续供给的双重现实问题提供理论依据;为其制定可持续的能源规划、能源战略和节能减排战略提供决策依据。

第二,大部分学者利用截面数据(Mansur et al,2008;Sanquist et al,2012;Vaage,2000)或时间序列(Considine,2000;Franco et al,2008;Lam,1998;Papakostas et al,2010)研究居民用电对天气冲击的响应。但 Auffhammer 和 Mansur(2014)指出截面数据和时间序列数据由于存在明显的遗漏变量问题,使其不太可能成为研究电力消耗对天气冲击响应的最优方法。而面板数据是最有效的方法。面板数据允许控制不可观测数据的差异,包括随时间变化的常见冲击,以及不随时间变化的家庭、企业或县(无论观察单位是什么)层面的组内差异。此外,时间固定效应还可以有效控制潜在遗漏变量的偏差。然而,除了 Asadoorian 等(2008)、罗光华和牛叔文(2012),鲜有学者利用面板数据研究气候变化对中国居民用电消耗的影响。此外,已有相关研究聚焦于国家层面、省或州层面、家庭层面的探讨,少有关注城市层面。江苏省作为中国发达地区省份,南北跨度大,社会经济和气候表现出明显的阶梯性分布。目前尚不清楚,在某一省内不同气候区,居民用电消耗对气候变化的响应函数有何异同。

第三,关于气候变化的衡量,除个别学者(Considine,2000)采用制冷度日数指数(Cooling Degree Days,CDD)和采暖度日数(Heating Degree Days,HDD)外,美国与欧洲学者主要采用州或城市的日平均温度,而中国学者由于缺乏气象数据,主要采用省份或城市的年平均温度。很明显平均温度并不能像 HDD 和 CDD 衡量公众对制冷需求和采暖需求的强度,但这两个指标需要根据一年中每天的气象数据测算。本文依托南京信息工程大学优势学科和资源,可以获取 2001—2015 年江苏省 9 个城市逐日的天气数据。

本文以中国沿海发达省份江苏省 9 个城市为研究对象(图 2),借鉴 Auffhammer 和 Aroonruengsawat(2011,2012)、Deschênes 和 Greenstone(2011)的研究,结合中国实际情况,构建江苏省城乡居民对天气冲击的响应函数,运用中国气象局和国家气象信息中心发布的中国地面气候资料日值数据集(2001—2015 年),实证 HDD 与 CDD 对城乡居民用电的影响。选择江苏省的依据如下:①江苏省介于东经 116°18′~121°57′,北纬 30°45′~35°20′,夏季降温能

---

① 全社会用电量＝第一产业用电量＋第二产业用电量＋第三产业用电量＋居民生活电量。

耗和冬季取暖能耗以电能消耗为主；②江苏省人口密度大（749 人/平方千米）、人均 GDP 高（107189 元，约 15906 美元）①，在高收入水平的驱动下，居民对温度适宜性的要求相对较高，对生活能源需求更强烈；江苏省 2017 年全社会用电量 5807.89 亿千瓦时，同比增长 6.39％，占全国总量的 9.2％；城乡居民生活用电 684.32 亿千瓦时，同比增长 10.46％，占全社会总量的 11.16％②。③江苏社会经济发展对电能的刚性需求不断增加，但电能资源十分紧张，是典型的能源输入省份。2017 年通过国家电力安排的送电计划、省级政府协议明确的支援送电计划和电力市场购电等三种渠道，该省区外受电量 923 亿千瓦时，同比增长 30.9％，占全社会用电的 16％，来自山西、湖北、四川、安徽、内蒙古、新疆、陕西、青海等多个省份。④江苏省苏南、苏中和苏北呈南北走向，且经济发展呈现阶梯式向下的格局，城市组间气候和收入水平的异质性有利于更好地评估气候效应的影响。

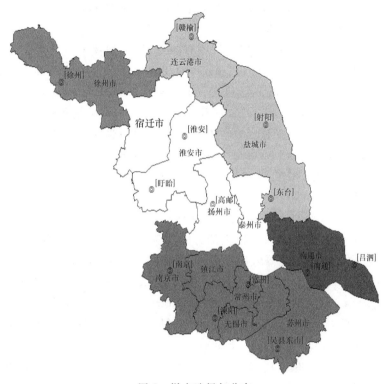

图 2　样本选择与分布

2. 国内外研究现状

2.1　居民生活能耗（包含居民用电）影响因素研究国际动态

20 世纪 70 年代开始，关于居民直接生活能源消费的影响因素，学者做了大量的理论与实

① http://tj.jiangsu.gov.cn/art/2018/2/26/art_4027_7494829.html.
② 江苏省统计局 http://www.jssb.gov.cn/tjxxgk/tjsj/jdsj/2017/。

证研究(Farzana et al,2014;Kadian et al,2007;Suzuki et al,1995;孙涵 等,2015)。

(1)社会发展因素。第一,在人口因素方面,主要分析人口规模、人口结构、家庭规模、年龄、性别、教育程度等因素对生活能源消费的影响(Chen et al,2013;Dalton et al,2008;Frederiks et al,2015;Fu et al,2014;Jones et al,2015;Kavousian et al,2013;Lenzen,1998;McLoughlin et al,2012;Miao,2017;Nejat et al,2015;Zhang et al,2016;Zhang et al,2015;Zhao et al,2012;陆歆弘,2012;孙涵 等,2016),而人口规模的影响至关重要(孙涵 等,2016)。第二,在城镇化方面,研究发现中国空前的城市化消耗了大量的资源(Fan et al,2017;Fernández,2010;Sun et al,2014;Wang,2014;Yang et al,2017;Zhou et al,2012;纪广月,2014),但城镇化的作用因区域的收入和发展水平而异(Al-Mulali et al,2013;Poumanyvong et al,2010;Yang et al,2017;Zhang et al,2012;樊静丽 等,2015)。第三,在技术因素方面,分析能源效率、能源回弹效应等能源消费强度对生活能源消费的影响(Adan et al,2016;Zhang et al,2016;Zhang et al,2015;孙涵 等,2016)。

(2)经济发展因素。分析宏观经济增长、微观家庭收入、居民消费支出及居民社会经济地位等因素对生活能源消费的影响程度(Liang et al,2013;Liu et al,2015;Miao,2017;Nejat et al,2015;Poortinga et al,2004;Sanquist et al,2012;Wang,2006;Yun et al,2011;Zhang et al,2012b;Zhang et al,2013;Zhang et al,2015;Zhao et al,2012;刘满芝和刘贤贤,2016;清华大学建筑节能研究课题组,2011;孙涵 等,2016;王文蝶 等,2014;张伟 等,2012)。而实际消费支出的影响处于支配地位(Druckman et al,2008;Streimikiene et al,2016;Yildirim et al,2012;贺仁飞 等,2012;宋杰鲲,2012;张伟 等,2013)。与已有研究相反,Wiesmann 等(2011)指出收入对居民用电的影响较少,且在控制其他变量的情况下,收入表现出的作用更小。而 Kavousian 等(2013)更是得出用电与收入无显著相关性的结论。

(3)生活方式与行为方式。第一,在生活方式因素方面,分析居民消费结构升级、消费倾向、出行特征改变、电器使用情况等因素对生活能源消费的影响(Cayla et al,2011;Jones et al,2015;Kavousian et al,2013;Liang et al,2013;McLoughlin et al,2012;Parker,2005;Poortinga et al,2003;Sanquist et al,2012;Shui et al,2005;Stern,1992;Valenzuela et al,2014)。第二,在行为方式方面,分析居民个体行为、态度等因素对居民生活能源消费(电力等)的影响(Chen et al,2013;Frederiks et al,2015;Gram-Hanssen,2014;Nyrud et al,2008;Wallis et al,2016;Yun et al,2011;Zhou et al,2016)。此外也有学者关注居民用电信息反馈对居民生活用电的影响(Gans et al,2013;Grønhøj et al,2011;Karjalainen,2011)。

(4)能源价格。国外学者发现能源价格是影响挪威、日本、美国居民能源消费的重要因素(Lopes et al,2005;Nesbakken,1999;Sanquist et al,2012)。中国学者也发现能源价格与居民能源消费呈现显著的负相关(Liu et al,2015;Miao,2017;Wu et al,2004;刘满芝和刘贤贤,2016;赵晓丽和李娜,2011)。但张志柏和 Anker-Nilssen 则认为能源价格对生活能源消费的影响十分有限(Anker-Nilssen,2003;张志柏,2008)。孙涵等(2016)指出能源价格基本是由政府来确定的,市场化程度不高,因此现有的能源价格体系并不能够很好地反映市场供需关系,不能充分反映中国居民的消费水平。

2.2　气候变化对全社会用电量影响研究的国际动态

气象条件对全社会供电量的影响早已引起人们的广泛关注。美国 20 世纪 40 年代就发现气温从 18 ℃开始,每升高 2.8 ℃,电力负荷就变动 2%(章澄昌,1997),而发展中国家 40 年代也在需电量预报中就引入了气象因子项(Rhys,1984)。Pilli-Sihvola 等(2010)考察了逐渐变暖的气候对五个欧洲国家取暖和制冷需求的影响。他们发现在中欧和北欧,由于气候变暖,供暖需求减少占主导地位,因此电力用户和碳市场的成本都将下降。但是在南欧,气候变暖以及随之而来的降温需求的增加,克服了取暖需求的减少,因此成本增加。Yun 和 Steemers(2011)认为气候是制冷能源消费的一个重要的因子。Damm 等(2017)指出在大多数欧洲国家,全球气候每变暖 2 ℃,用电量将会减少。采暖用电量的减少值超过了降温用电量的增加值。相对跌幅最大的国家是挪威,跌幅高达-5.2%,其次是瑞典、爱沙尼亚、芬兰和法国。意大利是唯一一个预计电力需求总体增长的国家。到目前为止,电力需求绝对数量减少最多的国家是法国。但是在大多数国家,降温和供暖的电力需求峰值增加了,因此,在供暖的情况下,气候情况的不确定性很大。然而,影响供暖和制冷消耗用电量的主要驱动因素不是气候,而是能源政策。除此以外,十一项关于环境温度对峰值电力需求影响的研究分析表明,温度每升高 1 ℃,峰值电力负荷会增加 0.45%~4.6%(Santamouris et al,2015);同时,十五项关于环境温度对总耗电量影响的研究分析表明,每升高 1 ℃,实际用电量需求将会增加 0.5%~8.5%(Santamouris et al,2015)。

2.3 气候变化对居民电耗影响研究的国际动态

Auffhammer 等(2013)、Auffhammer 和 Mansur(2014)研究了发表在同行评议的经济学期刊上的实证论文,这些论文关注的是气候如何影响能源支出和消费,这里的气候通常定义为长期平均天气。他们发现大部分的研究都集中在电力消耗方面,特别是在住宅领域。对商业和工业部门以及对其他燃料的研究很少。气候将通过改变居民对短期天气冲击的短期反应(内涵式效应:电力消耗)以及公众的长期适应(广延式效应:空调、风扇、冰箱和电视机这些家电的选择)来影响能源消费。

2.3.1 利用横截面数据展开的研究综述

一些学者用横截面数据研究气候变化对能源消耗的影响。这个方法的一个优点是,学者可以认为每个家庭都处于长期均衡的状态。具有代表性的研究:Vaage(2000)构建了挪威家庭燃料选择(只有电力、木材、石油或者所有燃料)关于气候变暖(高于阈值的历史平均温度)、燃料价格、家庭人口数量、建筑特征等因素的函数。结果发现,处在温暖地区的家庭不太可能选择所有的燃料,并且在燃料的花费上减少了 30%。Mansur 等(2008)发现全球变暖将会导致美国家庭燃料结构发生变换:更多的家庭将会使用电进行取暖。更重要的是,他们发现温暖的夏天会导致电力和石油消耗的增加,然而温暖的冬天会导致家庭天然气消耗的减少。除此以外,Sanquist 等(2012)认为居住地的气候是影响电力消耗的因素之一。然而,Auffhammer 和 Mansur(2014)认为,横截面方法存在缺陷,人们无法从经济上控制企业和家庭之间不可观察到的差异,这些差异可能与气候变量有关。这是经典的省略变量问题。这意味着结果可能是有偏的。人们不能被随机地分配到不同的气候区可能是产生结果有偏的一个原因。

2.3.2 利用时间序列数据展开研究的综述

部分学者利用时间序列数据研究天气变化。Lam(1998)利用香港的时间序列数据发现,相对于降温度日(CDD),年电力需求弹性为 0.22。Considine(2000)估计了每月能源总需求(各类燃料、各行业),结果发现几乎对于所有的部门,相对于采暖度日(HDD)的电力需要弹性都超过了相对降温度日(CDD)的电力需求弹性。更重要的是,由于温度升高而导致减少的加热需求将超过增加的制冷需求。Franco 和 Sanstad(2008)发现平均温度(人口加权的日平均温度)与加利福尼亚独立系统运营商的每小时电力负荷呈非线性关系,而最高温度与峰值电力需求呈线性关系。Papakostas 等(2010)表明,在过去的几十年里,降温度日(CDD)的平均值变化十分明显,雅典(Athens)CDD 平均值从 25% 增加到 69%,而塞萨洛尼基(Thessaloniki)CDD 平均值从 10% 增加到 21%。采用度日指数法评估气候变化对典型住宅供暖和制冷能耗的影响,结果表明,雅典和塞萨洛尼基的供热能耗需求分别减少了 11.5% 和 5%,制冷能耗需求分别增加了 26% 和 10%。然而,Auffhammer 和 Mansur(2014)指出时间序列数据同样无法控制那些随时间变化的未观测到的因素。这些遗漏变量可能会导致估计结果有偏,因此这些文献被认为是最不可能提供有关气象的能源效应的信息。

2.3.3　利用面板数据展开研究的综述

除了利用截面数据和时间序列数据外,还有一些学者利用面板数据展开研究,包括家庭层面面板、州(省)级层面面板和国家级层面面板。

(1)基于个体层面的面板数据。利用 1989 年 4 月—1990 年 3 月的英国居民层面的面板数据,Peirson 和 Henley(1994),Henley 和 Peirson(1997,1998)发现极端温度会增加能源消耗,还发现价格弹性也会随着温度发生变化。Auffhammer 和 Aroonruengsawat(2011,2012)利用家庭层面的面板数据,检验气候变化对加利福尼亚居民用电消耗(家庭用电初始日期与结算日期期间的差值)的影响。待估的弹性函数包括温度、降水、电力价格以及家庭固定效应、月固定效应和年固定效应。此外,他们还分别对每个气候带进行了单独估计。模型结果表明,不同气候带的居民用电对温度的响应存在较大差异;在人口保持不变的情况下,至 21 世纪末,家庭用电总消耗将增加 55%。作者也指出,该研究数据仅适用于加利福尼亚,可能并不代表美国其他地区或其他工业化国家(Auffhammer 和 Mansur,2014)。

(2)基于省或州层面的面板数据。Asadoorian 等(2008)利用州层面面板数据,估计了气候变化对住宅能源消耗的外延式效应(extensive margin),即对空调、风扇、冰箱和电视等电器的选择;以及内涵式效应(intensive margin),即短期内的用电消耗。Deschênes 和 Greenstone(2011)从州级层面,构建美国居民年度用电的函数(日均温度、降水、人口、收入、州固定效应、年固定效应),研究发现了一个 U 型响应函数,即在非常寒冷和炎热的天气里用电量更高。此外,气候预测结果表明,2099 年住宅能源消耗将会提高 11%。

(3)基于国家层面的面板数据。De Cian 等(2007)利用国家级层面的面板数据研究了欧洲国家年度能源消耗,结果发现遗漏变量可能在州或国家内随时间变化而改变。如果没有控制个体固定,即便使用工具变量得出的结果也不能认为是无偏的。Eskeland 和 Mideksa(2010)发现温度对欧洲国家年度用电量的影响非常小。他们还认为电力价格和收入是内生的,并将每千瓦时增值税税率和经济中增值税总额作为工具变量。

2.4　中国居民生活用电对气候变化的响应研究

随着中国社会经济的迅猛发展,气象条件对中国全社会用电量的影响也日益显著(张立祥和陈力强,2000)。已有研究认为,气温、云量、日照时数、光照强度、湿度、风、降水量等气象因子均对供电需求或全社会用电量有一定的影响(付桂琴和李运宗,2008;章澄昌,1997),但在所有气象因子中,全社会耗电对气温变化(尤其是夏季高温)的响应最为敏感(Jovanović et al,2015;严智雄和陈以洁,1994;段海来和千怀遂,2009;李兰 等,2008;王桂新和沈续雷,2015;吴向阳和张海东,2008;张海东 等,2009;张小玲和王迎春,2002)。但上述这些研究主要分析特定城市或省份较短时间尺度全社会电力负荷/用电量与气象条件的关系,如 Kragujevac(the Republic of Serbia)(Jovanović et al,2015),南昌(严智雄 等,1994)、北京(黄朝迎,1999;吴向阳和张海东,2008;张小玲和王迎春,2002)、武汉(李兰 等,2008)、广州(段海来和千怀遂,2009)、南京(张海东 等,2009)、上海(王桂新和沈续雷,2015)、河北省(付桂琴和李运宗,2008)。

居民生活用电对气候差异反映敏感(陈崎和黄朝迎,2000),北方冬季严寒,南方夏季酷热,加热和制冷成为人们调节居室热舒适性的必要举措(Isaac 和 Vuuren,2009)。中国学者关于气候变化与居民用电关系的研究比较少见,已有为数不多的几个研究如下:黄朝迎(1999)、李雪铭等(2003)和刘健等(2005)利用时间序列数据,探讨了居民用电量与气象条件的关系,上述研究主要以居民用电量波动值(构建函数拟合趋势电量,居民实际用电量与趋势用电量的差值即为居民用电量波动,也称居民气象电量)为研究对象,结果表明居民气象用电对夏季高温异常敏感,且这些研究主要集中于某一个地区——北京(黄朝迎,1999)、大连(李雪铭 等,2003)、江苏省(刘健 等,2005)的较短时间尺度气象条件与居民生活能耗关系的分析上。同样利用时序序列数据,Hou 等(2014)指出由于城镇居民住宅供暖和制冷需求,冬季和夏季是上海能源的两个高峰期。而 2011—2050 年的预测结果表明,CDD 将会显著增加,而 HDD 将会显著减少。如果当前的能源消费模式不改变,那么这一结果可能会影响未来的能源需求。而罗光华和牛叔文(2012)以居民实际生活用电作为分析对象,将收入水平和气温变化纳入同一个省际面板数据模型,结果表明收入增长引起的全国各省份生活能耗的变化明显高于因气候变化引起的能耗(人均用电量)变化,人均生活能耗的快速增长大部分源自收入增长后人们改善生活的主观要求,而非被动适应气候变化的客观条件,但该研究采用年度日指数衡量气温变化,未能体现居民面对采暖用电需求和降温用电需求的响应。

总之,关于中国居民对气候变化的短期反应是否对生活能源消费领域产生重大影响这一领域亟须加大理论研究。

3. 模型构建与数据来源

3.1 模型关系构建、变量测度与数据来源

借鉴 Auffhammer 和 Aroonruengsawat(2011,2012)、Deschênes 和 Greenstone(2011)构建的函数,结合中国实际情况,构建江苏省城乡居民用电对气候变化响应的概念性模型,模型关系如下:

城乡居民用电 = f(采暖度日数,制冷度日数,气象控制变量,经济发展控制变量、社会发展控制变量)。

(1)城乡居民用电。该变量表示城镇居民和农村居民的总用电量(亿千瓦时)。数据来源于《江苏统计年鉴》及《南京市统计年鉴》等各城市统计年鉴。江苏省现有 13 个地级市,苏州城乡居民用电可以追溯到 1986 年,无锡、常州、徐州、盐城、连云港、南通 6 个城市分别可以追溯到 1990、1992、1992、1994、1997 和 1998 年,南京和镇江可以追溯到 2000 年和 2001 年,而淮安、泰州、扬州和宿迁 4 个城市最早只能追溯到 2011 年。综合考虑平衡面板数据要求、面板数据的时间维度和截面样本数,选择苏南 5 市(苏州、无锡、常州、南京和镇江)、苏中 1 市(南通)和苏北 3 市(徐州、连云港和盐城)等 9 个城市作为研究对象(图 2)。

(2)采暖度日数和制冷度日数。本文引入采暖度日数(HDD)和制冷度日数(CDD)两个指标衡量气温变化,这两个指标的具体测度如下:

$$\begin{cases} HDD_j = \sum_{i=1}^{n} \mid Temp_{HDD} - T_0 \mid \\ CDD_j = \sum_{i=1}^{m} \mid Temp_{CDD} - T_0 \mid \end{cases} \tag{1}$$

式中,HDD_j 为第 j 年的采暖度日数,CDD_j 为第 j 年的降温度日数,$Temp_{CDD}$ 是某天大于 18 ℃的日平均气温,$Temp_{HDD}$ 是某天小于 18 ℃的日平均气温,$T_0=18$ ℃,n 和 m 分别是一年中日平均气温大于和小于 18 ℃的天数。为了实现这两个指标的测算,本文利用中国气象局和国家气象信息中心发布的中国地面气候资料日值数据集。该数据集包含了中国 753 个基本、基准地面气象观测站及自动站 1951 年以来每日观测的气象数据,包括日平均气压、最高气压、最低气压、平均气温、最高气温、最低气温、平均相对湿度、最小相对湿度、平均风速、最大风速及风向、极大风速及风向、日照时数、降水量等气象数据。本文以江苏省 9 个城市为研究对象,需要选取基本、基准地面气象观测站及自动站 2001—2015 年地面气候资料日值数据集,并且从数据集中获取日平均气温和日降水量。为了使气象数据对各城市有良好的地理覆盖,需要为每个城市分配一个气象站,分配依据如下。第一,如果在某市管辖范围内只有一个气象台站,即将此气象台数据分配给该市。若拥有多个气象台站,遵循就近原则(市政中心与气象站的距离),将最近的气象台站的数据分配给该市。第二,若某市管辖区域内没有气象台站,同样遵循就近原则,将最近的气象台站数据分配给该市。第三,个别气象台站由于变迁导致大量的气象数据缺测,遵循就近原则使用最近的气象台站的数据代替。通过以上程序,基本实现了对江苏省 9 个城市气象数据的地理覆盖(图 2),最终得到各城市 2001—2015 年日平均温度、降水量的完整时间序列数据。

(3)其他变量,包括气象控制变量与社会经济发展控制变量。降水数据与温度数据来源相同,在此不再赘述。城镇居民人均可支配收入和农村居民人均可支配收入相关数据来源于 9 个城市的统计年鉴,由于统计数据均为名义值,故根据各城市环基 CPI 测算定基 CPI,然后再对名义收入做平减,以测算实际可支配收入。城市常住人口,该变量 2000 年数据来源于《江苏统计年鉴》,其他年份来源于各城市统计年鉴。然而,部分城市在个别年份只有年末户籍人口,如连云港(2001—2003 年),常州、南通、徐州、盐城、镇江 5 个城市(2001—2004 年),无锡(2001—2005 年)。户籍人口是指已在其经常居住地的公安户籍管理机关登记了常住户口的人,而常住人口是指全年经常在家或在家居住 6 个月以上,而且经济和生活与本户连成一体的人口,包括流动人口。由于存在人口大规模流动,苏南城市是人口净流入城市,常住人口明显高于户籍人口,而苏北城市恰恰相反。因此,如用年末户籍人口代替部分缺失的常住人口十分不科学。对此本文利用简单平均法进行平滑处理,以补充缺失数据。城镇化率,该变量2000年数据来源于全国第五次普查,其他年份数据来源于《江苏统计年鉴》或地级市统计年鉴。但2000—2015年期间,部分城市在个别年份的城镇化率也有缺失,如常州、徐州、南通、苏州、盐城、无锡6个城市(2001—2005年)、南京和镇江(2001—2004年)。此处,同样利用简单平均法进行平滑处理,以补充缺失数据。经济与社会发展规划,2001—2005年、2006—2000年和2011—2015年分别为第十个、第十一个、第十二个五年规划。

3.2 居民实际用量模型形式设定

本文选取的所有变量中,城镇化率为比值型变量,经济与社会发展规划为虚拟变量,其他变量均为连续性变量,且数值较大,为了缩小变量的标准差,对连续性变量做对数处理。模型形式设定如下:

$$\ln(C_{it}) = \ln \sum_j \theta_j^{HDD} HDD_{itj} + \ln \sum_j \delta_j^{CDD} CDD_{itj} + f(X_{it};\beta) + \alpha_i + \gamma_t + \varepsilon_{it} \tag{2}$$

式中,被解释变量$\ln(C_{it})$表示第t年第i个城市的城乡居民用电的对数;解释变量$\sum_j \theta_j^{HDD} HDD_{itj}$和$\sum_j \delta_j^{CDD} CDD_{itj}$表示第$t$年第$i$个城市的采暖度日数和制冷度日数;控制变量$X_{it}$包括第$t$年第$i$个城市的降水量、年末常住人口、城镇化率、城镇居民人均可支配收入(实际值)、农村居民人均可支配收入(实际值),以及经济与社会发展规划虚拟变量;α_i表示个体固定;γ_t表示时间固定;ε_{it}表示随机扰动项;变量定义如表1所示。

表1　变量定义及说明

变量	表达式	指标说明	单位	中值	标准差	最小值	最大值
被解释变量							
城乡居民用电量	$\ln(C_{it})$	第t年第i个城市的城乡居民用电量的对数	亿千瓦时	3.126	0.689	1.524	4.596
解释变量							
采暖度日数	$\ln HDD_{it}$	第t年第i个城市的采暖度日的对数	摄氏度·日	7.545	0.218	6.998	8.109
制冷度日数	$\ln CDD_{it}$	第t年第i个城市的降温度日的对数	摄氏度·日	6.978	0.165	6.404	7.219
控制变量							
年降水量	$\ln Rain_{it}$	第t年第i个城市的年降水量的对数	毫米	6.958	0.228	6.309	7.508
城镇居民人均可支配收入	$\ln Urban_{it}$	第t年第i个城市的城镇居民人均可支配收入的对数	元	9.655	0.416	8.844	10.47

续表

变量	表达式	指标说明	单位	中值	标准差	最小值	最大值
农村居民人均可支配收入	$\ln Rural_{it}$	第 t 年第 i 个城市的农村居民纯收入的对数	元	8.876	0.506	5.987	9.791
年末常住人口	$\ln PermentP_{it}$	第 t 年第 i 个城市的常住人口的对数	万人	6.409	0.356	5.659	6.968
城镇化率	$UrbanR_{it}$	第 t 年第 i 个城市的城镇化率(城镇人口占常住人口的比重)	%	58.38	12.56	30	81.40
十二五	Dummy12	第十二个五年规划	1＝是,0＝否	0.333	0.473	0	1
十一五	Dummy11	第十一个五年规划	1＝是,0＝否	0.333	0.473	0	1
十五	Dummy10	每十个五年规划	1＝是,0＝否	0.333	0.473	0	1
个体固定	α_i	以徐州为比较项					
时间固定	γ_t						

4. 实证结果与讨论

4.1　特征性事实

在进行正式回归分析之前,先来展示江苏省 9 市城乡居民用电的现状和气候变化的走势,以初步判断两者之间的关系。

(1)城乡居民生活用电。总体上,江苏 9 市城乡居民生活用电呈现快速上涨的走势,2014 年用电量有所下降,2015 年再次呈现上涨走势(图 3)。从城市组间来看,城市间城乡居民用电差异十分明显,苏州遥遥领先,南京、无锡位列第二梯队,南通、徐州、盐城和常州位列第三梯队,连云港和镇江位列第四梯队。

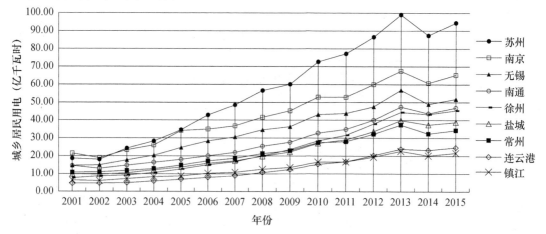

图 3　江苏 9 市城乡居民生活用电量

（2）采暖度日数（HDD）与降温度日数（CDD）。总体上，1986—2015 年的 30 年间，江苏 9 市 HDD 呈现下降走势，1986—2005 年期间呈现小幅波动下降的走势，而 2007—2015 年却呈现出大幅波动下降的走势；同期江苏 9 市 CDD 呈现波动上扬走势（图 4 和图 5）。从城市组间来看，城市间 HDD 与 CDD 的差异十分明显。对于 HDD，苏北、苏中和苏南地区呈现阶梯式向下的格局；而对 CDD，苏北、苏中和苏南地区却呈现阶梯式向上的格局。

（3）城乡居民生活用电与采暖度日数（制冷度日数）的关系初判。根据图 2～图 4 走势，我们可以得出一个初步判断，江苏省 9 市城乡居民生活用电与 HDD 之间呈现负相关，而与 CDD 之间呈现正相关。

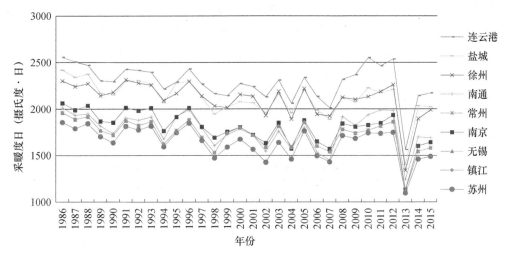

图 4　江苏省 9 市采暖度日数

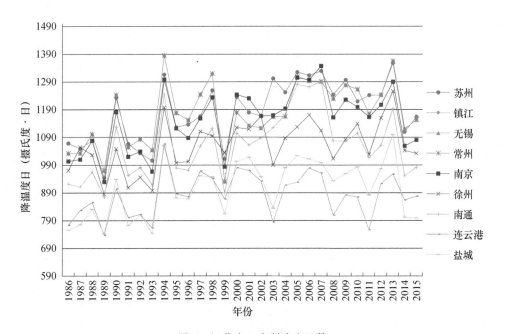

图 5　江苏省 9 市制冷度日数

4.2　长面板数据模型的固定效应估计

本文设定的面板数据是一个长面板（$n=9$，$t=15$）：截面样本为江苏省 9 个城市，时间维度为 2001—2015 年。从数据看，这 9 个城市的城乡居民用电量无论从截面还是增长趋势来看均存在较大差异，故很有可能同时存在个体固定和时间固定效应。作为对比，首先进行 LSDV 法双向固定效应模型（先不考虑自相关），估计结果表明大部分个体虚拟变量显著，且时间变量 t 也显著为正（表 2），即存在双向固定效应。

长面板数据的关注焦点在于设定扰动项相关的具体形式，以提高估计效应，对此需要对组内自相关和组间截面相关进行检验。Wald 检验结果拒绝"不存在一阶组内自相关"的原假设，而 Breusch-Pagan LM 检验结果表明存在组间截面相关。因此，本估计放松随机扰动项为独立同分布的假定，对模型采用同时处理组内自相关和组内同期相关的 FGLS 方法，由于 t 不比 n 大很多，故约束每个个体回归系数相等。作为对比，还将列出允许每个个体自回归系数不同，仅解决组内自相关的估计结果（表 2），结果表明仅解决组内自相关，或允许每个个体自回归系数相同得出的估计结果影响结果的一致性和有效性。同时解决组内自相关和组间同期相关，且允许各组自回归系数不同的估计结果与实现较为贴切。

表 2　江苏 9 市城乡居民用电对气候变化的响应模型的估计结果

变量	LSDV	仅解决组内自相关		同时解决组内自相关和组间同期相关	
		各组自回归系数相同（AR1）	各组自回归系数不同（PSAR1）	各组自回归系数相同（AR1）	各组自回归系数不同（PSAR1）
采暖度日数	0.079 *	0.054	0.048	0.039	0.058
	(0.034)	(0.101)	(0.090)	(0.054)	(0.051)
制冷度日数	0.180 ***	0.164	0.144	0.194 ***	0.188 ***
	(0.039)	(0.134)	(0.120)	(0.045)	(0.052)
年降水量	−0.134 ***	−0.108 **	−0.104 ***	−0.081 ***	−0.064 ***
	(0.016)	(0.042)	(0.035)	(0.012)	(0.015)
城镇居民可支配收入	−0.020	0.054	0.175	0.063	0.162 ***
	(0.141)	(0.122)	(0.108)	(0.045)	(0.053)
农村居民可支配收入	0.042 **	0.030	0.031	0.014 *	0.012
	(0.013)	(0.028)	(0.028)	(0.007)	(0.012)
城镇化率	0.034 ***	0.032 ***	0.031 ***	0.031 ***	0.028 ***
	(0.007)	(0.004)	(0.005)	(0.002)	(0.003)
常住人口	0.682 **	0.640 ***	0.522 ***	0.633 ***	0.427 ***
	(0.223)	(0.155)	(0.167)	(0.045)	(0.102)
十二五	−0.018	−0.021	−0.021	0.002	−0.013
	(0.026)	(0.060)	(0.054)	(0.039)	(0.031)
十五	−0.143 ***	−0.128 **	−0.114 **	−0.170 ***	−0.112 ***
	(0.030)	(0.061)	(0.054)	(0.038)	(0.029)

续表

变量	LSDV	仅解决组内自相关		同时解决组内自相关和组间同期相关	
		各组自回归系数相同(AR1)	各组自回归系数不同(PSAR1)	各组自回归系数相同(AR1)	各组自回归系数不同(PSAR1)
常州	0.064	0.025	−0.071	0.026	−0.100
	(0.154)	(0.097)	(0.099)	(0.045)	(0.069)
连云港	0.025	−0.009	−0.086	−0.018	−0.172 **
	(0.158)	(0.120)	(0.132)	(0.044)	(0.084)
南京	−0.148	−0.147	−0.161	−0.124 *	−0.089
	(0.181)	(0.129)	(0.124)	(0.069)	(0.081)
南通	0.340 ***	0.324 ***	0.301 ***	0.316 ***	0.277 ***
	(0.040)	(0.064)	(0.076)	(0.055)	(0.070)
苏州	0.275 *	0.264 **	0.247 **	0.277 ***	0.303 ***
	(0.121)	(0.109)	(0.106)	(0.055)	(0.066)
无锡	0.068	0.046	−0.011	0.058	0.013
	(0.130)	(0.089)	(0.082)	(0.052)	(0.057)
盐城	0.180 ***	0.168 ***	0.147 ***	0.168 ***	0.127 ***
	(0.036)	(0.039)	(0.052)	(0.025)	(0.042)
镇江	−0.144	−0.187	−0.305 **	−0.190 ***	−0.376 ***
	(0.228)	(0.135)	(0.145)	(0.047)	(0.094)
t	0.047 **	0.044 ***	0.037 ***	0.040 ***	0.044 ***
	(0.015)	(0.016)	(0.014)	(0.008)	(0.007)
常数项	−4.709 *	−4.817 **	−4.894 **	−4.885 ***	−4.515 ***
	(2.054)	(2.201)	(2.014)	(0.921)	(1.086)
观测值	135	135	135	135	135
R^2	0.987	0.979	0.996		

注:*** 和 ** 分别表示在1%和5%水平下显著;()内数值为标准差。

4.3　内生性讨论

已有大量研究指出社会经济发展对气候环境产生负的外部性。在社会经济发展过程中,日益增长的能源消费带来了大量的碳排放(Dai et al,2012;Khan et al,2014;Miao,2017;Yao et al,2012;Zhang et al,2017),长期的碳积累导致全球气候变暖(Nejat et al,2015)。城乡居民生活用电消耗作为能源消费的子集,是否会显著影响气候变暖?若城乡居民生活用电的当期消耗显著影响当期 HDD 或 CDD,则本文选择的解释变量(HDD 与 CDD)与被解释变量互为因果。如是,模型存在严重的内生性问题。对此,我们设计了两套方案加以讨论。

(1)方案 1。将原始模型中的解释变量(当期 HDD、当期 CDD)作为新模型的被解释变量,而将原始模型中的被解释变量(当期城乡居民生活用电)作为新模型的解释变量,考虑到城乡居民生活用电是非严格外生变量(可能受到当期天气的影响),结合原始模型的估计结果,选择社会经济发展因素(城镇居民可支配收入、常住人口、城镇化率)作为工具变量。显然工具变量个数大于内生解释变量个数,属于过度识别情形(Overidentified)。故对面板数据进行 GMM 估计更有效率,估计结果(表3)表明,无论对于 HDD 模型,还是对于 CDD 模型而言,识别不足检验表明所选择的三个工具变量与内生解释变量相关,而过度识别检验表明三个工具变量通过外生性检验。估计结果表明,城乡居民生活用电当期值对当期 HDD 和 CDD 的影响均未通过显著性检验。因此,我们可以初步判断,原始模型中被解释变量与解释变量的互为因果关系并不明显。

表 3　内生性讨论方案 1 的估计结果

变量	HDD 模型	CDD 模型
城乡居民生活用电	-0.050	0.006
	(0.033)	(0.020)
年降水量	$0.152*$	$-0.205***$
	(0.081)	(0.049)
识别不足检验(Under identification test)	$121.922***$	$121.922***$
过度识别检验(Over identification test)	2.344	4.785
观测值	135	135
R-squared	0.036	0.122

注:*** 和 ** 分别表示在 1% 和 5% 水平下显著;()内数值为标准差。

(2)方案 2。进一步,考虑到碳排放的长期积累可能会导致气候变暖,我们将当期 HDD(t 期)和当期 CDD(t 期)作为被解释变量,城乡居民生活用电滞后 1 期作为解释变量,而将城乡居民生活用电滞后 2~5 期、全社会用电量滞后 1~5 期、当期年降水量作为控制变量。如若城乡居民生活用电滞后 1 期显著影响当期 HDD(当期降温度日),而当期城镇居民用电(t 期)又与其滞后 1 期($t-1$ 期)高度相关,那么当期城镇居民用电(t 期)则会影响当期 HDD(当期 CDD);反之亦然。本节长面板数据模型仍采用同时解决组内自相关和组间同期相关的估计方法,估计结果(表4)表明,解释变量城乡居民用电量滞后 1 期的估计系数尚未通过显著性检验,有趣的是全社会用电量滞后 1 期的估计系数也未通过显著性检验。但其他控制变量,如城乡居民用电量滞后 2 期、3 期、5 期,全社会用电量滞后 2 期、3 期、4 期、5 期,纬度、年降水量均通过显著性检验。该结果再次证明,原始模型中被解释变量与解释变量的互为因果关系并不明显。

表 4　内生性讨论方案 2:估计结果[a]

变量	采暖度日			降温度日		
	LSDV	各组自回归系数不同(CORAR1)	各组自回归系数不同(PSAR1)	LSDV	各组自回归系数不同(CORAR1)	各组自回归系数不同(PSAR1)
城乡居民用电量 L.1	-0.035	0.034	-0.150	-0.181	-0.089	-0.009
	(0.324)	(0.086)	(0.111)	(0.255)	(0.073)	(0.072)
城乡居民用电量 L.2	0.270	$0.388***$	0.178	$0.975***$	$0.658***$	$0.701***$
	(0.469)	(0.102)	(0.125)	(0.208)	(0.073)	(0.071)
城乡居民用电量 L.3	$-1.515**$	$-1.141***$	$-1.095***$	0.084	-0.043	$-0.145*$
	(0.454)	(0.073)	(0.119)	(0.269)	(0.079)	(0.076)

变量	采暖度日			降温度日		
	LSDV	各组自回归系数不同(CORAR1)	各组自回归系数不同(PSAR1)	LSDV	各组自回归系数不同(CORAR1)	各组自回归系数不同(PSAR1)
城乡居民用电量 L.4	0.106	−0.009	−0.058	−0.082	0.004	0.016
	(0.606)	(0.063)	(0.096)	(0.294)	(0.022)	(0.025)
城乡居民用电量 L.5	0.586 *	0.337 ***	0.413 ***	−0.384	−0.180 ***	−0.157 ***
	(0.257)	(0.049)	(0.090)	(0.215)	(0.025)	(0.029)
全社会用电量 L.1	0.060	0.090	−0.030	−0.084	0.068	0.002
	(0.444)	(0.061)	(0.092)	(0.396)	(0.043)	(0.039)
全社会用电量 L.2	−0.689	−0.557 ***	−0.415 **	0.287	0.231 ***	0.222 ***
	(0.856)	(0.109)	(0.178)	(0.840)	(0.028)	(0.037)
全社会用电量 L.3	0.809	0.608 ***	0.780 ***	−0.556	−0.490 ***	−0.429 ***
	(0.507)	(0.118)	(0.118)	(0.586)	(0.048)	(0.057)
全社会用电量 L.4	1.381 **	1.150 ***	1.173 ***	−0.667	−0.799 ***	−0.833 ***
	(0.472)	(0.095)	(0.106)	(0.372)	(0.043)	(0.049)
全社会用电量 L.5	−0.368	−0.535 ***	−0.402 ***	0.667 **	0.671 ***	0.672 ***
	(0.328)	(0.075)	(0.101)	(0.233)	(0.033)	(0.034)
纬度	0.556 ***	0.113 ***	0.147 ***	−0.144 **	−0.158 ***	−0.165 ***
	(0.128)	(0.026)	(0.021)	(0.049)	(0.014)	(0.012)
年降水量	0.336 ***	0.275 ***	0.271 ***	−0.366 ***	−0.326 ***	−0.332 ***
	(0.076)	(0.020)	(0.024)	(0.032)	(0.010)	(0.009)
常州	0.650 **	−0.225 ***	−0.251 ***	0.053	−0.019	−0.023
	(0.252)	(0.063)	(0.058)	(0.092)	(0.024)	(0.024)
连云港	0.809 ***	0.623 ***	0.797 ***	−0.232 **	−0.242 ***	−0.255 ***
	(0.189)	(0.125)	(0.117)	(0.089)	(0.035)	(0.037)
南京	0.639 ***	−0.139	−0.063	−0.176 *	−0.203 ***	−0.230 ***
	(0.140)	(0.103)	(0.094)	(0.079)	(0.061)	(0.054)
南通	0.980 ***	0.040	0.146 ***	−0.191	−0.247 ***	−0.270 ***
	(0.214)	(0.063)	(0.053)	(0.106)	(0.043)	(0.037)
苏州		−0.737 ***	−0.847 ***		−0.036	−0.037
		(0.182)	(0.163)		(0.062)	(0.065)
无锡	0.364 **	−0.479 ***	−0.568 ***	0.017	−0.037	−0.040
	(0.140)	(0.130)	(0.118)	(0.052)	(0.047)	(0.048)
盐城	0.970 ***	0.410 ***	0.595 ***	−0.317 **	−0.347 ***	−0.369 ***
	(0.175)	(0.071)	(0.056)	(0.096)	(0.032)	(0.025)
镇江	0.875 **			0.069		
	(0.378)			(0.134)		

变量	采暖度日			降温度日		
	LSDV	各组自回归系数不同(CORAR1)	各组自回归系数不同(PSAR1)	LSDV	各组自回归系数不同(CORAR1)	各组自回归系数不同(PSAR1)
t	−0.128 **	−0.100 ***	−0.103 ***	0.002	0.014 *	0.012
	(0.041)	(0.011)	(0.010)	(0.013)	(0.008)	(0.007)
常数项	−16.368 **	0.332	−1.494 **	14.758 ***	14.891 ***	15.287 ***
	(5.321)	(0.988)	(0.746)	(2.101)	(0.556)	(0.444)
观察值	90	90	90	90	90	90
R^2	0.653			0.681		

注：*** 和 ** 分别表示在 1% 和 5% 水平下显著；()内数值为标准差；a 同时解决组内自相关和组间同期相关。

4.4　实证分析与讨论

(1)采暖度日数(HDD)与制冷度日数(CDD)对城乡居民用电的影响。CDD 的估计系数(0.188***)显著为正,表明 CDD 每增加 1%,江苏省城乡居民用电量增加 0.188%;但 HDD 未通过显著性检验。该结果实证了 Yun 和 Steemers(2011)的结果,他们认为气候是制冷能源消耗的一个重要的因子。但这一结果与欧洲相关研究有些差异,Pilli-Sihvola 等(2010)和 Damm 等(2017)研究指出,伴随着气候变暖,制冷电力需求显著增加,而采暖电力需求显著减少。总之,在过去较长一段时间里乃至当前,江苏省城乡居民生活用电对制冷度日数的响应十分敏感,但对采暖度日数的响应并不敏感。然而,在生活水平提升的驱动下,面对短期天气冲击,人们对温度适应性(need for heating and cooling)会有更高的要求(Pilli-Sihvola et al,2010)。虽然,当前我们尚不知晓随着江苏省居民生活水平的大幅提升,人们在冬季对温度的调节是否会增加电力消耗,但是在全球气候变暖的背景下,大部分模型预测表明到 21 世纪末期,全球温度会持续升高(Nakicenovic et al,2000;Auffhammer et al,2014),因此单就未来江苏省城乡居民因夏季温度调节而导致的用电需求持续攀升,也无疑会给电力供应部门带来持久的挑战。

(2)气象控制变量。年降水量的估计系数(−0.064***)显著为负,表明年降水量每增加 1%,城乡居民用电减少 0.064%;反之亦然。2001—2015 年,江苏省 9 市的年降水量的波动幅度较大,且规律性不强。这种无规则、波幅较大的变动无疑增加了供电部门电力需求预测的难度。

(3)经济因素控制变量。城镇居民可支配收入的估计系数(0.162***)显著为正,表明江苏省 9 市城镇居民可支配收入每增长 1%,城乡居民用电增加 0.162%;但农村居民可支配收入未通过显著性检验。已有研究也指出收入是影响居民用电消费的重要因素(Liang et al,2013;Liu et al,2015;Miao,2017;Nejat et al,2015;Poortinga et al,2004;Sanquist et al,2012;Wang,2006;Yun et al,2011;Zhang et al,2012a;Zhang et al,2013;Zhang et al,2015;Zhao et al,2012;刘满芝和刘贤贤,2016;清华大学建筑节能研究课题组,2011;孙涵 等,2016;王文蝶 等,2014;张伟 等,2012),但尚未区别城镇居民与农村居民收入。对于江苏省而言,当前城镇居民可支配收入增长是影响城乡居民生活用电增长的主要因素。2001—2015 年期间,江苏省各城市城镇居民可支配收入持续增长,且保持高速增长的态势;同期农村居民可支配收入也呈现持续增长,虽然增长速率低于城镇居民,但 2015 年各市农村居民可支配收入几乎达到了 10 年前(2005 年)城镇居民可支配收入的水平。由此可见,持续高速增长的城镇居民可支配收入和稳步增长的农村居民可支配收入,会使居民对温度适应性有更高的要求(Pilli-Sihvola et al,2010),这会导致居民用电需求持续攀升,无疑会给电力供应部门带来持久的挑战。

(4)社会因素控制变量。城镇化率的估计系数(0.028***)显著为正,表明城镇化率每提高 1%,城乡居民用电增加 0.028%。已有研究也得出类似的结论(Fan et al,2017;Fernández,2010;Sun et al,2014;Wang,2014;Yang et al,2017;Zhou et al,2012;纪广月,2014)。江苏省苏南地区城镇化水平高(70%~80%),近年来以低速增长;苏中地区或苏北地区城镇化水平(60%左右)低于苏南地区,但高于全国平均水平,且每年仍以 1 个百分点的速率增长。由此可见,不断提升的城镇化率势必会给电力供应部门带来持久的挑战。常住人口的估计系数(0.427***)也显著为正,表明城市常住人口每增长 1%,城乡居民用电增加 0.427%。这一结果与已有研究较为相似(Chen et al,2013;Dalton et al,2008;Frederiks et al,2015;Fu et al,2014;Jones et al,2015;Kavousian et al,2013;Lenzen,1998;McLoughlin et al,2012;Miao,2017;Nejat et al,2015;Zhang et al,2016;Zhang et al,2015;Zhao et al,2012;陆歆弘,2012;孙涵 等,2016)。苏南城市呈现出人口净流入的迹象,苏中城市常住人口基本持平,而苏北城市呈现出人口净流出的迹象,由此可见,省供电系统在做各城市电力需求预测时,要充分考虑到各城市常住人口的动态走势。

此外,"十五"的估计系数(-0.112***)显著为负,但"十二五"的估计系数(-0.013)未通过显著性检验。与徐州相比,连云港和镇江的城乡居民用电量明显较低,南通、苏州、盐城的城乡居民用电量明显较高,而南京、常州和无锡并没有表现出显著差异。

4.5 稳健性讨论

4.5.1 在既定模型和样本下,更换解释变量

在模型既定下,参考罗光华和牛叔文(2012)的研究,采用年平均温度衡量气候变化,即将原解释变量(HDD 与 CDD)替换为年平均温度,而被解释变量与其他控制变量保持不变。我们得到的估计结果与罗光华和牛叔文(2012)的研究一致,年平均温度的估计系数未通过显著性检验(表 5)。尽管我们的研究尺度有些差异(城市层面面板数据对比省级层面面板数据),但这并不会影响估计结果的一致性和有效性。相比而言,我们的初始模型(采用 HDD 和 CDD 衡量气候变化)得出的估计结果表明虽然居民用电对 HDD 并不敏感,但对 CDD 十分敏感。由此可见,相比年平均温度,采用 HDD 和 CDD 衡量气候变化,有助于从采暖需求和制冷需求等层面,深入研究居民用电对短期天气冲击的响应。

表 5　稳健性讨论 1:自变量变换

变量	LSDV	仅解决组内自相关		同时解决组内自相关和组间同期相关	
		各组自回归系数相同(AR1)	各组自回归系数不同(PSAR1)	各组自回归系数相同(AR1)	各组自回归系数不同(PSAR1)
年平均温度	-0.176	-0.185	-0.247	0.038	-0.033
	(0.227)	(0.345)	(0.299)	(0.105)	(0.118)

续表

变量	LSDV	仅解决组内自相关		同时解决组内自相关和组间同期相关	
		各组自回归系数相同（AR1）	各组自回归系数不同（PSAR1）	各组自回归系数相同（AR1）	各组自回归系数不同（PSAR1）
年降水	−0.158 ***	−0.132 ***	−0.123 ***	−0.104 ***	−0.082 ***
	(0.020)	(0.040)	(0.032)	(0.012)	(0.016)
城镇居民可支配收入	−0.009	0.060	0.195 *	0.078	0.195 ***
	(0.147)	(0.125)	(0.110)	(0.048)	(0.057)
农村居民可支配收入	0.042 **	0.034	0.033	0.018 *	0.013
	(0.015)	(0.028)	(0.028)	(0.010)	(0.013)
城镇化率	0.035 ***	0.034 ***	0.033 ***	0.032 ***	0.028 ***
	(0.007)	(0.005)	(0.005)	(0.002)	(0.003)
常住人口	0.754 ***	0.727 ***	0.638 ***	0.667 ***	0.471 ***
	(0.196)	(0.170)	(0.175)	(0.053)	(0.102)
十二五	−0.030	−0.035	−0.031	0.006	−0.027
	(0.031)	(0.056)	(0.050)	(0.044)	(0.032)
十五	−0.138 ***	−0.113 *	−0.103 **	−0.134 ***	−0.065 *
	(0.029)	(0.058)	(0.052)	(0.044)	(0.033)
常州	0.116	0.086	0.009	0.049	−0.062
	(0.142)	(0.105)	(0.105)	(0.047)	(0.070)
连云港	0.047	0.027	−0.029	−0.021	−0.174 **
	(0.144)	(0.132)	(0.140)	(0.049)	(0.086)
南京	−0.161	−0.165	−0.176	−0.135 *	−0.074
	(0.202)	(0.145)	(0.132)	(0.074)	(0.087)
南通	0.357 ***	0.346 ***	0.329 ***	0.320 ***	0.281 ***
	(0.033)	(0.067)	(0.082)	(0.057)	(0.075)
苏州	0.273 *	0.259 **	0.243 **	0.270 ***	0.310 ***
	(0.136)	(0.127)	(0.115)	(0.058)	(0.071)
无锡	0.091	0.069	0.024	0.063	0.038
	(0.140)	(0.102)	(0.089)	(0.054)	(0.062)
盐城	0.167 ***	0.159 ***	0.144 ***	0.150 ***	0.108 **
	(0.034)	(0.040)	(0.055)	(0.027)	(0.046)
镇江	−0.066	−0.095	−0.183	−0.150 ***	−0.318 ***
	(0.203)	(0.146)	(0.152)	(0.053)	(0.094)
时间固定	0.044 **	0.042 **	0.032 **	0.039 ***	0.045 ***
	(0.016)	(0.016)	(0.014)	(0.009)	(0.008)
常数项	−2.853	−3.361 *	−3.773 **	−3.655 ***	−3.176 ***
	(2.057)	(1.982)	(1.753)	(0.673)	(0.852)

续表

变量	LSDV	仅解决组内自相关		同时解决组内自相关和组间同期相关	
		各组自回归系数相同（AR1）	各组自回归系数不同（PSAR1）	各组自回归系数相同（AR1）	各组自回归系数不同（PSAR1）
观测值	135	135	135	135	135
R^2	0.987	0.979	0.996		
城市数		9	9	9	9

注：*** 和 ** 分别表示在 1% 和 5% 水平下显著；()内数值为标准差。

4.5.2　在既定模型和变量下，更换样本

在既定模型下，将徐州样本删除。徐州市是江苏省唯一一个实施供暖的城市。该城市自2010年开始开展集中供暖试点，但由于资金、民众选择、老旧小区设施陈旧等诸多因素，截至2017年也尚未实现全面集中供暖。因此，很难仅仅通过设定虚拟变量的形式衡量江苏9市是否实施全覆盖集中供暖。为了检验当前徐州市局部小区集中供暖是否会影响估计结果的稳健性，本节将徐州市样本删除，保留江苏省其他8个城市样本。估计结果（表6）表明，徐州剔除前后，所有变量的显著性均保持不变，且估计系数变化较小，小数点后第一位几乎没有发生变化。因此，我们判断当前是否考虑徐州局域性供暖问题并不影响本文研究结论的稳健性。

表6　稳健性讨论2：将徐州样本剔除

变量	LSDV	仅解决组内自相关		同时解决组内自相关和组间同期相关	
		各组自回归系数相同（AR1）	各组自回归系数不同（PSAR1）	各组自回归系数相同（AR1）	各组自回归系数不同（PSAR1）
采暖度日	0.078	0.061	0.060	−0.005	0.047
	(0.053)	(0.101)	(0.095)	(0.064)	(0.066)
降温度日	0.168 **	0.169	0.159	0.152 ***	0.168 ***
	(0.067)	(0.139)	(0.134)	(0.055)	(0.063)
年降水	−0.130	−0.107 **	−0.106	−0.088 ***	−0.075 ***
	(0.017)	(0.042)	(0.039)	(0.016)	(0.017)
城镇居民可支配收入	0.169	0.193	0.208 *	0.184 ***	0.186 ***
	(0.199)	(0.120)	(0.111)	(0.049)	(0.052)
农村居民可支配收入	0.050 **	0.034	0.024	0.031 **	0.015
	(0.016)	(0.033)	(0.028)	(0.013)	(0.012)
城镇化率	0.032 ***	0.030 ***	0.027 ***	0.029 ***	0.023 ***
	(0.008)	(0.005)	(0.005)	(0.003)	(0.003)
常住人口	0.761 **	0.725 ***	0.607 ***	0.660 ***	0.442 ***
	(0.249)	(0.157)	(0.174)	(0.074)	(0.107)
十二五	−0.015	−0.021	−0.022	−0.017	−0.041
	(0.029)	(0.061)	(0.057)	(0.037)	(0.041)

变量	LSDV	仅解决组内自相关		同时解决组内自相关和组间同期相关	
		各组自回归系数相同（AR1）	各组自回归系数不同（PSAR1）	各组自回归系数相同（AR1）	各组自回归系数不同（PSAR1）
十五	−0.123 ***	−0.114 *	−0.105 *	−0.143 ***	−0.092 **
	(0.034)	(0.061)	(0.058)	(0.035)	(0.039)
常州	0.146	0.159 **	0.205 ***	0.186 ***	0.277 ***
	(0.106)	(0.069)	(0.074)	(0.035)	(0.046)
连云港	0.144	0.135 *	0.132 *	0.149 ***	0.126 ***
	(0.123)	(0.074)	(0.072)	(0.045)	(0.047)
南京	−0.081	−0.024	0.123	0.063	0.352 **
	(0.298)	(0.210)	(0.231)	(0.106)	(0.144)
南通	0.398 *	0.415 ***	0.492 ***	0.456 ***	0.594 ***
	(0.208)	(0.112)	(0.121)	(0.058)	(0.075)
苏州	0.294	0.337 *	0.478 **	0.416 ***	0.690 ***
	(0.302)	(0.200)	(0.219)	(0.098)	(0.134)
无锡	0.127	0.160	0.260 *	0.218 ***	0.413 ***
	(0.206)	(0.142)	(0.154)	(0.070)	(0.095)
盐城	0.247	0.263 **	0.331 ***	0.312 ***	0.428 ***
	(0.215)	(0.113)	(0.121)	(0.055)	(0.070)
时间固定	0.031	0.032 **	0.036 **	0.030 ***	0.047 ***
	(0.021)	(0.016)	(0.015)	(0.008)	(0.009)
常数项	−6.874 **	−6.719 ***	−5.901 ***	−5.637 ***	−4.670 ***
	(2.025)	(2.195)	(2.055)	(1.075)	(1.166)
观测值	120	120	120	120	120
R^2	0.989	0.981	0.995		
城市数		8	8	8	8

注：*** 和 ** 分别表示在 1% 和 5% 水平下显著；()内数值为标准差。

4.5.3 在既定样本下，更换模型：构建气象电量模型

(1)模型构建

正如本文文献综述所述，影响居民实际生活能耗的因素很多，其中最主要的是社会经济发展的影响，它代表了用电需求的主要变化趋势，而气象条件可能使这种主要的变化趋势产生波动（Isaac et al，2009；黄朝迎，1999；李雪铭 等，2003；刘健 等，2005；张海东 等，2009）。对居民而言，住房能源消耗的大部分用在了夏季的降温和冬季的取暖。较短时间尺度的气温波动和较长时间尺度的气温变化的影响都可能对居民实际用电量波动产生影响。

本文借鉴已有研究（Isaac et al，2009；黄朝迎，1999；李雪铭 等，2003；刘健 等，2005；张海

东 等,2009),首先利用正交多项式法,将城市居民逐年实际生活用电(E)分解为时间趋势项(E_T)、气象用电(E_C,即实际用电量波动量)和随机量(W):

$$E = E_T + E_C + W \tag{3}$$

式中:E_T是假设在气象等因子正常的情况下,由于社会经济发展、人民生活水平提高而逐年变化的用电量,通常表现为时间的函数:

$$E_T = f(t;\gamma) \tag{4}$$

E_C是指由于气象因子的波动而变化的用电量,假定该波动是引起居民实际用电量年际波动的主要构成。随机量是指由其他随机因素变动影响的那部分用电量,这一部分用电量所占比例一般较少,而又不易分离,通常忽略(段海来和千怀遂,2009;黄朝迎,1999;李雪铭 等,2003;刘健 等,2005;张立祥和陈力强,2000)。故上式可简化为:

$$E_C = E - E_T \tag{5}$$

因此,E_C是气候变化的函数:

$$E_C = f(T_t, P_t; \alpha, \lambda) \tag{6}$$

(2)模型估计

本节首先利用江苏省 9 市 2001—2017 年城乡居民用电数据,构建各城市城乡居民用电的趋势模型。关于时间趋势项与时间 t 的函数形式尚未达成一致共识。黄朝迎(1999)构建时间趋势项 E_T 与时间 t 的线性函数、指数函数和幂函数,认为指数函数的估计效果最佳。张立祥等(2000)和刘健等(2005)构建时间趋势项 E_T 与时间 t 的线性函数。段海来(2009)构建时间趋势项与时间的分级多项式函数。段海来和千怀遂(2009)指出,趋势项在时间序列上的变化应该是一个比较平衡的过程。本文构建时间趋势项与时间的二次函数,估计结果显示二次函数的拟合优度几乎可以达到 98%。根据式(7)~(15)测算出各城市每年城乡居民气象用电:

$$E_{T无锡} = 2.3889 + 0.26072 \times t + 0.07141 \times t^2, R^2 = 98.6\% \tag{7}$$

$$E_{T苏州} = 6.1535 - 1.7048 \times t + 0.16503 \times t^2, R^2 = 98.7\% \tag{8}$$

$$E_{T常州} = 3.5256 + 0.11051 \times t + 0.05557 \times t^2, R^2 = 98.4\% \tag{9}$$

$$E_{T徐州} = 6.4504 - 1.1013 \times t + 0.11836 \times t^2, R^2 = 98.8\% \tag{10}$$

$$E_{T盐城} = 8.496 - 0.71044 \times t + 0.10201 \times t^2, R^2 = 98.4\% \tag{11}$$

$$E_{T连云港} = 4.0673 - 0.38269 \times t + 0.0816 \times t^2, R^2 = 98.7\% \tag{12}$$

$$E_{T南通} = 13.542 - 0.49157 \times t + 0.14231 \times t^2, R^2 = 98.4\% \tag{13}$$

$$E_{T南京} = 12.734 + 2.8311 \times t + 0.0487 \times t^2, R^2 = 98\% \tag{14}$$

$$E_{T镇江} = 5.0618 + 0.64501 \times t + 0.04 \times t^2, R^2 = 97.8\% \tag{15}$$

本节设定的面板数据仍是一个长面板($n=9, t=15$):截面样本为江苏省 9 个城市,时间维度为 2001—2015 年。本节将围绕允许"各组自回归系数不同"的估计结果展开讨论,具体原因不再赘述。估计结果(表 7)表明,CDD 和年降水量是影响居民用电波动的主要因素,CDD 的增加会显著增加气象用电,而降水量的增加则产生抑制作用,但 HDD 对气象用电的影响未通过显著性检验。

表 7　稳健性讨论 3:气象用电模型的估计结果

变量	LSDV	仅解决组内自相关		同时解决组内自相关和组间同期相关	
		各组自回归系数相同(AR1)	各组自回归系数不同(PSAR1)	各组自回归系数相同(AR1)	各组自回归系数不同(PSAR1)
采暖度日数	2.910 *	2.810	2.023	1.152	0.658
	(1.360)	(3.421)	(3.251)	(1.154)	(1.245)
降温度日数	8.093 ***	7.979	7.757	3.678 ***	3.709 ***
	(2.316)	(4.942)	(4.891)	(1.259)	(1.440)
年降水量	−3.822 ***	−3.783 ***	−3.797 ***	−1.597 ***	−1.424 ***
	(0.830)	(1.334)	(1.330)	(0.412)	(0.481)
常州	0.970 ***	0.954	0.808	0.458	0.184
	(0.285)	(0.841)	(0.845)	(0.459)	(0.485)
连云港	2.211 ***	2.193 ***	2.213 ***	1.235 ***	1.223 ***
	(0.398)	(0.830)	(0.814)	(0.321)	(0.331)
南京	0.916 ***	0.900	0.780	0.442	0.192
	(0.259)	(0.867)	(0.808)	(0.596)	(0.512)
南通	1.768 ***	1.743 **	1.597 **	0.885	0.640
	(0.394)	(0.805)	(0.780)	(0.483)	(0.479)
苏州	0.438	0.411	−0.0609	−0.0452	−1.114
	(0.299)	(1.479)	(2.055)	(1.229)	(1.802)
无锡	1.110 ***	1.088	0.900	0.573	0.146
	(0.292)	(0.943)	(1.000)	(0.617)	(0.686)
盐城	1.874 ***	1.854 ***	1.813 ***	0.947 ***	0.927 ***
	(0.390)	(0.705)	(0.667)	(0.322)	(0.292)
镇江	1.038 ***	1.022	0.875	0.598	0.423
	(0.259)	(0.816)	(0.777)	(0.459)	(0.433)
时间固定	0.134 **	0.131	0.103	0.0248	0.0569
	(0.0538)	(0.112)	(0.0984)	(0.0413)	(0.0448)
常数项	−54.29 *	−52.98	−45.06	−24.25	−22.12
	(24.00)	(57.06)	(56.18)	(15.51)	(17.59)
观测值	135	135	135	135	135
R^2	0.207	0.204	0.220		
城市数		9	9	9	9

注:*** 和 ** 分别表示在 1% 和 5% 水平下显著;()内数值为标准差。

5. 结论

本文探讨了中国沿海发达省份江苏省 9 市城乡居民对天气冲击的短期反应。通过构建城乡居民对气候变化的短期响应函数,运用中国气象局和国家气象信息中心发布的中国地面气候资料日值数据集(2001—2015 年),利用城市层面面板数据实证检验采暖度日数与降温度日数对城乡居民用电的影响。

研究结果表明,在过去较长一段时间里乃至当前,江苏省城乡居民生活用电对制冷度日数的响应十分敏感,但对采暖度日数的响应并不敏感,制冷度日数的增加使居民生活用电和气象用电显著增加。在全球气候变暖的背景下,江苏省持续高速增长的城镇居民可支配收入、稳步增长的农村居民可支配收入、不断提升的城镇化率,将会导致城乡居民因温度调节而产生更多的生活用电需求,将给电力供应部门带来持久的挑战。此外,供电部门在预测电力需求时,还要充分考虑到年降水无规则、波幅较大的变动,以及不同发展水平城市的常住人口流动情况(流入/流出)。

本文存在如下不足。一是江苏省共有 13 个地级市,数据缺失的 4 个城市均处于苏北和苏中地区。这些城市的发展水平与苏南城市有明显差异。因此,这些样本的缺失可能会导致高估或低估了城镇居民可支配收入、城镇化率或常住人口的作用。二是本文构建的居民用电响应函数并未考虑到天然气对电力的替代。如 Mansur 等(2008)指出全球变暖将会导致美国家庭燃料结构发生变换,在供暖方面电力与天然气表现出较强的替代关系。虽然,当前江苏省内除徐州外冬季家庭供暖主要采用空调采暖,但近年来在苏州、南京等发达城市极小数家庭开始采用壁挂炉(以天然气为能源)采暖。因此,未来构建城乡居民用电对气候变化的响应函数时,可以尝试将天然气消耗加到响应函数中。

(本报告撰写人:张明杨,朱帮助)

作者简介:张明杨(1988—),男,管理学博士,南京信息工程大学商学院副教授,南京信息工程大学商学院经济系副主任。

本报告受南京信息工程大学气候变化与公共政策研究院开放课题(课题名称:江苏省居民生活能源消费研究:气候效应、节能政策效应、空间交互效应及预测;课题编号:18QHA020/1)资助。

参考文献

陈峪,黄朝迎,2000. 气候变化对能源需求的影响[J]. 地理学报,55(s1):11-19.

段海来,千怀遂,2009. 广州市城市电力消费对气候变化的响应[J]. 应用气象学报,20(1):80-87.

樊静丽,刘健,张贤,2015. 中国城镇化与区域居民生活直接用能研究[J]. 中国人口・资源与环境,25(1):55-60.

付桂琴,李运宗,2008. 气象条件对电力负荷的影响分析[J]. 气象科技,36(6):795-800.

国家统计局能源统计局,2017. 中国能源统计年鉴 2017[M].北京:中国统计出版社:12.

贺仁飞,牛叔文,贾艳琴,等,2012. 人均生活能源消费、收入和碳排放的面板数据分析[J]. 资源科学,34(6):1142-1151.

黄朝迎,1999. 北京地区 1997 年夏季高温及其对供电系统的影响[J]. 气象(1):21-25.

纪广月,2014. 基于面板数据模型的人口城镇化与能源消费关系的实证研究[J]. 数学的实践与认识,44(16):

97-102.

李兰,陈正洪,洪国平,2008. 武汉市周年逐日电力指标对气温的非线性响应[J]. 气象,34(5):26-30.

李雪铭,葛庆龙,周连义,等,2003. 近二十年全球气温变化的居民用电量响应——以大连市为例[J]. 干旱区
　　资源与环境,17(5):54-58.

刘健,陈星,彭恩志,等,2005. 气候变化对江苏省城市系统用电量变化趋势的影响[J]. 长江流域资源与环境,
　　14(5):546-550.

刘满芝,刘贤贤,2016. 中国城镇居民生活能源消费影响因素及其效应分析——基于八区域的静态面板数据
　　模型[J]. 资源科学,38(12):2295-2306.

陆歆弘,2012. 城市居民居住节能行为与意识实证研究[J]. 城市问题(3):19-24.

罗光华,牛叔文,2012. 气候变化、收入增长和能源消耗之间的关联分析-基于面板数据的省际居民生活能源
　　消耗实证研究[J]. 干旱区资源与环境,26(2):20-24.

清华大学建筑节能研究课题组,2011. 社会地位结构与节能行为关系研究[J]. 江苏社会科学(6):47-54.

宋杰鲲,2012. 基于LMDI的山东省能源消费碳排放因素分解[J]. 资源科学,34(1):35-41.

孙涵,申俊,彭丽思,等,2016. 中国省域居民生活能源消费的空间效应研究[J]. 科研管理,37(12):82-91.

孙涵,王洪健,彭丽思,等,2015. 中国城镇居民生活完全能源消费影响因素的实证研究[J]. 中国矿业大学学
　　报(社会科学版)(3):53-59.

王桂新,沈续雷,2015. 气温变化对上海市日电力消费影响关系之考察[J]. 华北电力大学学报:社会科学版
　　(1):35-41.

王文蝶,牛叔文,齐敬辉,等,2014. 中国城镇化进程中生活能源消费与收入的关联及其空间差异分析[J]. 资
　　源科学,36(7):1434-1441.

吴向阳,张海东,2008. 北京市气温对电力负荷影响的计量经济分析[J]. 应用气象学报,19(5):531-538.

严智雄,陈以洁,1994. 气候对南昌市电量需求的影响分析[J]. 气象,20(2):44-46.

张海东,孙照渤,郑艳,等,2009. 温度变化对南京城市电力负荷的影响[J]. 大气科学学报,32(4):536-542.

张立祥,陈力强,2000. 城市供电量与气象条件的关系[J]. 气象,26(7):27-31.

张伟,张金锁,袁显平,2012. 工业化、经济增长与能源消费——基于中国分省面板数据的实证分析[J]. 统计
　　与信息论坛,27(1):60-66.

张伟,张金锁,邹绍辉,等,2013. 基于LMDI的陕西省能源消费碳排放因素分解研究[J]. 干旱区资源与环境,
　　27(9):26-31.

张小玲,王迎春,2002. 北京夏季用电量与气象条件的关系及预报[J]. 气象,28(2):17-21.

张志柏,2008. 中国能源消费因果关系分析[J]. 财贸研究,19(3):15-21.

章澄昌,1997. 产业工程气象学[M]. 北京:气象出版社.

赵晓丽,李娜,2011. 中国居民能源消费结构变化分析[J]. 中国软科学(11):40-51.

Adan H,Fuerst F,2016. Do energy efficiency measures really reduce household energy consumption? A differ-
　　ence-in-difference analysis[J]. Energy Efficiency,9(5):1207-1219.

Al-Mulali U,Fereidouni H G,Lee J Y M,et al,2013. Exploring the relationship between urbanization,energy
　　consumption,and CO$_2$ emission in MENA countries[J]. Renewable & Sustainable Energy Reviews,23(4):
　　107-112.

Anker-Nilssen P,2003. Household energy use and the environment—a conflicting issue[J]. Applied Energy,76
　　(1):189-196.

Asadoorian M O,Eckaus R S,Schlosser C A,2008. Modeling climate feedbacks to electricity demand:The case
　　of China[J]. Energy Economics,30(4):1577-1602.

Auffhammer M,Aroonruengsawat A,2011. Simulating the impacts of climate change,prices and population on

California's residential electricity consumption[J]. Climatic Change,109(1):191-210.

Auffhammer M,Aroonruengsawat A,2012. Erratum to:Simulating the impacts of climate change,prices and population on California's residential electricity consumption[J]. Climatic change,113(3-4):1101-1104.

Auffhammer M,Hsiang S M,Schlenker W,et al,2013. Using weather data and climate model output in economic analyses of climate change[J]. Review of Environmental Economics and Policy,7(2):181-198.

Auffhammer M,Mansur E T,2014. Measuring climatic impacts on energy consumption:A review of the empirical literature[J]. Energy Economics,46:522-530.

Cayla J M,Maizi N,Marchand C,2011. The role of income in energy consumption behaviour:Evidence from French households data[J]. Energy Policy,39(12):7874-7883.

Chen J,Wang X,Steemers K,2013. A statistical analysis of a residential energy consumption survey study in Hangzhou,China[J]. Energy and Buildings,66:193-202.

Considine T J,2000. The impacts of weather variations on energy demand and carbon emissions[J]. Resource and Energy Economics,22(4):295-314.

Dai H,Masui T,Matsuoka Y,et al,2012. The impacts of China's household consumption expenditure patterns on energy demand and carbon emissions towards 2050[J]. Energy Policy,50:736-750.

Dalton M,O'Neill B,Prskawetz A,et al,2008. Population aging and future carbon emissions in the United States[J]. Energy Economics,30(2):642-675.

Damm A,Köberl J,Prettenthaler F,et al,2017. Impacts of +2℃ global warming on electricity demand in Europe[J]. Climate Services,7:12-30.

De Cian E,Lanzi E,Roson R,2007. The impact of temperature change on energy demand:A dynamic panel analysis[R]. Fondazione Enrico Mattei WP 2007-46. Available at:http://www.feem.it/userfiles/attach/Publication/NDL2007/NDL2007-046.pdf.

Deschênes O,Greenstone M,2011. Climate change,mortality,and adaptation:Evidence from annual fluctuations in weather in the US[J]. American Economic Journal:Applied Economics,3(4):152-185.

Druckman A,Jackson T,2008. Household energy consumption in the UK:A highly geographically and socio-economically disaggregated model[J]. Energy Policy,36(8):3177-3192.

Eskeland G S,Mideksa T K,2010. Electricity demand in a changing climate[J]. Mitigation and Adaptation Strategies for Global Change,15(8):877-897.

Fan J,Zhang Y,Wang B,2017. The impact of urbanization on residential energy consumption in China:An aggregated and disaggregated analysis[J]. Renewable and Sustainable Energy Reviews,75:220-233.

Farzana S,Liu M,Baldwin A,et al,2014. Multi-model prediction and simulation of residential building energy in urban areas of Chongqing,South West China[J]. Energy & Buildings,81:161-169.

Fernández J E,2010. Resource consumption of new urban construction in China[J]. Journal of Industrial Ecology,11(2):99-115.

Franco G,Sanstad A H,2008. Climate change and electricity demand in California[J]. Climatic Change,87(1):139-151.

Frederiks E R,Stenner K,Hobman E V,2015. The socio-demographic and psychological predictors of residential energy consumption:A comprehensive review[J]. Energies,8(1):573-609.

Fu C,Wang W,Tang J,2014. Exploring the sensitivity of residential energy consumption in China:Implications from a micro-demographic analysis[J]. Energy Research & Social Science,2:1-11.

Gans W,Alberini A,Longo A,2013. Smart meter devices and the effect of feedback on residential electricity consumption:Evidence from a natural experiment in Northern Ireland[J]. Energy Economics,36:729-743.

Grønhøj A, Thøgersen J, 2011. Feedback on household electricity consumption: Learning and social influence processes[J]. International Journal of Consumer Studies, 35(2): 138-145.

Gram-Hanssen K, 2014. New needs for better understanding of household's energy consumption-behaviour, lifestyle or practices[J]? Architectural Engineering and Design Management, 10(1-2): 91-107.

Henley A, Peirson J, 1997. Non-linearities in electricity demand and temperature: parametric versus non-parametric methods[J]. Oxford Bulletin of Economics and Statistics, 59(1): 149-162.

Henley A, Peirson J, 1998. Residential energy demand and the interaction of price and temperature: British experimental evidence[J]. Energy Economics, 20(2): 157-171.

Hou Y, Mu H, Dong G, et al, 2014. Influences of urban temperature on the electricity consumption of Shanghai [J]. Advances in Climate Change Research, 5(2): 74-80.

Isaac M, Vuuren D P V, 2009. Modeling global residential sector energy demand for heating and air conditioning in the context of climate change[J]. Energy Policy, 37(2): 507-521.

Jones R V, Fuertes A, Lomas K J, 2015. The socio-economic, dwelling and appliance related factors affecting electricity consumption in domestic buildings[J]. Renewable & Sustainable Energy Reviews, 43: 901-917.

Jovanović S, Savić S, Bojić M, et al, 2015. The impact of the mean daily air temperature change on electricity consumption[J]. Energy, 88: 604-609.

Kadian R, Dahiya R P, Garg H P, 2007. Energy-related emissions and mitigation opportunities from the household sector in Delhi[J]. Energy Policy, 35(12): 6195-6211.

Karjalainen S, 2011. Consumer preferences for feedback on household electricity consumption[J]. Energy and Buildings, 43(2-3): 458-467.

Kavousian A, Rajagopal R, Fischer M, 2013. Determinants of residential electricity consumption: Using smart meter data to examine the effect of climate, building characteristics, appliance stock, and occupants' behavior [J]. Energy, 55: 184-194.

Khan M A, Khan M Z, Zaman K, et al, 2014. Global estimates of energy consumption and greenhouse gas emissions[J]. Renewable & Sustainable Energy Reviews, 29: 336-344.

Lam J C, 1998. Climatic and economic influences on residential electricity consumption[J]. Energy Conversion and Management, 39(7): 623-629.

Lenzen M, 1998. Primary energy and greenhouse gases embodied in Australian final consumption: An input-output analysis[J]. Energy Policy, 26(6): 495-506.

Liang L, Wu W, Lal R, et al, 2013. Structural change and carbon emission of rural household energy consumption in Huantai, northern China[J]. Renewable & Sustainable Energy Reviews, 28: 767-776.

Liu Z, Zhao T, 2015. Contribution of price/expenditure factors of residential energy consumption in China from 1993 to 2011: A decomposition analysis[J]. Energy Conversion and Management, 98: 401-410.

Lopes L, Hokoi S, Miura H, et al, 2005. Energy efficiency and energy savings in Japanese residential buildings—research methodology and surveyed results[J]. Energy and Buildings, 37(7): 698-706.

Mansur E T, Mendelsohn R, Morrison W, 2008. Climate change adaptation: A study of fuel choice and consumption in the US energy sector [J]. Journal of Environmental Economics and Management, 55 (2): 175-193.

McLoughlin F, Duffy A, Conlon M, 2012. Characterizing domestic electricity consumption patterns by dwelling and occupant socio-economic variables: An Irish case study[J]. Energy and Buildings, 48: 240-248.

Miao L, 2017. Examining the impact factors of urban residential energy consumption and CO_2 emissions in China-Evidence from city-level data[J]. Ecological indicators, 73: 29-37.

Nakicenovic N,Swart R,2000. Special report on emissions scenarios[C]. In:Nakicenovic,Nebojsa,Swart,Robert(Eds.),Special Report on Emissions Scenarios. Cambridge:Cambridge University Press.

Nejat P,Jomehzadeh F,Taheri M M,et al,2015. A global review of energy consumption,CO_2 emissions and policy in the residential sector(with an overview of the top ten CO_2 emitting countries)[J]. Renewable & Sustainable Energy Reviews,43:843-862.

Nesbakken R,1999. Price sensitivity of residential energy consumption in Norway[J]. Energy Economics,21 (6):493-515.

Nyrud A Q,Roos A,Sande J B,2008. Residential bioenergy heating:A study of consumer perceptions of improved woodstoves[J]. Energy Policy,36(8):3169-3176.

Papakostas K,Mavromatis T,Kyriakis N,2010. Impact of the ambient temperature rise on the energy consumption for heating and cooling in residential buildings of Greece[J]. Renewable Energy,35(7):1376-1379.

Parker P,2005. Who changes consumption following residential energy evaluations? Local programs need all income groups to achieve Kyoto targets[J]. Local Environment,10(2):173-187.

Peirson J,Henley A,1994. Electricity load and temperature:Issues in dynamic specification[J]. Energy Economics,16(4):235-243.

Pilli-Sihvola K,Aatola P,Ollikainen M,et al,2010. Climate change and electricity consumption-Witnessing increasing or decreasing use and costs[J]? Energy Policy,38(5):2409-2419.

Poortinga W,Steg L,Vlek C,2004. Values,environmental concern and environmentally significant behaviour:a study into household energy use[J]. Environment and Behavior,36(1):70-93.

Poortinga W,Steg L,Vlek C,et al,2003. Household preferences for energy-saving measures:A conjoint analysis[J]. Journal of Economic Psychology,24(1):49-64.

Poumanyvong P,Kaneko S,2010. Does urbanization lead to less energy use and lower CO_2 emissions? A cross-country analysis[J]. Ecological Economics,70(2):434-444.

Rhys J M W,1984. Techniques for forecasting electricity demand[J]. Journal of the Royal Statistical Society-Series D(The Statistician),33(1):23-33.

Sanquist T F,Orr H,Shui B,et al,2012. Lifestyle factors in US residential electricity consumption[J]. Energy Policy,42:354-364.

Santamouris M,Cartalis C,Synnefa A,et al,2015. On the impact of urban heat island and global warming on the power demand and electricity consumption of buildings—A review[J]. Energy and Buildings,98: 119-124.

Shui B,Dowlatabadi H,2005. Consumer lifestyle approach to US energy use and the related CO emissions[J]. Energy Policy,33(2):197-208.

Stern P C,1992. What psychology knows about energy conservation[J]. American Psychologist,47(10): 1224-1232.

Streimikiene D,Kasperowicz R,2016. Review of economic growth and energy consumption:A panel cointegration analysis for EU countries[J]. Renewable & Sustainable Energy Reviews,59:1545-1549.

Sun C,Ouyang X,Cai H,et al,2014. Household pathway selection of energy consumption during urbanization process in China[J]. Energy Conversion & Management,84:295-304.

Suzuki M,Oka T,Okada K,1995. The estimation of energy consumption and CO_2 emission due to housing construction in Japan[J]. Politische Vierteljahresschrift,39(3):527-557.

Vaage K,2000. Heating technology and energy use:A discrete/continuous choice approach to Norwegian household energy demand[J]. Energy Economics,22(6):649-666.

Valenzuela C, Valencia A, White S, et al, 2014. An analysis of monthly household energy consumption among single-family residences in Texas, 2010[J]. Energy Policy, 69:263-272.

Wallis H, Nachreiner M, Matthies E, 2016. Adolescents and electricity consumption: Investigating sociodemographic, economic, and behavioural influences on electricity consumption in households[J]. Energy Policy, 94: 224-234.

Wang M, 2006. A comparative multivariate analysis of household energy requirements in Australia, Brazil, Denmark, India and Japan[J]. Energy, 31(2):181-207.

Wang Q, 2014. Effects of urbanization on energy consumption in China[J]. Energy Policy, 65:332-339.

Wiesmann D, Azevedo I L, Ferrão P, et al, 2011. Residential electricity consumption in Portugal: Findings from top-down and bottom-up models[J]. Energy Policy, 39(5):2772-2779.

Wu X, Lampietti J, Meyer A S, 2004. Coping with the cold: Space heating and the urban poor in developing countries[J]. Energy Economics, 26(3):345-357.

Xu S, He Z, Long R, 2014. Factors that influence carbon emissions due to energy consumption in China: Decomposition analysis using LMDI[J]. Applied Energy, 127:182-193.

Yang Y, Liu J, Zhang Y, 2017. An analysis of the implications of China's urbanization policy for economic growth and energy consumption[J]. Journal of Cleaner Production, 161:1251-1262.

Yao C, Chen C, Li M, 2012. Analysis of rural residential energy consumption and corresponding carbon emissions in China[J]. Energy Policy, 41:445-450.

Yildirim E, Saraç Ş, Aslan A, 2012. Energy consumption and economic growth in the USA: Evidence from renewable energy[J]. Renewable & Sustainable Energy Reviews, 16(9):6770-6774.

Yun G Y, Steemers K, 2011. Behavioural, physical and socio-economic factors in household cooling energy consumption[J]. Applied Energy, 88(6):2191-2200.

Zhang C, Lin Y, 2012a. Panel estimation for urbanization, energy consumption and CO_2 emissions: A regional analysis in China[J]. Energy Policy, 49:488-498.

Zhang C, Xu J, 2012b. Retesting the causality between energy consumption and GDP in China: Evidence from sectoral and regional analyses using dynamic panel data[J]. Energy Economics, 34(6):1782-1789.

Zhang M, Guo F, 2013. Analysis of rural residential commercial energy consumption in China[J]. Energy, 52: 222-229.

Zhang M, Song Y, Li P, et al, 2016. Study on affecting factors of residential energy consumption in urban and rural Jiangsu[J]. Renewable & Sustainable Energy Reviews, 53:330-337.

Zhang X, Luo L, Skitmore M, 2015. Household carbon emission research: an analytical review of measurement, influencing factors and mitigation prospects[J]. Journal of Cleaner Production, 103:873-883.

Zhang Y, Bian X, Tan W, et al, 2017. The indirect energy consumption and CO_2 emission caused by household consumption in China: An analysis based on the input-output method[J]. Journal of Cleaner Production, 163: 69-83.

Zhao C, Niu S, Zhang X, 2012. Effects of household energy consumption on environment and its influence factors in rural and urban areas[J]. Energy Procedia, 14:805-811.

Zhou K, Yang S, 2016. Understanding household energy consumption behavior: The contribution of energy big data analytics[J]. Renewable & Sustainable Energy Reviews, 56:810-819.

Zhou W, Zhu B, Chen D, et al, 2012. Energy consumption patterns in the process of China's urbanization[J]. Population & Environment, 33(2/3):202-220.